华东交通大学教材出版基金资助
面向 21 世纪课程教材
普通高等院校机械类"十二五"规划教材

模具制造技术

主　编　黎秋萍　胡　勇　陈国香
副主编　赵龙志　陈小会　魏海燕
主　审　闫　洪

U0313944

西南交通大学出版社
·成　都·

图书在版编目（CIP）数据

模具制造技术 / 黎秋萍，胡勇，陈国香主编. —成都：西南交通大学出版社，2013.1
面向 21 世纪课程教材　普通高等院校机械类"十二五"规划教材
ISBN 978-7-5643-2155-0

Ⅰ. ①模…　Ⅱ. ①黎… ②胡…③陈…　Ⅲ. ①模具－制造－高等学校－教材 Ⅳ. ①TG76

中国版本图书馆 CIP 数据核字（2013）第 015934 号

面向 21 世纪课程教材
普通高等院校机械类"十二五"规划教材

模具制造技术

主编　黎秋萍　胡　勇　陈国香

责 任 编 辑	王　旻
特 邀 编 辑	罗在伟
封 面 设 计	墨创文化
出 版 发 行	西南交通大学出版社
	（成都二环路北一段 111 号）
发 行 部 电 话	028-87600564　028-87600533
邮 政 编 码	610031
网　　　址	http: //press.swjtu.edu.cn
印　　　刷	四川川印印刷有限公司
成 品 尺 寸	185 mm × 260 mm
印　　　张	20.5
字　　　数	538 千字
版　　　次	2013 年 1 月第 1 版
印　　　次	2013 年 1 月第 1 次
书　　　号	ISBN 978-7-5643-2155-0
定　　　价	39.80 元

前　言

　　本书是材料成型及控制工程专业的专业教材，书中内容突出了高等教育注重培养学生的学习能力、实践能力和创新能力的特点。因此，本书还可作为高等工科院校、机电类、近机类专业的专业课教材。

　　全书共 8 章，各章的主要内容如下：

　　第 1 章　**绪论**　介绍模具制造的特点和基本要求、模具制造的发展趋势及课程性质和要求。

　　第 2 章　**模具机械加工工艺规程的制订**　介绍有关基本概念、零件的工艺性分析、毛坯选择、定位基准的选择、工艺线路的拟定、加工余量的确定、工序尺寸及其公差的确定以及机械加工时间定额。

　　第 3 章　**模具零件的机械加工**　介绍模具机械加工的基本方法和数控加工技术。

　　第 4 章　**模具的特种加工**　介绍电火花加工、电火花线切割加工、电化学及化学加工、超声加工以及激光加工技术。

　　第 5 章　**模具机械加工精度及表面质量**　介绍机械加工精度及机械加工表面质量的影响因素和分析方法。

　　第 6 章　**模具制造的其他新技术**　介绍精密铸造、挤压成型技术、快速制模技术和模具表面强化技术在模具制造中的应用

　　第 7 章　**典型模具制造工艺**　介绍模架、冲压模、塑料模、锻模、压铸模制造要求及主要零件的加工工艺。

　　第 8 章　**模具装配工艺及调试**　介绍装配概述、装配尺寸链、装配方法及其选择、装配工艺规程的制订、冷冲模的装配以及塑料模装配；介绍模具试模及调整方法。

　　本书由华东交通大学黎秋萍、胡勇和南昌大学陈国香主编。华东交通大学熊光耀、赵龙志、赵明娟、麻春英，南昌大学共青学院陈小会，江西交通学院魏海燕参与了本书的编写工作。研究生江新焱、吴文妮、焦宇参与了绘图工作。全书由黎秋萍、胡勇、陈国香审稿、统稿和定稿，闫洪主审。

　　由于作者水平和时间有限，难免有错误或欠妥之处，恳请读者批评指正。

编　者

2012 年 9 月

目　录

第1章 绪 论

1.1 模具制造技术的发展

1.1.1 模具制造业在国民经济中的地位

机械制造工业是国民经济中一个十分重要的产业，它为国民经济各部门科学研究、国防建设和人民生活提供各种技术装备，在社会主义建设事业中起着中流砥柱的作用。从农业机械到工业机械，从轻工业机械到重工业机械，从航空航天设备到机车车辆、汽车、船舶等设备，从机械产品到电子电器、仪表产品等，都有机械及其制造。在工业高度发达的国家中，机械工业的产值能占到整个工业总产值的 40% 或更多。

在机械制造中，机床夹具、模具都是不可缺少的工艺装备，尤其是模具以其特定的形状通过一定的方式使材料成型。根据国际生产技术协会提供的资料显示，机械零件粗加工的 75% 和精加工的 50% 都将由模具成型来完成。因此，模具有着"金属加工中的帝王"，是"进入富裕社会的原动力"、"模具就是黄金"的美誉。

1.1.2 现代模具制造技术的发展趋向

（1）首先是加快模具的标准化、商品化发展，以及提高模具的制造质量、缩短模具的制造周期。

（2）模具 CAD/CAM 技术是模具设计、制造技术的又一次革命，其优势越来越明显。普及和提高 CAD/CAM 技术的应用是模具制造走向现代化的必由之路。

（3）以高速铣削为代表的高速切削加工技术，代表了模具外表面粗加工的发展方向。

（4）成型面的加工向精密、自动化方向发展。

（5）光整加工技术向自动化方向发展。

（6）以三坐标测试仪和快速原型制造技术为代表的制模技术是模具制造技术的又一重大发展。尤其是用于反向制造工程和复杂模具的制造，对缩短制造周期有着非常重要的作用。

（7）节能、优质、高速、绿色热处理工艺是模具零件热处理的主导方向。

（8）进一步提高模具钢材的耐磨、耐蚀、综合机械性能、加工性能和抛光性能是提高模具质量的稳定性和使用寿命的主要途径和发展趋势。

1.1.3 我国模具技术的现状及发展趋势

1. 我国模具技术发展史

我国的模具工业发展到今天经历了一个艰辛的历程：1955、1956 年分别在天津和北京建立首批模具企业；"六五"和"七五"期间模具被列为重点科研攻关项目，引进了国外先进技术，制订了相关标准。1980 年，上海制造了一模 400 腔大型热固性塑料封装模，表面粗糙度 R_a 小于 0.1 μm。同期研制了平均刃磨寿命 100 万次、毛刺 0.5 mm 以下的硬质合金级进模，工位可达到 10 多个。1989 年，经产业政策调整后，模具行业进入快速发展时期。

2. 我国模具发展现状

（1）以大型复杂冲模的汽车覆盖件模具为代表。我国主要汽车模具企业，已能生产部分轿车覆盖件模具。

（2）体现高水平制造技术的多工位级进模覆盖面大增。已从电机、电器铁芯片模具扩大到接插件、电子零件、汽车零件、空调器散热片等家用电器零件模具上。

（3）塑料模方面已能生产 34″、48″大屏幕彩电塑壳模具，大容量洗衣机全套塑料模具及汽车保险杠和整体仪表板等塑料模具，塑料模热流道技术更趋成熟，气体辅助注射技术已开始采用。

（4）压铸模方面已能生产自动扶梯整体梯级压铸模及汽车后桥齿箱压铸模等。

（5）模具质量、模具寿命明显提高，模具制造周期较以前大为缩短。

（6）模具 CAD/CAM 技术广泛地得到应用，并开发了自主版权的模具 CAD/CAM 软件，主要在北航海尔公司 CAXA，华中理工大学（华中科技大学）开发的 HS3.0 系统及 CAE 系统，上海交通大学开发的冷冲模 CAD 系统等。Mastercam、Solidworks、UG、Pro/E、Cimatron、Moldflow 等普遍成为模具设计和制造软件。

（7）快速经济制模技术得到进一步提高，尤其这一领域的高新技术快速原型制造技术（RPM）进展尤为迅速。

（8）模具材料方面，由于对模具寿命的重视，优质模具钢的应用有较大的进展。

（9）模具加工机床品种增多，水平明显提高。主要体现如下：

毛坯下料：高速锯床、高速磨床、阳极切割激光切割等；

粗加工：车床、万能工具铣床、高速铣床、刨床等；

精加工：数控仿形铣、数控坐标磨床、数控光学曲线磨床、数控电火机、数控线切割、电解加工、精密镗床、加工中心等；

光整加工：研磨、珩磨、镜面磨削、超声波和电解抛光等。

3. 我国模具发展趋势和重点方向

我国模具工业高速发展具备良好的条件和机遇。一方面，国内模具市场将继续高速发展；另一方面，模具制造也逐渐向我国转移以及跨国集团到我国进行模具采购趋向也十分明显。

因此，放眼未来，国际、国内的模具市场总体发展趋势前景较好，预计中国模具将在良好的市场环境下得到高速发展，我国不但会成为模具大国，而且一定逐步向模具制造强国的行列迈进。"十二五"期间，中国模具工业水平不仅在量和质的方面有很大的提高，而且行业结构、产品水平、开发创新能力、企业的体制与机制以及技术进步等方面也会取得较大发展。

1）模具技术的发展趋势

模具产品向着更大型、更精密、更复杂及更经济的方向发展，模具产品的技术含量不断提高，模具制造周期不断缩短。

模具生产朝着信息化、无图化、精细化、自动化的方向发展。

模具企业向着技术集成化、设备精良化、产品品牌化、管理信息化、经营国际化的方向发展。

2）模具产品发展重点

汽车覆盖件模具：冲压模具占模具总量的 40% 以上。汽车覆盖件模具主要为汽车配套，也包括为农用车、工程机械和农机配套的覆盖件模具，它在冲压模具中很具代表性；模具大都是大中型，结构复杂，技术要求高。尤其是为轿车配套的覆盖件模具，要求更高，它可以代表冲压模具的水平。此类模具在我国已有一定技术基础，为中档轿车配套，但水平不高，能力不足，目前满足率只有 50% 左右。中高档轿车覆盖模具主要依靠进口，每年花费几亿美元。汽车覆盖件模具水平不高，能力不足，生产周期长已成了汽车发展的瓶颈，极为影响车型的开发。今后，中高档轿车所需覆盖件模具是重中之重，争取到时中高档轿车及以下水平的汽车覆盖模具可以完全自配。

精密冲压模具：多工位级进模和精冲模代表了冲压模具的发展方向，其精度要求和寿命要求极高，主要为电子信息产业、汽车、仪器仪表、电机电器等配套。这两种模具，国内已有相当基础，并引进了国外技术设备，个别企业生产的产品已达到世界水平，但大部分企业仍有较大差距，总量也供不应求，进口较多。对于为超大规模集成电路配套、为引线脚 100 以上及间隙为 0.2 mm 以下的框架配套、为精度 5 μm 以上的精密微型连接件配套、为 ϕ1.6 mm 以下的微型马达铁芯配套，以及为显像管和电子枪等配套的精密模具是发展的重中之重。为汽车覆盖件及其他大中型冲压件配套的大型多工位级进模也应重点发展。

大型及精密塑料模具：塑料模具占模具总量近 40%，而这个比例仍不断上升。塑料模具中为汽车和家电配套的大型注塑模具，为集成电路配套的精密塑料模具，为电子信息产业和机械及包装配套的多层、多腔、多材质、多色精密注塑模，为新型建材及节水农业配套的塑料异型材挤出模及管路和喷头模具等，目前虽然已有相当技术基础并正在快速发展，但技术水平与国外仍有较大差距，总量也供不应求，每年进口达几亿美元，因此"十二五"期间应重点发展。

主要模具标准件：现在，国内已有较大产量的模具标准件，主要是模架、导向件、推杆推管、弹性元件等，但质量较差、品种规格较少。这些产品不但国内配套大量需要，出口前景也很好，应继续大力发展。氮气缸和热流道元件国内至今仍缺乏像样的专业生产厂，主要依靠进口，应在现有基础上提高水平，形成标准，并组织规模化生产。

其他高技术含量的模具：占模具总量近 8% 的压铸模具中，大型薄壁精密压铸模技术含量高、难度大。镁合金压铸模和真空压铸成型模虽然刚起步，但发展前景好，有代表性。子午线橡胶轮胎模具也是发展方向，其中活络模技术难度最大。与快速成型技术相结合的一些快速制模技术及相应的快速经济模有理想的发展前景。这些高技术含量的模具在"十二五"期间也应重点发展。

3）模具技术发展重点及战略

高新技术蓬勃发展的今天，为保证属于高新技术产业的模具工业快速发展，模具行业中许多共性技术也必须更上一层楼，应不断开发和推广应用，并积极应用高新技术。主要是：开发拥有自主知识产权、适合中国国情，具有较高水平的模具设计、加工及模具企业管理的软件，不断提高软件的智能化、集成化程度。

推广应用高速、高精加工技术并研制相应设备。高速高精加工包括切削加工和电加工及复合加工等。在未来 20 年左右的时间里，中国机床行业应向模具行业逐步提供适合于模具高速高精加工的相应设备，如有可能，可以考虑开发拥有自主知识产权、精度能达到 0.000 1 mm 的高精度模具制造设备。

大力发展和推广信息化、数字化技术。例如逆向工程、并行工程、敏捷制造技术的研发及推广应用；包括大型级进模、高精密、高复杂性、高技术含量的先进模具三维设计和制造技术的研发；包括冲压工艺设计系统、模具型面设计系统、成型 CAE 分析系统、模具结构设计系统、模具 CAM 系统和冲压专家咨询系统的车身模具数字化设计制造系统的研发；模具的集成、柔性及自动加工技术和网络及虚拟技术等。

模具制造新工艺、新技术。模具制造的节能、节材技术，模具热处理、表面光整加工和表面处理新技术等。高性能模具材料的研制、系列化及其正确选用。

1.2　模具制造技术的特点及基本要求

1.2.1　模具制造的特点和基本要求

模具制造也是机械制造，但由于其特殊功能，与一般机械制造相比较，有着特殊的要求与明显的特点，主要表现为：

（1）单件生产。除模架制造成批生产外，模具工作零件或其他结构件都是单件生产，每种模具一般只生产 1～2 副，普遍采用修锉、修配方法进行加工，很少采用"互换法"进行加工。在零件制造过程中，工件更换频繁，工序组合相对集中，对工人技术水平要求较高。

（2）制造质量高。一般地，模具工作零件的制造精度比产品零件高 2～4 级。例如，模具工作部分制造偏差控制在 0.01 mm 左右，工作部分的表面粗糙度值 R_a 要求小于 0.8 μm，需要采用精密机床如坐标磨床、数控机床加工。

（3）形状复杂。模具工作部分都是二维、三维复杂曲面，而不是一般机械的简单几何体，加工难度大，必要时采用镶嵌结构、拼合结构，需要采用专门化机床，特种加工方法，需要高技术水平的工人。

（4）材料硬度高。一般采用工具钢淬火、低温回火，或硬质合金，需要采用特种加工方法。

（5）模具生产需具备专业化的生产组织形式，且该形式与其生产方式应相适应。

1.2.2　评价模具的经济指标

评价模具的经济指标主要包括精度、制造周期、模具成本、模具寿命四个方面。

1. 模具精度的影响因素

1）产品制作精度

产品制件的精度越高，模具工作零件的精度就越高，模具精度的高低不仅对产品制作的精度有直接影响，而且对模具的生产周期、生产成本都有很大的影响。

2）模具加工的技术水平

模具加工设备的加工精度如何、设备的自动化程度如何，是保证模具精度的基本条件。今后模具精度更大的依赖模具加工技术手段的高低。

3）模具装配钳工的技术水平

模具的最终精度很大程度上依赖装配调试来完成，模具光整表面的表面粗糙度数值主要依赖模具钳工来完成，因此模具钳工技术水平如何是影响模具精度的重要因素。

4）模具制造的生产方式和管理水平

模具工作刃口尺寸在模具设计和生产时，是采用"实配法"，还是"分别制造法"是影响模具精度的重要方面。对于高精度模具只有采用"分别制造法"才能满足高精度的要求和实现互换性生产。

5）模具刚度

对于高速冲压模、大型件冲压成型模、精密塑料模和大型塑料模，不仅要求具有精度高，还应有良好的刚度。这类模具工作负荷较大，当出现较大的弹性变形时，不仅要影响模具的动态精度，而且关系到模具能够继续正常工作。

2. 生产周期的影响因素

1）模具技术和生产的标准化程度

模具标准化程度是一个国家模具技术和生产发展到一定阶段的产物。目前，我国模具技术的标准化已有良好的基础，有模具基础技术标准、各种模具设计标准、模具工艺标准、模具毛坯和半成品件标准以及模具检验和验收标准等。

2）模具企业的专门化程度

现代工业发展的趋势使企业分工越来越细，企业产品的专门化程度越高，越能提高产品质量和经济效益，并有利于缩短产品生产周期。目前，我国模具企业的专门化程度还较低，只有各模具企业生产自己最擅长的模具类型，有明确和固定的服务范围，同时各模具企业互相配合搞协作化生产，才能缩短模具生产周期。

3）模具生产技术手段的现代化

模具设计、生产、监测手段的现代化也是影响模具生产周期的因素之一。只有大力推广和普及模具 CAD/CAM 技术；粗加工向高效率发展，模具下料采用高速锯床、阳极切割和砂轮切割等高效设备。

4）模具生产的经营和管理水平

从管理学角度来研究模具企业生产的规律和特点，采用现代化的管理手段和制度管理企业，也是影响模具生产周期的重要因素。

3．影响模具生产成本的主要因素

模具生产成本是指企业为生产和销售模具支付费用的总和。

模具生产成本包括原材料费、外购件费、外协件费、设备折旧费、经营开支等等。

从性质上分为生产成本、非生产成本和生产外成本，我们讲的模具生产成本是指与模具生产过程有直接关系的生产成本。

1）模具结构的复杂程度和模具功能的高低

现代科学技术的发展使得模具向高精度和多功能自动化方向发展，相应使模具生产成本提高。

2）模具精度的高低

模具的精度和刚度越高，模具生产成本也高。模具精度和刚度应该与客观需要的产品制件的要求、生产批量的要求相适应。

3）模具材料的选择

模具费用中，材料费在模具生产成本中约占 25%～30%，特别是因模具工作零件材料类别的不同，相差较大。所以应该正确地选择模具材料，使模具工作零件材料类别首先应该和要求的模具寿命相协调，同时应采取各种措施充分发挥材料的效能。

4）模具的标准化程度和企业生产的专门化程度

这些都是制约模具成本和生产周期的重要因素，应通过模具工业体系的改革有计划、有步骤地解决。

4．模具寿命的影响因素

模具寿命是指模具在保证产品零件质量的前提下，所能加工的制件的总数量，它包括工作面的多次修磨和易损件更换后的寿命。

$$模具寿命 ＝ 工作面的一次寿命 × 修磨次数 × 易损件的更换次数$$

1）模具结构

合理的模具结构有利于提高模具的承载能力，减轻模具承受的热-机械负荷水平。例如，模具可靠的导向机构，对于避免凸模和凹模间的互相焙上是有帮助的，对截面尺寸变化处理是否合理，对模具寿命影响较大。

2）模具材料

应根据产品零件生产批量的大小，选择模具材料。生产的批量越大，对模具的寿命要求也越高，应选择承载能力强，服役寿命长的高性能模具材料。另外应注意模具材料的冶金质量可能造成的工艺缺陷及工作时的承载能力的影响，采取必要的措施来弥补冶金质量的不足，以提高模具寿命。

3）模具加工质量

模具零件在机械加工，电火花加工，以及锻造预处理、淬火硬化，在表面处理时的缺陷都会对模具的耐磨性、抗咬合能力、抗断裂能力产生显著的影响。

4）模具工作状态

模具工作时，使用设备的精度与刚度，润滑条件，被加工材料的预处理状态，模具的预热和冷却条件等都对模具寿命产生影响。

5）产品零件状况

被加工零件材料的表面质量状态、材料硬度、伸长率等力学性能，被加工零件的尺寸精度都对模具寿命有直接的关系。

1.2.3　模具制造的主要方法

因其用途的不同，精度要求的不同，制造方法也各不相同。

1. 试制性和批量小的试生产模具

这类模具常采用快速成型铸造法或用无须热处理且易于加工的诸如铝合金，软质钢材等材料进行的快速制模法，这能大大减小制造的难度，缩短制模周期，满足试制要求。

快速成型铸造法最常用的材料是锌基合金。它熔点低、可铸造性好，易于成型形状较为复杂的模具，而且铸造精度也比其他同类材料的铸造精度高，并具有与软质钢材相同的强度、耐磨性和润滑性。缺点则是材质较软，不耐磨且耐热性差所以寿命短，尤其不宜制造成型温度要求高的塑料模具。

另外，也有用导热性和耐磨性相对较好的铍铜合金代替锌基合金的，有助于模具质量和使用寿命的提高。

还有将酚醛树脂、环氧树脂和聚酯树脂等合成树脂用于快速成型铸造制模的。合成树脂质轻、耐磨，故不易锈蚀；流动性好而易于充模成型。复制、修理也较为容易。其最大缺点是不耐热，温度过高变形大，而且质软而不耐磨。强度不高，还易于老化。

2. 大型的、形状简单且加工精度要求不高的模具

这类模具零件可采用焊接和局部焊接的方法，既省料又易于加工，所以快速但精度不高，而且焊接后，焊接处的内应力较大，比之整体进行加工的模具，其抗冲击强度较差。氩弧焊接的零件，其变形相对小些，多用于对成型零件局部损坏的修补。

3. 一般的日用品模具

因其制品（如玩具和日常生活用品等）只有形状和外观要求而无精度要求或精度要求不高的模具，用常规的机加工方法如铸、锻、车、钻、铣、镗、磨即可完成。

4. 其他的工程结构件制品的模具制造

1）标准件（包括整体标准模架）和通用件的加工方法

如前所述，均有相关的国家标准，由专业生产厂按国标的要求，批量生产、供货，其制造方法仍以常规的车、铣、刨、钻、镗、磨为主，辅以一些专用设备和制造方法。如长径比较大的、推管深孔加工和弹簧的专业加工方法以及各种标准件、通用件的热处理等。

2）成型件的加工

成型件的加工是成型类模具加工的重点和核心。成型件的加工方法又分为两种类型。

（1）各成型面的加工，多采用诸如数控车床、仿形加工、数控铣床以及加工中心、成型磨削以及个别情况下所采用的冷挤压成型、压印修磨成型等的加工方法。同时，还辅之以超声、电化学、激光、电子束、等离子体加工以及与三坐标测试仪、扫描仪相配合的快速原型加工、电解研磨、挤压珩磨、镜面研抛等一系列特种加工。低耗、高效、优质、环保型的热处理加工工艺也是成型件加工中极为重要而不可忽视的一环。

（2）成型件与结构件的配合部分的加工以及成型件之间的镶拼结构配合部分的加工，一般大多采用精密机械加工方法如铣、镗、磨，以及线切割、电火花加工等。

1.3　本课程的性质

本课程是材料成型及控制工程专业的主要专业课之一。通过本课程的学习，使学生掌握模具制造的基本专业知识和常用工艺方法，了解先进模具制造技术，具有分析模具结构工艺性的能力，提高模具设计水平，使学生具有较强从事模具制造工艺技术工作和组织模具生产管理的能力。

由于工业的发展和材料成型新技术的应用，对模具制造技术的要求越来越高。模具制造方法不再是传统的一般机械加工，而是广泛采用了现代加工技术。通过本课程的学习，要求学生掌握各种现代模具加工方法的基本原理、特点和新工艺，掌握各种制造方法对模具结构的要求，以提高学生分析模具结构工艺性的能力。

本课程的实践性很强，涉及的知识面较广。因此，学生在学习本课程时，除了重视其中必要的工艺原理与特点等理论学习外，还需特别注意实践环节，尽可能参观模具制造厂，认真参加现场教学和实验，增加感性知识，提高动手能力。

第 2 章　模具机械加工工艺规程的制订

2.1　基本概念

2.1.1　生产过程及其组成

机械制造工厂的产品是指用机械制造的方法获得的各种物体。这些产品可以是一台机器、一个部件，或是某一种零件。例如，飞机制造厂的产品是整架飞机，汽车制造厂的产品是整辆汽车，机床制造厂的产品是整台机床，模具制造厂的产品是整套模具、或模架部件、或导柱导套零件。

在这些工厂中，由原材料转化为最终产品的一系列相互关联的劳动过程的总和称为生产过程。它包括生产组织准备，原材料准备及储存，毛坯制造，零件的机械加工，热处理和表面处理，部件和产品的装配、调整、检验、试验、油漆和包装、发运等。

2.1.2　工艺过程及其组成

2.1.2.1　工艺过程

生产过程中为改变生产对象的形状、尺寸、相对位置和性质等，使其成为成品或半成品的过程称为工艺过程。它是生产过程中的主要部分。采用机械加工的方法，直接改变毛坯的形状、尺寸和表面质量等，使其成为零件的过程称为机械加工工艺过程。图 2.1 为模具制造工艺过程框图，它是凸、凹模及与之相关成型零件制造、模具标准零部件制造和模具装配三部分工艺过程的总和。

2.1.2.2　工艺过程的组成

机械加工工艺过程是由一个或若干个顺序排列的工序组成的。毛坯依次通过这些工序就成为成品。

1. 工　序

工序是一个或一组工人，在一个工作地（指机床、钳工台等），对一个（或同时加工的几个）工件所连续完成的那部分机械加工工艺过程。划分工序的主要依据是工作地是否变动和工

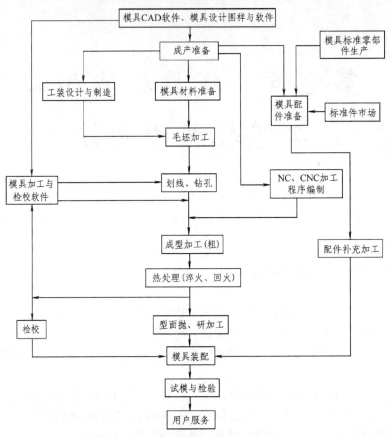

图 2.1　模具制造工艺过程框图

作是否连续，并兼顾其他因素，综合考虑。一般地，工作地（设备）改变应划为不同的工序，但在单件生产时，如模具制造中加工某孔由钳工划线与钻、扩、铰工艺组成，尽管在不同的工作地完成，也可划分为一道工序。在同一台设备上加工内容不连续，则应划分为多个工序。例如，图 2.2 所示的旋入式模柄，当单件生产时，车两端面、钻孔、车外圆、切槽、倒角、车螺纹和切断都是在同一台车床上连续完成的，这算作一道工序。当批量生产时，车两端面、倒角，一般不能连续完成，因而划为两道工序，见表 2.1、表 2.2。相反，在同一台设备 CNC 加工中心上，加工成型模具的凹模时，完成成型铣削型腔、铣槽、铣平面、钻孔、扩孔、镗孔等工艺内容，只要连续完成均应算作一道工序。

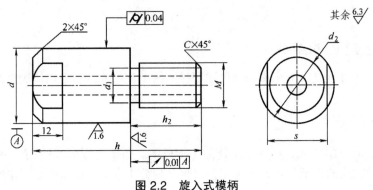

图 2.2　旋入式模柄

表 2.1 旋入式模柄工艺过程（生产量较小）

工序号	工序内容	设 备	备 注
1	车两端面，车外圆留磨量，切槽，车螺纹，钻孔，切断	车 床	圆棒料
2	铣平面保持尺寸 S，去毛刺	铣 床	
3	磨外圆	无心外圆磨床	

表 2.2 旋入式模柄工艺过程（生产量较大）

工序号	工序内容	设 备	备 注
1	车一端端面，车外圆留磨量，倒角，切槽，车螺纹，钻孔，切断	车 床	圆棒料
2	车另一端端面，倒角	车 床	
3	铣平面保持尺寸 S	铣 床	
4	去毛刺	钳工台	
5	磨外圆	无心外圆磨床	

2. 安 装

工件在加工之前，先要把工件放准。确定工件在机床上或夹具中占有正确位置的过程称为定位。工件定位后将其固定，使其在加工过程中保持定位位置不变的操作称为夹紧。将工件在机床上或夹具中定位、夹紧的过程称为装夹。工件（或装配单元）经一次装夹后所完成的那一部分工序内容称为安装。

3. 工 位

为了完成一定的工序内容，一次装夹工件后，工件（或装配单元）与夹具或设备的可动部分一起相对刀具或设备的固定部分所占据的每一个位置称为工位。图 2.3 所示为利用万能分度头使工件依次处于工位 Ⅰ、Ⅱ、Ⅲ、Ⅳ 来完成对凸模槽的铣削加工。

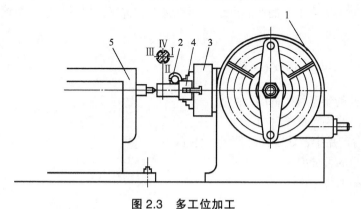

图 2.3 多工位加工

1—分度头；2—铣刀；3—三爪自定心卡盘；4—工件；5—尾座

4. 工 步

工步是在加工表面和加工工具不变的情况下，所连续完成的那一部分工序内容称为工步。

一道工序可能只有一个工步，也可能包含几个工步。

决定工步划分的两个因素之一发生变化时一般应划分为另一工步。为简化工艺文件，对于那些连续进行的若干个相同的工步，通常仅填写一个工步，如图 2.4 所示的缸盖，钻孔 8-ϕ12。

如用几把刀具或者复合刀具同时加工同一工件上几个表面也可看作一个工步，并称为复合工步。例如用带护锥的中心钻，钻孔扩 60°、120° 圆锥面即为复合工步，如图 2.5 所示。

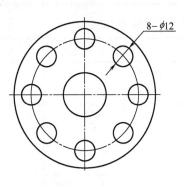

图 2.4　缸盖

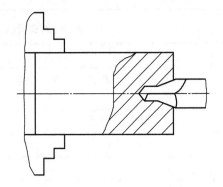

图 2.5　钻孔、锪锥面复合工步

5．进　给

当需要切除的金属层较多，或为了提高加工精度、降低表面粗糙度时，往往需要对同一表面进行多次切削。刀具从被加工表面切下一层金属称为一次进给。因此，一个工步可能只要一次进给，也可能要几次进给。

2.1.3　生产纲领和生产类型

2.1.3.1　生产纲领

企业在计划期内应当生产的产品产量（年产量）和进度计划称为生产纲领。可用以下公式计算

$$N = Qn(1+\alpha)(1+\beta)$$

式中　N ——零件的年产量（件/年）；

Q ——产品的年产量（台/年）；

n ——每台产品中，该零件的数量（件/台）；

α ——备品的百分率；

β ——废品的百分率。

2.1.3.2　生产类型

企业（或车间、工段、班组、工作地）生产专业化程度的分类称为生产类型。一般按年产量划分为以下三种类型。

1. 单件生产

单件生产的基本特点是产品品种多，同一产品的产量少，很少重复生产。例如专用夹具、刀具、量具以及模具的生产都是单件生产。

2. 成批生产

成批生产的特点是一年中分批地制造若干相同产品，生产呈周期性重复的情况。按批量多少，成批生产又可分为小批、中批和大批生产三种。

3. 大量生产

大量生产的基本特点是产品的产量很大，连续地大量生产同一种产品，大多数工作地按照一定的生产节拍进行某种零件某道工序的重复加工。

各种生产类型的划分及工艺特征见表 2.3、表 2.4。

表2.3　生产类型和生产纲领等的关系

生产类型	生产纲领/（台·年$^{-1}$或件·年$^{-1}$）			工作地每月担负的工序数 工序数·月$^{-1}$
	小型机械或轻型零件	中型机械或中型零件	重型机械或重型零件	
单件生产	≤100	≤10	≤5	不作规定
小批生产	>100~500	>10~150	>5~100	>20~40
中批生产	>500~5 000	>150~500	>100~300	>10~20
大批生产	>5 000~50 000	>500~5 000	>300~1 000	>1~10
大量生产	>50 000	>5 000	>1 000	1

注：小型、中型和重型机械可分别以缝纫机、机床（或柴油机）和轧钢机为代表。

表2.4　各种生产类型的工艺特征

工艺特征	生　产　类　型		
	单件小批	中　批	大批大量
零件的互换性	用修配法，钳工修配，缺乏互换性	大部分具有互换性。装配精度要求高时，灵活应用分组装配法和调整法，同时还保留某些修配法	具有广泛的互换性。少数装配精度较高处，采用分组装配法和调整法
毛坯的制造方法与加工余量	木模手工造型或自由锻造，毛坯精度低，加工余量大	部分采用金属模铸造或模锻。毛坯精度和加工余量中等	广泛采用金属模机器造型、模锻或其他高效方法。毛坯精度高，加工余量小
机床设备及其布置形式	通用机床。按机床类别采用机群式布置	部分通用机床和高效机床。按工件类别分工段排列设备	广泛采用高效专用机床及自动机床。按流水线和自动线排列设备
工艺装备	大多采用通用夹具、标准附件、通用刀具和万能量具。靠划线和试切法达到精度要求	广泛采用夹具，部分靠找正装夹达到精度要求。较多采用专用刀具和量具	广泛采用专用高效夹具、复合刀具、专用量具或自动检验装置。靠调整法达到精度要求

续表 2.4

工艺特征	生 产 类 型		
	单件小批	中 批	大批大量
对工人的技术要求	需技术水平较高的工人	需一定技术水平的工人	对调整工的技术水平要求高,对操作工的技术水平要求较低
工艺文件	有工艺过程卡,关键工序要工序卡	有工艺过程卡,关键零件要工序卡	有工艺过程卡和工序卡,关键工序要调整卡和检验卡
成 本	较 高	中 等	较 低

2.1.4　工艺规程的作用及格式

规定产品或零部件制造工艺过程和操作方法等的工艺文件称为工艺规程。

2.1.4.1　工艺规程的作用

生产过程中,工艺规程是指导工人操作和用于生产、工艺管理工作的主要技术文件,又是新产品投产前进行生产准备和技术准备的依据和新建、扩建车间或工厂的原始资料。此外,先进的工艺规程还起着交流和推广先进经验的作用。

2.1.4.2　制订工艺规程基本原则

制订工艺规程的基本原则是保证以最低的生产成本和最高的生产效率,可靠地加工出符合设计要求的产品。因此,在制订工艺规程时,应从工厂实际条件出发,充分利用现有生产条件,尽可能利用国内外的先进技术和经验。

2.1.4.3　工艺规程的格式（JB/Z187.3—88）

现推荐三种工艺规程的格式,如表 2.5、表 2.6、表 2.7 所示。

2.1.5　制订工艺规程的原始资料与基本步骤

2.1.5.1　制订工艺规程的原始资料

主要有产品的零件图和装配图;产品生产纲领;有关手册、图册、标准、类似产品的工艺资料;工厂的生产条件（机床设备、工艺装备、工人技术水平等）;国内外有关的工艺技术的发展情况等。

2.1.5.2　制订工艺规程的基本步骤

（1）熟悉和分析制订工艺规程的主要依据,确定零件的生产纲领和生产类型,进行零件的结构工艺性分析。

表 2.5　机械加工工艺过程单（卡）

（厂名）		机械加工工艺规程		编号		共　　页	
						第　　页	
车间		用于	型号		单台件数		

	零件图号		
	零件名称		
	装配图号		
（草　图）	材料	牌号	
		规格	
		强度	
	工艺路线		

工序号	工序名称	工序内容	制造单位	机床		备注
				名称	型别	

更改符号	更改单号	签名	日期	更改符号	更改单号	签名	日期	更改符号	更改单号	签名	日期
编写		校对		审核			审定				

表2.6 机械加工工序单（卡）

厂名	机械加工工艺单		零件图号		资料编号	第　　页
车间						共　　页
（工序图）						
工序号		工序名称		机床	名称	工艺装备	名称
					型别		编号
次序		工艺内容				工具名称	工具规格、编号
更改符号	更改单编号	更改者	日期		编写		审核	
					校对		审定	

表2.7 工装零件机械加工工艺单（卡）

（厂名）		工装零件机械加工工艺单（卡）		任务编号		共　　页
						第　　页
单　位		零件图号		零件名称		代用牌号	数量
工装图号		材料牌号		毛料尺寸			
序　号	工序名称		工序内容		操作者		检验员

续表 2.7

序　号	工序名称	工序内容	操作者	检验员
备　注				

编　写		校　对		审　核		审　定	

（2）确定毛坯，包括选择毛坯类型及其制造方法。

（3）拟定工艺路线。这是制订工艺规程关键的一步。

（4）确定各工序的加工余量，计算工序尺寸及其公差。

（5）确定各主要工序的技术要求及检验方法。

（6）确定各工序的切削用量和时间定额。

（7）进行技术经济分析，选择最佳方案。

（8）填写工艺文件。

2.2　零件的工艺性分析

2.2.1　概　念

　　零件的工艺性是指所设计的零件在满足使用要求的前提下制造的可行性和经济性。它包括零件的各个制造过程中的工艺性，如铸造、锻压、焊接、热处理、切削加工等工艺性。这里主要分析零件切削加工工艺性。

　　零件的切削加工工艺性具有相对性。同样结构的零件，在不同的生产类型和生产条件下，由于制造方法改变，其制造的可行性和经济性是不同的。同样结构的零件，随着新工艺新技术的产生与应用，其制造的工艺性不断改善。

　　零件的工艺性分析贯穿在产品设计、制造整个过程中。具体分两个阶段：一是设计阶段；二是生产技术准备阶段。两个阶段工艺性分析目的相同，发挥的作用侧重有所不同。

2.2.2 工艺性审查

一般情况下，在机械产品设计过程中，凡正式用于生产的零件图都必须经过工艺性分析，生产中称为工艺性审查。其作用是协助设计员改进零件工艺性，完善图纸，更有利于制造。显然，只有熟悉制造工艺，有一定实际知识并且掌握工艺理论的工艺技术人员才能正确分析零件的工艺性。

零件工艺性审查内容：一是零件的结构组成是否适合于切削加工，二是技术要求是否有利于切削加工。

1. 零件的技术要求分析

零件的技术要求主要指加工表面的尺寸公差、形位公差、表面粗糙度、材料及热处理、特种检验等。判断零件加工技术要求是否合理的原则，首要的是满足使用性能的要求。在满足使用要求的前提下，尽量降低加工质量，以求高效率低成本，这才是一个合格的设计员。当然，对于一个合格的工艺员不应片面地强调加工工艺性，而忽视使用要求。

2. 零件结构工艺性

归纳起来有以下 6 点要求：

（1）零件的整体结构、组成各要素的几何形状应尽量简单统一。

（2）尽量减少切削加工量，减少材料及切削刀具的消耗量。

（3）尽可能采用普通设备和标准刀、量具加工，且刀具易切入、切出而顺利通过加工表面。

（4）要便于装夹，装夹次数少。

（5）零件加工部位要有足够的刚性，以减少加工过程中的变形量，提高加工精度。

（6）尽可能采用标准件、通用件、借用件和相似件。

表 2.8 列出了常见的零件结构工艺性实例，供参考。

表 2.8　零件结构工艺性比较

序　号	结构工艺性		说　明
	不　好	好	
1			加工面积应尽量小，以减少加工量，减少材料及切削工具的消耗量
2			钻孔的入端和出端应避免斜面，以避免刀具损坏，提高孔的精度，提高生产率
3			几个孔的轴线平行，便于同时加工，减少加工量，简化夹具结构

续表 2.8

序　号	结构工艺性		说　明
	不　好	好	
4			键槽的尺寸、方位相同，可在一次装夹中加工出全部键槽，提高生产率
5			退刀槽尺寸相同，可减少刀具，减少换刀时间
6			三凸台表面在同一平面上，可在一次进给中加工完成
7			小孔与壁距离适当，便于引进刀具
8			方形凹坑的四角加工时无法清角，影响配合
9			型腔淬硬后，骑缝孔无法用钻铰方法配作
10			销孔太深，增加铰孔工作量，螺钉太长，没有必要
11			将淬硬型芯安装在模板上时，定位销孔无法配作，改用浅凹槽

2.2.3 零件的工艺性分析与工艺规程的制订

以上所述零件的工艺性分析都是针对设计图纸的。当零件图下发后，作为一个工艺员如何入手编制工艺规程呢？这对一个初学者或工艺实践经验不太多的技术员往往是一件困难的事情。我们应该从该零件全面的工艺性分析入手。

首先，分析零件的结构组成和几何形状特征属于哪一类典型零件范畴，从而初步确定该零件机械加工的主要方法。机械产品零件按其结构特征大概可分为轴（杆）类、盘套类、平板类、箱体类、壳体类、支架类、管嘴类、连杆支臂类等。例如某零件外形与内腔基本上是回转表面，属于盘套类典型件。则它的加工方法一般为对于外圆柱面可采用车削、磨削加工，而内圆柱面（孔）采用钻、扩、铰、镗、磨和拉削方法。又例如某零件外形近似六面体，内腔有圆形与非圆形表面，属于平板类典型件。则其加工方法一般为：对于外形采用铣、刨、平磨等，对于圆形成型内腔采用钻、扩、铰、镗；对于非圆形内腔采用铣、成型磨削或电火花成型加工等。

其次，分析零件加工表面的技术要求，从而初步确定主要表面及其加工方案、定位基准、技术关键以及加工阶段的划分等。

（1）一般是根据零件的尺寸公差等级、形位公差、表面粗糙度要求确定主要加工表面，结合材料与热处理要求进而确定其加工方案，这是关键的一步。主要表面的加工方案是该零件加工全过程的主线。

（2）根据各点、线、面的设计基准及位置公差等要求，选择定位基准。

（3）根据材料及热处理要求选择热处理方法，安排热处理工序。

（4）最后确定该零件加工中的技术关键（例如，高精度，低粗糙度，薄壁，深小孔，细长轴，细窄槽，复杂形状的型腔与型面，材料硬、软、黏、韧等），拟定采取哪些技术措施。

通过以上分析，该零件加工过程的总体轮廓就已经勾画出来了。当然，这是比较笼统的，至于工艺规程制订的深入讨论，将在以后相关章节阐述。

2.3 毛坯选择

2.3.1 毛坯的种类和选择

机械零件常用的毛坯主要有铸件、锻件、焊接件、各种型材及板料等。选择毛坯要综合考虑下列因素的影响：

（1）零件材料及其力学性能。例如，零件材料是铸铁，就选铸造毛坯；材料是钢材，且力学性能要求高时，可选锻造件。冷冲模工作零件要求材料具有足够的抗冲击韧度，一般宜选用锻造毛坯。反之，当力学性能要求较低时，可选用型材或铸件。

（2）零件材料的工艺性。例如，当材料具有良好的铸造性能时，应选用铸造。对于采用冷变形模具钢 Cr12、Cr12MoV 及高速钢 W6Mo5CrV 等，由于热轧原材料碳化物分布不均匀，一般地毛坯采用合理锻造以击碎碳化物，使其细化，分布均匀，从而提高钢的强度与韧度，提高模具的使用寿命。

（3）零件的结构形状和尺寸。例如形状复杂的毛坯，常采用铸造方法。常见一般用途的钢质阶梯轴零件，如各台阶直径相差不大，可用棒料；反之，宜用锻件。大型锻件宜用自由锻，成批生产中、小型锻件可选模锻。

（4）生产类型。例如大量生产宜选用精密铸造或特种铸造，或模锻、冷轧、冷拉型材等。单件小批生产则应用砂型铸造，或自由锻，或热轧棒料、板料等。

（5）工厂生产条件。尽量利用工厂现有生产设备和生产方法以求最好的经济性。

2.3.2　毛坯的形状与尺寸公差

由于毛坯制造技术的限制，零件被加工表面的技术要求还不能从毛坯制造直接得到，所以，毛坯上某些表面需要有一定的加工余量，通过机械加工达到零件的质量要求。毛坯尺寸与零件的设计尺寸之差称为毛坯余量或加工总余量，毛坯尺寸的制造公差称为毛坯公差。毛坯余量和公差的大小与零件材料、零件尺寸及毛坯的制造方法等因素有关，可根据有关标准确定，如《铸件公差及机械加工余量（GB 6414—86）》和《钢质模锻件尺寸公差及机械加工余量（GB 12362—90）》。

一般地，毛坯为一件一坯，必要时也可将两个或两个以上的零件制成一个毛坯，经加工后再割成单个零件。

2.4　定位基准的选择

2.4.1　基准及其分类

基准是用来确定生产对象上几何要素间的几何关系所依据的那些点、线、面。一个几何关系就是一个基准。

根据基准的作用不同，可分为设计基准和工艺基准两大类。

2.4.1.1　设计基准

设计基准是设计图样上所采用的基准（国标中仅指零件图样上采用的基准，没包括装配图样上采用的基准）。如图 2.6 所示，零件图样中的 $O\text{-}O$ 轴线是外圆和内孔的设计基准。端面 A 是 B、C 面的设计基准。外圆柱 $d_{-0.02}^{0}$ 轴线是孔 $D_0^{+0.02}$ 的同轴度和 B 面圆跳动的设计基准。

2.4.1.2　工艺基准

工艺基准是在加工过程中所采用的基准。工艺基准按用途分为以下几种：

1. 工序基准

在工序图上用来确定本工序所加工表面加工后的尺寸、形状、位置的基准称为工序基准。

简言之，它是工序图上的基准。工序基准可以选择设计基准，也可以重选其他点、线、面，视具体加工情况而定。图 2.6 中 O-O 轴线也是加工外圆、孔的工序基准。

2. 定位基准

在加工时，为了保证工件相对于机床和刀具之间的正确位置（即将工件定位）所使用的基准称为定位基准，也是测量基准。

3. 测量基准

测量时所采用的基准称为测量基准。如图 2.7 所示，外圆柱面的最低母线 B 为加工 C 面的工序基准，也是测量基准。

4. 装配基准

装配基准是装配时用来确定零件或部件在产品中的相对位置所采用的基准。

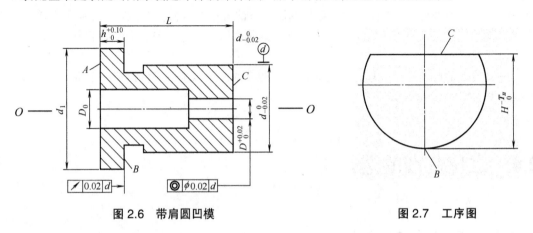

图 2.6 带肩圆凹模   图 2.7 工序图

2.4.2 定位基准的选择

机械加工的最初工序只能用工件毛坯上未经加工表面作定位基准，这种定位基准称为粗基准。用已经加工过的表面作定位基准则称为精基准。在制订零件机械加工工艺规程时，总是先考虑选择怎样的精基准定位把工件加工到设计要求，然后考虑选择什么样的粗基准定位，把用作精基准的表面加工出来。

2.4.2.1 粗基准选择

粗基准选择的要求应能保证加工面与非加工表面之间的位置要求及合理分配各加工面的余量。同时要为后续工序提供精基准。具体可按下列原则选择：

（1）为了保证加工面与非加工面之间的位置要求，应选非加工面为粗基准。如图 2.8 所示的毛坯，铸造时孔 B 和外圆 A 有偏心。若采用非加工面（外圆柱 A）为粗基准加工孔 B，则加工后的孔 B 和外圆柱 A 的轴线是同轴的，即壁厚是均匀的，而孔 B 的加工余量不均匀。当工件上有多个非加工面与加工面之间有位置要求时，则应以其中要求较高的非加工面为粗基准。

（2）为了保证各加工面都有足够的加工余量，应选择毛坯余量最小的面为粗基准。

（3）为了保证重要加工面的余量均匀，应选择其为粗基准。例如，为保证车床主轴箱主轴孔余量均匀地被切除，一般都选择主轴孔为粗基准。

（4）粗基准应避免重复使用，在同一尺寸方向上（即同一自由度方向上），通常只允许使用一次。因为粗基准表面一般说来表面较粗糙，形状误差也大，如重复使用就会造成较大的定位误差。如图 2.8 所示，如重复使用毛坯 A 定位分两次装夹加工表面 B 和 C，则必然会使 B 和 C 同轴度误差加大。

（5）作粗基准的表面应平整光洁，以使工件定位稳定可靠，夹紧方便。

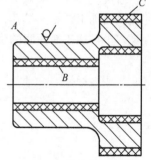

图 2.8　粗基准选择实例

2.4.2.2　精基准选择

精基准选择时应能保证加工精度和装夹可靠方便，可按下列原则选取：

1. 基准重合原则

采用设计基准作为定位基准称为基准重合。为避免基准不重合而引起的基准不重合误差，保证加工精度，应遵循基准重合原则。如图 2.9 所示的模具零件，加工 Ⅰ、Ⅱ孔采用设计基准 D 面作定位基准直接保证尺寸 C 的精度，即遵循基准重合的原则。而加工孔Ⅲ用夹具装夹，调整法加工，这样尺寸 B 只能通过控制尺寸 A、C 而间接保证。设尺寸 A、C 可能的误差变化范围分别为其偏差值 $\pm T_A/2$ 和 $\pm T_C/2$，那么加工一批零件，尺寸 B 可能误差变化范围为

$$B_{max} = A_{max} - C_{min}$$
$$B_{min} = A_{min} - C_{max}$$

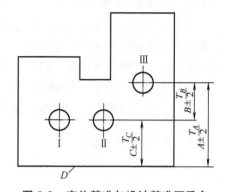

图 2.9　定位基准与设计基准不重合

将上两式相减，可得到

$$B_{max} - B_{min} = C_{max} - C_{min} + A_{max} - A_{min}$$

即
$$T_B = T_C + T_A$$

此式说明：尺寸 B 所产生的误差变化范围是尺寸 C 和尺寸 A 误差变化范围之和。

为了保证尺寸 B 的精度要求，则必须满足 $T_A + T_C \le T_B$。

讨论：①尺寸 B 误差不仅受 A 的误差影响，还受 C 的尺寸误差的影响。T_C 对 B 的影响是由于基准不重合引起的，称 T_C 为基准不重合误差。②必然有 $T_B \gg T_A$。说明尺寸 A 的公差原来并无严格的要求，现在必须将其公差缩小，加工精度大大提高，难度加大。

2. 基准统一原则

在工件的加工过程中尽可能地采用统一的定位基准，称为基准统一原则。例如轴类零件大多数工序都可以采用两端中心孔定位（即以轴心线为定位基准），以保证各主要加工表面的尺寸精度和位置精度。又例如模具中型腔和型芯板坯、模板、固定板、卸料板等都是切削加工呈六

面体，沿三个方向形成互为直角的相邻三基面体系，如图 2.10 所示的 A、B、C 三基准面。

基准统一在一次装夹中能加工出较多的表面，如模具制造在加工中心或 NC 铣镗床上，可完成型面加工，钻、扩孔，铣槽等多个工步，既可避免因基准变换而引起的定位误差，又便于保证多个被加工表面间的位置精度，也有利于提高生产率。

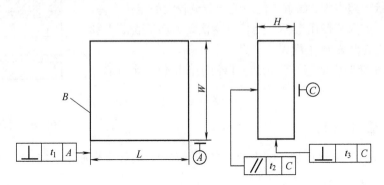

图 2.10　三基面体系

3. 自为基准原则

当某些表面精加工要求加工余量小而均匀时，选择加工表面本身作为定位基准称为自为基准原则。例如在导轨磨床上先用百分表找正工件的导轨面，然后磨削导轨；又例如采用浮动铰刀铰孔、圆拉刀拉孔及用无心磨床磨削外圆等是以加工表面本身作为定位基准。此外，生产中常采用钳工划线，后续工序操作者按线找正后装夹加工，这也是体现了自为基准的原则。

4. 互为基准原则

为了使加工面间有较高的位置精度，又为了使其加工余量小而均匀，可采取反复加工、互为基准的原则。例如，图 2.11 所示的钻套以外圆柱定位磨削内孔，反过来又以内孔定位磨削外圆柱。这样可以获得内外圆柱面较高的同轴度要求。又如模座上、下平面互为基准磨削，以保证其较高的平行度要求。

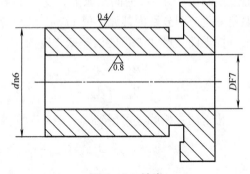

图 2.11　钻套

5. 保证工件定位准确、夹紧可靠、操作方便的原则

上述基准选择的原则，每一条只说明一个方面的问题，在实际应用中有可能出现相互矛盾的情况，此时必须抓住主要矛盾，灵活运用，保证工件定位准确、夹紧可靠、操作方便。

2.5　工艺线路的拟定

工艺线路是工艺规程设计的总体布局。其主要任务是选择零件表面的加工方法、确定加工顺序、划分加工阶段。根据工艺路线，可以选择各工序的工艺基准，确定工序尺寸、设备、工装、切削用量和时间定额等。在拟定工艺路线时应从工厂的实际情况出发，充分考虑应用各种新工艺、新技术的可行性和经济性。多提几个方案，进行分析比较，以便确定一个符合工厂实际情况的最佳工艺线路。

2.5.1　表面加工方法的选择

为了正确选择表面的加工方法，首先应了解加工经济精度和经济表面粗糙度的概念。

（1）加工经济精度是指在正常的加工条件下（采用符合质量标准的设备、工艺装备和标准技术等级工人，不延长加工时间）所能保证的加工精度。

（2）经济表面粗糙度的概念类同于经济精度的概念。

（3）选择零件表面加工方法的主要根据。

① 零件材料性质及热处理要求　例如，淬火钢件的精加工采用磨削加工和特种加工。有色金属一般采用精细车、精细铣或金刚镗进行加工，应避免采用磨削加工，因磨削有色金属时切屑易堵塞砂轮。

② 零件加工表面的尺寸公差等级和表面粗糙度　例如，材料为淬火钢，尺寸公差等级为 IT7，表面粗糙度 R_a 为 0.2 μm 外圆柱面，最终加工方法应选用磨削，其加工方案为粗车—半精车—粗磨—精磨。

③ 零件加工表面的位置精度要求　例如，孔系加工中，为保证孔间距位置尺寸及位置精度要求，其最终加工方法适宜选用镗削，或磨削而不应采用铰削。

④ 零件的形状和尺寸　例如，对于公差等级为 IT7 的孔采用镗、铰、拉和磨削都可以。但是箱体上的孔一般不宜采用拉或磨，常常选择镗、铰。在孔的加工中，若孔径大时选用镗或磨，如果选用铰孔，因其铰刀直径过大，制造、使用都不方便；若孔径小时选用铰削较为适当，因为小孔镗削或磨削加工，其刀杆直径过小，刚性差，不易保证孔的加工精度。

⑤ 生产类型　选择加工方法要与生产类型相适应，考虑生产率和经济性。例如平面和孔的加工，在批量较大时可以采用拉削；而单件小批生产时则采用刨、铣、磨平面和钻、扩、镗、铰孔。

⑥ 具体生产条件　应充分利用本企业现有设备和工艺手段，挖掘企业潜力，尽可能降低生产成本。

常见的加工方法所能达到的经济精度及表面粗糙度见表 2.9、表 2.10、表 2.11、表 2.12、表 2.13 和表 2.14 所列。

表 2.9　外圆柱面加工方法

序号	加工方法	经济精度 （以公差等级表示）	经济表面粗糙度 R_a 值/μm	适用范围
1	粗　车	IT11 ~ IT13	12.5 ~ 50	适用于淬火钢以外的各种金属
2	粗车—半精车	IT8 ~ IT10	3.2 ~ 6.3	
3	粗车—半精车—精车	IT7 ~ IT8	0.8 ~ 1.6	
4	粗车—半精车—精车—滚压（或抛光）	IT7 ~ IT8	0.025 ~ 0.2	

续表2.9

序号	加工方法	经济精度 （以公差等级表示）	经济表面粗糙度 R_a 值/μm	适用范围
5	粗车—半精车—磨削	IT7～IT8	0.4～0.8	主要用于淬火钢,也可用于未淬火钢,但不宜加工有色金属
6	粗车—半精车—粗磨—精磨	IT6～IT7	0.1～0.4	
7	粗车—半精车—粗磨—精磨—超精加工（或轮式超精磨）	IT5	0.012～0.1（或 R_z0.1）	
8	粗车—半精车—精车—精细车（或金刚车）	IT6～IT7	0.025～0.4	主要用于要求较高的有色金属加工
9	粗车—半精车—粗磨—精磨—超精磨（或镜面磨）	IT5 以上	0.006～0.025（或 R_z0.05）	极高精度外圆加工
10	粗车—半精车—粗磨—精磨—研磨	IT5 以上	0.006～0.1（或 R_z0.05）	

表2.10　孔加工方法

序号	加工方法	经济精度 （以公差等级表示）	经济表面粗糙度 R_a 值/μm	适用范围
1	钻	IT11～IT13	12.5	加工未淬火钢及铸铁的实心毛坯,也可用于加工有色金属。孔径小于15～20 mm
2	钻—铰	IT8～IT10	1.6～6.3	
3	钻—粗铰—精铰	IT7～IT8	0.8～1.6	
4	钻—扩	IT10～IT11	3.2～6.3	加工未淬火钢及铸铁的实心毛坯,也可用于加工有色金属。孔径大于15～20 mm
5	钻—扩—铰	IT8～IT9	1.6～3.2	
6	钻—扩—粗铰—精铰	IT7	0.8～1.6	
7	钻—扩—机铰—手铰	IT6～IT7	0.2～0.4	
8	钻—扩—拉	IT7～IT9	0.1～1.6	大批大量生产（精度由拉刀的精度而定）
9	粗镗（或扩孔）	IT11～IT13	6.3～12.5	
10	粗镗（粗扩）—半精镗（精扩）	IT9～IT10	1.6～3.2	除淬火钢以外的各种材料,毛坯有铸出孔或锻出孔
11	粗镗（粗扩）—半精镗（精扩）—精镗（铰）	IT7～IT8	0.8～1.6	
12	粗镗（粗扩）—半精镗（精扩）—精镗—浮动镗刀精镗	IT6～IT7	0.4～0.8	除淬火钢以外的各种材料,毛坯有铸（锻）孔

续表 2.10

序号	加工方法	经济精度（以公差等级表示）	经济表面粗糙度 R_a 值/μm	适用范围
13	粗镗（粗扩）—半精镗—磨孔	IT7～IT8	0.2～0.8	主要用于淬火钢，也可用于未淬火钢，但不宜用于有色金属
14	粗镗（粗扩）—半精镗—粗磨—精磨	IT6～IT7	0.1～0.2	
15	粗镗—半精镗—精镗—精细镗（金刚镗）	IT6～IT7	0.05～0.4	主要用于精度要求高的有色金属加工
16	钻—（扩）—粗铰—精铰—珩磨；钻—（扩）—拉—珩磨；粗镗—半精镗—精镗—珩磨	IT6～IT7	0.025～0.2	精度要求很高的孔
17	以研磨代替上述方法中的珩磨	IT5～IT6	0.006～0.1	

表 2.11　平面加工方法

序号	加工方法	经济精度（以公差等级表示）	经济表面粗糙度 R_a 值/μm	适用范围
1	粗车	IT11～IT13	12.5～50	端面
2	粗车—半精车	IT8～IT10	3.2～6.3	
3	粗车—半精车—精车	IT7～IT8	0.8～1.6	
4	粗车—半精车—磨削	IT6～IT8	0.2～0.8	
5	粗刨（或粗铣）	IT11～IT13	6.3～25	一般不淬硬平面（端铣表面粗糙度 R_a 值较小）
6	粗刨（或粗铣）—精刨（或精铣）	IT8～IT10	1.6～6.3	
7	粗刨（或粗铣）—精刨（或精铣）—刮研	IT6～IT7	0.1～0.8	精度要求较高的不淬硬平面，批量较大时宜采用宽刃精刨方案
8	以宽刃精刨代替上述刮研	IT7	0.2～0.8	
9	粗刨（或粗铣）—精刨（或精铣）—磨削	IT7	0.2～0.8	精度要求高的淬硬平面或不淬硬平面
10	粗刨（或粗铣）—精刨（或精铣）—粗磨—精磨	IT6～IT7	0.025～0.4	
11	粗铣—拉	IT7～IT9	0.2～0.8	大量生产，较小的平面（精度视拉刀精度而定）
12	粗铣—精铣—磨削—研磨	IT5 以上	0.006～0.1（或 $R_z 0.05$）	高精度平面

表 2.12　轴线平行的孔的位置精度（经济精度）　　　　　　　　　　mm

加工方法	工具的定位	两孔轴线间的距离误差，或从孔轴线到平面的距离误差	加工方法	工具的定位	两孔轴线间的距离误差，或从孔轴线到平面的距离误差
立钻或摇臂钻上钻孔	用钻模	0.1 ~ 0.2		用镗模	0.05 ~ 0.08
	按划线	1.0 ~ 3.0		按定位样板	0.08 ~ 0.2
立钻或摇臂钻上镗孔	用镗模	0.05 ~ 0.08		按定位器的指示读数	0.04 ~ 0.06
车床上镗孔	按划线	1.0 ~ 2.0	卧式铣镗床上镗孔	用量块	0.05 ~ 0.1
	用带有滑座的角尺	0.1 ~ 0.3		用内径规或用塞尺	0.05 ~ 0.25
坐标镗床上镗孔	用光学仪器	0.004 ~ 0.015		用程序控制的坐标装置	0.04 ~ 0.05
金刚镗床上镗孔	—	0.008 ~ 0.02		用游标尺	0.2 ~ 0.4
多轴组合机床上镗孔	用镗模	0.03 ~ 0.05		按划线	0.4 ~ 0.6

表 2.13　外圆和内孔的几何形状精度　　　　　　　　　　mm

机床类型		圆度误差	圆柱度误差
卧式车床	最大直径 ≤400	0.02（0.01）	100 : 0.015（0.01）
	≤800	0.03（0.015）	300 : 0.05（0.03）
	≤1 600	0.04（0.02）	300 : 0.06（0.04）
高精度车床		0.01（0.005）	150 : 0.02（0.01）
外圆车床	最大直径 ≤200	0.006（0.004）	500 : 0.011（0.007）
	≤400	0.008（0.005）	1 000 : 0.02（0.01）
	≤800	0.012（0.007）	1 000 : 0.025（0.015）
无心磨床		0.01（0.005）	100 : 0.008（0.005）
珩磨机		0.01（0.005）	300 : 0.02（0.01）
卧式镗床	镗杆直径 ≤100	外圆 0.05（0.025）内孔 0.04（0.02）	200 : 0.04（0.02）
	≤160	外圆 0.05（0.03）内孔 0.05（0.025）	300 : 0.05（0.03）
	≤200	外圆 0.06（0.04）内孔 0.05（0.03）	400 : 0.06（0.04）
内圆磨床	最大孔径 ≤50	0.008（0.005）	200 : 0.008（0.005）
	≤200	0.015（0.008）	200 : 0.015（0.008）
	≤800	0.02（0.01）	200 : 0.02（0.01）
立式金刚镗		0.008（0.005）	300 : 0.02（0.01）

注：括号内的数字是新机床的精度标准。

表2.14　平面的几何形状和相互位置精度　　　　　　　　　　　mm

机床类型			平面度误差	平行度误差	垂直度误差	
					加工面对基面	加工面相互间
卧式铣床			300：0.06（0.04）	300：0.06（0.04）	150：0.04（0.02）	300：0.05（0.03）
立式铣床			300：0.06（0.04）	300：0.06（0.04）	150：0.04（0.02）	300：0.05（0.03）
插床	最大插削长度	≤200	300：0.05（0.025）		300：0.05（0.025）	300：0.05（0.025）
		≤500	300：0.05（0.03）		300：0.05（0.03）	300：0.05（0.03）
平面磨床	立卧轴矩台			1 000：0.025（0.015）		
	高精度平磨			500：0.009（0.005）		100：0.01（0.005）
	卧轴圆台			0.02（0.01）		
	立轴圆台			1 000：0.03（0.02）		
牛头刨床	最大刨削长度		加工上面	加工侧面		
	≤250		0.02（0.01）	0.04（0.02）	0.04（0.02）	0.06（0.03）
	≤500		0.04（0.02）	0.06（0.03）	0.06（0.03）	0.08（0.05）
	≤1 000		0.06（0.03）	0.07（0.04）	0.07（0.04）	0.12（0.07）

注：括号内的数字是新机床的精度标准。

2.5.2　加工顺序的安排

复杂的零件机械加工工艺路线中要经过切削加工、热处理和辅助工序，其安排的顺序分别阐述如下：

2.5.2.1　机械加工工序的安排原则

机械加工工序的安排原则可概括为十六字诀：基准先行，先主后次，先粗后精，先面后孔。

在零件切削加工工艺过程中，首先要安排加工基准面的工序。作为精基准表面，一般都安排在第一道工序进行加工，以便后继工序利用该基准定位加工其他表面。其次安排加工主要表面。至于次要表面则可在主要表面加工后穿插进行加工。当零件需要分阶段进行加工时，即先进行粗加工，再进行半精加工，最后进行精加工和光整加工。总之表面粗糙度值最低的表面和最终加工工序必须安排在最后加工，尽量避免磕碰高光洁的表面。所有机械零件的切削加工总是先加工出平面（端面），然后再加工内孔。

2.5.2.2　热处理工序的安排

1. 预备热处理

预备热处理的目的是改善工件的加工性能，为最终热处理作好准备和消除残余应力，如正火、退火和时效处理等。它安排在粗加工前、后和需要消除应力处。调质处理能得到组织均匀细致的回火索氏体，有时也作为预备热处理，常安排在粗加工后。对于马氏体型不锈钢如 2Cr13 为降低韧性，改善断屑性能，常先调质后切削加工。

2. 最终热处理

最终热处理的目的是提高力学性能，如调质、淬火、渗碳淬火、渗氮等。调质、淬火、渗碳淬火安排在半精加工之后、精加工之前进行，以便在精加工磨削时纠正热处理变形。

渗氮处理温度低，变形小，且渗氮层较薄，渗氮工序应尽量安排靠后，如粗磨之后，精磨、研磨之前。对于模具工作零件最好经过试模确认完全合格后再进行渗氮处理。

这里强调两点：① 零件非渗碳表面即零件不允许或不需要高硬度的部位的保护方法。通常有两种：一是镀铜法，二是留加工余量法。前者的工艺过程是：粗、半精加工—镀铜（全部表面）—去除需要渗碳表面的铜层—渗碳—淬火、低温回火—精加工。后者的工艺过程是：粗、半精加工（不需要渗碳表面留余量 $t \geqslant t_{渗碳层}$）—渗碳—切除不需要渗碳表面的渗碳层—淬火、低温回火—精加工。② 零件加工表面粗糙度 R_a 值能否安排淬火工序的界限。一般情况下，零件加工表面粗糙度 $R_a \leqslant 0.8~\mu m$ 时，不得安排淬火工序。换句话说，淬火前零件加工表面 R_a 值最小为 $1.6~\mu m$。当某些特殊情况，如小孔铰削只有在淬火前 R_a 达 $0.8~\mu m$ 时，则在淬火后必须进行研磨或抛光。

2.5.2.3　辅助工序的安排

辅助工序主要包括检验、去毛刺、清洗、涂防锈油等。

1. 检验工序是主要的辅助工序

（1）检验工序安排：一般是每道工序为"三检"，即生产者自检、班组长或工段长互检、专职检验员检验；重要零件粗加工或半精加工之后；重要工序加工之前后；零件送外车间（如热处理、表面处理）加工之前；零件全部加工结束之后。

（2）特种检验方法的应用：检查零件表面及表层裂纹缺陷的方法有很多种，对于钢铁采用磁粉探伤，对于有色金属采用荧光检验或着色检验；检查零件内部缺陷采用 X 射线、γ 射线或超声波；检查零件材料化学成分采用分光检验；检查零件材料致密性采用液（耐）压试验，气密性试验或渗透试验；检查零件材料力学性能采用硬度检查强度（σ_b）检查；检查零件材料组织结构采用显微组织（金相分析）、晶粒度评定。

2. 去毛刺也是不可缺少的工序

在成批生产中，对于车削回转表面的毛刺均由车工去除；对于车削非回转表面或刨、铣、磨、钻等表面的毛刺均由钳工去除。在单件生产中，刨、铣、磨、钻等表面的毛刺可由相应工种的操作者去除。

2.5.2.4　几种典型工艺路线的安排

尽管零件结构、技术要求、材料等各异，但工艺路线的确定具有一定规律性，即以主要表面加工为主线，次要表面的加工穿插在各阶段中进行。

1. 几种典型的工艺路线

现列举几种常用的典型工艺路线（除光整加工）：

1）调质钢件

正火或退火—加工精基准—粗加工主要表面—调质—半精加工主要表面—局部表面淬火、低温回火—精加工主要表面—去应力回火—检验。

2）渗碳钢件

正火—加工精基准—粗、半精加工主要表面—渗碳—淬火、低温回火—精加工主要表面—去应力回火—检验。

3）高碳钢、工具钢件

正火—球化退火—加工精基准—粗、半精加工主要表面—淬火（＋冷处理）、低温回火—人工时效—精加工主要表面—人工时效—检验。

4）灰口铸铁件

时效—加工精基准—粗、半精加工主要表面—时效—精加工主要表面—检验。

5）渗氮钢件

（1）精密模具：退火或正火—加工精基准—粗加工—调质—半精加工—稳定化处理—精加工—装配—试冲模—渗氮—光整加工（如研磨、抛光）—检验。

（2）普通模具：粗加工—调质—精加工—渗氮—研磨—检验。

至于不需要热处理的钢件、有色金属件机械加工工艺路线就显而易见。

2. 塑料模的几种制造工艺路线

塑料模制造各种工艺路线列举如下：

1）采用冷挤压成型时（如材料15、20、20Cr）

锻造—正火或退火—加工精基准—粗加工—冷挤压型腔（多次挤压时，中间需退火）—机械加工成型—渗碳或碳氮共渗—淬火及回火—钳修抛光—镀铬—检验。

2）直接淬硬时（如T8A、T12A、CrWMn 、5CrMnMo、9Mn2V、Cr12）

锻造—退火—加工精基准—机械粗加工—调质—半精加工—淬火与回火—钳修抛光—镀铬—检验。

3）采用合金调质钢时（如42CrMo、50、40Cr）

锻造—退火—加工精基准—机械粗加工—调质—精加工—成型—钳修、抛光—镀铬（或其他表面硬化处理）—检验。

4）采用合金渗碳钢时（如20CrMnTi、20CrMnMo）

锻造—正火＋高温回火—加工精基准—精加工成型—渗碳—淬火、回火—钳修、抛光—镀铬—检验。

5）采用合金渗氮钢时（如38CrMoAl、3Cr2W8V）

工艺路线与上述第5条渗氮钢件的相同。

注意：要对多个方案进行比较，选择最佳方案；还要结合生产类型及生产条件，灵活应用机加工艺规程设计原则。

2.5.3 加工阶段的划分

从上面典型的工艺路线看出，为保证加工质量，从合理使用设备及人力等因素考虑，整个加工过程一般可以分为粗加工、半精加工、精加工和光整加工阶段。

2.5.3.1 各加工阶段主要任务及特点

1. 粗加工阶段

本阶段主要任务是切除加工表面上的大部分余量，使毛坯的形状和尺寸尽量接近成品。粗加工阶段，加工精度要求不高，切削用量、切削力都比较大，所以粗加工阶段主要考虑如何提高劳动生产率。

2. 半精加工阶段

本阶段为主要表面的精加工作好必要的精度和余量准备，并完成一些次要表面的加工。对于加工精度要求不高的表面或零件，经半精加工后即可达到要求。

3. 精加工阶段

本阶段可使精度要求高的表面达到规定的质量要求。要求的加工精度较高，各表面的加工余量和切削用量都比较小。

4. 光整加工阶段

本阶段的主要任务是提高被加工表面的尺寸精度和减小表面粗糙度，一般不能纠正形状和位置误差。对于尺寸精度和表面粗糙度要求特别高的表面，才安排光整加工、超精加工。

2.5.3.2 加工阶段的作用

1. 有利于保证产品质量

粗加工阶段不可能达到较高的加工精度和较小的表面粗糙度。完成零件的粗加工后再进行半精加工、精加工，逐步减小切削用量、切削力和切削热，可以逐步减小或消除先行工序的加工误差，减小表面粗糙度，最后达到设计图样所规定的加工要求。

2. 有利于合理使用设备

粗加工阶段可以采用功率大、刚度好、精度低、效率高的机床进行加工以提高生产率。精加工阶段可采用高精度机床和工艺装备，严格控制有关的工艺因素，以保证加工零件的质量要求。所以粗、精加工分开，可以充分发挥各类机床的性能、特点，做到合理使用，延长高精度机床的使用寿命。

3. 便于热处理工序的安排

热处理与切削加工工序的合理配合能有效满足零件的性能要求以及为后续工序作铺垫。例如，对一些精密零件，粗加工后安排去除内应力的时效处理，可以减小工件的内应力，及其内应力引起的变形对加工精度的影响。在半精加工后安排淬火处理，不仅能满足零件的性能要求，也使零件的粗加工和半精加工容易，零件因淬火产生的变形又可以通过精加工予以消除。对于精度要求更高的零件，在各加工阶段之间可穿插进行多次时效处理，以消除内应力，最后再进行光整加工。

4. 便于及时发现毛坯缺陷和保护已加工表面

由于工艺过程是分阶段进行的，在粗加工各表面之后，尤其是铸件可及时发现毛坯缺陷（如气孔、砂眼、缩孔、缩松和加工余量不足等），以便修补或发现废品，以免将本应报废的工件继续进行精加工，浪费工时和制造费用。

2.5.3.3　划分加工阶段的依据

主要依据零件加工表面的尺寸公差等级、表面粗糙度、热处理要求等划分加工阶段。显然，不同的热处理要求是划分加工阶段的重要标志。加工表面尺寸公差等级越高，则加工阶段划分越明显。加工表面粗糙度值越低，越要经过由粗加工到精加工的过程。不同的加工阶段达到的表面粗糙度值是不同的。同样，根据工件加工表面标注的表面粗糙度 R_a 值要求就可以确定该零件的加工过程，并划分加工阶段，见表 2.15。

表 2.15　R_a 值与加工阶段划分

R_a / μm	加工阶段	R_a / μm	加工阶段
50	粗加工	0.1	光整加工
25		0.05	
12.5		0.025	
6.3	半精加工	0.012	超精加工
3.2		0.006	
1.6			
0.8	精加工		
0.4			
0.2			

需要指出的是，划分加工阶段是对整个工艺过程而言的，以主要加工面为主线来分析，不应以个别表面（或次要表面）或个别工序作判断依据。但是有的零件加工阶段并不明显，但对于同一表面仍有粗、半精、精加工工步之分。

2.5.4　工序的划分与组合

根据所选定的表面加工方法和各加工阶段中表面的加工要求，可以将同一阶段中各表面的加工组合成不同的工序。在划分工序时可以采用工序集中或分散的原则。如果在每道工序中安排的加工内容多，则一个零件的加工可集中在少数几道工序内完成。工序少，称为工序集中。反之，称为工序分散。

工序集中具有以下特点：

（1）工件在一次装夹后，可以加工多个表面，能较好地保证加工表面之间的相互位置精度；可以减少装夹工件的次数和辅助时间；减少工件在机床之间的搬运次数，有利于缩短生产周期。

（2）可减少机床数量、操作工人，节省车间生产面积，简化生产计划和生产组织工作。

（3）采用的设备和工装结构复杂、投资大，调整和维修的难度大，对工人的技术水平要求高。

工序分散具有以下特点：

（1）机床设备及工装比较简单，调整方便，生产工人易于掌握。

（2）可以采用最合理的切削用量，减少机动时间。

（3）设备数量多，操作工人多，生产面积大。

在一般情况下，单件小批生产采用工序集中，大批、大量生产则工序集中和分散二者兼有。需根据具体情况，通过技术经济分析来决定。

2.6 加工余量的确定

2.6.1 概　念

加工余量是指加工过程中所切去的金属层厚度。

余量有工序余量和加工总余量（毛坯余量）之分。工序余量是相邻两工序的工序尺寸之差，加工总余量（毛坯余量）是毛坯尺寸与零件图样的设计尺寸之差。

由于工序尺寸有公差，故实际切除的余量大小不等。图 2.12 表示工序余量与工序尺寸的关系。由图可知，工序余量的基本尺寸（简称基本余量或公称余量）Z 可按下式计算，即

对于被包容面　　$Z=$ 上道工序基本尺寸－本道工序基本尺寸

对于包容面　　$Z=$ 本道工序基本尺寸－上道工序基本尺寸

为了便于加工，工序尺寸都按"入体原则"标注极限偏差，即被包容面的工序尺寸取上偏差为零；包容面的工序尺寸取下偏差为零。毛坯尺寸则按双向布置上、下偏差。工序余量和工序尺寸及其公差的计算公式如下

$$Z = Z_{\min} + T_a$$
$$Z_{\max} = Z + T_b = Z_{\min} + T_a + T_b$$

式中　　$Z_{\min}$ ——最小工序余量；

　　　　$Z_{\max}$ ——最大工序余量；

　　　　T_a ——上道工序尺寸的公差；

　　　　T_b ——本道工序尺寸的公差。

图 2.13 表示加工总余量与工序余量的关系。由图可得（适用于包容面和被包容面）

$$Z_0 = Z_1 + Z_2 + \cdots + Z_n = \sum_{i=1}^{n}$$

式中　Z_0——加工总余量（毛坯余量）；

　　　Z_i——各工序余量；

　　　n——工序数。

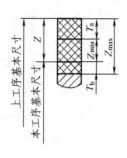

（a）被包容面（轴）

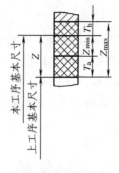

（b）包容面（孔）

图 2.12　工序余量与工序尺寸及其公差的关系

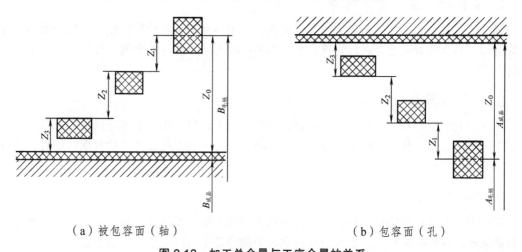

（a）被包容面（轴）　　　　　　　　　（b）包容面（孔）

图 2.13　加工总余量与工序余量的关系

　　加工余量有双边余量和单边余量之分。对于外圆和孔等回转表面，加工余量指双边余量，即以直径方向计算，实际切削的金属层厚度为加工余量的一半。平面的加工余量则是单边余量，它等于实际切削的金属层厚度。

2.6.2　影响加工余量的因素

　　影响加工余量的因素主要包括 4 个方面，如图 2.14 所示。

　　（1）被加工表面上道工序表面粗糙度 R_a 和缺陷层 D_a。

　　（2）被加工表面上道工序尺寸公差 T_a。

　　（3）被加工表面上道工序的形位误差（也称空间误差）ρ_a。

（4）本道工序加工时的装夹误差 ε_b。

图中尺寸 d_a、d_b 分别为前道工序和本道工序的工序尺寸。

综上所述因素，加工余量的基本公式为

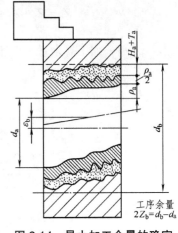

$$Z_b = T_a + R_a + D_a + |\rho_a + \varepsilon_b| \qquad （对单边余量）$$

$$2Z_b = T_a + 2(R_a + D_a) + 2|\rho_a + \varepsilon_b| \qquad （对双边余量）$$

有关 R_a、D_a、ρ_a 可查有关手册，ε_b 可通过先分别求出定位误差、夹紧误差和夹具误差后再相加而得。

在应用上述公式时，要结合具体情况进行修正，例如，无心磨或浮动镗削或拉削孔时不计 ε_b。ρ_a 中不计位置误差。又如研磨、抛光因主要是为降低表面粗糙度，则 T_a、D_a、ρ_a、ε_b 均为 0 等。

图 2.14　最小加工余量的确定

2.6.3　确定加工余量的方法

1. 经验估计法

根据工艺人员和工人的长期生产实际经验，采用类比法来估计确定加工余量的大小。此法简单易行，但有时为经验所限，为防止余量不够产生废品，估计的余量一般偏大。多用于单件小批生产。

2. 分析计算法

以一定的试验资料和计算公式为依据，对影响加工余量的诸因素进行逐项的分析计算以确定加工余量的大小。此法所确定的加工余量经济合理，但要有可靠的实验数据和资料，计算较繁杂，仅在贵重材料或零件大批生产和大量生产中采用。

3. 查表修正法

以有关工艺手册和资料所推荐的加工余量为基础，结合实际加工情况进行修正以确定加工余量的大小，此法应用较广。查表时应注意表中数值是单边余量还是双边余量。

2.7　工序尺寸及其公差的确定

零件每一道工序加工规定达到的尺寸称为工序尺寸。工序尺寸可以是零件的设计尺寸，也可以完全不是。工序尺寸及其公差的大小不仅受到工序余量的影响，而且与工艺基准的选择有密切的关系。

2.7.1　工艺基准与设计基准重合时工序尺寸及其公差的确定

这是指工序基准或定位基准与设计基准重合，表面经多道工序加工时，工序尺寸及其公差的计算。其确定的过程如下：

（1）方法：往前推算法。

（2）顺序：先确定各工序余量的基本尺寸，再由后往前逐个工序推算，即由零件上的设计尺寸开始，由最后一道工序向前工序推算，直到毛坯尺寸。

（3）公差等级：中间各工序尺寸公差等级都按经济精度，即在 IT8 及 IT8 以下。

（4）极限偏差：按"入体原则"确定，即轴按基本偏差"h"，孔按基本偏差"H"，长度按 ± IT/2。至于毛坯尺寸公差及偏差按相应的标准规定。

【例 2.1】　加工图 2.15 所示的小轴外圆柱 ϕ20h6，R_a 为 0.2 μm，材料 T8A，56 ~ 60 HRC，成批生产。选择的加工方案为粗车—半精车—粗磨—精磨。用查表法确定毛坯尺寸、各工序尺寸及公差。

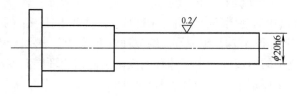

图 2.15　小轴

【解】　先从工艺资料或手册中查取各工序的基本余量及各工序的尺寸公差等级，经过计算得各工序的尺寸，具体见表 2.16。

表 2.16　加工外圆柱面 ϕ20h6 工序尺寸及公差　　　　　　单位：mm

工序名称	工序余量	工序尺寸公差	工序尺寸
精　磨	0.3	IT6($_{-0.013}^{0}$)	ϕ20h6
粗　磨	0.5	IT8($_{-0.033}^{0}$)	ϕ20.3h8
半精车	2.2	IT10($_{-0.084}^{0}$)	ϕ20.8h10
粗　车	3	IT12($_{-0.21}^{0}$)	ϕ23h12
毛　坯	总余量6		ϕ(26 ± 0.5)

最后还要验算最小余量，必须能保证该道工序加工表面的质量要求。

2.7.2　工艺基准与设计基准不重合时工序尺寸及其公差的确定

在复杂零件加工中，常常是工艺基准，例如定位基准或测量基准，不能直接选用设计基准，而必须经过基准转换，将设计尺寸换算成加工工艺所需要的尺寸即工艺尺寸。进行这种换算就需要用到工艺尺寸链。运用工艺尺寸链理论是合理确定工艺尺寸及其公差的基础，是编制工艺规程不可缺少的重要工具。

2.7.2.1　工艺尺寸链的概念

1. 尺寸链的定义

在机器装配或零件加工过程中，由相互连接的尺寸形成封闭的尺寸组称为尺寸链。其图形称为尺寸链图。例如图 2.16（a）所示为冷冲模的凸模，加工孔 $\phi 10$ mm、$\phi 8H8$，图样中标注尺寸为 A_1 和 A_0。由于尺寸 A_0 不便于测量只能通过测量 $\phi 10$ mm 孔深 $A_2^{-T_{A2}}$ 来间接保证，如图 2.16（b）所示。这样，尺寸 A_1、A_2、A_0 是在加工过程中，由相互连接的尺寸形成封闭的尺寸组，如图 2.16（c）所示，它就是一个尺寸链。

2. 尺寸链的组成

为了便于分析和计算尺寸链，对尺寸链中各尺寸作如下定义：

（1）环：列入尺寸链中的每一尺寸。如图 2.16（c）中的 A_1、A_2、A_0 都称为尺寸链的环。

（2）封闭环：尺寸链中在装配过程或加工过程最后（自然或间接）形成的一环。图 2.16（c）中的 A_0 是封闭环。封闭环以下角标"0"表示。

（3）组成环：尺寸链中对封闭环有影响的全部环。这些环中任一环的变动必然引起封闭环的变动。图 2.16（c）中的 A_1 和 A_2 均是组成环。组成环以下标"i"表示，i 从 1 到 m，m 是环数。

（4）增环：尺寸链中的组成环，由于该环的变动引起封闭环同向变动。同向变动是指该环增大时封闭环也增大，该环减小时封闭环也减小。图 2.16（c）中的 A_1 是增环。

（5）减环：尺寸链中的组成环，由于该环的变动引起封闭环反向变动。反向变动是指该环增大时封闭环减小，该环减小时封闭环增大。图 2.16（c）中的 A_2 是减环。

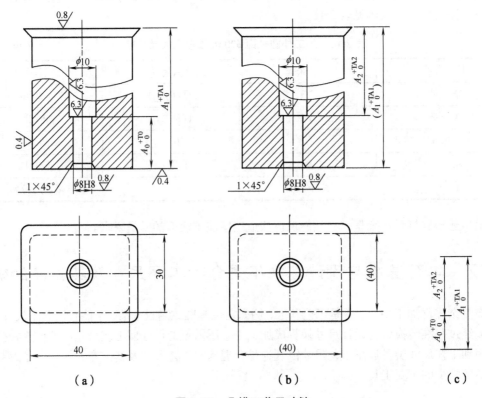

（a）　　　　　　　　（b）　　　　　　　　（c）

图 2.16　凸模工艺尺寸链

3. 尺寸链的特性

（1）封闭性：由于尺寸链是封闭的尺寸组，因而它是由一个封闭环和若干个相互连接的组成环所构成的封闭图形，具有封闭性。

（2）关联性：由于尺寸链具有封闭性，所以尺寸链中的各环都相互关联。尺寸链中封闭环随所有组成环的变动而变动，组成环是自变量，封闭环是因变量。

4. 尺寸链图的绘制

尺寸链图是将尺寸链中各相应的环按大致比例，用首尾相接的平箭头按顺序画出的尺寸图。由此，尺寸链图的绘制过程是：先画出所求找的环，再按尺寸链的定义，各环依次首尾相接，直至自身封闭为止。

5. 封闭环的判别

正确判断出尺寸链的封闭环是解尺寸链最关键的一步。如果封闭环判断错了，整个工艺尺寸链的解算也就错了。判断封闭环的关键点是在装配或加工过程"间接"、"自然而然"、"最后"获得的尺寸或者说"最后"形成的环。还要强调的是在同一个尺寸链中，封闭环只有一个。在同一道工序中，当同时需要保证 2 个以上尺寸要求时，应确定其中尺寸公差较大的环作为封闭环。

6. 增减环的判别

（1）当尺寸链环数较少时，按组成环对封闭环的影响即按增减环的定义判断。

（2）当尺寸链环数多，结构较复杂时，如图 2.17 所示，采用回路法。即在尺寸链图中画一回路，标上箭头。然后与确定的封闭环相比较，凡是与封闭环箭头方向同向的环是减环，与封闭环箭头方向反向的是增环。

但需要说明，在尺寸链组成中，有时没有减环。

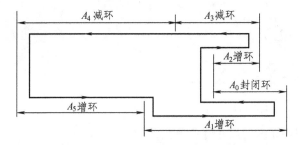

图 2.17　多环尺寸链增减环的判别

7. 尺寸链的形式

按环的几何特征划分为长度尺寸链和角度尺寸链；按其应用场合划分为装配尺寸链、工艺尺寸链和零件尺寸链；按各组成环所处空间位置划分为直线尺寸链、平面尺寸链和空间尺寸链等。

2.7.2.2　工艺尺寸链解算基本公式

计算工艺尺寸链的目的是要求出工艺尺寸链中某些环的基本尺寸及其上、下偏差。

计算的方法有极值法、统计（概率）法。

计算的形式有：

正计算——已知组成环，求封闭环；

反计算——已知封闭环，求组成环；

中间计算——已知封闭环和部分组成环，求其余组成环。

计算工艺尺寸链用到的尺寸及偏差（或公差）符号列入表 2.17。

表 2.17　工艺尺寸链的尺寸及偏差符号

环　名	符　号　名　称						
	基本尺寸	最大尺寸	最小尺寸	上偏差	下偏差	公差	平均尺寸
封闭环	A_0	$A_{0\max}$	$A_{0\min}$	$\mathrm{ES}A_0$	$\mathrm{EI}A_0$	T_0	T_{0m}
增　环	$\vec{A}_i$	$\vec{A}_{i\max}$	$\vec{A}_{i\min}$	$\mathrm{ES}\vec{A}_i$	$\mathrm{EI}\vec{A}_i$	$\vec{T}_i$	$\vec{A}_{im}$
减　环	$\overleftarrow{A}_i$	$\overleftarrow{A}_{i\max}$	$\overleftarrow{A}_{i\min}$	$\mathrm{ES}\overleftarrow{A}_i$	$\mathrm{EI}\overleftarrow{A}_i$	$\overleftarrow{T}_i$	$\overleftarrow{A}_{im}$

工艺尺寸链计算的基本公式如下

$$A_0 = \sum_{i=1}^{m} \vec{A}_i - \sum_{i=m+1}^{n-1} \overleftarrow{A}_i \tag{2.1}$$

$$A_{0\max} = \sum_{i=1}^{m} \vec{A}_{i\max} - \sum_{i=m+1}^{n-1} \overleftarrow{A}_{i\min} \tag{2.2}$$

$$A_{0\min} = \sum_{i=1}^{m} \vec{A}_{i\min} - \sum_{i=m+1}^{n-1} \overleftarrow{A}_{i\max} \tag{2.3}$$

$$\mathrm{ES}A_0 = \sum_{i=1}^{m} \mathrm{ES}\vec{A}_i - \sum_{i=m+1}^{n-1} \mathrm{EI}\overleftarrow{A}_i \tag{2.4}$$

$$\mathrm{EI}A_0 = \sum_{i=1}^{m} \mathrm{EI}\vec{A}_i - \sum_{i=m+1}^{n-1} \mathrm{ES}\overleftarrow{A}_i \tag{2.5}$$

$$T_0 = \sum_{i=1}^{n-1} T_i \tag{2.6}$$

$$A_{0m} = \sum_{i=1}^{m} \vec{A}_{i\,m} - \sum_{i=m+1}^{n-1} \overleftarrow{A}_{i\,m} \tag{2.7}$$

式中　　A_{im}——各组成环平均尺寸，$A_{im} = (A_{i\max} + A_{i\min})/2$；

　　　　n——包括封闭环在内的尺寸链总环数；

　　　　m——增环数目；

　　　　$n-1$——组成环（包括增环和减环）的数目。

2.7.2.3　工艺尺寸链的应用和解算方法

1. 定位基准与设计基准不重合时的尺寸换算

【例 2.2】　如图 2.18（a）所示的轴套及其轴向尺寸。其外圆柱、内孔及端面均已加工。图 2.18（b）为钻孔工序图。试求以 B 面定位钻 ϕ10 mm 孔的工序尺寸 L 及其偏差。

【解】　① 建立尺寸链。如图 2.18（c）所示，尺寸 (25±0.1) mm 间接保证为封闭环。应用回路法判断，尺寸 L^{TL}、$55_{-0.15}^{0}$ mm 为增环，尺寸 $65_{-0.1}^{0}$ mm 为减环。

② 验算公差。

根据 $T_0 \geqslant \sum T_i$　　　　$\sum T_i = 0.1 \text{ mm} + 0.15 \text{ mm} = 0.25 \text{ mm} > T_0 = 0.2 \text{ mm}$

因此，需要调整组成环的公差，即要将上道车削工序相关尺寸公差缩小。

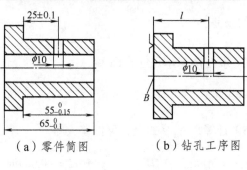

（a）零件简图　　　　（b）钻孔工序图

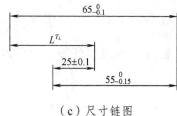

（c）尺寸链图

图 2.18 轴套钻孔工序尺寸

考虑到轴套装配使用的要求，拟将尺寸 $65_{-0.1}^{0}$ mm 调整为 $65_{-0.07}^{0}$ mm ， $55_{-0.15}^{0}$ mm 调整为 $55_{-0.08}^{0}$ mm 这样， $T_0 = 0.2$ mm $> \sum T_i = 0.07$ mm $+ 0.08$ mm $= 0.15$ mm 。

③ 计算。

根据公式（2.1）计算尺寸 L 的基本尺寸，即

$$25 \text{ mm} = L + 55 \text{ mm} - 65 \text{ mm} \qquad L = 35 \text{ mm}$$

根据公式（2.4）、（2.5）计算尺寸 L 的上、下偏差，即

$$+0.1 \text{ mm} + \text{ES}L + 0 - (-0.07 \text{ mm}) \quad \text{ES}L = +0.03 - 0.1 \text{ mm} = \text{EI}L - 0.08 - 0 \quad \text{EI}L = -0.02 \text{ mm}$$

④ 校核。用极值法解尺寸链时，各组成环的尺寸公差与封闭环尺寸公差间应满足式（2.6），即

$$\sum T_i = 0.07 \text{ mm} + 0.08 \text{ mm} + 0.05 \text{ mm} = 0.2 \text{ mm} = T_0$$

因此，尺寸 $L^{T_L} = 35_{-0.02}^{+0.03}$ mm 。

2. 测量基准与设计基准不重合时的尺寸换算

【例 2.3】 如图 2.19（a）所示凸凹模，要求保证尺寸 (6 ± 0.15) mm 。由于扩孔 $\phi 10.5$ mm 时，该尺寸不便于测量，只好通过测量尺寸 H^{T_H} 来间接保证。试求测量尺寸 H^{T_H} 及其上、下偏差，并分析有无假废品现象存在？

【解】 ① 建立尺寸链。如图 2.19（c）所示，尺寸 (6 ± 0.15) mm 因不便于测量间接保证，所以为封闭环。尺寸 (42 ± 0.1) mm 为增环，尺寸 H^{T_H} 为减环。

② 验算公差。

根据 $T_0 \geqslant \sum T_i$　　$T_0 = 0.3$ mm $> \sum T_i = 0.2$ mm

因此，不需要调整组成环的公差。

③ 计算。

根据公式（2.1）计算尺寸 H 的基本尺寸，即

$$6\,\text{mm} = 42\,\text{mm} - H \qquad H = 36\,\text{mm}$$

根据公式（2.4）、（2.5）计算尺寸 H 的上、下偏差，即

$$+0.15\,\text{mm} = 0.1\,\text{mm} - \text{EI}H \qquad \text{EI}H = -0.05\,\text{mm}$$

$$-0.15\,\text{mm} = -0.1\,\text{mm} - \text{ES}H \qquad \text{ES}H = +0.05\,\text{mm}$$

④ 校核。用极值法解尺寸链时，各组成环的尺寸公差与封闭环尺寸公差间应满足式（2.6），即

$$\sum T_i = 0.2\,\text{mm} + 0.1\,\text{mm} = 0.3\,\text{mm} = T_0$$

因此，尺寸 $H^{T_H} = (36 \pm 0.05)\,\text{mm}$ 。

讨论：该零件测量尺寸 $(36 \pm 0.05)\,\text{mm}$ 会产生假废品现象。其理由是：对于零件尺寸链如图 2.19（d）所示，孔深尺寸 H'^{T_H} 自然形成。H'^{T_H} 为封闭环，尺寸 $(6 \pm 0.15)\,\text{mm}$ 为减环，$(42 \pm 0.1)\,\text{mm}$ 为增环，解之得：$H'^{T_H} = (36 \pm 0.4)\,\text{mm}$ 。由此，$T'_H \gg T_H$ 。这说明当检查尺寸 $H^{T_H} = (36 \pm 0.05)\,\text{mm}$ 发生超大或超小现象时，并不意味着超出该产品设计尺寸允许变动的范围，但在本道工序确实是超过了工序尺寸允许变动的范围，即超差，这就是假废品现象。倘若产品实际尺寸超过了 $H = (36 \pm 0.4)\,\text{mm}$ ，这才是真正的超差，真正的废品。

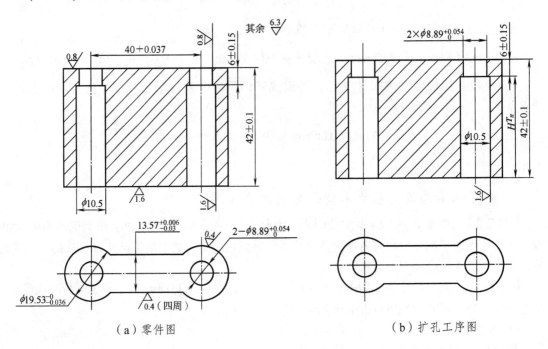

（a）零件图 　　　　　　　　　　　　　（b）扩孔工序图

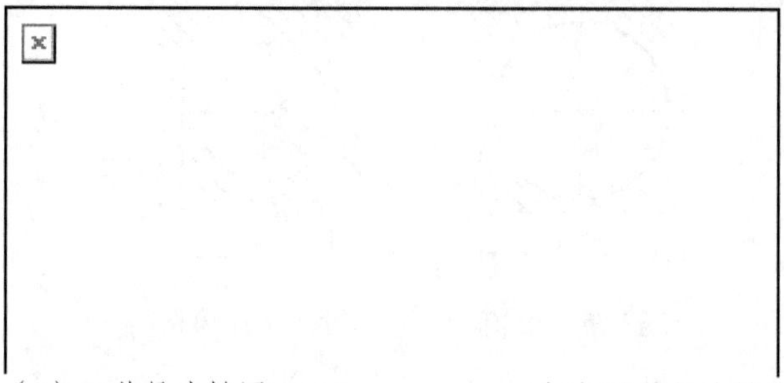

（c）工艺尺寸链图 （d）零件尺寸链图

图 2.19 凸凹模扩孔工序尺寸的换算

3. 多工序尺寸换算

【例 2.4】 如图 2.20 所示的某一带键槽的齿轮孔，键槽深度最终尺寸 $46^{+0.30}_{0}$ mm，孔径 $\phi 40^{+0.05}_{0}$ mm，零件加工工序为：

工序 1 镗内孔至 $\phi 39.6^{+0.10}_{0}$ mm。

工序 2 插键槽至尺寸 A。

工序 3 热处理。

工序 4 磨内孔至 $\phi 40^{+0.05}_{0}$ mm，同时保证尺寸 $46^{+0.30}_{0}$ mm。

试求工序尺寸 A 及其偏差。

【解】 ① 建立工艺尺寸链。如图 2.20（c）、（d）、（e）所示，尺寸 $46^{+0.30}_{0}$ mm 为封闭环。采用回路法判断，尺寸 $20^{+0.025}_{0}$ mm、A 为增环，尺寸 $19.8^{+0.05}_{0}$ mm 为减环。

② 验算公差。根据 $T_0 \geqslant \sum T_i$，$\sum T_i = 0.025$ mm $+ 0.05$ mm $= 0.075$ mm $< T_0 = 0.3$ mm，因此不需要调整组成环的公差。

③ 计算。

根据公式（2.1）计算尺寸 A 的基本尺寸，即

$$46 \text{ mm} = A + 20 \text{ mm} - 19.8 \text{ mm} \quad A = 45.8 \text{ mm}$$

根据公式（2.4）、公式（2.5）计算尺寸 A 的上、下偏差，即

$$+0.30 \text{ mm} = \text{ES}A + 0.025 \text{ mm} \quad \text{ES}A = +0.275 \text{ mm}$$

$$0 = \text{EI}A + 0 - 0.05 \text{ mm} \quad \text{EI}A = +0.05 \text{ mm}$$

④ 校核。用极值法解尺寸链时，各组成环的尺寸公差与封闭环尺寸公差间应满足式（2.6），即

$$\sum T_i = 0.025 \text{ mm} + 0.05 \text{ mm} + 0.225 \text{ mm} = 0.30 \text{ mm} = T_0$$

因此，尺寸 $T^{T_A} = 45.8^{+0.275}_{+0.05}$ mm。

若按入体原则标注，尺寸 A^{T_A} 也可写为 $45.85^{+0.225}_{0}$ mm。

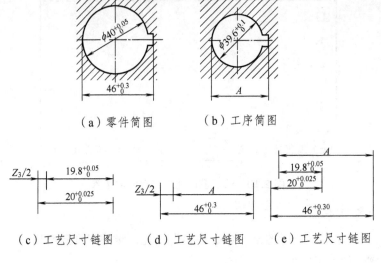

（a）零件简图　　　　　（b）工序简图

（c）工艺尺寸链图　　　（d）工艺尺寸链图　　　（e）工艺尺寸链图

图 2.20　带键槽的齿轮孔

4. 零件进行表面镀铬

【例 2.5】　图 2.21 所示注塑模型腔要求镀铬，铬层厚度 $t = (0.025 \sim 0.04)$ mm（单边），镀后尺寸为 $\phi 25^{+0.045}_{0}$ mm，计算镀前工序尺寸 ϕA^{T_A}。

【解】　① 建立工艺尺寸链。如图 2.21（b）所示，尺寸 $\phi 25^{+0.045}_{0}$ mm 是间接保证的，为封闭环。尺寸 $0.05^{+0.03}_{0}$ mm 为减环，ϕA^{T_A} 为增环。

② 验算公差。根据 $T_0 \geqslant \sum T_i$，$\sum T_i = 0.03$ mm < 0.045 mm $= T_0$，因此不需要调整组成环的公差。

③ 计算。

根据公式（2.1）计算尺寸 ϕA 的基本尺寸，即

$$25 \text{ mm} = A - 0.05 \text{ mm} \qquad A = 25.05 \text{ mm}$$

根据公式（2.4）、公式（2.5）计算尺寸 ϕA 的上、下偏差，即

$$+0.045 = ESA - 0 \qquad\qquad ESA = +0.045 \text{ mm}$$

$$0 = EIA + 0 - 0.03 \text{ mm} \qquad EIA = +0.03 \text{ mm}$$

④ 校核。用极值法解尺寸链时，各组成环的尺寸公差与封闭环尺寸公差间应满足式（2.6），即

$$\sum T_i = 0.03 \text{ mm} + 0.015 \text{ mm} = 0.045 \text{ mm} = T_0$$

因此，尺寸 $\phi A^{T_A} = \phi 25.05^{+0.045}_{+0.03}$ mm。

若按入体原则标注，尺寸 ϕA^{T_A} 也可写为 $\phi 25.08^{+0.015}_{0}$ mm。

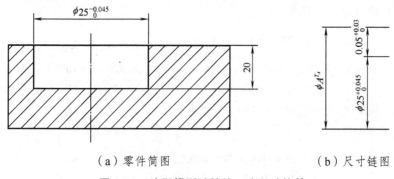

（a）零件简图   （b）尺寸链图

图 2.21   注塑模型腔镀铬工序尺寸换算

5. "靠火花" 磨削

所谓 "靠火花" 磨削，是指磨削端面的一种方法，即将磨床工作台纵向进给，使工件靠到砂轮端面，根据靠去火花的多少凭经验判断大约磨去了多少余量，从而估计能得到多大的工序尺寸。该法的优点是能保证切去最小的必要余量值，同时对工序尺寸不作测量，因而能提高生产率。计算 "靠火花" 磨削的余量 Z^{Tz} 作为可控制的组成环，而磨后所要求的尺寸却是间接保证的封闭环。

一般地磨削余量 $Z = (0.1 \sim 0.15)$ mm。

6. 孔系坐标（工序）尺寸的换算

制造冷冲模上的多个凹模时，常常进行孔系的加工。在坐标镗床上加工孔系时，就要把孔系的中心距尺寸及公差换算成相互垂直的坐标（工序）尺寸及公差。这是平面工艺尺寸链的一种应用。

【例 2.6】   图 2.22（a）所示为凹模孔系在坐标镗床上镗孔的工序图，其中两孔 I - II 之间的中心距尺寸 $L_o = (100 \pm 0.10)$ mm，$\beta = 30°$，$L_x = 86.60$ mm，$L_y = 50$ mm。为保证孔距尺寸 L_o，对于坐标尺寸 L_x、L_y 应控制多大公差？

【解】   计算时，同样先画出尺寸链图，如图 2.22（b）所示，它由 L_x、L_y、L_o 三尺寸组成封闭图形。其中 L_o 是加工结束后才获得的，是封闭环，L_x、L_y 是组成环。若把 L_x、L_y 向 L_o 尺寸线上投影，就将此平面尺寸链转化为 $L_x \cos \beta$、$L_y \sin \beta$、L_o 三尺寸组成的线性尺寸链，如图 2.22（c）所示。显然，$L_x \cos \beta$、$L_y \sin \beta$ 均是增环。此例的解算，实质上就是工艺尺寸链一般的反计算问题。

由尺寸链基本公式

$$L_o = L_x \cos 30° + L_y \sin 30°$$

而

$$T_{L_o} = T_{L_x} \cos 30° + T_{L_y} \sin 30°$$

若用等公差法分配，即

$$T_{L_x} = T_{L_y} + T_{L_M}$$

故

$$T_{L_o} = T_{L_M} (\cos 30° + \sin 30°)$$

则有

$$T_{L_M} = T_{L_o} /(\cos 30° + \sin 30°) = 0.20 /(\cos 30° + \sin 30°) = 0.145 \text{ (mm)}$$

如公差带对称分布，可写成

$$\mathrm{ES}L_M = +0.073\,(\mathrm{mm}) \qquad \mathrm{EI}L_M = -0.073\,(\mathrm{mm})$$

再验算
$$\mathrm{ES}L_o = \mathrm{ES}L_M(\cos 30° + \sin 30°) = +0.073(\cos 30° + \sin 30°) = +0.10\,(\mathrm{mm})$$
$$\mathrm{EI}L_o = \mathrm{EI}L_M(\cos 30° + \sin 30°) = -0.073(\cos 30° + \sin 30°) = -0.10\,(\mathrm{mm})$$

完全符合图纸上规定 L_o 的偏差为 ±0.10 mm 的要求。

此时，对于基本尺寸

$$L_x = L_o \cos 30° = 100 \cos 30° = 86.6\,(\mathrm{mm})$$
$$L_y = L_o \sin 30° = 100 \sin 30° = 50\,(\mathrm{mm})$$

所以，在工序图上标注镗孔工序尺寸为：

$$L_x = (86.6 \pm 0.073)\,\mathrm{mm}$$
$$L_y = (50 \pm 0.073)\,\mathrm{mm}$$

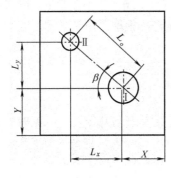 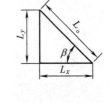

（a）工序简图 　　　　（b）平面尺寸链图 　　　　（c）线性尺寸链图

图 2.22　模板孔系坐标尺寸换算

【小结】　解算工艺尺寸链的步骤归纳为 5 条：
① 建立尺寸链，绘制尺寸链图，判断封闭环、增环或减环。
② 比较组成环的公差之和与封闭环的公差大小，决定是否调整组成环的公差。
③ 根据基本公式计算。
④ 校核。
⑤ 写出结果。

2.8　工艺装备的选择

制订机械加工工艺规程时，正确选择设备与工艺装备是保证零件加工质量要求，提高生产率及经济性的一项重要措施。

1. 设备的选择

在选择设备时，应注意以下几点：

（1）设备的主要规格尺寸应与零件的外廓尺寸相适应。即小零件应选小的设备，大零件应选大的设备，做到设备的合理使用。

（2）设备的精度应与工序要求的加工精度相适应。对于高精度的零件加工，在缺乏精密设备时，可通过设备改造"以粗干精"。

（3）设备的生产率应与加工零件的生产类型相适应，单件小批量生产选择通用设备，大批量生产选择高生产率的专用设备。

（4）设备选择还应结合现场的实际情况。例如设备的类型、规格及精度状况，设备负荷的平衡状况以及设备的分布排列情况等。

2. 夹具的选择

在大批大量生产的情况下，应广泛使用专用夹具，在工艺规程中应提出设计专用夹具的要求。单件小批生产应尽量选择通用夹具（或组合夹具），如标准卡盘、平口钳、转台等。工、模具制造车间，产品大都属于单件小批生产，但对于结构复杂，精度很高的工、模具零件非专用工装难以保证其加工质量时，也应使用必要的二类工装，以保证其技术要求。在批量大时也可选择适当数量的专用夹具以提高生产效率。

3. 刀具的选择

刀具的选择主要取决于所确定的加工方法、工件材料、所要求的加工精度、生产率和经济性、机床类型等。原则上应尽量采用标准刀具，必要时可采用各种高生产率的复合刀具和专用刀具。刀具的类型、规格以及精度等级应与加工要求相适应。

4. 量具的选择

量具的选择主要根据检验要求的准确度和生产类型来决定。所选用量具能达到的准确度。应与零件的精度要求相适应。单件小批生产广泛采用通用量具，大批量生产则采用极限量规及高生产率的检验仪器。

2.9　切削用量与时间定额的确定

机械加工时间定额是在一定生产条件下，规定生产一件产品或完成一道工序所需消耗的时间。常作为劳动定额指标。它是安排生产计划、核算成本的重要依据，也是设计或扩建工厂（或车间）时计算设备和工人数量的依据。

合理的时间定额对调动工人的生产积极性、保证工人规范化生产及进行生产计划管理和成本核算等都有重要的意义。

完成一个工件或一道工序的时间称为单件时间 T_p，它由下列 5 部分组成。

1. 基本时间 T_b

基本时间 T_b 是直接改变生产对象的尺寸、形状、相对位置、表面状态或材料性质等工艺过程所消耗的时间。对机械加工来说，就是切除工序余量所消耗的时间，包括刀具的切入和切出时间在内。以车削外圆表面为例（见图 2.23），其基本时间为

$$T_b = \frac{(l + l_a + l_b)A}{nfa_p} = \frac{LA}{nfa_p} = \frac{\pi d_w LA}{1\,000 v_c fa_p}$$

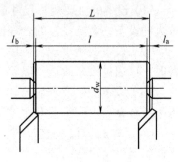

图 2.23　车外圆时基本时间计算

式中　　d_w——待加工表面直径（mm）；

　　　　L——车刀行程长度（mm）；

　　　　l_a——刀具切入长度（mm）；

　　　　l_b——刀具切出长度（mm）；

　　　　f——刀具进给量（mm/r）；

　　　　A——半径方向加工余量（mm）；

　　　　n——工件转速（r/min）；

　　　　a_p——切削深度（mm）；

　　　　v_c——切削速度（m/s）。

2. 辅助时间 T_a

辅助时间 T_a 是为实现工艺过程所必须进行的各种辅助动作所消耗的时间。包括装卸工件、开停机床、引进或退出刀具、改变切削用量、试切和测量工件等所消耗的时间。

中批生产辅助时间可根据统计资料或手册来确定；大批大量生产时，为使辅助时间规定得合理，需将辅助动作进行分解，再分别确定各分解动作的时间，最后予以综合；单件小批生产可按基本时间的百分比来估算。

基本时间和辅助时间之和称为作业时间 T_B，它是用于制造产品所消耗的时间。

3. 布置工作时间 T_s

布置工作时间 T_s 是指为使加工正常进行，工人照管工作地（如更换刀具、润滑机床、清理切屑、整理工具等）所消耗的时间。T_s 不是直接消耗在每个工件上的，而是消耗一个工作班内再折算到每个工件上的。一般按作业时间的 2% ~ 7% 估算。

4. 休息与生理需要时间 T_r

休息与生理需要时间 T_r 是指工人在工作班内为恢复体力和满足生理上的需要所消耗的时间。T_r 也是按一个工作班为计算单位，再折算到每个工件上的。对由工人操作的机床加工工序，一般按作业时间的 2% ~ 4% 估算。

以上 4 部分时间的总和为单件时间 T_p，即

$$T_p = T_b + T_a + T_s + T_r = T_B + T_s + T_r$$

5. 准备与终结时间 T_e

准备与终结时间 T_e 是工人为生产一批产品或零、部件，进行准备和结束工作所消耗的时间。例如阅读零件图纸；熟悉工艺文件；领取毛坯、材料、工艺装备，安装刀具和夹具；对机床和工艺装备进行必要的调整、试车；在加工一批工件结束后，拆下和归还工艺装备，因而分摊到每一个工件上的时间为 T_e/N（N 为批量）。将这部分时间加到单件时间上，即为工件的单件计算时间 T_c。由此得

$$T_c = T_p + T_e / N$$

由于工序时间定额反映了生产率的高低，因此分析研究时间定额，对提高生产率有根本性的作用。时间定额通常由定额员、工艺员和工人相结合而确定。其方法可以是直接估计，或类比，分析推算，或实际测定和分析。

提高机械加工生产率的工艺途径主要有：

（1）缩短基本时间（T_b）。例如提高切削用量、缩短切削行程、采用高生产率的加工方法等。

（2）缩短辅助时间（T_a）。例如采用先进的工具、夹具和量具，使辅助时间和基本时间相重合等。

（3）缩短布置工作的时间（T_s）。

（4）缩短准备与终结时间（T_e）。

思考题

1. 解释下列名词术语的含义并比较其主要区别：生产过程与工艺过程、生产纲领与生产类型、几何精度与加工精度、工艺基准与设计基准、定位基准与定位基面。

2. 生产类型的主要工艺特点是什么？

3. 什么是工艺规程？在生产中起何作用？

4. 制订工艺规程的原则、主要依据、步骤及内容是什么？

5. 机械加工工艺过程卡（路线单）与工序卡（工序单）主要区别是什么？应用场合？

6. 零件结构工艺性与技术要求工艺性有何不同？工艺性分析作用？如何从工艺性分析入手制订工艺规程？

7. 粗、精基准选择的原则有哪些？各举一例说明其应用。

8. 为什么粗基准一般只在一道工序中使用一次？

9. 加工某冷冲模模座的工序简图如图2.24所示，试指出：

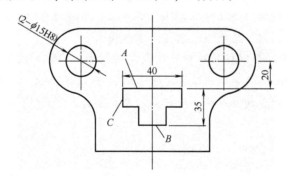

图2.24　第9题图——冷冲模模座工序简图

（1）模腔表面 A、B、C 的工序基准。

（2）加工模腔表面 A、B、C 的定位基准。

（3）符合精基准选择原则的哪几条？

10. 试分析下列加工情况的定位基准，并说明符合基准选择的哪一条原则？

（1）用三爪卡盘夹住圆棒料车削外圆、钻内孔。

（2）按钳工划线，找正后刨、铣模板表面或钻孔。

（3）平磨模座上、下平面。

（4）用浮动镗刀块精镗内孔。

（5）用双顶尖顶住中心孔磨削圆柱凸模外圆表面。

（6）无心磨削圆柱销。

（7）磨削床身导轨面。

（8）用与主轴浮动连接的铰刀铰孔。

（9）拉削齿坯内孔。

（10）坐标磨床上采用三基准面磨孔系。

11. 模套毛坯为锻件，内孔 $\phi100H8$，加工工艺路线为钻孔—粗镗—半精镗—淬火、低温回火—粗磨—精磨。通过查表知各工序的加工余量和经济精度，试确定各工序尺寸及其偏差、总余量。按要求完善表 2.18。

表 2.18 题 11 需完成的表

工序名称	工序余量	经济精度	工序尺寸及偏差
精 磨			
粗 磨			
半精镗			
粗 镗			
毛坯孔			

12. 时间定额由哪几部分组成？如何制订？怎样提高劳动生产率？

13. 加工如图 2.16 所示的凸模内孔 $\phi8H8$，尺寸 15，不便于测量，只能通过测量 $\phi10$ mm 孔深 H^{Th} 来间接保证。试求测量尺寸 H 及其上、下偏差。

14. 图 2.25 所示为轴套零件的铣削工序图，铣削加工内容为表面 A、B，要求保证尺寸 $5_{-0.06}^{\ 0}$ mm、(26 ± 0.2) mm，求试切调刀时的度量尺寸 H、L 及其上、下偏差。

15. 加工如图 2.26 所示的轴颈时，设计要求尺寸分别为 $\phi28_{+0.008}^{+0.024}$ mm 和 $t=4_{0}^{+0.16}$ mm，有关工艺过程如下：

（1）车外圆至 $\phi28.5_{-0.10}^{\ 0}$ mm。

（2）在铣床上铣键槽，槽深尺寸为 H。

（3）淬火热处理。

（4）磨外圆至尺寸 $\phi28_{+0.008}^{+0.024}$ mm。

若磨后外圆和车后外圆的同轴度误差为 $\phi0.04$ mm，试用极值法计算铣键槽的工序尺寸 H 及其偏差。

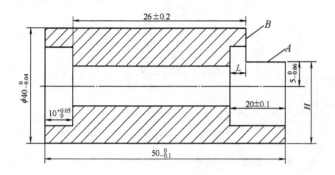

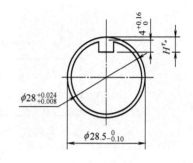

图 2.25　第 14 题图——轴套　　　　图 2.26　第 15 题的图——轴

16. 加工小轴零件，其轴向尺寸及有关工序简图如图 2.27 所示，试求工序尺寸 A 和 B 及其极限偏差。

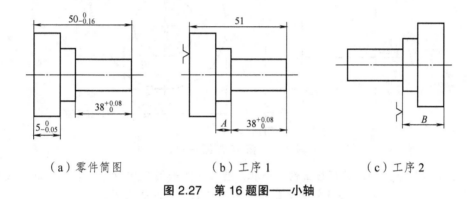

（a）零件简图　　　　　（b）工序 1　　　　　（c）工序 2

图 2.27　第 16 题图——小轴

17. 加工如图 2.28 所示轴套零件及其有关工序如下：

（1）精车小端外圆、端面及台肩。

（2）钻孔。

（3）热处理。

（4）磨孔及底面。

（5）磨小端外圆及台肩。

试求：工序尺寸 A、B 及其极限偏差。

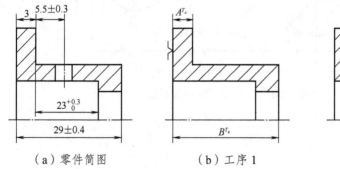

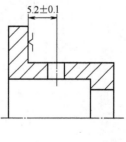

（a）零件简图　　　　　（b）工序 1　　　　　（c）工序 2

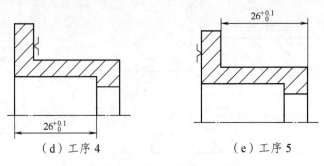

（d）工序 4   （e）工序 5

图 2.28 第 17 题图——轴套

18. 在图 2.29 所示的零件中，M 平面最后铣削，为便于测量，选择母线 B 作为测量基准。当铣削 M 面时加工误差为 0.05 mm，试求测量尺寸 A_x。

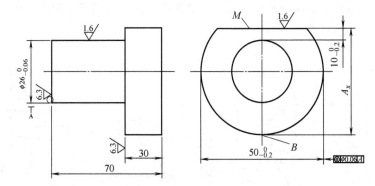

图 2.29 第 18 题图——轴

19. 在坐标镗床上加工镗模板上的三个孔，其孔间距如图 2.30 所示。各孔的加工顺序依次是 Ⅰ→Ⅱ→Ⅲ，试按等公差法计算确定各孔之间的坐标尺寸及其偏差。

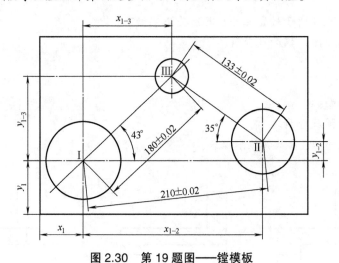

图 2.30 第 19 题图——镗模板

第 3 章　模具零件的机械加工

零件机械加工由于其加工精度高、表面质量好、生产效率高，能加工特形表面，是零件加工的主要方法。

3.1　一般机械加工

机械加工的方法有很多种，常用的方法有车削、铣削、刨削、钻削、铰削、镗削和磨削等。由于它们所使用的机床不同，应用范围不同，所以各种加工方法有不同的工艺特点。

3.1.1　车削加工

车削加工是在车床上主要对回转面进行加工的方法。车床的种类很多，主要有卧式车床、立式车床、转塔自动车床及数控车床。车削加工的通用性好，加工精度高，表面粗糙度低。一般精车精度可达 IT7～IT8，表面粗糙度 R_a 可达 3.6～0.8 μm，精细车可达 IT5～IT6，R_a 可达 0.4 μm。车削加工是最基本的切削加工方法之一。这里只介绍一些特殊的车削方法。

1．特形曲面的车削

在机械制造中，由于设计和使用等的需要，会出现各种复杂的特殊的型面。如：凸轮、手柄、自动机床上的靠模及球面等。当其为单件生产或小批生产时，通常用普通车床来完成这些特殊型面的加工。

车削精度要求不高的特形曲面，常用纵向、横向同时进给法来完成车削加工，即在车削时双手同时摇动大拖板手柄和中拖板手柄，通过双手协调动作，车出所要求的特形曲面形状。

例如，车削如图 3.1 所示的手柄，工件装夹在三爪卡盘上。车削时，首先按图示要求车削 $\phi46$ mm 与 $\phi20$ mm 的外圆，然后再开始车削手柄曲面，采用大拖板自动纵向进给和中拖板配合

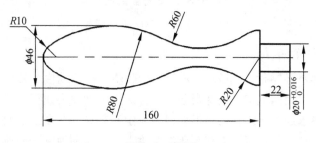

图 3.1　手柄

手动横向进给的方法。车削时，根据大拖板自动纵向进给的速度和工件曲面圆弧的大小，掌握中拖板进退配合的快慢，并根据工件曲面圆弧的变化，随时调整。车削顺序，先车削距离卡盘最远的曲面 $R20$，再车削 $R60$ 的曲面，依次往左。车削时，大拖板应该由工件曲面的高处向低处作纵向进给，中拖板则由外向里以手动配合进给，这样可以避免因中拖板进给（退刀）不及时而将工件车坏。采用此种方法车削，由于手动进给的不均匀，工件表面的走刀痕迹往往很明显，为降低表面粗糙度，应用细板锉仔细修整后再用砂布加机械油磨光。最后切断，调头车削 $R10$ 的曲面并修光。

球面的加工常常也是单件或小批生产中碰到的问题。带球面的零件很多，如球面垫圈、拉深凸模、弯曲模、浮动模柄和塑料模的型芯等零件，往往都带有球面，如图 3.2 所示的浮动模柄接头，就是带球面的零件。球面的加工方法有很多种，如双手同时摇动中拖板手柄和小拖板手柄协调车削；用成型车刀车削；还可以在卧式车床上设置一个球面车削工具来车削球面，其方法是：在机床导轨上固定一基准板 1，在中拖板上紧固一调节板 3，基准板与调节板连杆 2 通过轴销铰链连接。当中拖板横向自动进给时。由于连杆 2 的作用，使大拖板作相应的纵向移动，而连杆绕基准板上的轴销回转使刀尖也作出圆弧轨迹。如图 3.3（a）所示，调节连杆 2 的长短，可以车出半径不同的球面。调整基准板的位置，可以车出内凹球面，如图 3.3（b）所示。

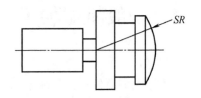

图 3.2　浮动模柄接头

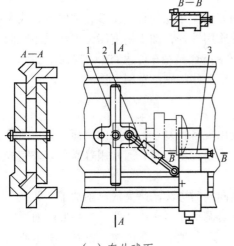

（a）车外球面

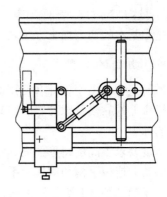

（b）车内球面

图 3.3　车球面工具

1—基准板；2—连杆；3—调节板

2. 多型腔零件的车削

模具上常常有多型腔零件，图 3.4 所示为三型腔塑料模的动模。其型腔的结构形状适合于用车削加工。因此，可用四爪卡盘或花盘装夹零件。用辅助顶尖找正型腔中心，逐个车出。车削前，须先按图示要求加工出工件的外形，以便车削时装夹，并在三个型腔的中心打上样冲眼或中心孔。车削时，把工件初步装夹在车床的花盘上，将辅助顶尖一端顶在样冲眼上或中心孔上，另一端顶在车床尾座顶尖上。用手转动主轴，以千分表校正辅助顶尖外圆，调整工件的位置，如图 3.5 所示。当辅助顶尖的外圆校正后，便可以对型腔进行车削。用同样的方法，可以校正其他型腔中心，并进行车削加工。辅助顶尖的结构如图 3.6 所示，要求 $\phi16$ mm 与 $\phi10$ mm 的外圆保持同轴。

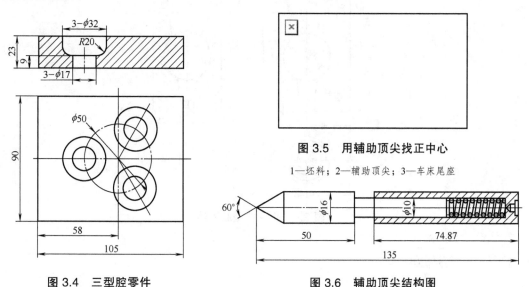

图 3.5　用辅助顶尖找正中心

1—坯料；2—辅助顶尖；3—车床尾座

图 3.4　三型腔零件　　　　　　　　　图 3.6　辅助顶尖结构图

又如图 3.7 所示的箱盖零件，现要在车床上加工 $\phi25^{+0.033}_{0}$ mm 的两个孔及 $\phi38$ mm 的凸台和 136 mm×96 mm 的大平面，我们可以采用与上例相同的加工方法来加工，只是为了调整工件方便，可在花盘上安装一辅助夹具。这样，在加工时，只需移动辅助夹具到一定位置即可继续加工。它既方便了工件的装夹、加工和测量，又可避免因移动工件而产生加工误差。

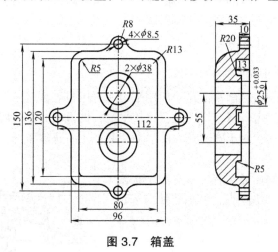

图 3.7　箱盖

3. 对拼装式型腔的车削

在模具设计中，常常把型腔设计成对拼式的，即型腔的形状由两个半片或多个镶件组成。如在注射模、吹塑模、压铸模、玻璃模和胀形模等模具中都常有拼装式型腔零件。

车削加工拼装式型腔零件时，如图 3.8 所示。为保证型腔尺寸的准确性，应预先将各对拼件的对拼面磨平，相互间用工艺销钉固定组成为一个整体后再进行车削加工。

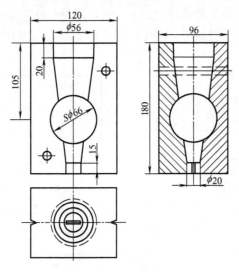

图 3.8　拼装式型腔零件

3.1.2　铣削加工

　　铣削加工可以用来加工平面、沟槽、螺纹、齿轮及成型表面，特别是复杂的特形面，几乎都是通过铣削加工来完成的。铣削加工精度较高，可达 IT8 左右，表面粗糙度 R_a 值为 3.6～0.8 μm，因此，铣削是切削加工中的重要的加工方法之一，在机械加工中得到广泛的应用。

　　在模具零件的加工中，铣削主要用来加工各种模具的型腔和型面。铣削主要的机床是立式铣床和万能工具铣床。当模具的型腔和型面的精度要求较高时，铣削加工一般作为中间工序，铣削后经成型磨削或火花加工等来提高加工精度。

　　模具零件的立铣加工主要有以下几种：

1．平面或斜面的铣削

　　在立式铣床上用端铣刀铣削平面，一般用平口钳、压板等装夹工件，其特点是切屑厚度变化小、同时进行切削的刀齿较多，切削过程比较平稳，铣刀端面的副切削刃有刮削作用，工件的表面粗糙度较低。因此，对于宽度较大的平面，都采用高速端面铣削。这样既能保证铣削精度，生产效率又高。

　　在立式铣床上铣削斜面通常有三种方法：按划线转动工件铣斜面，用夹具转动工件铣斜面，转动立铣头铣斜面。

2．圆弧面的铣削

　　在立式铣床上加工圆弧面，通常是利用圆形工作台，它是立铣加工中的常用附件，其结构组成如图 3.9 所示。

　　利用它进行各种圆弧面的加工。首先将圆形工

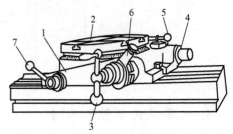

图 3.9　圆形工作台

1—底座；2—圆台；3、5、7—手柄；
4—接头；6—扳动杆

作台安装在立式铣床工作台上，再将工件安装在圆形工作台上。安装工件时应注意使被加工圆弧的中心与圆形工作台的回转中心重合，并根据工件形状来确定铣床主轴中心是否需要与圆形工作台中心重合。

3. 复杂型腔或型面的铣削

在模具设计与制造中，有大量的不规则型腔或型面。对于凸凹模的不规则型腔或型面的铣削，可采用坐标法进行。其方法是：首先选定基准，根据被铣削的型腔或型面的特征选定坐标的基准点。基准点（即坐标原点）的选定应根据型面或型腔的主要设计基准来确定。其次建立坐标系，以坐标基准点为原点，根据工作台的运动方向建立坐标系或极坐标。第三，计算型腔或型面的横向和纵向坐标尺寸。最后用铣刀逐点铣削。如图 3.10 所示，在铣削加工时，根据被加工点的位置，要准确控制工作台的纵向（X）与横向（Y）的移动。坐标法加工后的型腔或型面的精度较低，需经钳工修整才能获得比较光滑平整的表面。

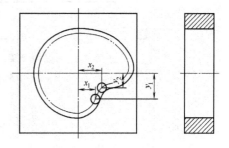

图 3.10　不规则型腔的立铣削

当立铣铣削的曲面为凸凹模复杂的空间曲面时，同样可采用坐标法，但需要控制 X、Y、Z 三个坐标方向的移动。

4. 坐标孔的铣削

对于单件孔系工件，如图 3.11 所示的凸凹模，由于孔系孔距精度较高，可在立铣上利用其工作台的纵向与横向移动，加工工件上的坐标孔。但对普通立铣床因工作台移动的丝杠与螺母之间存在间隙，故孔距的加工精度不是很高。当孔距精度要求高时，可用坐标铣床加工。坐标铣床是以孔加工和立铣加工为主要加工对象。坐标机床上装有光电式或数字式读数装置，其加工精度比立式铣床高。

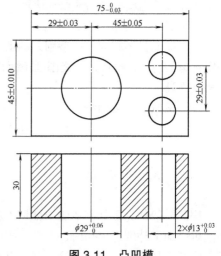

图 3.11　凸凹模

3.1.3　刨削加工

刨削加工是以单刃刀具——刨刀相对于工件作直线往复运动形式的主运动，工件作间隙性移动进给的切削加工方法。在模具零件加工中，刨削主要用于零件的外形加工，刨削加工的精度为 IT9～IT7，表面粗糙度值 R_a 为 6.3～3.6 μm。中小型零件主要用牛头刨床加工，如冲裁模模座等。大型零件则用龙门刨床或单臂刨床进行加工。

1. 平面的刨削

对于较小的工件，常用平口钳装夹；对于大而薄的工件，一般是直接安装在刨床工作台上，用压板压紧。对于较薄的工件，在刨削时还常采用撑板压紧，如图 3.12 所示。其优点是便于进刀和出刀，可避免工件变形，夹紧可靠。撑板如图 3.13 所示。

斜面刨削时，可在工件底部垫入斜垫块使之倾斜。斜垫块是预先制成的一批不同角度的垫块，使用时还可用两块以上不同角度的斜块组成斜垫块组。另外，刨削斜面还可以倾斜刀架，使滑枕移动方向与被加工斜面方向一致。刨削时采用手动进给将斜面刨出。

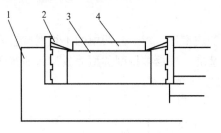

图 3.12　用撑板装夹

1—虎钳；2—撑板；3—垫板；4—工件

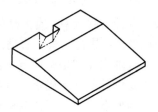

图 3.13　撑板

2. 曲面的刨削

刨削曲面时，刀具没有一定的位置，它随曲面的形状作相应的变化，用合成动作加工出各类曲面。曲面刨削有以下几种方法：

（1）按划线刨削法。

这种方法最常用，特别适合单件生产，其加工简单，但要求具有一定的操作技术。用该法加工曲面表面粗糙，刨后应修光表面。

（2）成型刀具刨削法。

用与曲面弧形相同的成型刨刀刨削曲面。加工后其表面粗糙度 R_a 可达 6.3 ~ 3.2 μm，用于一定批量的生产。缺点是只能刨削小面积曲面。当曲面的面积较大时要分段刨削，生产效率低，且精度不高。

（3）机械装置刨削法。

这种方法能得到较好的精度，加工质量稳定，适用于大批量生产。

3.1.4　磨削加工

磨削一般作为零件制造的半精加工和精加工手段，广泛地应用在机械制造和模具制造中，磨削可以加工外圆、内孔面、平面、成型表面、螺纹及齿轮廓形等各种表面。在模具制造中，可以磨削模具的型腔、型芯等成型件以及结构件。磨削加工所使用的机床有外圆磨床、内圆磨床、平面磨床及各种精密坐标磨床。这里仅介绍一般机械零件加工中不常用的特殊的磨削方法。

1. 无心内圆磨削

无心内圆磨削是在无心内圆磨床上进行的内圆磨削。磨削时，工件以外圆表面定位，工件 3 支持在滚轮 1 和导轮 4 上，压紧轮 2 使工件紧贴导轮，由导轮带动工件旋转作圆周进给，砂轮 5 除了作高速旋转外，还要作纵向进给与周期性的横向进给，如图 3.14 所示。加工

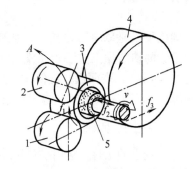

图 3.14　无心内圆磨削的工作原理

1—滚轮；2—压紧轮；3—工件；
4—导轮；5—砂轮

完成后，压紧轮抬起，以便装卸工件。

无心内圆磨削主要用于大批量生产中，精加工内外圆面有同轴度要求的薄壁短工件的内孔。

2. 行星式内圆磨削

采用行星式磨削时，工件不动，砂轮除高速旋转外，砂轮轴还要围绕着固定中心（即工件内孔轴线）作旋转运动以实现圆周进给。磨削时的横向进给由砂轮轴绕工件内孔轴线旋转半径增大来完成，纵向进给可由工件或砂轮完成，如图 3.15（a）所示。

行星式内圆磨削适合于磨削大型的或形状不对称的，不宜于旋转的工件上的内孔或成型内表面，如凹模型腔、模块上的台阶孔等，如图 3.15（b）、（c）所示。也可以用来磨削这类工件上的凸肩、外圆面等，如凸模外成型表面，如图 3.15（d）所示。随着数控技术的发展。已出现由数控装置驱动完成所要求形状轨迹的运动，利用行星磨头来磨削型腔或外成型表面。

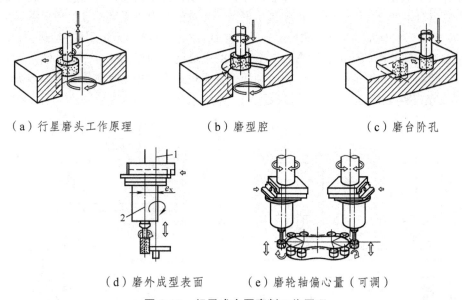

（a）行星磨头工作原理　　　　（b）磨型腔　　　　（c）磨台阶孔

（d）磨外成型表面　　（e）磨轮轴偏心量（可调）

图 3.15　行星式内圆磨削工作原理

1—主轴；2—磨轮轴

磨削内圆时，砂轮的磨削速度一般为 20～25 m/s；工件的圆周进给速度一般为 15～25 m/min，表面粗糙度要求较小时取较低值；纵向进给速度为 0.5～2.5 m/min，粗磨时取较大值，精磨时取较小值；横向进给量的取值与磨削材料有较大关系，如磨削淬火钢时，取 0.005～0.01 mm。

3.2　仿形加工

仿形加工是以预先制成的靠模为依据，加工时在一定压力作用下，触头与靠模工作表面紧密接触，并沿其表面移动，通过仿形机构，使刀具作同步仿形动作，从而在零件毛坯上加工出与靠模相同型面的零件。仿形加工是对各种零件，特别是模具零件的型腔或型面进行切削加工的重要方法之一。常用的仿形加工有仿形车削、仿形铣削、仿形刨削和仿形磨削等。

3.2.1　仿形加工原理与控制形式

实现仿形加工的方法有多种，根据靠模触头传递信息的形式和机床进给传动控制方式的不同，可以分为机械式、液压式、电控式和电液式等。

1. 机械式仿形

机械式仿形的触头与刀具之间是以刚性连接，或通过其他机构如缩放仪及杠杆等进行连接，以实现同步仿形加工。图 3.16 所示为机械式仿形铣床的加工原理图。仿形触头 5 始终与靠模 4 的工作表面紧密接触，并沿其工作表面作相对运动，这个运动通过信息传递装置 3 传递给铣刀 1，铣刀对工件 2 进行加工，而实现仿形。要注意的是对于平面轮廓的仿形需要两个方向的进给，S_1 是主进给运动，S_2 是随靠模运动的变化而产生的进给，叫作随动进给运动，如图 3.16（a）所示。对空间轮廓的仿形，则需要三个方向的进给运动的相互配合，其中 S_1、S_3 为主进给运动，S_2 为随动运动，如图 3.16（b）所示。这类机床多数用手动进给或手动与机动相配合进给等多种方式实现仿形。

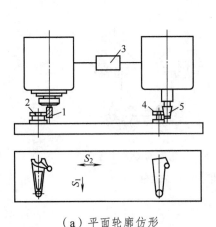
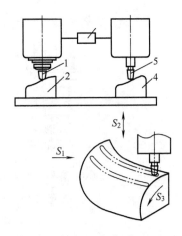

（a）平面轮廓仿形　　　　　　　　　（b）立体仿形

图 3.16　机械仿形工作原理

1—铣刀；2—工件；3—信息传递装置；4—靠模；5—仿形触头

采用机械式仿形机床加工工件时，由于靠模与仿形触头之间有较大的作用力，又有相对运动。因而容易引起两构件工作面的磨损，而且在加工过程中，仿形触头以及起刚性连接的中间装置需要传递很大的力，会产生一定的弹性变形。所以机械式仿形加工的精度较低，不适宜加工精度要求高的零件。

2. 液压式仿形

液压式仿形是利用液压油作为介质来传递运动信息和动力的。图 3.17 所示为液压仿形车削加工原理的示意图。液压缸与液压系统安装在托板 6 上，托板又安装在机床的大拖板上。仿形触头 5 始终与靠模 4 的工作型面接触，且与液压系统相连接，活塞杆 7 又与车床中拖板相连。仿形车削加工时，车刀作纵向进给运动，仿形触头沿着靠模型面移动并产生横向运动而使液压系统工作，控制液压缸的进出油以及活塞两边的压力差，推活塞杆移动使中拖板和车刀 8 作相应的横向进给运动，完成仿形车削。

液压仿形具有结构简单、体积小而输出功率大，工作适应性强，动作灵敏度高等优点。而且，液压仿形装置没有传动间隙存在，因而其仿形精度要比机械式仿形精度高，一般在 0.02 ～ 0.1 mm。仿形触头压力为 6 ～ 10 N。

3. 电控式仿形

电控式仿形是以电信号传递仿形信息，利用伺服系统带动刀具作仿形运动。图 3.18 所示为电控式仿形车削加工示意图。它由靠模 4、仿形触头 5、电气控制系统 3 和信号放大系统 6 等部分组成。车削时，仿形触头沿靠模型面移动，产生仿形信号，经信号放大系统放大后，传递给电气控制系统，再由电气控制信号控制机械传动带动车刀作仿形进给运动，实现仿形车削加工。

电控式仿形的特点是：系统结构紧凑，传递信号快捷、准确、灵敏度高、仿形触头压力小（为 1 ～ 6 N）、易于实现远距离控制，并可用计算机与其构成多工序连续控制的仿形加工系统。电控式仿形的仿形精度可达 0.01 ～ 0.03 mm。

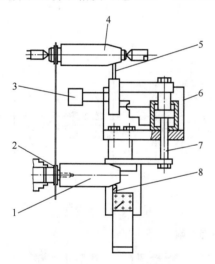

图 3.17　液压仿形车削示意图

1—工件；2—链轮；3—液压系统；4—靠模；5—仿形触头；
6—托板；7—活塞杆；8—车刀

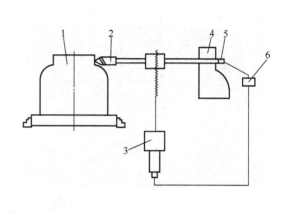

图 3.18　电控仿形车削示意图

1—工件；2—车刀；3—电气控制系统；4—靠模；
5—仿形触头；6—信号放大系统

4. 电液式仿形

电液式仿形是以电传感器来传递仿形信号，利用液压力作为动力进行仿形加工的。仿形加工时，电传感器得到的电信号经过电-液转换机构（电液伺服阀），使液压缸或液压电动机（也称液压马达）等液压执行机构驱动工作台作相应的伺服运动。为了得到较高的加工精度，要求电液伺服阀的启动、换向、停止等动作灵敏、准确，并且有较大的功率放大倍数，这种系统的仿形触头压力为 1 ～ 6 N。

3.2.2　仿形车削

仿形车削主要用于形状复杂的旋转曲面如凸轮、手柄、凸模、凹模型腔或型孔等的成型表面的加工。仿形车削加工设备主要有两类，一类是装有仿形装置的通用车床，另一类是专用仿形车床。仿形车削是平面轮廓仿形，需要两个方向的进给运动。一般仿形装置是使车刀在纵向进给的同时，又使车刀按照预定的轨迹横向运动，通过纵向与横向的运动合成，完成复杂旋转曲面的内、外型面加工。

根据靠模样板在车床上的安装位置不同，仿形车削又分为靠板靠模仿形，刀架靠模仿形和尾座靠模仿形。图 3.19（a）所示为靠板靠模仿形车削示意图。它是由通用车床改装而成的。在床身外侧安装靠模板 2，靠模板上有一条与工件成型表面的曲线和尺寸相同的型槽。将中拖板的丝杠抽掉，用连接板 4 通过滚柱 3 把中拖板与床鞍连接起来。车削时，当床鞍作纵向进给运动，滚柱在靠模板的型槽内移动，通过连接板带动刀具 5 作横向运动，刀具的纵向、横向运动合成完成仿形车削加工。图 3.19（b）所示为尾座靠模仿形车削示意。靠模 9 安装在支架 10 上，支架用一定方法紧固在尾座上，将车床上的刀架拆除，在中拖板上安装板架 7。将刀杆 8 装在板架的纵向孔内，刀杆的一端装有车刀，另一端装有靠模触头，在弹簧力作用下，保证触头与靠模接触。车削时，中拖板作横向进给运动，刀杆在靠模作用下产生纵向运动，完成仿形车削加工。这种方法适用于端面仿形车削。

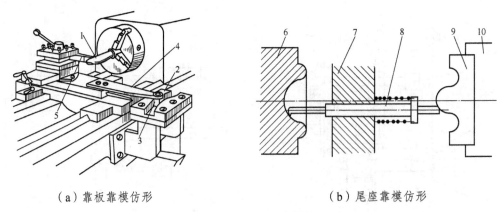

（a）靠板靠模仿形　　　　　　　　　　（b）尾座靠模仿形

图 3.19　机械式仿形车削

1、6—工件；2—靠模板；3—滚柱；4—连接板；5—刀具；7—板架；8—刀杆；9—靠模；10—靠模支架

仿形车削所用的靠模一般选用 3~5 mm 厚的钢板或硬铝板制造，其型面型槽须与被加工的旋转曲面的形状尺寸一致。有些靠模与触头间作用压力小的靠模可以选用硬木、铝材或环氧树脂制造，其型面的形状、尺寸与模具零件的形状、尺寸须一致。仿形车削一般用于精加工工序，在仿形车削之前，应先将毛坯粗车成型，留较小的仿形车削余量（一般不大于 2.5 mm），在仿形车削精加工之后，需经抛光等加工。

3.2.3　仿形铣削

仿形铣削主要用于加工非旋转体的复杂的成型表面的零件，如凸轮、凸轮轴、螺旋桨叶片、锻模、冷冲模的成型或型腔表面等。仿形铣削可以在普通立式铣床上安装仿形装置来实现，也可以在仿形铣床上进行。

1. 立式铣床上的仿形铣削

在普通立式铣床上应用仿形装置进行平面轮廓仿形铣削，方法极其简单。只需要将与工件成型表面形状相同或相似的靠模板与工件一起固定在工作台上，即可进行成型铣削。图 3.20 所示为仿形铣削凹模型腔。样板 3、垫板 4 和凹模 5 一起安装在铣床工作台上。在指状铣刀 2 的刀柄上部装一个淬硬的滚轮 1。加工凹模型腔时，用双手操纵铣床工作台的纵向和横向移动，使滚轮始终与样板接触，并沿着样板的型面作轮廓运动，这样便可以加工出凹模型腔。利用靠模样板加工时，要注意铣刀的半径应小于型腔转角处的圆角半径，这样才能加工出完整轮廓。

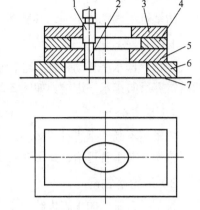

图 3.20　仿形铣削凹模型腔

1—滚轮；2—铣刀；3—样板；4—垫板；
5—凹模；6—底板；7—工作台

2. 在仿形铣床上仿形铣削

在成批或大量生产中，平面轮廓仿形铣削最好采用平面仿形铣床进行，以满足成型表面加工精度和生产率的要求。常用的平面仿形铣床有双轴靠模铣床。在仿形铣床上加工工件时，必须先做好和零件形状相同或相似的靠模板或靠模。

对于形状复杂的需要三个方向进给运动的零件（如凹模）的型腔或型面的加工，可以在立体仿形铣床上进行，图 3.21 所示为立体仿形铣床。其工作台 2 可沿机床床身 1 作横向进给运动，工作台上装有支架 3，支架上分别安装靠模 6 和工件 4。主轴箱 9 可沿横梁 10 的水平导轨作纵向进给运动，还可以连同横梁一起沿立柱 8 上下作垂直进给运动。主轴箱上装有铣刀 5 和靠模销 7。当铣刀与工件进行横向、纵向及垂直三个方向的进给运动时，便可以加工出立体成型表面。

铣削时，靠模销始终和靠模表面接触，由于靠模表面的形状不同，这就使靠模销产生轴间移动，从而发出信号，此信号经过传感器变成电信号，经机床的随动系统（见图 3.22）放大后，

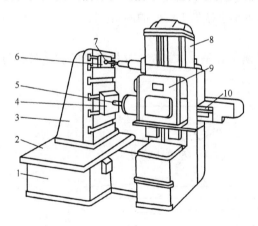

图 3.21　立体仿形铣床

1—床身；2—工作台；3—支架；4—工件；5—铣刀；
6—靠模；7—靠模销；8—立柱；
9—主轴箱；10—横梁

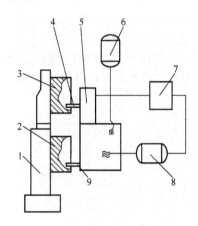

图 3.22　立体仿形铣床随动系统

1—支架；2—工件；3—靠模；4—靠模销；5—随动机构；
6—始发运动电动机；7—放大器；8—随动运动电动机；
9—铣刀

来控制随动运动电动机，由丝杆带动铣刀跟随着靠模销作相应的轴向移动。从而使铣刀铣削出和靠模表面一致的成型表面。

仿形铣削因铣床不同，其铣削方式存在差异，但其切削运动路线有3种基本方式：

1）水平分行

工作台作水平移动，铣刀进行切削，切削到型腔端头，主轴箱在垂直方向上作进给运动，然后铣刀反向作水平进给，如图3.23（a）所示。

2）垂直分行

主轴箱不断作垂直进给运动。当切削到型腔端头，工作台在水平方向作一横向进给，然后铣刀再作反向垂直进给，如图3.23（b）所示。

3）沿轮廓铣削

铣削时，铣刀的垂直进给与工作台的水平横向进给同时受到协调控制。铣刀不需要作纵向进给，靠模销沿着靠模样板的轮廓仿形，铣刀沿着工件的轮廓铣削，如图3.23（c）所示。

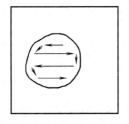 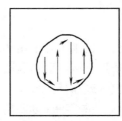 

（a）水平分行铣削　　　　（b）垂直分行铣削　　　　（c）沿轮廓铣削

图3.23　仿形铣削工作方式

仿形铣削是在普通立式铣床或立体仿形床上进行，仿形铣削所用铣刀也是类似于立铣刀的结构，但应根据加工表面形状来确定。加工平面轮廓型槽，可选用端头为平面的圆柱立铣刀；加工立体型槽时，为了得到工件全部曲面形状，应选用锥形球头铣刀，铣刀端头的圆弧半径必须小于工件的内圆弧最小半径，锥形铣刀的倾角应小于被加工表面的倾角。图3.24所示为仿形铣削常用的铣刀类型。

用仿形铣削加工模具的型腔或型面时，其靠模主要是立体靠模。立体靠模的制造过程与工艺较为复杂。其制造材料有如下几类：

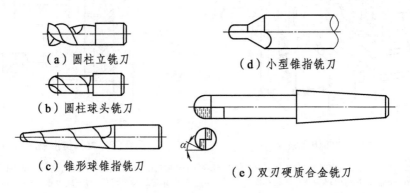

（a）圆柱立铣刀　　　　　　　　　　（d）小型锥指铣刀

（b）圆柱球头铣刀

（c）锥形球锥指铣刀　　　　　　　　（e）双刃硬质合金铣刀

图3.24　仿形铣刀的类型

（1）非金属材料，如木材、树脂混合石膏、合成树脂等。木材的材质要坚硬且不易变形，制成靠模后涂漆或涂硬化树脂；树脂混合石膏是用石膏为基本材料，添加常温硬化性粉末树脂，以增强耐压能力；合成树脂的密度小，强度好，收缩性小，容易制作，常以玻璃纤维作增强材料，用层压浇注法制作靠模。

（2）有色金属，如铝合金、铜合金、锌基合金等，可用铸造法制成靠模。

（3）黑色金属，即钢或铸铁，用切削的方法制成靠模，适合于大批生产。

另外，对精密加工用的靠模，常用电铸成型法或喷镀法制作靠模。首先用石膏、蜂蜡、木材、树脂等材料制成原模型，然后在原模型上电铸成型或喷镀 1 ~ 3 mm 厚的铜、锌、铝等制成靠模外壳，再用石膏、水泥等材料填充于壳内，以增加其强度。

在仿形加工中，为使靠模型面顺利地运动，要求靠模销与靠模型面或型槽相适应。靠模销的倾斜角 α 应小于靠模工作面的最小斜角 β，靠模销端头的圆弧半径 R 应小于靠模工作面的最小半径 r，如图 3.25 所示，否则将造成加工误差。另外，靠模销的直径应与铣刀的直径一致，靠模销的形状应与铣刀形状相适应。但实际加工中，有时还要考虑机构惯性的影响，靠模销的尺寸可稍大于铣刀尺寸。

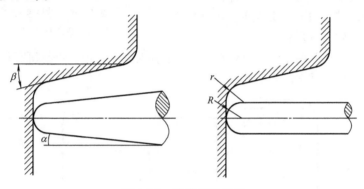

图 3.25　靠模销的选择

仿形铣床加工成型表面的生产率较高，铣削精度较高可达 ± 0.01 mm，表面粗糙度 R_a 达 3.6 ~ 0.4 μm，但是工件加工表面并不十分平滑，会留有刀痕。因此，铣削后仍需要钳工修整。

3.2.4　仿形刨削

仿形刨削在仿形刨床上进行。仿形刨床又称刨模机、冲头刨床，用于加工由直线和圆弧组成的各种形状复杂的零件或凸模，其加工精度为 ± 0.2 mm，表面粗糙度 R_a 为 3.6 ~ 0.4 μm。

仿形刨削前，零件或凸模的毛坯需要进行车削、铣削、刨削等预加工，然后在凸模的端面上划出凸模轮廓线，再到铣床上按线加工出凸模轮廓，留有 0.2 ~ 0.3 mm 的单面精加工的余量，最后用仿形刨床进行精加工。

仿形刨削的原理如图 3.26 所示。在仿形刨床上"仿形"精加工凸模，工件与刀具间形成母线的相对运动关系是根据工件划出的图线来进行调整的。加工前，凸模加工件（毛坯）2 装夹在工作台上的卡盘 1 中，卡盘可以绕其轴线转动，工作台可作纵向送进运动和横向送进运动，在工作台上装有分度头 4，用它来控制卡盘及凸模毛坯的旋转与旋转角度。加工时，利用刨刀的切削运动和凸模毛坯的纵向、横向送进和旋转，即可加工出各种复杂形状的凸模。加工圆弧时，必须使凸模上的圆弧中心与卡盘中心重合。找正的方法是用划线针指引着凸模端面上已划出的圆弧，用手摇动分度头手柄，使凸模转动，同时不断调整凸模的位置，直到圆弧上各点均与划线针的针尖重合为止。如凸模上有几段不同心的圆弧时，则需要多次进行装夹和找正，依次使各圆弧中心与卡盘中心重合，并逐段进行加工。

仿形刨床上的刨刀除了作垂直向下的直线切削运动外，切削到达模具根部时，还能作摆动切削使凸模根部刨出一段圆弧，如图 3.27 所示。因此，采用仿形刨床加工凸模时，其根部应设计成圆弧，凸模的固定部分则设计成圆形或者方形，则可增加凸模的刚性，也便于制造。

在仿形刨床上安装插刀及专用刀杆，可以对直壁矩形孔或型腔进行加工。安装弹性划针可以在仿形刨床上对工件进行划线。

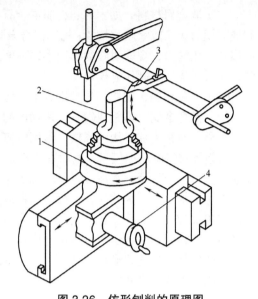

图 3.26　仿形刨削的原理图

1—卡盘；2—凸模毛坯；3—刨刀；4—分度头

仿形刨削加工后的凸模，经过热处理后，还需要对其工作型面进行研磨和抛光。仿形刨削加工凸模或其他零件，其生产率较低。

图 3.27　刨刀的动作

3.2.5　雕刻加工

雕刻加工是对零件、模具型腔表面或型面上的图案花纹、文字和数字的加工。雕刻加工属于机械仿形加工，但与前面所述仿形加工不同。前面所述仿形加工是在各种机床上对零件或模具的型腔或型面进行的加工。雕刻加工不是直接作用式机械仿形加工，而是通过缩放尺进行仿形的。雕刻加工是在雕刻机上进行的。雕刻机是用于加工文字、数字、刻度以及各种凹凸图案花纹的专用机床，它也可以用于小型模具型腔的加工。图 3.28 所示为雕刻加工的实例。

雕刻机的种类很多，按其加工表面的类型可分为两种：一种是主要用于雕刻平面上文字、数字和图案的平面雕刻机；另一种是立体雕刻机，它除了可以进行平面雕刻外，还可以进行小型模具的三维立体型的雕刻。

雕刻加工时，以手动或数控方式使仿形触头沿着靠模表面移动，通过缩放尺使用刀具在工件表面上作仿形切削。缩放尺的比例是可调的，根据加工需要，可将靠模与工件尺寸的比例放大或缩小，缩放比为 1 或几分之一。靠模的放大率越大，雕刻的花纹越细致，精度越高。

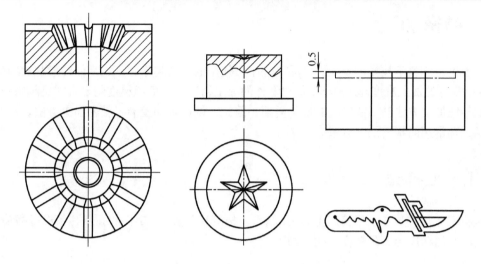

图 3.28　雕刻加工的实例

缩放尺是雕刻机实现仿形加工的关键部件，其结构如图 3.29 所示。它是四根用铰链连接组成的活络连杆比例机构，调节连杆的长短就可得到不同的比例。雕刻加工时，靠模和模具按要求的相应位置分别安装在靠模工作台 3 和制件工作台 5 上，根据靠模的大小及尺寸与被雕刻工件尺寸的比例值调整缩放尺，然后手动操纵缩放尺，使仿形触头沿着靠模表面移动，则刻刀即可在工件表面上作仿形雕刻加工。制件工作台上装有回转工作台，用于带动工件旋转，进行分度。利用分度机构可以加工工件上圆周分布的文字、数字或沟槽等。

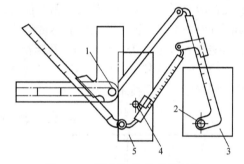

图 3.29　雕刻机的缩放尺结构

1—支点；2—触头中心；3—靠模工作台；
4—刻刀中心；5—制件工作台

雕刻机的主轴大都采用皮带传动，由于所用雕刻刀直径小，为了使刀具获得较大的线速度，要求主轴高速旋转，一般其转速为 4 000 ~ 6 000 r/min。

仿形雕刻加工与其他仿形加工一样，要保证工件的表面加工质量，因此，对靠模、刻刀和仿形触头都有严格的要求。

雕刻用的靠模常用的制作材料是合成树脂或金属。由于靠模表面反复受到仿形触头端部的压力和摩擦作用，因而要求靠模制作材料有良好的耐压与耐磨性。如采用木材或石膏制造时，应在靠模表面覆盖一层金属或合成树脂。靠模制作可按 1∶1 或放大几倍进行，也可以缩小。主要依据产品与加工要求而定。放大与缩小的效果不同。选择比例时，除要考虑几何形状的放大或缩小，更重要的是应考虑线条的粗细及靠模上凹凸不平处的放大效果。

雕刻所用的刻刀常用高速钢或硬质合金钢制造，为保证所刻出的花纹图案精致而平滑，刻刀刃口应尖细锋利。雕刻加工中，一般用单刃刻刀，且在加工过程中应及时进行刃磨。

仿形触头形状应与靠模表面的形状相适应，其端部尺寸应与靠模尺寸成比例。对于粗雕刻加工和半精雕刻加工最好使用热处理淬硬的仿形触头。

3.3 精密加工

随着生产和科学技术的发展，产品零件中所使用的材料越来越广，零件的形状和结构越来越复杂，零件的加工难度越来越大，但对零件的加工精度和表面粗糙度的要求却是越来越高了，常用的传统加工方法已不能满足制造的需要，因此，便产生和发展了精密加工方法。本节仅简要介绍几种常用的精密加工方法。

3.3.1 坐标镗床加工

坐标镗床加工是在坐标镗床上，利用精密坐标测量装置。对零件的孔及孔系进行高精度（尺寸精度、几何精度与距离精度）切削加工。

3.3.1.1 坐标镗床

坐标镗床是一种高精度机床，主要用于各类箱体、缸体和模具上的孔与孔系的精密加工。这类机床的零部件的制造与装配精度很高，刚性与抗振性良好，并且具有工作台、主轴箱等运动部件的精密坐标测量装置，能实现工件和刀具的精确定位。孔径尺寸精度可达 IT6 ~ IT5，表面粗糙度 R_a 可达 3.25 ~ 0.4 μm，孔距精度可达 0.01 ~ 0.005 mm。

坐标镗床按其布置形式不同，分为立式单柱、立式双柱和卧式等主要类型。表 3.1 为常用的坐标镗床的主要技术规格。

表 3.1 常用坐标镗床的主要技术规格

技术规格	型 号			
	T4132A（单柱）	T4145（单柱）	T4163（单柱）	TA4280（双柱）
工作台尺寸（长×宽）/mm	500×320	700×450	1 100×630	1 100×840
工作台行程（纵向/横向）/mm	400/250	600/400	1 000/600	950/800
坐标精度读数/mm	0.001	0.001		0.001
定位/mm	0.002	0.004	0.004	0.003
主轴行程/mm	120	200	250	
主轴转速/（r/min）	80 ~ 800 200 ~ 2 000	40 ~ 2 000	20 ~ 1 500	36 ~ 2 000
主轴进给量/（mm/r）	0.03、0.06	0.02、0.04、0.08、0.16	0.03、0.06、0.12、0.24	0.03 ~ 0.3
主轴锥孔	莫氏 2 号	3∶20	3∶20	莫氏 4 号

图 3.30 所示为立式双柱坐标镗床外形。它由两个立柱 3 与 6，顶梁 4 和床身 8 组成龙门框架，横梁 2 装在两立柱上，可上、下调整其位置，主轴箱 5 装在横梁上，工作台 1 直接支承在床身的导轨上。镗孔坐标位置由主轴箱沿横梁导轨移动和工作台沿床身导轨移动来确定。

立式双柱坐标镗床的主轴箱悬伸距离小，而且装在龙门框架上，容易保证机床刚度，另外床身和工作台之间层次少，承载能力强。因此，一般为大、中型机床。由于主轴垂直于工作台面，适用于加工水平尺寸大于高度尺寸的零件，以及被加工孔的轴线垂直于工作台的扁平零件，如钻模板，凹模，样板等等。

图 3.31 所示为卧式坐标镗床外形，主轴箱 5 可以沿立柱 4 上、下调整其位置，主轴 3 是水平安装的，回转工作台 2 通过上滑座 1、下滑座 7 与床身 6 相连接。镗孔位置由下滑台沿床身导轨移动和主轴箱的移动来确定。镗孔时的进给运动可由主轴的轴向移动来完成，也可由上滑座沿着下滑座的移动来完成。

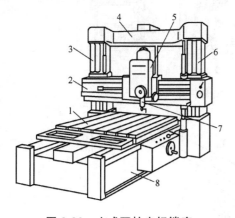

图 3.30　立式双柱坐标镗床

1—工作台；2—横梁；3、6—立柱；4—顶梁；5—主轴箱；
7—主轴；8—床身

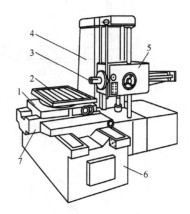

图 3.31　卧式坐标镗床

1—上滑座；2—回转工作台；3—主轴；4—立柱；
5—主轴箱；6—床身；7—下滑座

该类坐标镗床工作台可精密分度，能在一次安装中完成不同几个面上的孔与平面的加工，且零件的高度不受限制，安装方便，机床具有良好的工艺性能。适用于箱体零件的中批量加工和复杂模具多面、孔的加工。坐标镗床的主要附件有：万能回转工作台，中心测定器，各种镗孔夹头和镗杆等。

3.3.1.2　坐标测量装置

坐标镗床是靠精密的坐标测量装置来确定工作台、主轴的位移距离，以实现工件与刀具的精确定位。常见的坐标测量装置有：

（1）带校正尺的精密丝杆坐标测量装置。

（2）精密刻度尺——光屏读数器坐标测量装置。

（3）光栅——数字显示器坐标测量装置。

图 3.32 所示为 T4145 型立式单柱坐标镗床工作台移动光学测量装置的工作原理图。它由精密刻度尺、光学系统和光屏与目镜组成的读数头等构成。刻度尺是由线膨胀系数很小、不易氧化生锈的金属合金制成的，是测量移动距离的基准元件。它安装在工作台底面的矩形槽中，刻线向下，一端与工作台连接，并随工作台一起移动。光学系统的工作原理：光源射出的光经聚光镜后为平行光束，再经滤色镜、反光镜与前物镜，投射到精密刻线尺的刻线面上，刻度尺的刻度线经前物镜、反光镜、后物镜、反光镜投影成像到光屏读数头的光屏上，通过目镜可以清晰地观察到放大的像。

进行坐标测量时，工作台移动的毫米整数值由装在工作台上的粗读数标尺读取，毫米以下小数部分由光屏读数头读取。光屏读数头上有圆形游标刻度盘，其上共刻有 100 个等分格，当它转动一格时，相当于工作台的位移量是 0.001 mm。

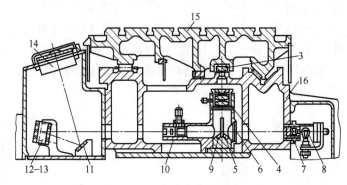

（a）纵向移动光学测量装置

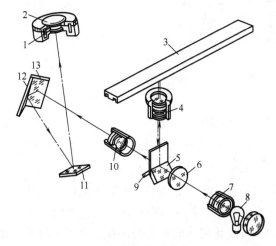

（b）光学测量系统

图 3.32　T4145 型坐标镗床纵向移动光学测量装置

1—光屏；2—目镜；3—精密刻度尺；4—前物镜；5、9、11、12、13—反光镜；6—滤色镜；
7—聚光镜；8—光源；10—后物镜；14—光屏读数头；15—工作台；16—床鞍

3.3.1.3　坐标镗削加工

坐标镗床工作时，是按照直角坐标法或极坐标法来进行孔系加工。因此，工件加工前在机床上不但要定位，而且要将孔系间的各孔按照基准面转换为直角坐标或极坐标再进行加工。图 3.33 所示的工件其定位与坐标转换的基本方法是：

（1）以工件上的划线或以外圆及内孔为定位基准，用定位角铁和光学中心测定器找正（见图 3.34）。然后把工件正确地安装在工作台上。

（2）为方便工件在机床上的加工，把零件图上按设计要求标注的孔距尺寸换算成机床加工要求的直角坐标尺寸或极坐标尺寸。

在坐标镗床进行孔加工，其加工方法与被加工孔的孔径尺寸的大小、精度及孔距精度要求等有关。孔加工的主要方法有：钻孔与铰孔，镗孔。

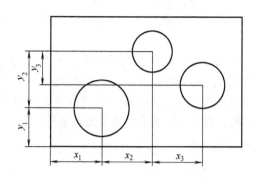

图 3.33　工件

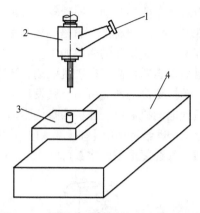

图 3.34　用定位角铁和光学中心测定器

1—目镜；2—光学中心测定器；3—定位角铁；4—工件

　　钻孔与铰孔是机械与模具零件上小孔常用的一种加工的方法。加工时，先将钻头或铰刀在钻夹具上固定，再将钻夹具固定在坐标镗床的主轴锥孔内。铰孔是钻孔，扩孔或半精镗孔之后，用来提高孔的几何形状精度和减小孔的表面粗糙度的精加工方法，适合于加工孔径不大于 20 mm 的孔。铰孔的尺寸精度达 IT7，表面粗糙度 R_a 达 0.8 ~ 0.2 μm，但铰孔不能纠正孔的位置误差。因此，铰孔加工仅适用于孔距精度及位置精度要求不太高（0.03 ~ 0.05 mm）的场合。

　　镗孔时，使用镗孔夹头和镗刀，镗孔夹头是坐标镗床的最重要的附件之一，其作用是按被镗孔的孔径的大小精确地调节镗刀刀尖与主轴线间的距离。常用的镗孔夹头的结构如图 3.35 所示。使用时，将镗头的锥柄尾 1 插入主轴的锥孔内，镗刀 3 装在刀夹 4 内，旋转调节螺钉 2，可调整镗刀的径向位置，以镗削不同直径的孔。调整后用固紧螺钉 5 将刀夹锁紧。镗孔的加工余量小，镗孔精度高。

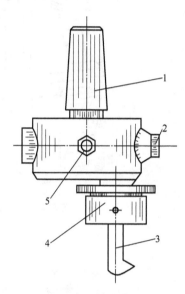

图 3.35　镗孔夹头

1—锥柄尾；2—调节螺钉；3—镗刀；
4—刀夹；5—固紧螺钉

3.3.2　坐标磨床加工

　　坐标磨削也是一种高精密的加工方法，同样是利用准确的坐标定位完成孔的精密加工，加工精度可达 5 μm 左右，表面粗糙度 R_a 可达 0.8 ~ 0.2 μm，因此，对于精密模具，往往把坐标镗削加工作为孔加工的预加工，终加工则在坐标磨床上进行。主要用于 1 ~ 200 mm 的淬火件，高硬度件的孔系或成型表面的磨削加工。

3.3.2.1　坐标磨床

　　坐标磨床有立式和卧式两种，模具加工常用立式坐标磨床。图 3.36 所示为立式单柱坐标磨床，主轴箱 12 和砂轮 10 安装在立柱上，纵、横工作台上装有数显装置的精密坐标机构。坐标磨床有三个主要的运动，即砂轮的自转，主轴的公转（行星回转）以及主轴的上下往复运动，如图 3.37 所示。坐标磨床就是精密坐标定位机构与行星高速磨削机构的结合，是依靠三个运动的相互配合以实现孔的磨削加工。

砂轮的自转由高频电动机驱动，转速一般为 4 000～8 000 r/min，转速越高，加工的表面越光洁，若要更高的转速可用空气发动机驱动，转速可达 250 000 r/min。主轴的行星回转运动由电动机或电动机通过变速机构直接驱动。主轴转速一般为 10～300 r/min。并使高速磨头随之作行星运动。进给运动由主轴套筒的上下往复运动实现，而这一运动是由液压式或液压-气压式传动完成。其往复运动的次数可达 120～190 次/min。

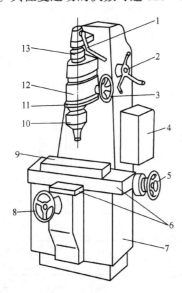

图 3.36　立式单柱坐标磨床

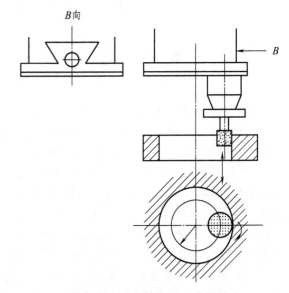

图 3.37　坐标磨削的三个运动

1—离合器拉杆；2—主轴箱定位手轮；3—主轴定位手轮；
4—控制箱；5—纵向进给手轮；6—纵、横工作台；
7—床身；8—横向进给手轮；9—工作台；10—砂轮；
11—磨削轮廓刻度圈；12—主轴箱；
13—砂轮外进给刻度盘

常用的单柱式坐标磨床的主要技术规格见表 3.2。坐标磨床目前有手动和连续轨迹数控两

表 3.2　常用单柱式坐标磨床的主要技术规格

技术规格	型　号		
	MG2920B	MG2932B	MG2945B
工作台尺寸（长×宽）/ mm	400×200	600×320	700×450
最大磨孔直径/mm	15	100	250
主轴转速/（r/min）	20～300	20～300	20～300
主轴中心至工作台间距离/mm	230	320	650
主轴端面至工作台距离/mm	30～400	50～520	80～600
工作台行程（纵向×横向）/mm	250×160	400×250	600×400
坐标精度/mm	0.002	0.002	0.003
加工表面粗糙 R_a/μm	0.2	0.2	0.2

种。前者以手动操作方式控制工作台的纵向（X 向）和横向（Y 向）移动或旋转工作台的转动（A 轴）。后者用计算机控制，有三坐标和四坐标两种类型。三坐标连续轨迹磨床除 X、Y 方向的控制外，还对新的坐标轴 C 进行控制。C 坐标轴的功能是随着被磨削轮廓的变化，不断调整磨轮的磨削点，使其始终垂直于磨削轮廓的切线方向。四坐标连续轨迹磨床除了控制 X、Y 和 C 轴外，还对旋转工作台（A 轴）进行控制，可磨削复杂的立体表面。

3.3.2.2　基本磨削方法

与坐标镗削加工一样，工件在磨削前必须先定位，找正。找正后，利用工作台的纵横向移动使机床主轴中心与工件圆弧中心重合，然后再进行磨削。

1. 内孔磨削

砂轮作高速回转，主轴作行星运动和往复直线运动，如图 3.38 所示，利用行星运动实现砂轮的径向进给。磨削内孔时，砂轮直径与磨孔孔径有关系，磨削小孔时砂轮直径取孔径的 3/4，孔径小于 8 mm 时砂轮直径适当增大，当孔径大于 ϕ20 mm 时砂轮直径应当适当减小。砂轮直径约为芯轴的 3.5 倍。芯轴直径过小，磨削表面会出现磨削波纹。

砂轮的转速可以根据下列公式计算

$$n = \frac{318.33 V_{m}}{D_{m}}$$

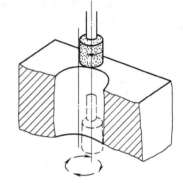

图 3.38　内孔磨削

式中　V_{m}——砂轮的磨削速度（m/min）；

　　　D_{m}——砂轮的直径（mm）；

　　　n——砂轮的转速（r/min）。

砂轮的磨削速度与砂轮的磨料、工件材料等有关，普通磨料砂轮磨削碳素工具钢和合金工具钢时磨削速度约为 25～35 m/s，立方氮化硼砂轮磨削碳素钢和合金钢时磨削速度约为 20～30 m/s，金刚石砂轮磨削硬质合金时，磨削速度约为 16～25 m/s。

2. 外圆磨削

外圆磨削运动与内孔磨削相同，不同的是径向进给是利用行星运动直径缩小来实现的，如图 3.39 所示。

3. 锥孔磨削

磨削锥孔时，先将砂轮修磨成所需的锥顶角，砂轮主轴作轴向进给运动，同时，随着砂轮轴向进给，行星运动半径逐渐增大，如图 3.40 所示。

4. 端面磨削

将砂轮底部端面修磨成 3° 左右的凹面，以提高磨削效率和方便排屑。磨削时，调整行星运动至所要求的外径或外形，砂轮作轴向进给运动，以砂轮端面及尖角进行磨削，如图 3.41 所示。砂轮直径与孔径的比值不宜过大，否则易形成凸面。磨台肩孔时，砂轮直径约为大孔半径与通孔半径之和；磨盲孔时，砂轮直径约为孔径一半。

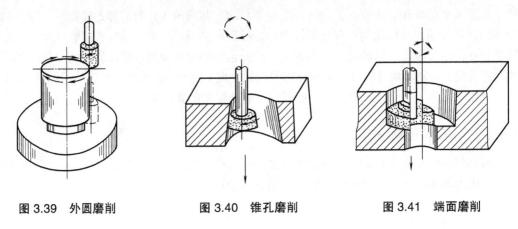

图 3.39　外圆磨削　　　图 3.40　锥孔磨削　　　图 3.41　端面磨削

5. 直线磨削

直线磨削时，砂轮不作行星运动，进给运动为工作台的直线运动，如图 3.42 所示。适用于直线或平面轮廓的精密加工。

6. 铲磨

铲磨是利用专门的磨槽机构进行的。砂轮装在磨槽机构的装卡上，作垂直运动，如图 3.43 所示。适用于型槽及带清角的内、外型腔的磨削。

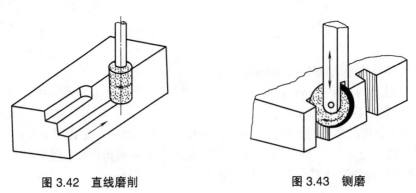

图 3.42　直线磨削　　　　　　　图 3.43　铲磨

3.3.3　成型磨削

3.3.3.1　概　述

成型磨削是成型表面精加工的一种方法，磨削中常碰见的成型表面多为直母线成型表面，如样板、凸模、凹模拼块等。成型磨削就是把复杂的成型表面分解成若干个平面、圆柱面等简单的形状，然后分段磨削，并使其连接光滑，圆整，达到图样要求。成型磨削具有高精度、高效率的优点。在模具制造中，用成型磨削对淬硬后的凸模、凹模拼块进行精加工，可以消除热处理变形对精度的影响，提高模具制造精度，同时，可以减少钳工工作量，提高生产效率。

成型磨削可在平面磨床或成型磨床上进行。成型磨削有两种方法。

1. 成型砂轮磨削法

利用砂轮修整工具将砂轮修整成与工件型面完全吻合的相反型面，然后用此砂轮磨削工件，获得所需要的形状，如图 3.44（a）所示。

2. 夹具磨削法

将工件按一定的条件装夹在专用的夹具上，在加工过程中通过调整夹具的位置，改变工件的加工位置，从而获得所需的形状，如图 3.44（b）所示。用于成型磨削的夹具有精密平口钳、正弦磁力台、正弦分中夹具、万能夹具等。

上述两种磨削方法各有特点，但在目前的生产中，特别是模具制造中，一般以夹具磨削法为主，以成型砂轮磨削法为辅，两种方法结合使用。

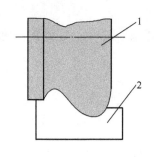 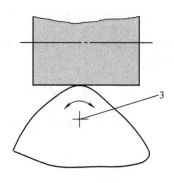

　　（a）成型砂轮磨削法　　　　　　　　　　　（b）夹具磨削法

图 3.44　成型磨削的两种方法

1—砂轮；2—工件；3—夹具回转中心

3.3.3.2　成型砂轮磨削法

采用成型砂轮磨削，在选择砂轮的基础上，就是要把砂轮修整为所需要的形状，然后用此成型砂轮来磨削工件，保证工件的尺寸与形状精度和表面粗糙度。按照砂轮的形状，成型砂轮的修磨有三种：

1. 砂轮角度的修整

修整砂轮的夹具是按正弦原理设计的。图 3.45（a）所示为其结构简图，它主要由正弦尺 1、正弦圆柱 2、体座 3、量块 4 以及滑块 5 和金刚刀 6 等组成。装有金刚刀的滑块可沿正弦尺的导轨往复移动，正弦尺可绕其中心轴转动，转动的角度用正弦圆柱与体座之间垫量块的方法来控制，这种工具可修整 0° ~ 100° 各种角度的砂轮。

修整砂轮角度时，根据需要修整的角度 α，按下列计算公式计算出应垫的量块值 H。

当修整砂轮的角度为 0° ≤ α ≤ 45° 时，利用体座上的平面垫量块，如图 3.45（a）所示，应垫的量块值为

$$H = P - L\sin\alpha - d/2$$

式中　P ——工具的回转中心到垫板面的高度；

　　　L ——正弦圆柱中心到工具回转中心的距离；

d ——正弦圆柱的直径；

H ——应垫的量块值。

通常 $P = 65$ mm，$L = 50$ mm，$d = 20$ mm，所以应垫的量块值为

$$H = 55 - 50\sin\alpha$$

当修整砂轮的角度为 $45° \le \alpha \le 90°$ 时，利用体座的侧面垫量块，如图 3.45（b）所示，应垫的量块值为

$$H = P' + L\sin(90° - \alpha) - d/2$$

式中　P' ——工具回转中心到体座侧面的距离，通常 $P' = 30$ mm，此时，有

$$H = 20 + 50\cos\alpha$$

当修整砂轮的角度为 $90° \le \alpha \le 100°$ 时，同样是利用体座的侧面垫量块，如图 3.45（c）所示，应垫量块值为

$$H = P' + L\sin(\alpha - 90°) - d/2$$

所以　　　　　　　　$$H = 20 - 50\sin(\alpha - 90°)$$

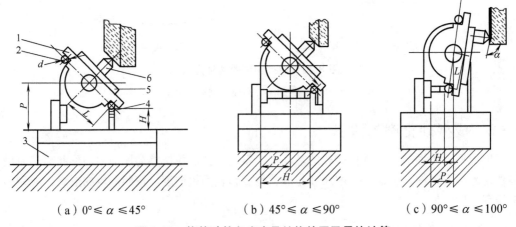

（a）$0° \le \alpha \le 45°$ 　　　　（b）$45° \le \alpha \le 90°$ 　　　　（c）$90° \le \alpha \le 100°$

图 3.45　修整砂轮角度夹具结构简图及量块计算

1—正弦尺；2—正弦圆柱；3—体座；4—量块；5—滑块；6—金刚刀

以上所求为正弦尺顺时针旋转在工具右边的正弦圆柱下面垫量块时的情况。当正弦尺逆时针旋转 $0° \sim 100°$ 时，应在工具左边的正弦圆柱下面垫量块，也可得到相应的计算公式计算应垫量块的值。

2. 砂轮圆弧的修整

修整砂轮圆弧的工具有很多类型，但其原理都相同，图 3.46 所示为使用较广的一种工具。它由金刚刀 1、摆杆 2、滑座 3、刻度盘 5、主轴 6 和支架 9 等组成。金刚刀固定在摆杆上，摆杆通过螺杆可在滑座上移动来调节金刚刀尖到主轴回转中心的距离。当手轮转动时，滑座、摆杆和金刚刀等均绕主轴中心转动。主轴回转的角度用固定在支架上的刻度盘、挡块和角度标（未画出）来控制。

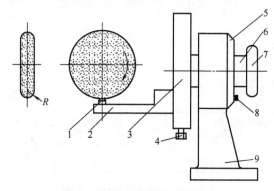

图 3.46　修整圆弧砂轮的工具

1—金刚刀；2—摆杆；3—滑座；4—螺杆；5—刻度盘；6—主轴；7—手轮；8—挡块；9—支架

　　修整砂轮时，先根据所修砂轮的情况（凸形或凹形）及半径大小计算量块值。然后安装工具，并调整好金刚石刀尖的位置，使金刚刀尖处于砂轮下面并通过砂轮主轴中心的垂直面。旋转手轮，使金刚刀绕工具的主轴中心来回摆动，则可修整出砂轮的圆弧。

　　金刚刀尖到工具回转中心的距离就是砂轮圆弧半径的大小，此值需事先用垫量块的方法调整解决。当修整凸圆弧砂轮时，如图 3.47（a）所示，金刚刀尖高于工具中心，应垫的量块值为

$$H = P + R$$

式中　　P——工具的中心高度；

　　　　R——修整的砂轮的圆弧半径；

　　　　H——应垫的量块值。

　　当修整凹圆弧砂轮时，金刚刀尖应低于工具中心，如图 3.47（b）所示，应垫的量块值为

$$H = P - R$$

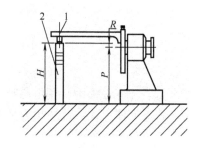

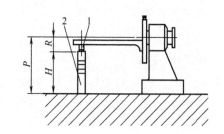

（a）修整凸圆弧砂轮　　　　　　　　　　　（b）修整凹圆弧砂轮

图 3.47　圆弧半径的控制

1—金刚刀；2—量块

3. 砂轮非圆弧曲面的修整

　　当被磨削工件的表面形状复杂，且其轮廓线不是圆弧时，可用专门的靠模工具进行砂轮修整，如图 3.48 所示。金刚刀 1 固定在靠模工具 2 上，靠模样板 3 安装在支架上。靠模工具的下部有平面触头。使用时，手持靠模工具，使触头紧贴靠模样板并沿样板曲线移动，以此来修整出与所需曲面形状的砂轮。修整时，为保证修出的砂轮准确性高，必须使金刚刀尖在通过砂轮

主轴中心的平面内运动。

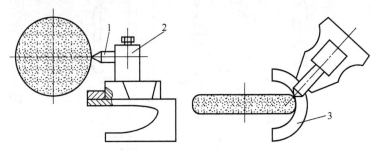

图3.48　用靠模工具修整砂轮

1—金刚刀；2—靠模工具；3—靠模样板

3.3.3.3　夹具磨削法

1. 正弦精密平口钳

正弦精密平口钳是按正弦原理设计的，由带有精密平口钳的正弦尺和底座组成，如图3.49所示。工件装夹在平口钳中，为使工件倾斜一定角度，可在正弦圆柱4与底座1的定位面之间垫入量块，应垫入的量块值可按下式计算

$$H = L \sin \alpha$$

式中　L——正弦圆柱间的中心距；

　　　α——工件所需倾斜的角度；

　　　H——应垫入的量块值。

这种夹具用于磨削工件的斜面，最大倾斜角为45°。

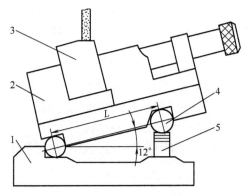

图3.49　正弦精密平口钳

1—底座；2—精密平口钳；3—工件；
4—正弦圆柱；5—量块

2. 正弦磁力台

正弦磁力台的设计原理与正弦精密平口钳一样，不同处在于正弦磁力台用电磁吸盘代替了平口钳装夹工件，其特点是最大倾斜角同样为45°。工件装夹方便迅速。适用于扁平工件的斜面磨削。

3. 正弦分中夹具

正弦分中夹具的结构如图3.50所示，工件安装在前顶尖7和后顶尖4之间，两顶尖分别装在前顶座8和支架2内，支架2可以在底座1的T形槽中移动，安装工件时，根据工件的长短，调节支架的位置，并用螺钉将其锁紧。然后旋转后顶尖手轮3，使后顶尖移动以调节顶尖与工件的松紧程度。前顶座固定在底座1上。工件用鸡心夹头6和前顶尖7连接。工件的回转是手动的，转动前顶尖手轮，通过蜗杆14和蜗轮13的传动使主轴9转动并通过鸡心夹头带动工件回转，主轴的后端装有分度盘11。磨削精度要求不高时，可直接用分度盘的刻度和零位指标10来控制工件的回转角度；精度要求高时，可利用分度盘上的四个相互垂直的正弦圆柱12以垫量块的方法控制工件的回转角度。正弦分中夹具主要用于磨削具有同一个回转中心的凸圆柱面和斜面。利用分度盘上的正弦圆柱来控制工件的回转角时，设正弦圆柱中心到夹具主轴中心的距离为 L（$L = D/2$，D 为圆柱中心所在圆的直径），如图 3.51 所示，垫板 15 与正弦圆柱之间应垫入的量块值为

$$H_1 = H_0 - L\sin\alpha$$
$$H_2 = H_0 + L\sin\alpha$$

式中　H_0——对正弦圆柱处于水平位置时，所垫的量块值；

　　　α——工件所需转动的角度。

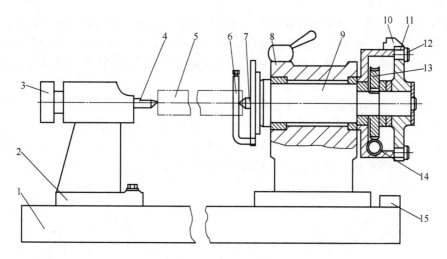

图 3.50　正弦分中夹具

1—底座；2—支架；3—手轮；4—后顶尖；5—工件；6—鸡心夹头；7—前顶尖；
8—前顶座；9—主轴；10—零位指标；11—分度盘；12—正弦圆柱；
13—蜗轮；14—蜗杆；15—量块垫板

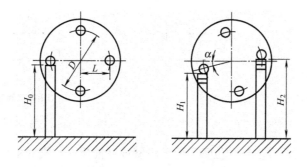

图 3.51　应垫量块的计算

工件在正弦分中夹具上有心轴装夹法与双顶尖装夹法两种安装方法：

1）心轴装夹法

工件带有内孔，若该孔中心为外成型表面的回转中心时，可在孔内装入心轴 1，如图 3.52 所示。若工件上无内孔，可在工件上制作出一工艺孔，用来安装心轴，利用心轴两端中心孔将心轴和工件安装在分中夹具的两顶尖之间，夹具主轴回转时通过鸡心夹头带动工件一起回转。

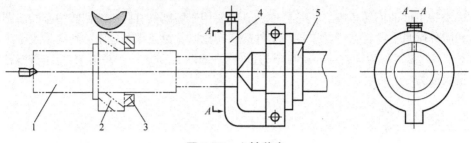

图 3.52　心轴装夹

1—心轴；2—工件；3—螺母；4—鸡心夹头；5—夹具主轴

2）双顶尖装夹法

若工件上没有内孔，又不允许在工件上作工艺孔时，可采用双顶尖装夹。工件上除带有一对主中心孔外，还有一个副中心孔，其作用是拨动工件，如图 3.53 所示。采用双顶尖装夹时，要求主、副顶尖与中心孔的锥度配合良好，且须顶紧才能保证加工精度。但副顶尖对工件的推力不能过大，否则会使工件产生歪扭。

用正弦分中夹具磨削工件，由于磨削圆弧和直线都是以夹具中心线为基准的，所以被磨削表面的尺寸需用测量调整器、量块和百分表进行比较测量。测量调整器由三角架 1 和量块座 2 组成，如图 3.54 所示。量块座沿着三角架斜面上的 T 形槽移动，当移动到所需位置时，可用螺母锁紧。为保证测量精度，测量调整器的制造精确度很高，即要求量块在三角架的任意位置上 B 面平行于 C 面，A 面平行于 D 面。

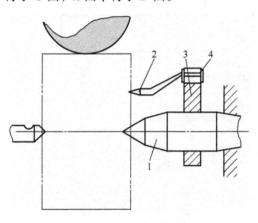

图 3.53　双顶尖装夹

1—主顶尖；2—副顶尖；3—叉形滑板；4—螺母

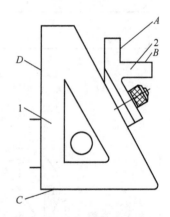

图 3.54　测量调整器

1—三角架；2—量块座

测量时，首先要调整量块座的位置，使量块座 B 面能反映出夹具的中心高。为测量方便通常把量块座基准面 B 调整到比夹具中心低 50 mm 处，调整方法如图 3.55 所示。在夹具的顶尖间装上一根直径为 d 的标准圆柱，并在量块座的 B 面上安放 $(50+d/2)$ 的量块组使得和圆柱上读数相同。取下 $d/2$ 的量块组，则 50 mm 量块的上表面就与夹具中心线等高。

当被测量表面高于夹具中心时，可在 50 mm 的量块上加上一量块组，使百分表在量块组上表面与被测量表面的读数相同，这组量块的数值应为

$$H = h + s$$

式中　　h——夹具中心高度；

　　　　s——被测表面到夹具中心的距离。

当被测量表面低于夹具中心时，应将 50 mm 的量块取去，在 B 面上另安放一组量块，量块组的数值应为

$$H = h - s$$

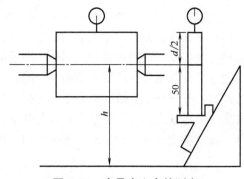

图 3.55　夹具中心高的测定

利用正弦分中夹具进行成型磨削前，工件外形应先粗加工，各面留磨量 0.2 mm 左右，热处理淬硬后，磨两端面及工艺孔，然后利用正弦分中夹具在平面磨床上进行成型磨削。正弦分中夹具适于磨削同一个圆心的凸圆弧和多边形，当与成型砂轮配合使用，还可磨削较复杂的成型表面。

4. 万能夹具

万能夹具是成型磨床的主要部件，也是平面磨床使用的成型磨削夹具。万能夹具主要由工件装夹部分、回转部分、十字滑块和分度部分组成，如图 3.56 所示。

工件通过夹具或螺钉与转盘 1 相连接。工件旋转通过手轮转动蜗杆 11 带动蜗轮 8 使正弦分度盘 10 及主轴 7 转动来实现。回转的角度通过分度部分来控制。当工件回转角度精度要求不高时，可直接从游标 9 所指示的正弦分度盘 10 上的刻度读出，其控制角度的精度为 3′。当精度要求高时，采用正弦分度盘上的正弦圆柱 12 和垫板 13 之间垫量块的方法控制夹具的回转角度，其精度为 10″ ~ 30″。应垫量块值的计算及分度部分的用法与正弦分中夹具相同。

万能夹具比正弦分中夹具更为完善，它不但能使工件回转，而且通过十字滑块，还可以使工件在两个相互垂直的方向上移动，以调整工件的回转中心，使它与夹具主轴中心重合。因此万能夹具能够完成不同轴线的凸凹圆柱面的磨削。

万能夹具上工件的装夹方法通常有以下几种：

1）用螺钉紧固工件

利用工件端面原有的螺钉孔或预留的工艺螺钉孔（螺纹直径为 M8 ~ M10），用螺钉和垫柱将工件紧固在转盘上，螺钉的数目视工件大小而定，一般 1 ~ 4 个。垫柱的数目与螺钉数相同，其长度应适当，要保证砂轮退出时不致碰伤夹具。另外，保证工件安装精度，各垫柱的高度必须一致。用这种方法紧固工件一次装夹便能磨出工件的整个轮廓。因此特别适用于磨削封闭轮廓的成型工件。

2）用精密平口钳装夹

精密平口钳主要由底座、活动钳口和传动螺杆组成。它与一般的虎钳相似，但其制造精度较高。精密平口钳通过螺钉和垫柱安装在转盘上。工件装夹在平口钳上。这种方法装夹方便，但在一次装夹中只能磨削工件上的一部分表面。

3）用电磁吸盘装夹

将电磁吸盘装在转盘上，利用它来吸牢工件。这种方法装夹方便迅速，适于磨削扁平的工件。但在一次装夹中只能磨削工件上的一部分表面。

万能夹具用于磨削平面和圆弧面组成的各种形状复杂的工件。磨削平面或斜面时，需将被磨削的平面或斜面回转至水平或垂直位置，以便用砂轮的圆周或端面进行磨削。回转的角度用分度盘来控制。磨削圆弧时，调整十字滑板，使被磨削圆弧面的中心与夹具中心重合，磨削时通过手轮旋转蜗杆，使蜗轮带动工件回转。万能夹具成型磨削时，采用分段磨削。为使型面连接圆滑、符合技术要求，应有正确的磨削顺序。成型磨削前，首先确定水平和垂直两方向的基准面，并对基准面进行磨削。且以此基准面相对移动中心位置，然后磨削与基准面直接有关的加工面、精度要求高的型面、大平面和平行于直角坐标的面，再磨削斜面。

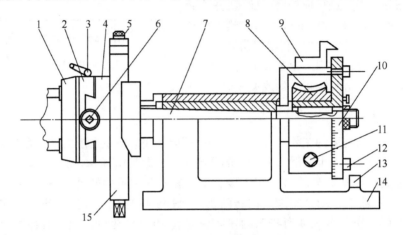

图 3.56　万能夹具

1—转盘；2—小滑板；3—手柄；4—中滑板；5、6—丝杠；7—主轴；8—蜗轮；9—游标；
10—正弦分度盘；11—蜗杆；12—正弦圆柱；13—垫板；14—夹具体；15—滑板座

5. 成型磨削工艺尺寸的换算

零件的尺寸都是按设计基准标注的，但在成型磨削时，工艺上需要的尺寸往往与零件的设计尺寸不一致，因此在成型磨削之前，必须将设计尺寸换算成所需要的工艺尺寸，并绘出成型磨削工序简图，以便于成型磨削加工。

成型磨削工艺尺寸换算的要求是根据磨削和测量的需要而定的。一般的过程是：首先确定磨削该工件的工艺中心；通常工件上有几段圆弧就有几个工艺中心。工艺中心应尽量少，因为工艺中心增加将增加万能夹具十字滑板的调整次数，而增大加工误差。其次确定工艺尺寸计算的坐标系；为便于计算，一般选择设计尺寸坐标系作为工艺尺寸坐标系，并选择主要工艺中心为坐标轴的原点。最后进行工艺尺寸计算。根据成型磨削工艺要求，应计算下列工艺尺寸：

（1）各圆弧中心的坐标尺寸。

（2）各平面到相应工艺中心的垂直距离。

（3）各平面对坐标轴的倾斜角度。

（4）各圆弧的包角（又称回转角）。磨削圆弧时，如工件可自由回转而不致碰伤其他表面可不必计算圆弧包角。

工艺尺寸换算时应将设计时的名义尺寸，一律换算成中间尺寸，以保证计算精度。换算时应采用几何、三角、代数等方法进行运算，一般数值均运算到小数点后六位，最终所得数值取小数点后两位或三位。角度值应精确到 $10''$。

某凸模的设计尺寸如图 3.57 所示，图 3.58 所示为该凸模换算后的工艺尺寸图。

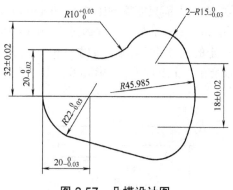

图 3.57　凸模设计图

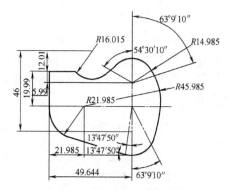

图 3.58　凸模成型磨削工艺尺寸图

3.3.3.4　在光学曲线磨床上进行成型磨削

光学曲线磨床用于磨削平面、圆弧面和非圆弧形的复杂曲面，特别适合于单件或小批生产中各种复杂曲面的磨削。常用的光学曲线磨床有 M9015 型和 M9017A 型，机床所使用的砂轮是薄片砂轮，厚度为 0.5 ~ 8 mm，直径在 125 mm 以内，磨削精度可达 ± 0.01 mm。

光学曲线磨床的结构如图 3.59 所示。它主要由床身 1、坐标工作台 4、砂轮架 2 和光屏 3 所组成。被磨削工件利用精密平口钳等夹具固定在坐标工作台上，可以作纵向和横向运动，而且可以在一定范围内作升降运动。砂轮作旋转运动，同时在砂轮架的垂直导轨上作直线往复运动，其行程可在 0 ~ 50 mm 范围内进行调整。此外，砂轮架还可作纵向和横向送进运动以及沿垂直轴转动和沿水平轴转动。

光学曲线磨床装备有光学装置。成型磨削前，根据被磨削工件的尺寸，在描图纸上按 20、25 和 50 倍的放大倍数绘制一张磨削部分形状图样（称为放大图）。磨削时，把放大图装在光屏上，利用磨床的光学投影放大系统把被加工工件和砂轮的阴影影像投放在光屏上，用手操纵磨头作纵向和横向运动，使砂轮的切削刃沿着工件外形磨削，直到工件影像的轮廓与放大图图线完全吻合，如图 3.60 所示。为保证加工精度在 0.01 mm 范围内，放大图必须画得准确，线条粗细约为 0.1 ~ 0.2 mm，图上线条的偏差应小于 0.5 mm。

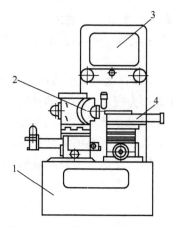

图 3.59　光学曲线磨床的结构

1—床身；2—砂轮架；3—光屏；4—坐标工作台

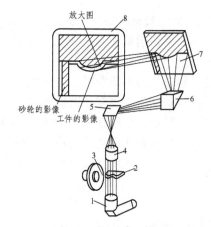

图 3.60　光学曲线磨床的工作原理

1—光源；2—工件；3—砂轮；4—物镜；5、6—三棱镜；
7—平面镜；8—光屏

光屏的尺寸为 500 mm × 500 mm，根据放大倍数，在它上面只能看到工件上 10 mm × 10 mm 的轮廓。因此，一次只能磨削 10 mm × 10 mm 的工件。如果工件的外形尺寸超过 10 mm × 10 mm 时，就要采用分段磨削的方法。因此，放大图要按一定的基准分段绘制。如图 3.61（a）所示的工件外形，将其分为三段，把每段曲线放大 50 倍后绘在一张图样上，如图 3.61（b）所示，然后逐段磨出工件外形。

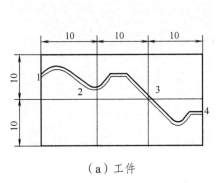 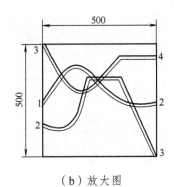

（a）工件　　　　　　　　　　　　（b）放大图

图 3.61　分段磨削

为了提高加工效率，新型的 GLS-130AS 型数控自动光学曲线磨床，已对坐标工作台的纵向（X）和横向（Y）进给实现数控。使用时，只需要按规定倍数绘制工件放大图，并安装在光屏上，再用手动进给手轮，将砂轮顶端对准放大图的形状变化点上后，即可按代码键，指定"快速进给，直线，圆弧（左右和 R 尺寸）"，以此自动输入砂轮的移动指令和 X、Y 坐标点。以简单输入方式控制砂轮座纵向和横向进给两轴的数控运转。此外，也能进行一般的手动数据输入、子程序和各种插补等。

3.4　模具零件的数控加工技术

数控加工（Numerical Control）是指在数控机床上用数字信息对工件的加工过程予以控制，使其自动完成切削加工的一种工艺方法。其加工过程包括：开车、停车、走刀、主轴变速以及检测等。

随着制造业的不断发展，机械产品的结构和形状都在不断在改进。作为产品母体的模具，为了适应这些变化，走在了改进和发展的最前沿。尤其是作为模具核心零部件的工作件（凸模、凹模、型芯、型腔等），从形状结构到制造工艺都日渐复杂。数控技术的产生和发展，为由复杂曲线和复杂曲面构成的模具工作件的自动加工提供了极为有效的工艺手段。当前，模具制造企业越来越倾向于以数控加工为主来制造模具，并以数控加工为核心进行工艺流程的安排。

3.4.1　数控加工的优点

数控加工技术经历了半个世纪的发展，已经成为当代制造领域的先进技术。数控加工的突出特征是：极大地提高加工精度，保证加工质量的稳定性，大大缩短产品开发周期。概括起来，数控加工有如下优点：

1. 具有较高的生产率

由于数控机床刚度大，功率大，切削加工又是按程序自动进行的，所以每一道切削工序都能选择足够大的、最有利的切削用量，有效地节省了切削时间。数控机床还具有自动换刀、不停车变速和快速回程等机能，同时还能减少检测次数，使辅助时间大为缩短。与普通机床相比，由于缩短了单件加工时间，总的切削效率是普通机床的 3～5 倍。

2. 具有较高的加工精度和稳定的加工质量

（1）由于机床是按程序自动完成切削加工，在切削过程中不需要人工操作，因此，可以避免人为误差。

（2）由于机床的传动系统和结构都具有很高的精度、刚度和热稳定性，它的传动机构又使用了误差补偿装置，因此，数控机床的加工精度较高。

（3）数控机床的定位精度和重复定位精度都较高，定位精度可达 ±0.005 mm，重复定位精度可达 ±0.002 mm，有效地保证了工件加工质量的稳定性。

3. 对设计改型有很强的适应能力

对改型零件的加工，只需更换控制程序，工艺准备远不如普通机床加工复杂，这就为小批量生产和复杂结构件的单件生产以及新产品的试制提供了极大的方便，特别是普通机床难以加工或者无法加工的精密复杂型面。充分体现了工艺系统的柔性特征。

4. 容易实现生产管理现代化

用数控机床加工零件，能准确控制零件的加工时间（可以用加工时间误差精度来衡量），减少检测次数和工夹具，简化半成品的管理过程。这些对实现生产管理现代化和计算机辅助技术（模具 CAD/CAM/CAE）一体化都非常有利。

5. 改善了加工环境和降低了劳动强度

数控加工是按事先编制好的程序自动完成零件加工任务的，操作者只需安放介质及操作键盘、装夹及找正零件、关键工序的中间检测以及观察机床的运动情况等，零件的精度是靠加工程序和机床精度来保证；同时，操作者不需要进行繁重的重复性手工操作。因此，数控加工对操作人员的机床操作能力要求不太高，也极大地降低了操作者的劳动强度。

6. 容易实现单人多机操作

数控加工是靠数控装置代替人员完成开车、停车、走刀、主轴变速以及检测等一系列操作，减少了许多重复性工作。因此，可以实现单人多机操作，从而降低人员成本。

模具是现代工业生产的重要工艺装备，模具的设计和制造能力体现了一个国家的工业发展水平。过去模具零件的加工依赖于手工操作，制造质量不易保证，制造周期很长。广泛采用了数控技术以后，模具零件的加工过程发生了很大的变化。随着数控技术在模具行业的不断发展和加工过程的数控化率的提高，模具行业的制造能力将得到长足的发展，企业也会更具竞争力。

3.4.2　数控加工工艺的内容和特点

机械加工工艺是指在加工过程中，改变加工对象的形状、大小、相对位置和表面质量，生产出合格零件所采用的一系列技术手段。数控加工和数控加工工艺涵盖其中。数控加工工艺的特殊性只在于零件的成型过程都是在数控机床上完成的。

数控加工工艺是整个模具数控加工过程的指导性文件。其内容涉及所在企业现有生产能力或制造水平的方方面面，如生产类型、产品结构、工艺装备、技术水平、管理体制等。其中技术水平包括产品设计水平、工艺设计水平和操作人员的技能水平。诸多因素中任何一个因素发生变化，都可能影响工艺方案的确定。实践证明：工艺设计考虑不周，将直接影响数控机床加工质量、生产效率及加工成本。

数控加工涉及的范围很广，除数控切削加工外，还有数控板材加工，数控特种加工以及柔性制造和计算机集成制造等。这里仅仅介绍与数控切削加工有关的内容。

3.4.2.1　数控加工工艺的基本内容

数控加工是按事先编制好的数控程序自动完成加工的高效、高精度工艺方法。数控程序的编制在整个数控加工过程中是一个非常重要的环节，但程序编制的依据是数控加工工艺，其工作顺序也是在工艺方案确定以后。数控加工工艺制订是数控加工的前期工艺准备工作，也是一个技术性、实践性和责任性都很强的工作。其基本内容有：

（1）研究、消化零件的图样，并对其进行工艺分析，确定数控加工内容。

（2）选择与确定切削加工的数控机床。

（3）制订数控加工工艺路线，确定加工工序和工步。

（4）数控加工的刀具、夹具和量具的选择及调整。

（5）对零件的图形进行数学处理，计算和优化加工轨迹。

（6）编写数控程序并对程序进行校验及修订。

（7）首件试制与现场问题处理。

（8）根据试制反馈的问题进行数控加工工艺的修订、定型及归档。

3.4.2.2　数控加工工艺的基本特点

虽然数控加工工艺与普通机床加工工艺在其原则和方法上基本相同。但因其数控加工质量稳定、加工精度高和设备自动化程度高、使用费用高等特点，使数控加工工艺形成了自己独特的几个方面：

1. 数控加工工艺要求更严、更高

数控机床自动化程度很高，在加工过程中，严格按照数控指令完成动作，柔性较差。换句话说，数控机床只按指令办事，它本身不管结果的好坏。因此，工艺人员在对零件图样进行数学处理、计算，以及程序编制时，必须准确，不许失误。在生产过程中，因为小失误酿成大事故的案例时有发生。这些必须引起工艺设计人员高度重视和精心考虑。

2. 数控加工工艺要求内容更具体、更详细

数控加工过程是机床按程序自动完成其成型加工的过程，在成型过程中几乎不需人工干

预。无论零件复杂与否、重要与否，都要求事先在工艺中考虑具体、详细，要安排一个完整的加工过程，制订一份详实的工艺文件（工艺规程）。具体考虑的主要内容有：

（1）根据企业的加工能力，针对不同的加工对象选择合适的加工方法；

（2）安排合理的加工路线；

（3）选择最理想的定位基准；

（4）合理选择刀具和夹具；

（5）确定合适的对刀点和换刀点；

（6）合理分配切削用量；

（7）编写最能体现制造原则的数控程序。

3. 数控加工的方法特点

1）工序集中

对于模具零件的加工，原则上可以采用多种加工手段，都能达到要求。尤其是一些简单型面，也不是一定要在价格昂贵的数控机床上加工。数控加工的优越性和先进性主要体现在对于复杂型面或特殊结构的加工方面。例如对模板的加工，过去通常采用手工划线→钻床钻孔→加工型孔→手工攻螺纹等工序。改用数控加工后，直接用数控机床定位钻孔，减少了手工划线工序，而且孔的位置精度有了提高。如果使用加工中心，则只需一次装夹就可以完成所有加工内容。由于减少了装夹次数和工序转移的等待时间，缩短了加工周期，同时也取消了因多次装夹带来的定位误差，提高了加工精度。因此，工序相对集中是现代数控加工工艺的重要特点。

2）可以加大切削用量

由于数控机床的刚度比普通机床高，所配的刀具也比较好，因而在同等情况下，所采用的切削用量通常比普通机床大，加工效率也比较高。选择切削用量时应充分考虑这一特点。

3）可以进行模拟加工

数控机床加工的零件通常比较复杂，因此，在工艺设计完成后，对工艺安排是否合理、程序运行是否正确、刀具对夹具和工件是否发生干涉等问题，都可以通过模拟加工得到检验。这是普通机床无法实现的。

4. 数控加工的人员特点

模具为单件生产，同时所加工的型面比普通数控加工要复杂得多。因此，数控加工的编程量大，对数控加工的编程人员和操作人员都有更高的要求。

3.4.3　数控加工工艺分析

数控加工工艺制订的合理性，对加工的程序编制、零件的精度保证、加工效率和制造成本的高低都有着十分重要的影响。要制订出合理的加工工艺，工艺人员在明确了数控加工的内容以后，首先要对其进行工艺分析，对零件的整个加工过程心中有数。工艺分析是一项实践性和经验性很强的工作，涉及的面也很宽，这里仅仅从数控加工的可能性和方便性在分析方法和过程上作一些介绍，作为制订加工工艺的具体内容。

3.4.3.1　明确加工内容

虽然，在模具制造行业中，数控技术的应用越来越普及，但是，模具零件的加工也不是都在数控机床上完成，毕竟其加工成本要高一些，前期准备工作要复杂些。因此，在模具零件加工前要对加工对象进行选择，要选择那些适应数控加工特点、能充分发挥数控机床加工优势的加工内容。

模具的数控加工，主要是加工模具工作件的各种内、外曲面和普通机床难以加工的复杂型面，尤其适合加工由数学表达式给出的非圆曲线与列表曲线、已给出数学模型的空间曲线等曲线轮廓。也适合加工那些尺寸繁多、结构复杂、需要划线和检测困难的部位，以及在一次安装能顺带加工出来的简单表面。

3.4.3.2　加工对象的工艺性分析

1. 图样分析

图样分析是制订数控加工工艺的首要工作，模具的加工表面大多数都比较复杂，要通过分析图样，明确数控加工的内容，为后期的程序编制和工艺制订作准备工作。图样的工艺分析主要有 4 个方面：

1）图样的正确性和完整性分析

图样中的各图形是否能够完整地表达零件的形状和构成加工表面的各几何元素间的关系。由于种种原因，设计时可能会出现这样那样地一些缺陷，如几何元素间地关系不明确、尺寸不齐全或者同一方向的尺寸互相矛盾。这些问题都会给程序编制的数学处理和节点计算带来困扰。

2）分析加工表面的构成

分析加工表面的构成是确定加工方法的重要依据。通过分析，确定选用什么数控机床进行加工。回转体零件需用数控车床加工，如图 3.62 所示；平面类、斜角类、曲面类和孔类需选择数控铣床或者加工中心加工，如图 3.63 所示；一些需要磨削的形状特殊的型面需在数控磨床上加工。同时要根据模块的外形尺寸和型面的大小确定选用多大规格的数控机床进行加工。

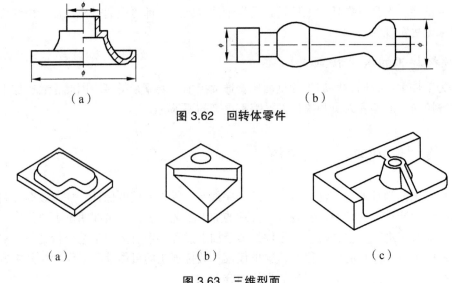

（a）　　　　　　　　　　　　　　　　　　（b）

图 3.62　回转体零件

（a）　　　　　　　　（b）　　　　　　　　（c）

图 3.63　三维型面

3）尺寸标注是否合理

图样上的尺寸标注要适应数控加工的特点。采用数控机床加工的零件，要求图样上标注的尺寸，同一方向尺寸标注的基准要统一，或者直接标注坐标尺寸，并尽可能使设计基准、工艺基准、测量基准、编程原点统一。这样既可以减少编程时节点坐标的计算工作量，又可以避免因基准不统一引起的加工误差。如果出现了基准不统一的情况，应该在保证设计精度不发生改变的前提下，设定统一的工艺基准，计算转化各尺寸，以便简化编程计算，减少零件的装夹次数。

4）精度及技术要求分析

对零件的精度、表面粗糙度及技术要求分析的目的是合理选择加工方法、装夹方式、刀具及切削用量等。

2. 零件结构工艺性分析

零件的结构工艺性是指在保证零件的使用要求的前提下，加工制造的可行性和经济性。良好的工艺结构，可以降低加工难度、节省工时、节约材料。反之，就造成浪费，加工困难。在进行结构分析时，主要考虑以下 2 个方面的问题：

（1）分析零件的形状、结构及尺寸的特点，确定零件上是否存在妨碍刀具运动的部位，是否存在有加工不到的部位，刀具、夹具、机床等各运动部件工作时会不会发生干涉。

（2）零件上是否存在对刀具的形状和尺寸提出限制的部位和尺寸要求，如圆角、清根、小孔等。要完成这些部位的加工，是否需要特殊刀具。

3. 零件毛坯工艺性分析

模具加工大多是单件生产。因此，毛坯的准备也是单件的。这种情况下，对零件毛坯的工艺性分析显得尤为重要。毛坯的工艺性分析主要考虑以下 3 个方面：

1）加工余量是否充分

模板或模块大多数都采用锻件，无论是自由锻还是模锻，都有可能造成毛坯的加工余量分配不均，加之锻件的扭曲和翘曲变形，可能存在个别部位，甚至是关键部位的余量不充分。

2）分析毛坯的余量的大小及均匀性

毛坯余量的大小及均匀性决定数控加工时是否需要分层切削和分几层切削，影响刀加工中和加工后的变形程度，决定是否采取预防措施或补救措施。

3）毛坯的安装和定位是否适合数控机床的加工特点

数控机床加工零件，可以通过一次安装加工许多待加工表面，毛坯的定位和安装应尽可能利用这一特点。同时，还要考虑毛坯在加工时的安装定位是否可靠，是否需要另外增设工艺结构辅助完成模板或模块的加工。大型模具还要设置吊装结构。

3.4.4　数控加工工艺规程的制订

模具数控加工，几乎都是单件生产。因此，模具数控加工的生产组织形式和加工工艺与普通机床加工和普通数控加工有一些不同。但是，其工艺理论的主流是相同的，遵守的基本原则是一致的。

模具数控加工工艺规程是模具数控加工整个过程的指导性文件。其内容包含了工艺过程的具体步骤和指导操作的各种技术文件。下面介绍制订工艺规程的一般步骤和方法。

3.4.4.1　工件的定位与装夹

1. 工件坐标系与原点的选择

工件坐标系是在程序编制时使用的。程序编制人员以工件上的某一点为坐标原点，也作为编程原点，建立一个新的坐标系。在这个的坐标系内进行程序编制，可以简化坐标换算，少出错误，缩短程序。编程原点的选择应优先考虑以下几点：

（1）尽量与设计基准重合。

（2）程序原点的选择应尽可能使程序简短。

（3）程序原点应设在方便对刀的位置。

（4）程序原点应尽量设在工件的对称中心线或面上。

2. 定位基准的选择

定位基准是工件上与机床或夹具的定位元件相贴合的点、线、面。它使工件在数控加工的坐标中相对刀具获得确定的位置。选择定位基准时，要注意减少装夹次数，要做到在一次装夹中能加工出尽可能多的表面，最好是一次装夹能加工出所有表面。选择的定位基准要尽量与设计基准和测量基准相一致，以减少定位误差。

3. 装夹方法的确定

虽然数控机床能加工复杂零件，但是，装夹工件的方法却与普通机床相似，所使用的夹具并不复杂。装夹的方法大致有以下几种：

（1）用平口钳、三爪卡盘、四爪卡盘、回转盘、花盘和角铁等通用夹具装夹。

（2）在工作台上找正工件，用压板和 T 形螺栓夹紧工件。

（3）用组合夹具和、专用夹具装夹工件。

3.4.4.2　刀具的选择

数控加工刀具选择，是根据加工对象选择确定刀具的种类、特征、规格。或者是根据型面的成型需要，选择专用刀具以及自行制作特殊用途的刀具。

数控车削常用的车刀有直线刃车刀、圆弧刃车刀和成型车刀，如图 3.64 所示。其中 1~5

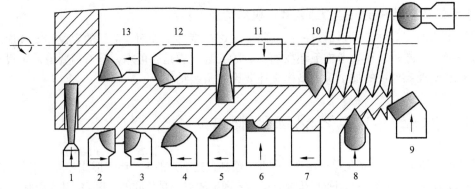

图 3.64　常用车刀种类、形状特征及用途

1—切断刀；2—90°左偏刀；3—90°右偏刀；4—弯头车刀；5—直头车刀；6—成型车刀；7—宽刃精车刀；8—外螺纹车刀；9—端面车刀；10—内螺纹车刀；11—内槽车刀；12—通孔镗刀；13—盲孔镗刀；14—圆弧刃车刀

和 6～13 为直线刃车刀，5 为成型车刀，14 为圆弧刃车刀。其中圆弧刃车刀由于整个圆弧都是刀刃，因此既可以车削外圆柱面，也可以车削端面。图中的箭头是车刀切削时相对工件的进给方向。图示的车刀都是硬质合金焊接式车刀的结构，在数控车削中大多使用机夹式可转位车刀，如图 3.65 所示。

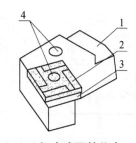

图 3.65　机夹式可转位车刀结构
1—刀杆；2—刀片；3—刀垫；4—夹紧元件

铣刀的种类很多，仅介绍几种模具型腔专用铣刀及常用铣刀。图 3.66 所示的几种铣削模具型腔的专用铣刀，这些铣刀都要根据铣削要求进行修磨，它们的加工对象是空间曲面、模具型腔和凸模的成型表面等。

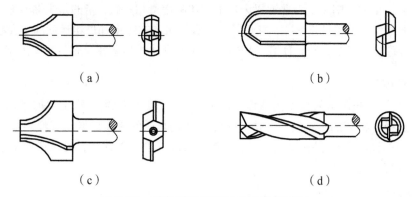

（a）　　　　　　　　　　　　　　　（b）

（c）　　　　　　　　　　　　　　　（d）

图 3.66　铣削模具型腔的几种专用铣刀

图 3.67 所示为几种常用的普通铣刀。

图 3.67（a）是用于卧式铣床加工平面的圆柱铣刀，因其刀刃成螺旋状均匀分布在外圆柱表面而得名。加工时沿径向作进给运动。

图 3.67（b）是数控加工用得最广的立铣刀，也是铣刀中品种最多的铣刀，立铣刀的主切削刃成螺旋状均匀分布在铣刀外圆柱面上，副切削刃分布在端面上。立铣刀主要用来加工凹槽、台阶和成型面，铣削时不能在轴线方向作进给运动，只能在径向作进给运动。

图 3.67（c）是用来加工大平面的端面铣刀，它的主切削刃分布在铣刀圆柱面或者圆锥面上，副切削刃分布在铣刀端面上。加工时沿径向作进给运动。

图 3.67（d）是用来加工斜面和角度槽的角度铣刀。它分为单角铣刀和双角铣刀，图中表示的是单角铣刀。角度铣刀的主切削刃分别在圆锥面上，加工时沿径向作进给运动。

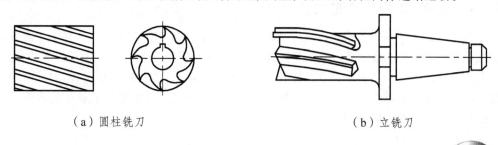

（a）圆柱铣刀　　　　　　　　　　　　（b）立铣刀

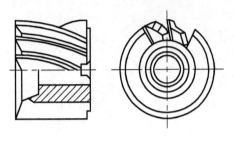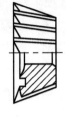

（c）端面铣刀 　　　　　　　　　　　　　（d）角度铣刀

图 3.67　几种常用铣刀

3.4.4.3　切削用量的选择

数控机床加工的切削用量与普通机床加工的切削用量相一致，指的是主轴转速、进给速度和背吃刀量，被称为切削用量三参数，它们是表示数控机床主运动和进给运动的重要参数。在工艺设计时，要合理选择三个参数，使其互相适应并形成最佳切削参数，充分发挥机床的切削效率。

1. 主轴转速

主轴转速（r/min）是依据切削速度（mm/min）计算得来的，而切削速度要根据加工对象和切削经验选择。机床的主轴转速分成若干级，选定合适的转速后要将其代码填入程序单。

数控机床的控制面板上一般都设有主轴转速修调（倍率）开关，可以在加工过程中根据实际情况对主轴转速进行调整。

2. 进给速度

进给速度是刀具相对工件的移动速度（mm/min）。选择进给速度的依据是加工精度和表面质量，要求较高的表面要将进给速度选得小一些。当质量要求能够得到保证时，为了提高生产效率，可选择较高的进给速度，尤其是空行程或者快速回零时，为缩短辅助时间，进给速度应尽可能选大。

在加工过程中，进给速度也可以通过控制面板上的修调开关进行调整，但是最大进给速度要受到设备刚度和进给系统性能等限制。

3. 背吃刀量

背吃刀量指一次走刀切除的材料厚度（mm）。其选择的依据是机床、工件、夹具和刀具等工艺系统的刚性。为了提高生产率，减少走刀次数，应尽可能选择较大的背吃刀量。粗加工时选大一些，精加工时选小一些。通常车削和镗削精加工时选 0.1 ~ 0.5 mm，铣削精加工时选 0.2 ~ 0.8 mm。

3.4.4.4　数控加工工序的划分

数控加工的工序是指一个零件在一次装夹中连续自动加工直至结束的所有工艺内容。由于数控机床具有刚性大、精度高、刀库容量大、切削参数范围广及多坐标、多工位等特点，因此，只要数控机床选用适当，一个零件的数控加工内容均可在一次装夹中完成。但为了充分利用数控机床的高效率、高精度、高自动化等特点，对于需要多道工序才能完成加工的零件，必须考虑工序划分。工序划分的一般方法有：

1. 按所用刀具划分工序

通常在数控加工中要遵循"少换刀"原则，即在一次换刀后尽可能完成一个零件上所有相同表面的加工（如一个零件上所有同样直径的钻孔、圆角）。有些零件在一次装夹中可以完成许多加工内容，这时可以将一把刀能够加工完的所有部分作为一道工序，然后再换第二把刀加工，作为新的一道工序，加工其他表面。

2. 按加工内容划分工序

对于比较复杂的模具工作件，如果只在一台数控机床上进行加工，其机床功能不一定能满足全部加工内容。工序划分时，可以按零件或型面的结构特点将加工内容分为几个部分，将其划分为不同的工序，也将零件安排在几台数控机床上加工，每一部分用典型刀具切削。例如分别加工内腔、外形、平面、或曲面等。另外，数控程序过长（如大型曲面加工），不仅容易出错，而且有可能造成计算机内存不够，或超过一个工作班，或在加工一个面的中途刀具磨损失效，此时也应按加工内容划分为多个工序。

3. 按粗、精加工划分工序

数控机床可实现一次装夹完成工件粗、精加工。但是若粗、精加工一次完成，则零件不能得到时效处理，内应力难以消除，同时粗加工时，金属切除量大，零件温升高，零件在热态下进行精加工，冷却后会造成精度下降。另外，考虑装夹位置的合理性、夹具夹紧变形等因素，在对于容易发生加工变形、精度要求很高的零件，通常要求粗加工后进行整形，这是粗加工和精加工必须作为两道工序，多次装夹。

4. 按先面后孔的原则划分工序

在工序划分时，有"基面先行，先主后次，先粗后精，先面后孔"的原则。所谓"先面后孔"指的是零件上既有面加工又有孔加工时，应采用先加工面后加工孔的顺序划分工序。这样可以提高孔的位置精度。

数控加工工序的划分应有利于零件的加工及精度的保证，应根据零件的具体情况合理安排。

一个工序内，可以采用不同的刀具和切削用量，对不同的表面进行加工。为了便于分析和描述工序的内容，工序还可以进一步划分工步。切削加工中刀具和切削用量的转速与进给量均不变时，所完成的那部分工序内容称为工步。工序划分以后，即可对每个工序进行详细工步设计。工步设计是保证加工质量与生产效率的关键，是编写加工程序的工艺依据。

3.4.4.5　填写数控加工工艺文件

数控加工工艺文件，是填有工艺规程内容的一些格式化（如卡片）技术文件的总称。它的作用是对生产准备、工艺管理和操作等全过程予以指导。对企业来说，工艺文件也是生产计划、劳动组织、物流管理、加工操作和技术检验的重要依据。

数控加工工艺文件的种类和形式有多种，不同的企业，其具体内容也有所差异。但是，都应包含以下基本内容：

（1）数控加工工序卡；

（2）数控刀具调整卡；

（3）数控机床调整卡；

（4）数控加工程序单。

3.4.5　加工路线的确定

加工路线是指数控加工过程中刀具相对于工件的运动轨迹与方向。确定数控加工的加工路线就是确定刀具的运动轨迹与方向。妥善安排加工路线，对提高加工质量和保证零件的技术要求都是十分重要的。数控加工的工序确定以后，就应确定每道工序的加工路线。数控加工的加工路线不仅包括切削加工时的走刀路线，还包括刀具到位、对刀、退刀和换刀等一系列过程中刀具的运动路线。

3.4.5.1　确定加工路线的原则

确定加工路线的基本原则有：

（1）编程时容易进行数学处理，减少计算，节省编程工作量；

（2）尽可能缩短加工路线，减少程序段数，减少空行程时间；

（3）保证零件的加工精度和表面质量；

（4）有利于工艺处理，尽可能少换刀。

3.4.5.2　确定加工路线的基本方法

确定加工路线是编程工作的重要内容。加工路线一旦确定，各程序段的段序也随之确定。在确定加工路线时，要考虑以下几点：

1. 点位控制加工路线的确定

数控镗床、数控钻床是典型的点位控制机床。这类机床多用在平面上加工孔，孔的定位精度较高。在设计加工路线时，要考虑尽可能缩短加工路线。对于点阵孔群的加工路线，应力求保证各点间刀具运动路线的总和最短，以减少空程时间，提高加工效率。以图3.68（a）所示孔群的加工为例，按习惯，一般都是先加工一圈均布于圆上的8个孔，然后加工另一圈，如图3.68（b）所示。但对于数控加工来说，这并不是最好的加工路线。若按图（c）所示的路线加工，比图（b）要减少大约一半的空程时间。由此可见，图（c）的加工路线最佳。

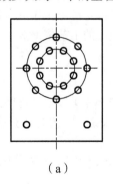 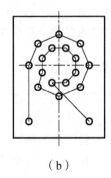 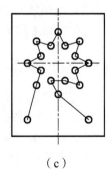

（a）　　　　　　　　（b）　　　　　　　　（c）

图3.68　最短加工路线的设计

2. 铣削轮廓的加工路线

图3.69是铣削平底型腔的例子，图中列举了三种加工路线。图（a）为行切法，图（b）是环切法，图（c）是先行切法粗铣，去除多的余量，最后精铣，环切一周。

分析三种加工路线，图（a）形成型腔侧壁的接刀次数太多，难以保证其表面质量；图（b）的加工路线太长；图（c）最后安排的环切，使得侧壁的最终轮廓由最后环切进给连续加工出来，既能保证侧壁的表面质量，又使加工路线不长。由此可见，图（c）的加工路线最佳。

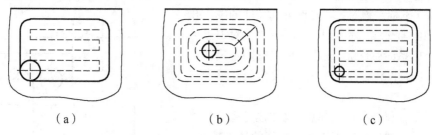

（a）　　　　　　　　　　（b）　　　　　　　　　　（c）

图 3.69　平底型腔的三种加工路线

图 3.70 是铣削三维曲面的例子，图中列举的是行切法加工路线。用球头铣刀一行一行地加工曲面，每铣完一行后，铣刀就沿某一坐标方向移动一个行距，直至铣完。

3. 旋转体零件的加工路线

旋转体零件一般都在数控车床或者数控磨床上加工。在车削加工时，毛坯多为棒料或锻件。其毛坯特点是加工余量大，而且不均匀。图 3.71 为一复杂型芯的加工路线。毛坯为棒料，需先安排粗加工，然后换精车刀一次成型。粗车时，可采用大余量走刀。数控机床由于动力与刚性都较大，对大余量的切除应取较大的背吃刀量以减少走刀次数。此例的外轮廓似阶梯状，球面为鼓形，故可用一把粗车刀用尽可能大的背吃刀量，以最少的走刀次数（1~4 为走刀次数，图中为 4 次）完成粗加工，再用精车刀一次成型。

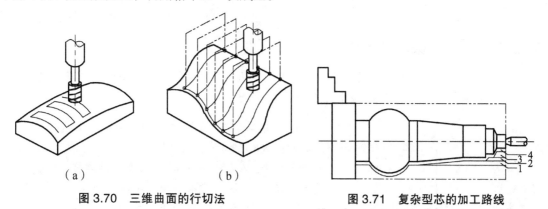

（a）　　　　　　　　　　（b）

图 3.70　三维曲面的行切法　　　　　　　图 3.71　复杂型芯的加工路线

3.4.5.3　刀具的切入点和切出点

切入点和切出点就是一次切削的起始点和终了点。数控加工轮廓完成时的最后一刀，一般都是连续加工而成，这时要确定好刀具的切入点和切出点位置，尽量不要在连续表面上安排切入和切出或者换刀与停刀，否则，会在光滑表面上留下接刀痕和滞留刀痕，影响表面质量。

3.4.5.4　对刀点和换刀点的确定

对刀点是数控加工刀具相对工件运动的起点，也叫作起刀点，也是程序起点。对刀点选定后，机床坐标系和零件坐标系的位置关系也随之确定。对刀点可以设在被加工工件上，也可以设在与零件定位基准有固定尺寸关系的夹具上。为了提高零件的加工精度，对刀点应尽量选在零件的设计基准或工艺基准上。例如，以孔定位的零件，选孔的中心作为对刀点较为合适。用相对（增量）坐标编程时，对刀点可选零件的中心孔或两垂直平面的交线。用绝对坐标编程时，对刀点可选在机床坐标系的原点上，或距离原点有固定尺寸关系的点上。图 3.72 说明了对刀点的设定及与零件的关系。

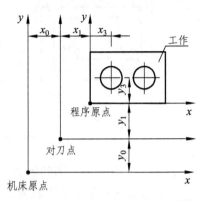

图 3.72　对刀点的设定及与零件的关系

对刀点不仅仅是程序的起点，也往往是程序的终点。对刀点找正的准确度直接影响零件的加工精度，其找正的方法应与零件的精度要求相适应，对刀时应使对刀点和刀位点保持一致。所谓刀位点，就是刀具定位的基准点。刀具不同，刀位点也不同。例如，立铣刀的刀位点是端面的中心，钻头的刀位点是钻尖，车刀和镗刀的刀位点是刀尖。

换刀点是为加工中心、数控车床等多刀加工的机床编程而设置的，以实现加工中途换刀。换刀点的位置应根据工序内容和数控机床的要求而定，为了防止换刀时刀具碰伤工件或夹具等，换刀点常常设在被加工零件的外面，并尽可能远离零件，保持一定的安全距离。

3.4.6　模具工作零件加工常用数控机床技术规格

3.4.6.1　数控机床的分类

数控机床的种类很多，功能各异，可从不同的角度对其进行分类。下面介绍几种基本的分类方法，其中前三种是常用的，如图 3.73 所示。

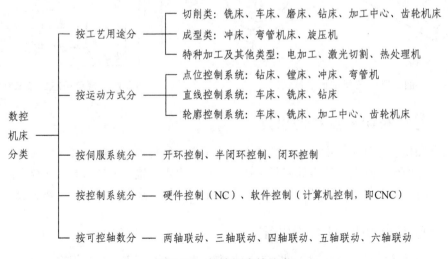

图 3.73　数控机床的分类

3.4.6.2　数控机床的基本组成部分

数控机床主要由五个基本部分组成，即控制介质、数控装置、伺服机构、机床本体和检测装置，如图 3.74 所示。

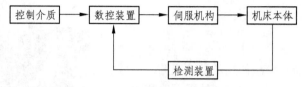

图 3.74　数控机床的基本组成

1. 控制介质

对数控机床进行控制，必须在人与机床之间建立某种联系，把人对零件加工的全部信息（数控程序）传送到数控装置中去，这种信息载体就称为控制介质。常用的控制介质有穿孔纸带、穿孔卡、磁带和磁盘。目前的信息传输方式已经是通过操作面板或者计算机直接将控制程序输入到数控装置中去。

2. 数控装置

数控装置是数控机床的核心，主要由输入装置、控制运算器、输出装置等组成。控制介质上的信息经过输入装置识别与译码后，由运算器进行处理与运算，产生相应的控制命令，再由输出装置将命令传送给伺服系统，最终控制机床各部分按数控程序的要求运动，完成零件的加工过程。

3. 伺服机构

伺服机构是数控机床的命令执行部分，是数控装置与机床本体间的联系环节。伺服机构由驱动控制系统和执行机构（如伺服电机）两大部分组成，它主要驱动机床的运动（移动或转动）部件按程序完成指定动作，实现零件的加工。

4. 机床本体

机床本体是数控机床的主体，是完成各种加工动作的机械执行部分。

5. 检测装置

检测装置的主要元件是检测传感器，用于检测行程和速度等物理量，并将得到的检测数据转换成电信号，反馈给数控装置，与原指令作比较并及时补偿，以控制机床准确运行。

3.4.6.3　模具工作件加工常用的数控机床

在模具工作零件的数控加工中，鉴于型面的复杂性，几乎各种数控加工机床均可用到，但用得最多的是数控铣床和加工中心；数控电火花加工和数控线切割在模具加工中应用也非常普遍（电加工内容另作专门介绍）；数控车床主要用于回转类型腔、型芯以及杆类标准件加工；数控钻床在模具加工中也经常使用。在本节内容中主要介绍数控铣床、数控车床的基本特点和规格。

数控加工中心是由数控铣床发展起来的，因此可以把加工中心看成是带有刀库的数控铣床。加工中心按主轴与工作台的相对位置关系分为立式加工中心和卧式加工中心，图 3.75 是卧式加工中心的外形图。加工中心在加工零件时可以实现自动换刀，连续加工整个工件，这在模具工作件的型面加工中很受欢迎。在程序编制和应用方面，数控加工中心与数控铣床基本上没有区别，因此在本节内容中就不对加工中心作专门介绍。

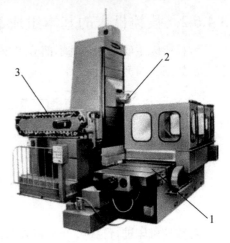

图 3.75　卧式加工中心外形图

1—工作台；2—主轴；3—刀库

1. 数控铣床

数控铣床是模具企业广泛使用的数控机床，也是最具代表性的数控机床，既能加工各种平面轮廓和立体轮廓的表面，又适合加工各种空间曲面，而这些空间曲面可以是解析曲面，也可以是以列表点表示的自由曲面。由于模具工作件的型面复杂，需要多坐标联动加工，用普通机床是很难加工出来的，即使是仿形铣床也不可能达到精度要求，而采用数控铣床却能轻易达到设计要求，这就充分体现出数控铣床在模具制造中的巨大作用。

现代数控铣床除具有高精度、高性能等特点外，许多都带有固化软件的 CNC 微机数控系统，这些机床功能齐全，具备直线插补、圆弧插补、刀具补偿、固定循环和用户宏程序等功能。因此，能完成铣削、镗削、钻削、攻螺纹及自动工作循环，基本能满足模具制造的所有切削需要。

数控铣床按工作台与主轴的相对位置关系可以分为立式数控铣床和卧式数控铣床。立式数控铣床的主轴与工作台水平面是垂直关系；卧式数控铣床的主轴与工作台水平面是平行关系。

1）立式数控铣床

立式数控铣床在模具加工中应用最为广泛。立式铣床按数控装置可控轴数（即机床数控装置能够控制的坐标数目）分为两轴半、三轴、四周、五轴数控立式铣床，目前，世界上可控轴数最高级别为 24 轴，我国起步较晚，目前数控装置控制的最高轴数为 6 轴，图 3.76 所示为未带刀库的六轴加工中心示意图。一般来说，机床可控制的轴数越多，尤其是能联动（轴与轴之间同时协调移动或转动）的轴数越多，机床的功能就越齐全，加工范围越大，加工对象就越广。但是，这种数控机床的结构和控制系统以及程序编制也就越复杂，其价格就越贵。

图 3.77 所示为 XK716A 三轴立式数控铣床，它可以进行 X、Y、Z 三轴联动加工。1 为基座，

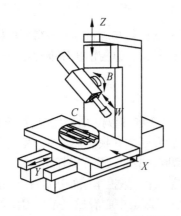

图 3.76　六轴加工中心示意图

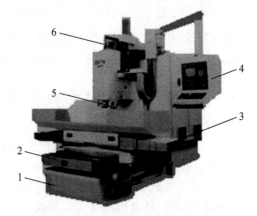

图 3.77　XK716A 三轴立式数控铣床

是机床的基础；2 是横行工作台，带着工件在 Y 方向移动；3 是纵向工作台，带着工件在 X 方向移动；4 为操作台，输入控制程序和数据；5 为主轴，其轴线与工作台垂直；6 是床身。

　　四轴和五轴立式数控铣床，指的是除了三个坐标可以联动加工外，机床主轴还可以绕一个或者两个坐标轴转动一定角度。

　　表 3.3 所列为 XK716A 三轴立式数控铣床的主要参数。

表 3.3　XK716A 三轴立式数控铣床的主要参数

参数名称	参数值
工作台尺寸（mm）	630×125
坐标行程（mm）	1 150×630×700
工作台承重（kg）	1 500
定位精度（mm/300 mm）	X：±0.02，Y、Z：±0.012
重复定位精度（mm）	±0.08
主轴端面至工作台面距离（mm）	127～827
主轴锥孔	ANSI B5.5 CAT-40；MAS403 BT40
主轴最高转速（r/min）	8 000
进给速度（$X.Y.Z$）（mm/min）	1～1 000
快速移动速度（$X.Y.$）（mm/min）	2 000
快速移动速度（Z）（mm/min）	2 000
主轴电机功率（kW）	7.5/11

2）卧式数控铣床

　　图 3.78 是 TK6411A 三轴卧式数控铣镗床。1 为基座，是整个机床的基础；2 是横向工作台，可载着工件沿 Y 轴方向移动；3 是主轴，轴线与工作台平行，可以沿着 Z 轴方向向上下移动；4 是操作台，输入程序和调整参数；5 是纵向工作台，可载着工件沿 X 轴方向移动；6 是床身。表 3.4 所列为 TK6411A 三轴卧式数控铣镗床的主要参数。

　　为了扩大加工范围和扩充机床功能，卧式数控铣床经常采用增加数控回转台或万能数控回转台来实现 4、5 坐标联动加工。这样，不仅能加工工件侧面的连续回转轮廓，同时也能在工件的一次装夹中，通过回转台改变工位，以实现"四面加工"。卧式数控铣床与立式数控铣床相比较，有一个最大的优点是排屑方便。

图 3.78　TK6411A 三轴卧式数控铣镗床

表 3.4　TK6411A 三轴卧式数控铣镗床的主要参数

参数名称	参数值
工作台尺寸（mm）	1 350×1 000
坐标行程（x、y、z）（mm）	1 500×1 200×700
工作台最大承重（kg）	4000
定位精度（x、y、z）（mm）	x：±0.02，y：±0.015，z：±0.012
重复定位精度（x、y、z）（mm）	±0.008
工作台回转分度	360°
工作台分度精度	±6″（4×90°）
工作台重复定位精度	±3″（4×90°）
主轴最高转速（r/min）	1 100
主轴锥孔	7：24　No.50
进给速度（x、y、z）（mm/min）	1～1 200
快速移动速度（x、y、z）（mm/min）	10 000
主电机功率（变频）（kW）	15
主轴最大外径（mm）	ϕ110
最大镗孔直径（mm）	ϕ250
最大钻孔直径（mm）	ϕ50

2. 数控车床

数控车床按主轴轴线的空间位置不同分为卧式数控车床和立式数控车床。其中卧式数控车床应用较为广泛，它的主轴轴线处于水平位置。图 3.79 所示为银川长城机床厂出产的 CK7150A 型卧式数控车床的外形图。

卧式数控车床的基本结构与卧式普通车床相似，都由主轴箱、刀架、进给系统、床身、液压系统、冷却系统、润滑系统等几大部分组成，只是进给系统在结构上存在本质差别。卧式普通车床主轴的运动是通过挂轮架、进给箱、溜板箱传到刀架，实现纵向和横向进给运动，而卧式数控车床则是采用伺服电动机经滚珠丝杠传到滑板和刀架，实现零件加工时的同步进给运动。

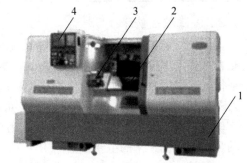

图 3.79　CK7150A 卧式数控车床
1—床身；2—刀架；3—主轴；4—操作台

刀架作为数控车床的重要部件，其布局形式对机床整体布局及工作性能影响很大。目前，两轴联动的数控车床大多采用 12 工位的回转刀架，也有用 6 工位、8 工位、10 工位回转刀架的。回转刀架在机床上的布局形式有两种：回转轴线平行于主轴和回转轴线垂直于主轴，即水平回转刀架和竖直回转刀架，如图 3.80 所示。

（a）12 工位水平回转刀架　　　　　　（b）8 工位竖直回转刀架

图 3.80　数控车床的两种刀架

CK7150A 型数控车床系两轴联动、半闭环数控车床。控制系统采用 FANUC 0i-mate 系统和 AC 纵横向伺服系统。床身倾斜 45°，模块化设计，体积小，结构紧凑，排屑方便。配置变频电机或主轴伺服系统，变速范围大，能恒线速切削，可实现 20～2 000 r/min 的转速变换。适合加工几何形状复杂，尺寸繁多，精度要求高的回转类零件。表 3.5 所列为 CK7150A 卧式数控车床的主要参数。

表 3.5　CK7150A 卧式数控车床的主要参数

名　称		规　格
床身上最大回转直径		ϕ505 mm
床鞍上最大回转直径		ϕ340 mm
最大车削直径	轴类直径	ϕ250 mm
	盘类直径	ϕ500 mm
最大钻孔直径		ϕ20 mm
最小车削直径		ϕ20 mm
最大车削长度		1 000 mm；500 mm
最大行程	X	260 mm
	Z	1 100 mm；600 mm
主轴转速范围		20～2000 r/min
最小设定单位	X	0.001 mm
	Z	0.001 mm
最小移动量	X	0.000 5 mm
	Z	0.001 mm
最小检测单位	X	0.000 5 mm
	Z	0.001 mm
进给量及螺距范围	工进　X	0.000 5～500 mm/min
	工进　Z	0.001～500 mm/min
	快进　X	8 mm/min
	快进　Z	12 mm/min
	螺纹导程	0.001～500 mm/r
	刀位数	6

3.4.7　常用刀柄及其标准

数控铣床（或数控加工中心）所使用的刀具都是通过刀柄与机床主轴相连接。刀柄的强度、刚性、耐磨性、制造精度及加紧力等对零件加工有着直接影响，高速铣削所用的刀柄，在使用前还要进行动平衡和减振试验。图 3.81 所示为几种常用的刀柄。

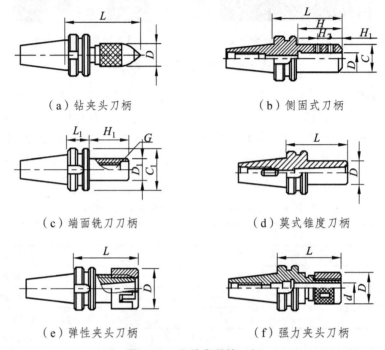

（a）钻夹头刀柄　　　　　　　　　　（b）侧固式刀柄

（c）端面铣刀刀柄　　　　　　　　　　（d）莫式锥度刀柄

（e）弹性夹头刀柄　　　　　　　　　　（f）强力夹头刀柄

图 3.81　几种常用的刀柄

刀柄是数控加工刀具与机床的连接件，图 3.81 所示的六种刀柄通过左端的锥柄和机床主轴锥孔定位，锥柄的锥度为 7∶24，刀柄与机床的可靠连接是通过机床主轴内的拉刀机构实现的。常用的刀柄规格有 BT30、BT40、BT50 或者 ISO40、ISO50，在高速加工中则使用 HSK 刀柄。用得最多的刀柄是 BT40、BT50。

1. 钻夹头刀柄

钻夹头刀柄，即钻夹头与刀柄体为一整体，也称为一体式钻夹头刀柄，如图 3.81（a）所示。这种刀柄主要用于夹持直径小于 $\phi13$ mm 的直柄钻头，或中心钻、铰刀等。

2. 侧固式刀柄

侧固式刀柄也称削平型刀柄，因适合将刀具的圆柄尾部削出一小平面以压紧螺钉从侧面压紧刀具而得名，如图 3.81（b）所示。这种刀柄结构简单，夹紧可靠，但由于压紧螺钉是从单面压紧刀具的，会造成刀具与机床主轴同轴度降低。另外，由于刀具孔直径 D 是固定的，因此，这种刀柄夹持刀具的直径具有单一性。

3. 端面铣刀刀柄

如图 3.81（c）所示，这种刀柄通常用来夹持较大直径的端面铣刀，由于其长度短、扭力大，因此，适合于高速铣削大平面。

4. 莫氏锥度刀柄

如图 3.81（d）所示，这种刀柄分为带扁尾莫氏圆锥孔刀柄和不带扁尾莫氏圆锥孔刀柄，均可与莫氏锥柄类刀具配合进行钻削、铰削加工。装夹钻头或铰刀的直径通常大于 $\phi13\,mm$。

5. 弹簧夹头刀柄

如图 3.81（e）所示，这种刀柄具有精度高、夹持适应性好等特点，可夹持各种直柄刀具进行铣、钻、铰等加工。夹持刀具的直径范围大，具有广泛的使用性能。

6. 强力夹头刀柄

如图 3.81（f）所示，这种刀柄与弹簧夹头刀柄相似，但由于使用了直筒筒夹，因此具有更大的加紧力。它的主要特点是精度高、夹持力大、稳定性好、连接范围广。是进行强力切削的较为理想的刀柄。

除上述刀柄外，还有浮动刀柄、角度头刀柄、增速刀柄等等。不再一一叙述。

表 3.6 列举了常用刀柄的主要参数。

表 3.6　常用刀柄的主要参数

刀柄名称	参数规格	刀具直径	L	D	H	L_1	D_1	G	C	d
钻夹头式刀柄	BT30-APU08-80	1-8	75~82	36.3						
	BT40-APU13-110	1-13	98~109	53.5						
	BT50-APU08-95	1-8	90~97.5	36.3						
侧固式刀柄	BT30-SLA6-60		60	6	32				25	
	BT40-SLA16-100		100	16	50				45	
	BT50-SLA40-105		105	40	80				80	
端面铣刀柄	BT30-FMA25.4-45					45	25.4	M12		
	BT40-FMA38.1-90					90	38.1	M16		
	BT50-FMA33.75-200					200	33.75	M12		
莫氏锥度刀柄	BT30-MTA1-45（莫1）					45	25			
	BT40-MTA2-180（莫2）					180	32			
	BT50-MTA4-75（莫4）					75	50			
弹性夹头刀柄	BT30-ER11-60		60	19						
	BT40-ER25-100		100	42						
	BT50-ER32-150		150	50						
强力夹头刀柄	BT30-ASC25-85		85	55						25
	BT40-ASC32-130		130	76						32
	BT50		160	88						42

思考题

1. 车床适用于加工何种表面？特形曲面的车削有哪些方法？

2. 用普通车床车削多型腔零件，有哪些找正方法？如何找正？

3. 模具零件为什么主要在立式铣床和万能工具铣床加工？

4. 铣削可以进行哪些加工？

5. 曲面刨削有哪些基本方法？

6. 试述行星式磨削的工作原理？行星式磨削可以进行哪些加工？

7. 根据靠模销传递信息的方式和机床进给传动控制方式的不同，仿形加工方法有哪几种？各有什么特点？

8. 仿形铣削能够加工一些什么样的零件？如何实现平面轮廓的仿形铣削？

9. 立体仿形铣床的仿形工作原理如何？仿形铣削的切削运动路线有哪几种基本方式？

10. 仿形靠模常用的制造材料有哪些？各有什么特点？

11. 仿形铣削时，对靠模销的选择有什么要求？

12. 试述仿形刨削加工的原理如何？

13. 坐标镗床如何进行坐标测量？工件的定位与坐标转换的基本方法如何？

14. 坐标磨床有哪几种？如何对工件进行磨削？

15. 试述砂轮角度的修整方法。

16. 试述砂轮圆弧的修整方法。

17. 试述正弦分中夹具的工作原理？工件在正弦分中夹具中有哪几种装夹方法？

18. 如图 3.82 所示的凸模，试分析用正弦分中夹具成型磨削过程。

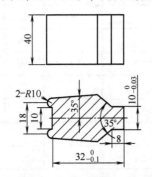

图 3.82　第 18 题图——凸模

19. 如何进行成型磨削工艺尺寸换算？应计算哪些工艺尺寸？

第 4 章　模具的特种加工

模具的特种加工是有别于机械加工的新型加工方法，目前生产中应用的主要有电火花加工、电火花线切割加工、电解加工、电铸加工、化学加工、超声波加工、激光加工等。它是直接利用电能、化学能、声能、光能对工件进行加工，以达到一定形状、尺寸和表面粗糙度的要求。

4.1　电火花加工

4.1.1　电火花加工概述

4.1.1.1　电火花加工的原理

电火花加工是一种电、热能加工方法，是利用工具电极和工件间火花放电时，瞬时产生的高温使电极表面的局部金属腐蚀去除而对工件进行加工。

电火花加工时，工具电极和工件分别接脉冲电源的两极，两极间充满具有一定绝缘性能的液体（工作液）；放电间隙自动调节装置使工具电极和工件间保持一个合理的放电间隙。

加在两极上的脉冲电压在间隙最小处或绝缘强度最低处击穿工作液，并产生火花放电，瞬时产生的高温足以使工件表面的金属局部熔化、气化而被蚀除，在工件表面上形成微小的凹坑。脉冲放电结束后，经过一段时间间隔，工作液恢复绝缘，第二个脉冲电压又加在两极上重复上述过程。这样，依次下去，工具电极不断向工件进给，工件表面的金属将会不断地被蚀除，工具电极的形状就会复制在工件上，从而加工出所需零件的型孔或型腔，图 4.1 所示为电火花加工原理图。

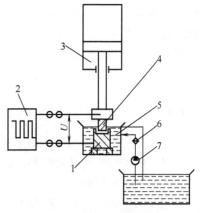

图 4.1　电火花加工原理
1—工件；2—脉冲；3—自动进给装置；
4—工具电极；5—工作液；
6—过滤器；7—泵

4.1.1.2　电火花放电过程

电火花加工的物理过程是非常短暂而复杂的，每次脉冲放电蚀除材料的微观过程是电力、磁力、热力和流体动力等综合作用的过程。

这一放电过程大致分为以下几个连续阶段：介质击穿、通道放电，熔化、气化、热膨胀，电蚀产物的抛出及极间介质消电离。

由于工具电极和工件表面存在着微观的凹凸不平，在两者相距最近处电场强度最大，其间的工作液绝缘性能较低而最先被击穿，即工作液电离成离子和电子。在电场力的作用下，电子高速奔向正极，离子奔向负极，并产生火花放电，形成放电通道。这时，放电间隙的电阻由原来绝缘状态的几兆欧骤降到导电状态的几欧甚至几分之一欧，通过的电流由零增加到相当大的数值，放电间隙的电压由击穿电压下降到 20 V 左右的火花维持电压，如图 4.2 所示。

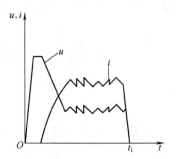

图 4.2　矩形波脉冲放电电压与放电电流波形

放电通道的截面积很小，电流密度很大，达到 $10^5 \sim 10^6$ A/cm²。由于放电通道中的电子和离子高速运动时的相互碰撞，高速电子和离子流对正极和负极表面的撞击，其动能要转化为热能，因此在两极通道内形成一个温度高达 10 000 ℃ 左右的瞬时热源，在热源作用区的工具电极和工件表面被加热到熔点、沸点以上温度，使局部金属很快熔化，甚至气化。通道周围的液体介质（一般为煤油）有的加热成为蒸气，有的被分解为游离的碳和氢气、C_2H_2 等气体，由于这一加热过程是非常短的时间（$10^{-7} \sim 10^{-4}$ s）内完成的。因此，金属的熔化、气化和工作液的气化具有突然膨胀即爆炸的特性，爆炸力把熔化和气化的金属抛入附近的工作液中冷却，当它们凝固成固体时，由于表面张力和内聚力的作用使其具有最小表面积，成为细小的圆球形颗粒（直径为 0.1 ~ 500 μm）。而电极表面则形成一个四周稍凸起的微小圆形凹坑，如图 4.3所示。在一次脉冲放电结束后，使放电通道中的带电粒子（电子和离子）复合成中性粒子，这一过程即为消电离。由于消电离使通道内的带电粒子数急剧减少，并逐渐恢复极间工作液的绝缘性。

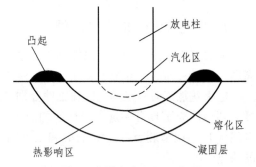

图 4.3　放电痕剖面示意图

4.1.1.3　电火花加工的特点

电火花加工与机械加工相比具有以下特点：

（1）脉冲放电能量密度高，加工用普通机械难以加工或无法加工的金属材料，如淬火钢、硬质合金，耐热钢等。

（2）加工时，工具电极与工件不直接接触，两者之间不产生明显的机械力，没有因切削力而产生的工艺问题。因而有利于加工小孔、窄槽以及各种复杂形状的型孔和型腔。

（3）工具电极的材料不需比工件硬，能以柔克刚。因此，工具电极容易制造。

（4）直接利用电能、热能进行加工，便于实现加工过程的自动化。

4.1.2　电火花加工的基本工艺规律

电火花加工的工艺指标主要有加工速度、加工精度、加工表面质量以及工具电极的相对损耗。研究电火花加工的基本规律，对于提高电火花加工速度，改善加工表面质量，降低工具电极的损耗是极为重要的。

4.1.2.1　影响加工速度的主要因素

电火花加工时，正极和负极同时受到不同程度的腐蚀，单位时间内工件蚀除量称为加工速度或生产率。如果蚀除量以体积表示，就称为体积加工速度（mm³/min），如果蚀除量以质量表示，就称为质量加工速度（g/min）。

电火花加工中工件材料的蚀除速度是非常复杂的，影响因素很多，主要有电参数、极性效应、工件材料的热物理常数、工作液等。

1. 电参数（电规准）

每个脉冲放电都会使工件材料被蚀除，脉冲能量越大，被蚀除的材料量越多，并近似于成正比关系，而某时间段内总的蚀除量约等于这段时间各个有效脉冲蚀除量的总和。

单个脉冲蚀除量 V_i 为

$$V_i = KW \tag{4.1}$$

1 min 重复脉冲放电的蚀除量 V_v 为

$$V_v = \sum V_i = 60 fKW\lambda \tag{4.2}$$

式中　V_v ——加工速度，即生产率（mm³/min，g/min）；
　　　V_i ——单个脉冲的蚀除量（mm³ 或 g）；
　　　f ——脉冲频率（Hz）；
　　　K ——与电极材料、脉冲参数、工作液等有关的工艺系数（mm³/J、g/J）；
　　　W ——单个脉冲能量（J）；
　　　λ ——有效脉冲利用率（%）。

单个脉冲放电所释放的能量 W 又取决于极间放电电压，放电电流和放电持续时间，如图 4.4 所示。

电火花加工中，火花维持电压与电极材料及工作液有关，在煤油中用纯铜加工钢时约为 25 V，用石墨加工钢时约为 30～35 V，在乳化液中用铜加工钢时约为 16～18 V。因此，对具体电极材料，工件的蚀除量与平均放电电流和脉冲宽度成正比。在通常的晶体管脉冲电源中，脉冲电流为一矩形波，可以近似地用放电峰值电流（电流幅值）和电流脉宽来代替，故纯铜电极加工钢时，单个脉冲能量为

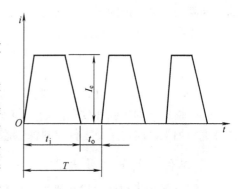

图 4.4　脉冲电流波形
t_i—脉冲宽度；t_o—脉冲间隔；T—脉冲周期；
I_e—电流峰值

$$W = (20 \sim 25) I_e \cdot t_e \tag{4.3}$$

式中　W ——单个脉冲能量（J）；
　　　I_e ——脉冲电流幅值（A）；
　　　t_e ——电流脉宽（μs）。

因此，提高加工速度的途径在于提高脉冲频率 f，增加单个脉冲的能量 W，设法提高工艺系数 K，同时还应考虑这些因素间的相互制约关系和对其他工艺指标的影响。

（1）提高脉冲频率。一方面靠缩小脉冲停歇时间，另一方面靠压窄脉冲宽度。但提高脉冲频率是有限的，频率过高，脉冲间隔时间过短，会使加工间隙中的工作液来不及消电离，使电火花加工过程不能正常进行。

（2）增加单个脉冲能量主要靠加大脉冲电流和增加脉冲宽度。单个脉冲能量的增加可以提高加工速度，但同时会使表面粗糙度变差，加工精度降低。因此，一般只用于粗加工和半精加工。

（3）提高工艺系数 K 的途径很多，合理选择电极材料、电参数、工作液、改善工作液的循环过滤方式都可提高有效脉冲利用率 λ，达到提高工艺系数 K 的目的。

电火花成型加工的速度，粗加工（加工表面粗糙度 R_a 为 10 ~ 20 μm）时，可以到 200 ~ 1 000 mm³/min；半精加工（R_a 为 2.5 ~ 10 μm）时，可达到 20 ~ 100 mm³/min；精加工（R_a 为 0.32 ~ 2.5 μm）时，一般都在 10 mm³/min 以下。可见，随着表面粗糙度的改善，加工速度显著下降。加工速度与加工电流有关，对电火花成型加工，约每安培加工电流为 10 mm³/min。

2. 极性效应

电火花加工时，无论是正极还是负极都会受到不同程度的电腐蚀。即使两个电极的材料相同（如用钢电极加工钢工件）也往往出现正、负两极的蚀除速度不一样，这种现象称为极性效应。如果两个电极的材料不同，则极性效应更为复杂。在生产中，通常把工件接脉冲电源正极时的加工称为正极性加工，而把工件接脉冲电源负极时的加工称为负极性加工。在电火花加工中，极性效应越显著越好，这样可以把电蚀量小的一极作为工具电极，以减少工具电极的损耗。

极性效应与脉冲宽度，电极材料、单个脉冲的能量等因素有关。在生产中，为了提高加工速度和降低工具电极的损耗，必须充分利用极性效应：

（1）电火花加工中必须采用单向脉冲电源。否则，采用正、负双向脉冲电源将相互抵消其极性效应的作用。

（2）正确选择加工极性，用短脉宽（20 μs）精加工时应选用正极性加工，用长脉宽（> 100 μs）粗、半精加工时，应选用负极性加工。

（3）根据不同的脉冲放电能量，合理地选择脉冲宽度，每种材料都有一个蚀除量最大的最佳脉宽，加工时应选用使工件材料蚀除速度最大的脉宽。

3. 工件材料的热物理常数

金属材料的热物理常数一般指比热容、熔化潜热、气化潜热、熔点、沸点、热导率等。

比热容——使单位质量的金属材料，温度升高 1 ℃ 所需的热量（J/（kg·℃））。

熔化潜热——单位质量的金属熔化时所需热量（J/kg）。

气化潜热——单位质量的金属气化时所需热量（J/kg）。

热导率——单位时间、单位面积、温差为 1 ℃ 时所传递的热量（W/（m）·℃）。热导率越大，表明传热能力越强。

当脉冲放电能量相同时，金属的熔点、沸点、比热容、熔化潜热、气化潜热越高，熔化和气化所需热量越多，蚀除量就越少，工件就越难加工。另一方面，金属的热导率越大，表示金属传递热量的能力越大，放电处瞬时获得的热能能够较多地传散到工件的其他部分。因此，使加工速度降低。

4．工作液

电火花加工一般都在液体介质中进行，此液体介质称为工作液。工作液的作用是：

（1）具有介电性，击穿时形成火花放电通道，火花放电结束后迅速恢复间隙绝缘状态——消电离。

（2）液体介质的绝缘强度比较高，在较小的电极间隙下击穿，可提高仿形精度。

（3）工作液压缩火花放电通道，使放电通道的截面积很小，电流密度很高，提高生产率和加工精度。

（4）工作液在脉冲放电作用下，急剧气化，产生局部高压有利于电蚀产物的排出。

（5）工作液冷却工具电极和工件，防止热变形，并传散放电通道中的余热。

绝缘性能好，黏度和密度大的工作液有利于压缩放电通道，提高电流密度；但黏度大又不利于电蚀产物的排出，影响正常放电。在粗加工时，脉冲能量大、加工间隙大、爆炸力强，蚀除物容易抛出，故可采用绝缘性能强、黏度大的机油（燃点高、大能量加工时不易起火）作工作液。在半精和精加工时，由于脉冲能量小、间隙小、排屑困难，故一般采用黏度小，流动性好，渗透力强的煤油作工作液。目前，也有采用水加添加剂作为工作液。它可以提高粗加工速度，降低电极损耗，但加工表面质量较差。

目前，生产中使用较多的工作液是煤油。

5．其他因素

加工过程的稳定性将影响加工速度，否则将干扰以致破坏正常的火花放电，使有效脉冲利用率降低。随着加工深度、加工面积，或者加工型面复杂程度的增加，将不利于电蚀产物的排出，影响加工稳定性，降低加工速度。严重时，将造成结碳拉弧，使加工难以继续进行。

生产中常用强迫冲油和将工具电极定期自动抬起，增加脉冲停歇时间，降低加工平均电流等措施，改善排屑条件，限制电蚀产物浓度过大，以保证加工稳定性。

电极材料对加工稳定性也有影响，钢电极加工钢工件时，不易稳定。纯铜、黄铜加工钢时则比较稳定。脉冲电源的波形也影响着输入能量的集中和分散程度，对加工速度也有影响。

电火花加工过程中，电极材料瞬时熔化、气化而抛出，如果抛出速度很高，就会冲击另一表面，使其蚀除量加大。如果抛出速度较低，则当喷射到另一电极表面时，会反粘和涂覆在电极表面，降低其蚀除速度。

4.1.2.2　影响加工精度的主要因素

和普通的机械加工一样，机床本身的制造精度，工件与电极的装夹定位误差，都会影响到加工精度，这里主要讨论与电火花加工工艺有关的因素。

影响加工精度的主要因素有放电间隙的大小，工具电极的损耗及其稳定性等。

1．尺寸精度

电火花加工中，工具电极与工件间存在一个放电间隙，如果加工过程中放电间隙能保持不变，则可以通过修正工具电极的尺寸进行补偿，也能获得较高的加工精度。

放电间隙的大小随着电参数、电极材料、工作液绝缘性能的变化而变化，要使放电间隙保持相对稳定，就必须使电参数，工作液的绝缘性甚至机床的精度、刚度保持稳定。

除了间隙能否保持一致外，间隙大小对加工的尺寸精度也有影响，尤其是对形状复杂的加工表面。如棱角部位，电场强度分布不均匀，间隙越大，这种分布不均匀的影响越严重。因此，为了减少加工误差应该采用较小的电规准，缩小放电间隙，使产生的放电间隙变化量减小，尺寸精度提高。电参数对放电间隙的影响是非常显著的，精加工的单面放电间隙一般只有 0.01 mm，而在粗加工时则可达到 0.5 mm 以上。

工具电极的损耗，加工过程的稳定性，对尺寸精度和形状精度都有影响。

2. 形状精度

1）斜　度

电火花加工的侧面会产生斜度，使上端尺寸大而下端尺寸小，如图 4.5 所示。这是由于电极损耗和二次放电而引起的。

工具电极的损耗会产生斜度，因为工具电极的下端加工时间长，绝对损耗量大，而上端加工时间短，绝对损耗量小，使电极形成一个有斜度的锥形电极。

二次放电是指已加工表面上，由于电蚀产物的介入，使极间实际距离减少或是极间工作液绝缘性能降低，而再次发生非正常放电现象。它使间隙扩大。在进行深度加工时，上面入口处加工时间长，产生二次放电机会多，间隙扩大量大。而接近下端的侧面，因加工时间短，二次放电机会少，间隙扩大量也小。因而加工时侧面会产生斜度。二次放电次数多，单个脉冲能量大，则加工斜

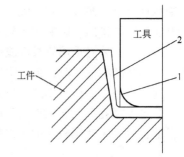

图 4.5　电火花加工时的加工斜度
1—电极无损耗时工具轮廓线；2—有损耗而不考虑二次放电时的工件轮廓线

度大。因此应该从工艺上采用措施及时排除电蚀产物，使加工斜度减少，目前精加工的斜度可控制在 10′ 以下。

2）圆　角

电火花加工时，工具电极上的尖角或凹角，很难精确地复制在工件上，而是形成一个小圆角。这是因为当工具电极为凹角时，凹角尖点根本不起放电作用；同时由于工件尖角处放电蚀除的几率大，容易遭受腐蚀而成为圆角，如图 4.6（a）所示。当工具电极为尖角时，由于放电间隙的等距离性，工件上只能加工出以尖角顶点为圆心，放电间隙 δ 为半径的圆弧。此外工具电极尖角处电场集中，放电蚀除的几率很大而损耗成圆角，如图 4.6（b）所示。一般说来，在

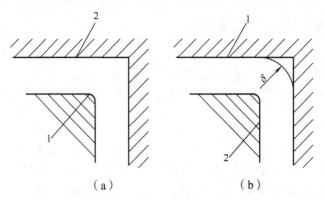

（a）　　　　　　　　　　（b）

图 4.6　电火花加工时的圆角
1—工件；2—工具电极

同一电极上，角上的损耗最大，棱边其次，端面损耗较小。采用高频窄脉冲精加工，由于放电间隙小，圆角半径可以明显减小。一般可以获得圆角半径小于 0.01 mm 的尖棱。目前，电火花加工精度可达 0.005 ~ 0.01 mm。

4.1.2.3　影响加工质量的主要因素

电火花加工后的表面质量包括表面粗糙度、表面变化层、显微裂纹及表面层的力学性能。

1. 表面粗糙度

电火花加工的表面与机械加工的不同，它是由无数微小凹坑和光滑的凸边所组成，表面无光泽。在一定的条件下，脉冲持续时间 t_i 和峰值电流 i_e 影响着表面粗糙度。而它们又决定了单个脉冲能量的大小。单个脉冲能量大，脉冲蚀除量大，放电凹坑既大又深。要使表面粗糙度减小，必须使单个脉冲能量减小，则使脉冲电流幅值和脉冲宽度减小。

改善电火花加工的表面粗糙度会使加工速度明显降低。目前，电火花加工的表面粗糙度，粗加工时，R_a 为 25 ~ 12.5 μm。精加工可以达到 R_a 为 3.2 ~ 0.8 μm，微细加工可达到 R_a 为 0.8 ~ 0.2 μm。表面粗糙度 R_a 的减小意味着加工速度的降低。因此，一般加工到 R_a 为 2.5 ~ 0.63 μm 之后，采用研磨方法改善其表面粗糙度更为经济。

工件材料对表面粗糙度的影响是：在脉冲能量相同时，熔点高的材料（如硬质合金）比熔点低的材料（如钢）好。由于电极的相对运动，工件侧面的表面粗糙度比底面的好。

精加工时，工具电极的表面粗糙度影响工件加工表面的粗糙度。由于石墨电极的表面很难加工到非常光滑的程度，因此石墨电极加工的表面粗糙度较差。

2. 表面变化层

电火花加工过程中，火花放电时的高温及随后工作液的快速冷却，材料的表面产生凝固层和热影响层，它的物理、化学及力学性能均有所变化。

1）凝固层

凝固层位于电火花加工表面的最上层，它是高温熔化，随后又受到工作液快速冷却而形成。凝固层的组织不同于基体金属，它是一种淬火组织，与内层金属结合不甚牢固，凝固层的厚度随脉冲能量的增大而增厚，一般为 0.1 ~ 0.01 mm。

2）热影响层

热影响层位于凝固层和基体金属之间，只是受热影响而改变金相组织的金属层，与基体组织没有明显界限。

3）显微裂纹

电火花加工表面由于受高温作用后又迅速冷却而产生残余应力；并大部分表现为拉应力。当拉应力足够大时，会出现微细裂纹。不同材料对裂纹的敏感性不同，硬脆材料容易产生裂纹。淬火钢表面残余拉应力比未淬火钢大，所以淬火钢表面质量不高时，更容易产生裂纹。脉冲能量对显微裂纹的影响非常明显，能量越大，显微裂纹越宽，越深；并扩展到热影响区。脉冲能量小，一般不出现显微裂纹。因此，对表面层质量要求高的工件应尽量避免使用较大的脉冲能量；并注意工件加工前的热处理质量。减少工件表面的残余应力是消除裂纹的有效措施。

4）表面变化层的力学性能

电火花加工过程中，由于加工的电参数，冷却条件和工件材料的热处理状态不同，加工后表面层的硬度也不同。一般说来，加工表面最外层的硬度比较高，耐磨性好。但对于滚动摩擦，尤其是干摩擦，由于受交变载荷作用，在熔化层和基体结合不牢固处，容易剥落而磨损。因此，有些要求高的模具需要把电火花加工后的表面层预先研磨掉。

电火花加工后的表面由于存在着较大残余拉应力，甚至存在显微裂纹，其耐疲劳性能比机械加工的表面低很多。采用回火处理、喷丸处理等有助于降低残余应力，或使残余拉应力转变为压应力，从而提高其耐疲劳性能。

4.1.2.4 工具电极的相对损耗

单位时间内，工具电极被蚀除的金属量称为工具电极的损耗率（损耗速度 v_E ），在生产中用来衡量工具电极是否耐损耗，不只看工具电极的损耗速度，还要看此时所达到的加工速度 v_W 。因此，采用相对损耗或损耗比 θ 来衡量工具电极的耐损耗程度。即

$$\theta = \frac{v_E}{v_W} \times 100\% \qquad (4.4)$$

式中　　θ ——工具电极的相对损耗（%）；

　　　　v_E ——工具电极的损耗速度（ mm^3/min 或 g/min ）；

　　　　v_W ——加工速度（ mm^3/min 或 g/min ）。

式（4.4）中，如果损耗速度和加工速度都以 mm^3/min 为单位称为体积相对损耗。如果都以 g/min 为单位称为质量相对损耗。

加工中工具电极的损耗是产生加工误差的主要原因，降低工具电极的损耗速度一直是人们追求的目标。为了降低工具电极的损耗，必须强化极性效应，实现高效低损耗加工。具体途径是：

1. 利用极性效应

一般来说，为了减小电极损耗，窄脉冲精加工时采用正极性加工，宽脉冲粗加工时采用负极性加工。不同脉冲宽度与相对损耗的关系如图 4.7 所示。当峰值电流一定，不论是正极性加工还是负极性加工，随着脉冲宽度的增加，电极的相对损耗都是下降。而在脉宽小于 15 μs 的窄脉宽范围内，正极性加工的相对损耗比负极性加工的要小。

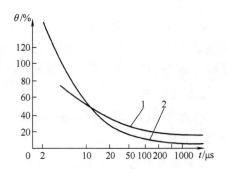

图 4.7　电极相对损耗与极性、脉宽的关系

1—正极性加工；2—负极性加工

2. 利用吸附效应

采用煤油等碳氢化合物作为工作液时，在放电过程中会发生热分解，产生大量的碳和金属碳化物微粒。在正极表面，如果电极表面温度合适，（高于 400 ℃，低于电极熔点）且能保持一定时间，即能形成一定厚度的化学吸附层，通常称为黑膜。黑膜的存在对电极起着保护和补偿的作用，从而实现低损耗加工。

由于黑膜只能吸附在正极，因此必须采用负极性加工。实验表明峰值电流一定时，脉冲间

隔不变，黑膜厚度随脉冲宽度的增加而增加；在脉冲宽度不变时，黑膜厚度随脉冲间隔的增加而减薄。

3. 选择合适的电极材料

电火花加工用的电极材料要求是熔点高，导热性好，加工稳定性好，损耗小。银钨、铜钨合金熔点高，沸点高，加工稳定性好，损耗小。铜的熔点较低，但它的导热性好，因此损耗也小。石墨熔点高，导热性好，而且在长脉宽粗加工时，能形成黑膜保护层，电极损耗也小。在常用电极材料中，黄铜损耗最大。

综合考虑上述各因素对电极损耗的影响，在煤油中采用负性加工时，增加脉宽，降低电流幅值，缩短脉冲停歇时间，都可减小电极损耗。

4.1.3 电火花加工机床

电火花成型加工机床主要由脉冲电源、间隙自动进给调节系统、工作液循环过滤系统、主机等 4 部分组成。

4.1.3.1 脉冲电源

脉冲电源的作用是把工频交流电转换成一定频率的单向脉冲电流，提供电火花加工所需的放电能量。脉冲电源是电火花加工设备的重要组成部分，其性能直接影响电火花加工的加工速度、加工精度、表面质量、工具电极的相对损耗以及加工过程的稳定性等工艺指标。

电火花加工的脉冲电源种类很多，主要有 RC 脉冲电源，闸流管、电子管脉冲电源，可控硅和晶体管脉冲电源。近年来，随着电火花加工技术的发展又派生了各种新型脉冲电源。

晶体管脉冲电源具有较高频率，脉冲参数可在一个较宽的范围内调节，实现自动控制极为方便，所以应用非常广泛。

各种脉冲电源的性能、特点见表 4.1。

表 4.1 电火花加工脉冲电源性能特点比较

名 称	弛张式	电子管式	闸流管式	晶体管式	晶闸管式
种 类	RC、RLC、RLCL、RLC-LC 等	多电子管、双电子管、四电子管等	单闸流管、双闸流管、四闸流管等	单回路、多回路、高低压、阶梯波、梳形波等脉冲	单回路、多回路、高低压、前后尖峰波回路等
主要参数	电阻：20~1 000 Ω；电容：0.005~6 µF；电感：0.25~0.4 H；空载直流电压：100~350 V	频率：10~100 kHz；脉冲宽度：1.5~15 µs；空载脉冲电压：80~180 V	频率：10~60 kHz；脉冲宽度：4~20 µs；空载脉冲电压：80~180 V	频率：0.25~100 kHz；脉冲宽度：2~2 000 µs；空载高压：150~350 V；空载低压：60~90 V；最大加工电流：150 A 以上	频率：0.25~60 kHz；脉冲宽度：5~1 400 µs；空载高压：250~300 V；空载低压：60~80 V；最大加工电流：300 A 以上
电极损耗	>30%	30%	30%	<1%	<1%

续表 4.1

名　称	弛张式	电子管式	闸流管式	晶体管式	晶闸管式
单回路最大加工速度 /（mm³/min）	100	400	400	2 000	4 000
表面粗糙度最小值 R_a / μm	0.1	0.4	0.8	0.8	1.6
最小单面间隙 /mm	0.02	0.015	0.02	0.02	0.02
侧面斜度	30′	5′～15′	10′～20′	5′～30′	7′～15′
特点和应用	结构简单，使用和维修方便，精加工表面粗糙度值小，但电极损耗大，加工速度低。适用于要求不高的小工件加工。可用晶体管或晶闸管作开关元件组成 RC 微精加工用脉冲电源	脉冲参数调节方便，精加工加工速度较高，表面粗糙度值小，但工具电极损耗大。多用于穿孔加工	线路比较简单，但脉冲参数的调节与配合不易。操作中要注意高电压。精加工速度较高，但电极损耗较大，多用于穿孔加工，但经过适当改进后，也可用于型腔的加工	脉冲参数调节范围广，易于获得低损耗，容易实现自动化控制。常用多管并联来获得大的输出功率，多用于型腔加工，也适用于穿孔加工及线切割加工	线路比较简单，易于获得低损耗，电源输出功率较大。常由粗、半精加工用和精加工用两组电源组成。适用于中、大型工件的穿孔和成型加工

4.1.3.2　间隙自动进给调节系统

为了使加工过程连续进行，电极必须不断、及时地调节进给速度，以维持所需要的放电间隙。当外来干扰使放电间隙一旦发生变化（如排屑不良造成短路），电极的进给也应随之作相应变化，这一工作就由电火花加工机床的自动调节系统来完成。

自动进给调节系统种类很多，但其基本组成都是由测量环节、比较环节、放大环节和执行环节等 4 部分组成。

1. 测量环节

电火花加工中放电间隙很小（0.01～0.5 mm），且位于工作液中无法观察和测量，一般采用和放电间隙基本成线性关系的电参数来间接测量。

2. 比较环节

它是把从测量环节得来的信号与"给定值"信号进行比较，再按此差值来控制加工过程。

3. 放大环节

经过测量比较所得的信号差值，一般都很微弱，通过信号放大器放大后，使它具有一定的功率，以控制和带动执行环节。

4. 执行环节

执行环节也称为执行机构，它是根据控制信号的大小及时地移动工具电极调节放电间隙，保证加工过程的正常进行。

电火花自动进给调节系统按执行元件大致可分为：电液压式，伺服电机式，步进电机式，宽调速力矩电机式等几种。目前，电液压式与步进电机式应用较广。

4.1.3.3　工作液循环过滤系统

工作液循环过滤系统的作用是采用强迫循环的办法把清洁工作液由液压泵加压，强迫冲入工具电极与工件之间的放电间隙，将放电间隙中的电蚀产物（金属微粒，碳粒，气泡及加工余热）随同工作液一起从放电间隙中排出，以达到稳定加工的目的。按极间电蚀产物的排除方式，工作液循环系统有冲油和抽油两种，如图 4.8 所示。冲油式是将清洁的工作液冲入放电间隙，连同电蚀产物一起从电极侧面间隙排出。这种排屑方式排屑能力强，但电蚀产物通过已加工面，容易引起二次放电，形成大的间隙和斜度。它的冲油压力在 0 ~ 0.2 MPa，高频精加工因间隙小，要求更大的冲油压力，一般为 0.4 ~ 0.6 MPa。抽油式是从电极间隙抽出工作液，使工作液连同电蚀产物一起经过工件待加工表面而被排出，这种方式可得到较高的加工精度。但排屑能力较弱，不能用于粗加工，抽油压力为 0 ~ 0.05 MPa。

循环过滤系统一般由电动机、液压泵、过滤器、工作液槽、管道、阀门及测量仪表等组成。

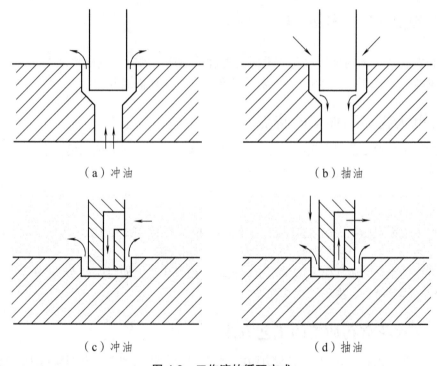

（a）冲油　　　　　　　　　　　　　（b）抽油

（c）冲油　　　　　　　　　　　　　（d）抽油

图 4.8　工作液的循环方式

4.1.3.4　主机部分

电火花加工机床主机部分包括主轴头、床身、立柱、工作台及工作液槽。坐标工作台安装在床身上，主轴头安装在立柱上，其布局与立铣机床相仿，如图 4.9 所示。

主轴头由进给系统，导向防扭机构、电极装夹及调节环节组成，主轴头下面装夹电极。主轴头是电火花机床中最关键的部件，也是间隙调节系统的执行机构，其性能直接影响进给系统的灵敏度和加工过程的稳定性，进而影响加工精度。

床身和立柱是机床的基础件，要有足够的刚度，床身工作面与立柱导轨面应有一定的垂直度。

工作台上安装工件，一般可以纵向和横向移动，并带有坐标测量装置，调整工件和电极的相对位置。常用的靠刻度手轮通过丝杠、螺母来调节；精度要求高的机床，采用光学坐标读数装置，磁尺数显装置。随着微机数控技术的发展，已有三坐标（X、Y、Z 轴）伺服控制，以及五坐标（X、Y、Z 轴 + 主轴和工件的回转运动）数控机床。可加工空间任意直线、圆弧曲线，可实现分度、回转、锥度、螺纹等加工。机床的坐标位移精度可达 1 μm，各方向重复定位精度 ± 5 μm，工作台运动的定位精度全行程小于 15 μm。

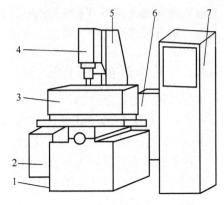

图 4.9 电火花成型加工设备

1—床身；2—液压油箱；3—加工油槽；4—主轴头；
5—立柱；6—工作液过滤箱；7—电源箱

4.1.4 电火花穿孔加工

电火花穿孔加工是利用电火花放电时的电腐蚀原理。通过工具电极相对于工件作进给运动，而把成型电极的侧面形状和尺寸反拷在工件上，加工所需通孔。

4.1.4.1 电火花穿孔加工的特点

（1）能加工各种高硬度、高强度、高韧性的金属材料，加工冲裁凹模、凸凹模等型孔，可以在金属热处理后进行，避免热处理变形的影响。

（2）能有效地加工一般机械加工难以加工的型孔。例如：$\phi 0.015 \sim 2$ mm 小圆孔或异形孔的加工及拉丝模的加工。

（3）加工表面粗糙度 R_a 可达到 $3.2 \sim 0.8$ μm，单面放电间隙为 $0.01 \sim 0.15$ μm，加工斜度为 $3' \sim 45'$（冲油）。

（4）冲模的配合间隙均匀，刃口耐磨，提高了模具质量；而对于复杂的凹模可以不用镶拼结构，简化了模具结构，提高了模具强度。

4.1.4.2 电火花穿孔加工的工艺方法

冲模加工是电火花穿孔加工的典型应用。凸模可以用机械加工，而凹模可采用电火花穿孔加工。凹模的尺寸精度主要靠工具电极来保证。因此，对工具电极的精度和表面粗糙度都有较高要求。若凹模尺寸为 D，工具电极的相应尺寸为 d，单面火花放电间隙为 δ，则 $D = d + 2\delta$。

其中，火花放电间隙 δ 主要决定于脉冲参数，只要加工的电参数选择恰当，保证加工稳定性，火花放电间隙的误差是很小的。

冲模的配合间隙 Z 是一个很重要的质量指标，它的大小与均匀直接影响着冲裁的质量及模具的寿命，在加工中必须予以保证。达到配合间隙的工艺方法，在电火花穿孔加工中常用的有：直接配合法、凸模修配法、混合加工法和二次电极法。

1. 直接配合法

直接配合法是将凸模直接作为工具电极来加工凹模型孔的工艺方法，如图 4.10 所示。这种方法是将凸模长度适当加长；用非刃口端作为电极端面加工凹模，然后将电极损耗部分切除后，剩余部分为凸模。配合间隙靠调节脉冲参数、控制火花放电间隙来保证。这时凸凹模单面配合间隙 $Z/2$ 就等于放电间隙 δ，这种方法配合间隙均匀，模具质量高，电极制造方便。但用凸模作电极，加工速度低，加工过程不易稳定。因为工具电极和工件都是钢，在直流分量的作用下易产生磁性，电蚀产物容易吸附在电极放电间隙的磁场中而形成不稳定的二次放电。

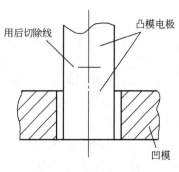

图 4.10　直接加工法

直接配合法适用于形状复杂，凸凹模配合间隙在 0.03 ~ 0.08 mm 的多型孔凹模加工，如电机定子、转子硅钢片的冲模加工。

2. 凸模修配法

凸模修配法是将凸模与电极分开制造，即根据凹模型孔尺寸设计制造电极并进行穿孔加工，然后按配合间隙配制凸模，如图 4.11 所示，修配后的凸、凹模配合间隙为

$$\frac{Z}{2} = \frac{d}{2} + \delta - \frac{D}{2} \qquad (4.5)$$

式中　d ——电极尺寸（mm）；
　　　D ——凸模尺寸（mm）；
　　　δ ——单边放电间隙（mm）；
　　　Z ——凸、凹模配合间隙（双面）（mm）。

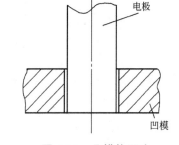

图 4.11　凸模修配法

这种方法的优点是电极可以选用电加工性能好的电极材料（如紫铜），不受凸模材料限制。由于凸、凹模配合间隙是靠配凸模来保证，所以不论凸、凹模配合间隙大小都可采用这种方法。缺点是由于凸模单独修配制作，增加修配工作量，且不易得到均匀的配合间隙。这种方法适用于形状比较简单的凸模。

3. 混合加工法

混合法是指电极与凸模材料不同，但可通过焊接或粘接剂把电极和凸模连在一起进行加工成型，加工后将其分开，如图 4.12 所示。这种方法电极材料可以选择。因此，电加工性能比直接法好。由于凸模与电极连在一起加工，电极形状、尺寸与凸模一致，且配合间隙均匀，是一种使用较广泛的方法。

上述加工方法是靠调节放电间隙来保证配合间隙的。当凸、凹模配合间隙小于放电间隙时，这时可将电极工作部分用化学浸蚀法蚀除一层金属，使断面尺寸均匀缩小 $\delta - Z/2$（δ 为单边放电间隙，Z 为凸凹模双边配合间隙）。反之，当凸凹模配合间

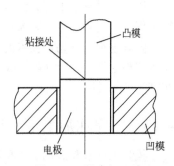

图 4.12　混合加工法

隙大于放电间隙时，可以用电镀的方法将电极工作部分的断面尺寸均匀扩大 $Z/2-\delta$，以满足加工时的要求。

4. 二次电极法

在没有成型磨削设备或冲模形状复杂，型孔很小，用机械加工方法制造电极很困难时，可用二次电极法或反拷贝电极法制造工具电极。这时，加工工具电极的电极（反拷块）称为一次电极，而加工冲模的工具电极为二次电极。这种方法的工艺过程是：根据模具形状、尺寸设计并制造（或拼装）一次电极，用一次电极反拷贝加工二次电极，再用二次电极加工工件，如图4.13 所示。

用二次电极法加工，操作过程较复杂，一般冲模加工中应用较少，但合理调节加工间隙可以加工出配合间隙极小或无间隙的精密冲模。

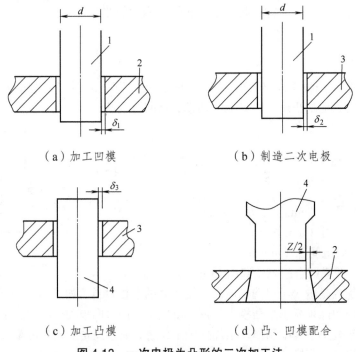

（a）加工凹模　　　　　　　　　　（b）制造二次电极

（c）加工凸模　　　　　　　　　　（d）凸、凹模配合

图 4.13　一次电极为凸形的二次加工法

1—一次电极；2—凹模；3—二次电极；4—凸模

以上 4 种冲模加工方法各有其特点和适用范围，选择工艺方法时，应根据凸、凹模形状、复杂程度、配合间隙的要求及加工条件而定。

随着电火花线切割技术的发展，冲模加工已主要采用线切割加工，但电火花加工可以达到比线切割更好的配合间隙，表面粗糙度和刃口斜度。因此，一般要求较高的冲裁模仍采用电火花穿孔加工。

4.1.4.3　穿孔加工用工具电极

模具型孔和型腔的加工精度与电极精度密切相关。为了保证电极精度，在设计电极时，必须合理地选择电极材料和几何尺寸，同时还应考虑电极的加工性。

1. 工具电极材料的选择

常用的电极材料有紫铜、石墨、铸铁、钢、黄铜、铜钨合金、银钨合金等，作为穿孔用的电极材料在诸多性能中更要求加工稳定性好。表 4.2 中列出了常用电极材料的性能。

表 4.2　常用电极材料的性能

电极材料	电火花加工性能		机械磨削的可加工性	说　明
	加工稳定性	电极损耗		
紫　铜	好	较　小	较　差	常用电极材料，但磨削加工困难
石　墨	较　好	较　小	好	常用电极材料，但机械强度差，制造电极时粉尘较大
铸　铁	一　般	一　般	好	常用电极材料
钢	较　差	一　般	好	常用电极材料
黄　铜	好	较　大	一　般	较少采用
铜钨合金	好	小	一　般	价格较贵、材料来源少。多用于深长直壁孔、硬质合金穿孔加工等
银钨合金	好	小	一　般	是较好的电极材料，但价格昂贵，只适于特殊加工要求，如用于加工精密冲模

相同电极材料加工淬火钢比加工未淬火钢工件的稳定性好，加工硬质合金时的电极损耗比加工钢工件时的大。

不同加工条件可选用不同的电极材料，加工硬质合金可选用灰铸铁，黄铜和紫铜；加工小孔窄缝可用钨丝、镍铬丝、钢丝、黄铜丝；加工直壁孔用石墨；加工精密孔用黄铜、紫铜。

2. 电极的结构形式

电极的结构形式应根据型孔的大小和复杂程度、电极的加工工艺性等来确定。常用的电极结构形式有：整体式电极、镶拼式电极、组合电极。

1）整体式电极

是由一块整体材料加工而成的，也是最常用的电极形式。其结构如图 4.14（a）所示，这种电极为了加工方便，其上下端截面尺寸完全一致，为便于装夹，在端面上设有 M6～M10 的螺孔，以紧固在机床的卡头上。在加工较大型孔时，为了减轻电极重量，可制成如图 4.14（b）所示的空心电极，对这种电极一般应在电极孔壁上钻一小孔，以排出加工时的废屑。有时为了提高加工精度和表面粗糙度等级（或为了提高电极刚度）可采用如图 4.14（c）所示的阶梯式电极。

2）镶拼式电极

加工复杂型孔，因电极形状复杂，制造困难，可采用镶拼结构，如图 4.15 所示。由两块以上材料分别加工，然后镶拼在一起组成一个整体电极结构。其优点是降低了加工难度，减少加工费用。

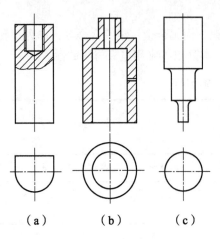

图 4.14　整体式电极

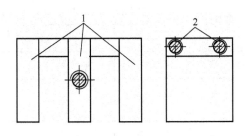

图 4.15　拼块式电极

1—电极拼块；2—紧固螺钉

3）组合式电极

将几个电极组合装夹在一块固定板上，一次加工几个型孔，如加工定子、转子落料模。这时，可采用如图 4.16 所示的组合电极。为了保证加工精度，在组合电极时，不但要保证每个电极的技术要求，而且必须保证各电极之间的位置精度，装夹必须牢固。

3. 电极尺寸的确定

1）电极的技术要求

由于型孔的精度主要决定于电极的精度，因而对它有较严格的要求，要求工具电极的尺寸精度和表面粗糙度比凹模高一级，一般精度不低于 IT7 级，表面粗糙度小于 0.8 ~ 1.2 μm，直线度和平行度为 0.01∶100。设计电极时，应考虑

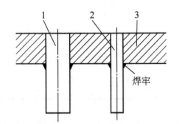

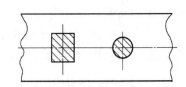

图 4.16　组合电极

1、2—电极；3—固定极

到它与主轴连接后，重心应位于主轴中心线上，这对于质量大的电极尤为重要。否则，附加偏心力矩易使电极轴线偏斜，影响凹模的加工精度。

2）电极的横截面尺寸确定

按凹模尺寸和公差确定电火花穿孔加工的电极横截面尺寸，根据工件型孔尺寸公差及放电间隙的大小来确定。则电极的轮廓尺寸应比型孔尺寸均匀缩小一个放电间隙值，如图 4.17 所示。电极的基本尺寸可用下式计算

$$a = A \pm K\delta \qquad (4.6)$$

式中　a——电极的基本尺寸（mm）；

　　　A——凹模的基本尺寸（mm）；

　　　δ——单面放电间隙，即末档精规准加工时凹模下口工作部分的放电间隙（mm）；

　　　"$\pm$"——电极轮廓凸出部分尺寸为"$-$"，凹进部分为"$+$"。

K ——与型腔尺寸标注有关的系数，当尺寸单边标注（半径）时，K 为 1；双边标注（直径）时，K 为 2；无缩放（尺寸为中心线之间的位置尺寸，角度值以及电极上对应尺寸不增不减）时，K 为 0。如图 4.17 中的 $a_1 = A_1 - 2\delta$，$r_1 = R_1 - \delta$，$a_2 = A_2 + 2\delta$，$r_2 = R_2 + \delta$，$c = C$。

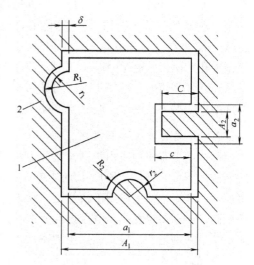

图 4.17 电极水平截面尺寸
1—电极；2—凹模型孔

电极的尺寸公差为型腔尺寸公差的 1/2 ~ 1/3。

按凸、凹模配合间隙的不同，又可分为三种情况。

第一种情况：凸、凹模配合间隙等于放电间隙时，电极截面尺寸等于凸模尺寸。

第二种情况：凸、凹模配合间隙大于放电间隙时，电极截面尺寸应比凸模每边均匀放大一个数值，形状相似。

第三种情况：凸、凹模配合间隙小于放电间隙时，电极截面尺寸应比凸模每边均匀缩小一个数值，形状相似。

电极每边放大或缩小的数值，可用下式计算

$$a_1 = \frac{Z}{2} - \delta \qquad (4.7)$$

式中　a_1——电极每边放大或缩小量；

　　　　Z——凸、凹模的双面配合间隙；

　　　　δ——单面放电间隙。

由式（4.7）算出：若为正值（$Z/2 > \delta$），则属于第二种情况；若为负值（$Z/2 < \delta$），则属于第三种情况。严格地讲，还应考虑电极单边损耗量的影响。

3）电极长度尺寸的确定

电极长度尺寸的确定应根据加工零件的厚度、电极材料、使用次数、型孔复杂程度、装夹方式以及电极制造等一系列因素而定。图 4.18 为电极长度计算示意图，计算公式如下

$$L = KH + H_1 + H_2 + (0.4 \sim 0.8)(n-1)KH \qquad (4.8)$$

式中　L——电极长度（mm）；

　　　　H——凹模加工的厚度（mm）；

　　　　H_1——加工起点与工件表面最高点之间的距离（mm）；

　　　　H_2——电极装夹所需长度（mm）；

　　　　n——电极重复使用的次数，一般说来，每多加工一件模具，电极应比原来的长度增加 0.4 ~ 0.8 倍；

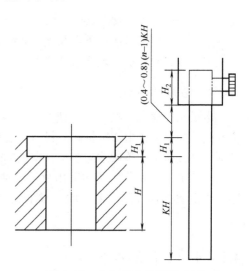

图 4.18 电极长度计算示意图

K——系数，与电极材料、工件性质、加工方式及型孔复杂程度有关。

系数 K 的经验数据如下：紫铜 2.0～2.5，黄铜 3.0～3.5，石墨 1.7～2.0，钢 3.0～3.5，铸铁 2.5～3.0。此外应根据其他条件适当增减 K 值，工件材料熔点低时减小 K 值，熔点高时加大 K 值，型孔几何形状简单时减小 K 值，几何形状复杂时增大 K 值。

在条件许可时，电极长度尽可能做得长一些，这样既可提高生产率，起到整形作用，还可保证零件的加工精度。但电极也不能太长，否则会增加加工误差。

4）阶梯电极尺寸的确定

阶梯电极是将原有电极适当加长制成阶梯形。上段截面尺寸和长度按上述方法确定，加长的下段截面尺寸则按上段尺寸均匀缩小。缩小的下段用于粗加工，未缩小的上段用于精加工，能充分发挥粗加工生产率高、加工稳定性好，电极损耗低的特点，使精加工的加工余量降到最小，故总的加工效率大大提高。阶梯电极加工情况如图 4.19 所示，电极阶梯部分缩小量可根据粗、精加工时单边放电间隙的差及单边精修量来确定，单边尺寸 f 为

$$f = \delta_c - \delta_j + \varepsilon + A \qquad (4.9)$$

式中　δ_c——粗加工单面放电间隙（mm）；

　　　δ_j——精加工单面放电间隙（mm）；

　　　ε——精修单面余量，一般取 0.02～0.03mm；

　　　A——安全余量，一般取 0.02～0.03mm。

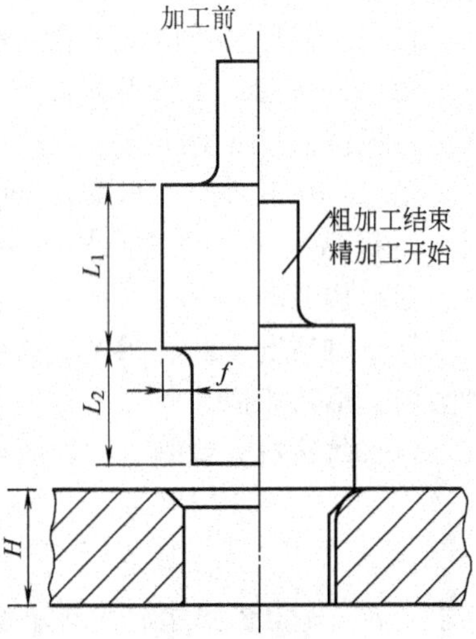

在实际生产中，f 通常为 0.08～0.15 mm。

阶梯电极总长度为

$$L = L_1 + L_2 \qquad (4.10)$$

图 4.19　阶梯电极

式中　L_1——电极上段（原有）长度（mm）；

　　　L_2——电极缩小的下段长度（mm），其长度为凹模加工厚度的 1.5～2 倍，视电极损耗而异，加工硬质合金模时，因电极损耗较大，要加长到 3 倍的凹模加工厚度。

4. 电极的制造

电极制造通常先经普通机械加工，再成型磨削。对于紫铜、黄铜等不易磨削的材料，可用仿形刨等加工后再由钳工精修。目前，已广泛使用电火花线切割来直接加工。机械加工后的电极都要经过钳工修整后才能使用，电极的表面粗糙度 R_a 要小于 1.6 μm。

阶梯电极的制作，通常采用化学浸蚀法（酸洗法），即采用含酸的腐蚀溶液腐蚀电极，去除一层金属，形成阶梯形，均匀减小到要求的尺寸；或采用镀铜、镀锌的办法扩大到要求的尺寸。

4.1.4.4　工件的准备

工件的准备是指完成电火花加工前的全部工序。工件的准备包括：

1. 工件的预加工

预加工是用机械加工的方法先除去大部分加工余量，以节省电火花加工工时，提高生产效率。工件经预加工后，残余应力重新分配，达到新的平衡后，再经小余量的电火花加工，可减小变形，保证精度。

工件型孔进行预加工，并留适当的电火花加工余量。余量的大小应能补偿电火花加工的定位，找正误差及机械加工误差。余量太大，增加工时；余量过小，则不易定位找正，甚至使工件加工不出所需的表面粗糙度。一般单边余量取 0.3 ~ 0.15 mm，并力求均匀；对形状复杂的型孔，余量要适当加大。

2. 热处理

工件型孔预加工及螺孔、销孔加工出来后，按技术要求进行热处理。穿孔加工应在热处理后进行，以避免热处理变形的影响。

3. 磨光、除锈、退磁

为消除热处理的变形，磨光上、下两平面后，再磨基准面，并对工件进行除锈、退磁。

4.1.4.5　电规准的选择与转换

电规准是指为达到预定的工艺指标，电火花加工中相互配合的一组电参数。生产中，通常需要采用几个规准来完成工件型孔的整个加工过程。从一个规准转换到另一个规准称为电规准的转换。

电规准的选择和转换是电火花穿孔加工中一个重要的环节，它直接影响加工质量和加工速度。因此，应通过工艺试验来掌握电规准的选择和转换的规律。

电规准按其加工所得到的表面粗糙度及间隙大小可分为粗规准、中规准、精规准。

粗规准——加工表面粗糙度 R_a 小于 12.5 μm，加工速度快。主要用于粗加工，去除加工余量的大部分。如钢电极加工钢工件脉冲宽度为 20 ~ 60 μs，电极损耗低于 10%，表面粗糙度 R_a ≥ 6.3 μm，加工速度为 50 ~ 100 mm³/min。

中规准——是粗规准转换为精规准的过渡规准，用以减小精加工余量，促进加工稳定和提高加工速度。中规准采用的脉冲宽度是 6 ~ 20 μs，加工表面粗糙度 R_a 为 6.3 ~ 3.2 μm。

精规准——是达到加工中各项技术指标，如配合间隙、刃口斜度、表面粗糙度等的主要规准。精规准采用的脉冲宽度是 2 ~ 6 μs，表面粗糙度 R_a 为 1.6 ~ 0.8 μm，加工速度为 7 ~ 10 mm³/min。

根据粗、精加工要求，并考虑加工中提高加工速度和改善表面质量的关系，在选择加工规准时，应根据不同的加工要求合理选用。如型孔的粗糙度低、精度高、斜度小、规准选得小些；型孔形状复杂、有尖角、规准也要选得小些。

电规准的转换程序是：先用粗规准加工到刃口处或阶梯电极的台阶进给到刃口部分，就转换成中规准过渡，加工 1 ~ 2 mm 后，再转换成精规准加工。在转换规准时，其他条件也应配合。如精规准加工时，随着加工深度增加，加工间隙太小，排屑困难，要求增大冲油压力。当电极快要穿透工件时，冲油压力要适当降低。加工斜度很小的和精度高的型孔时，排屑方式要改冲油为抽油，还可采用超声波振动方法排屑。

4.1.4.6 冲裁模电火花穿孔加工

1. 普通冲裁模（单工序模）

（1）将电极与凸模分别由钳工划线，钻螺孔，经机械加工后，将凸模与电极连接或胶合在一起进行成型刨削或磨削加工成型，使电极截面尺寸与凸模尺寸相同。

（2）将电极与凸模分开（电极为铸铁，凸模为钢时采用；若电极为钢，则与凸模做成整体）。

（3）利用化学腐蚀法或电镀法将电极做成阶梯形，并达到所需尺寸。

（4）选择机床的粗规准进行加工，直到达到刃口高度为止。

（5）用火花放电间隙和凸、凹模配合间隙相等的电规准进行精加工，以达到模具的配合间隙和刃口的落料斜度。

2. 复合模的加工

（1）先用电火花加工出复合模的凸、凹模内孔，然后再以机械加工的方法加工外形。在加工时，应以内孔定位，利用心轴装夹法加工外形，以保证凸凹模内孔与外形表面的同轴度。

（2）利用加工的凸凹模作为工具电极，加工凹模型孔。

采用上述方法加工复合模时，冲内孔的凸模和凸凹模分别作为加工内孔与外形的工具电极。其长度要尽量短，不要太厚。作为电极使用后，再切去多余部分，作为冲内孔凸模及凸凹模使用。

3. 连续模加工

在加工连续模型孔时（连续模一定有多个型孔），为了保证凹模型孔的相对位置精度，一般都不采用单个孔的电火花加工结构。而是采用组合电极形式加工，并一次成型。在加工时，凹模坯一定要紧固在工作台上。同时，为了提高加工精度，凹模及凸模固定板用同一电极进行加工。其加工顺序是：首先加工凹模，其次转换电规准加工卸料板，最后再转换电规准加工凸模固定板。

4.1.4.7 冲模零件穿孔加工实例

图 4.20 所示为吊扇电机定子凹模，凹模上有 36 个型孔、凸、凹模配合间隙为 0.1 ~ 0.12 mm（双边），凹模材料为 Cr12，刃口高度 12 mm，硬度为 60 ~ 64 HRC。

1. 选择加工方法

因凹模上有 36 个型孔，各个型孔之间的位置精度，凸、凹模配合间隙要求高，采用组合电极直接加工法。即直接用凸模作电极加工凹模型孔，能保证尺寸精度和位置精度要求。

2. 选择电极材料

确定用直接加工法，电极材料和凸模材料相同，为 Cr12。

3. 设计电极

① 电极的横截面尺寸　取凸凹模配合间隙等于放电间隙，电极截面尺寸为型孔尺寸均匀缩小一个放电间隙。取单边放电间隙为 0.05 mm。

② 电极长度　由于凹模刃口高度为 12 mm，直接用凸模作电极，电极损耗部分切除后再

作凸模。电极长度为 65 mm，直线度小于 0.01：100。

4. 电极制造

电极（凸模）的加工工艺过程如下：下料→锻造→退火→按图划线→铣削或刨削，按最大外形留单面磨削余量 0.3 ~ 0.5 mm→热处理，硬度 58 ~ 60 HRC→成型磨削到要求尺寸→退磁。

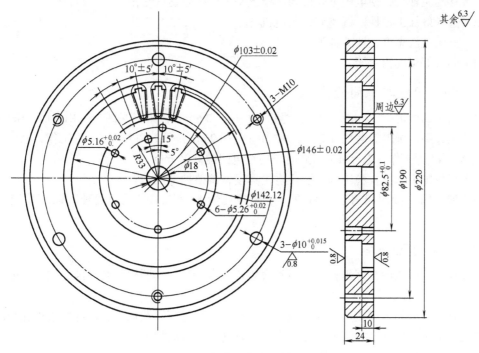

图 4.20 电动机定子凹模零件图

5. 电极组合与装夹

把 36 个电极用如图 4.21 所示的方式装夹在一起，专用夹具由镶块 1、热套圈 2、衬圈 5、斜销 3 等组成。其中镶块 1 精度要求很高，热处理后由成型磨削加工而成。装夹时只需将电极 4 插进镶块槽内，然后用斜销轻轻敲入夹紧，电极装夹后检查各电极的平行度。

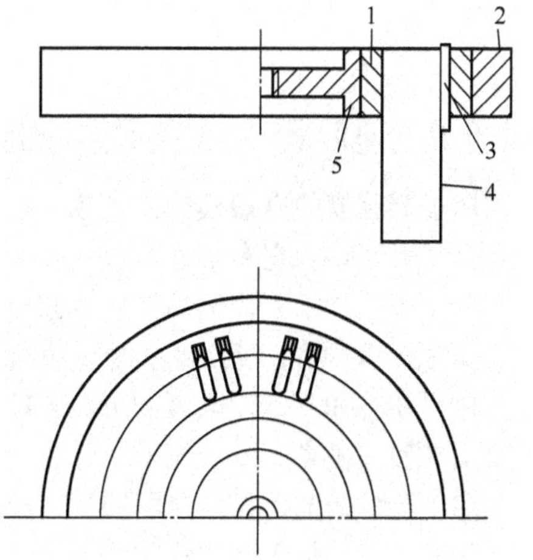

6. 准备凹模模坯

凹模的加工工艺过程如下：下料→锻造→退火→车外圆和端面→铣削加工型孔并留单边加工余量（电蚀余量）0.3 ~ 0.5 mm→加工螺钉及销钉孔→热处理，淬火硬度 60 ~ 64 HRC→磨上、下平面→退磁。

图 4.21 电极装夹

1—镶块；2—热套圈；3—斜销；4—电极；5—衬圈

7. 装夹与校正电极

将电极组合装夹在机床的主轴上，并校正电极轴线与工作台面的垂直度，以及电极侧面与工作台纵横轴线的平行度。

8. 装夹凹模

将加工的凹模放在工作台上，校正凹模与电极的相对位置后，将其固定夹紧在工作台上。

9. 加工前的准备

（1）移动主轴头，使电极下端面与凹模上平面保持合适的距离。

（2）选择好加工极性，调整好伺服电机。

（3）调整液面高度及调节抽油压力。

（4）调整好深度指示器。

10. 加工规准与中间检查

（1）由于凹模刃口 12 mm，加工余量只有 0.3 ~ 0.5 mm，为提高凹模使用寿命，采用精规准一次加工成型，所用的电规准为：$t_i = 2$ μs；$t_o = 25$ μs，高压 173 V，8 管工作，电流 0.5 A，低压 80 V，48 管工作，电流 4 A，此时单边放电间隙 0.05 mm。

（2）根据加工深度及稳定性，决定进给速度，调节抽油压力。

（3）加工时应随时检查加工深度，电极损耗情况及加工状况，发现问题应适当转换电规准。

11. 加工效果检查

零件加工后应按图纸仔细检查是否符合规定要求，如凸、凹模配合间隙，加工斜度、加工表面粗糙度。

利用组合电极加工凹模后，还可以对卸料板的型孔进行穿孔加工，因卸料板型孔与凸模的间隙较大，可采用粗规准加工或电极平动法或移动工作台法加工。

4.1.5 型腔模电火花加工

4.1.5.1 型腔模电火花加工的特点

属于型腔模的有锻模、压铸模、胶木模、塑料模、玻璃模、橡胶模，这类模具的型腔一般比穿孔加工困难。它有如下特点：

（1）型腔加工不仅侧面形状和尺寸精度要求高，而且底面形状和尺寸精度要求也很高。表面粗糙度要求严格，型腔要求的表面粗糙度 R_a 往往小于 2.5 μm，用紫铜电极加工最小表面粗糙度可达到 0.8 ~ 0.4 μm，比铣削加工的型腔表面光洁。许多电火花加工的模具型腔，加工后不需要钳工修型和抛光。

（2）型腔加工是三维曲面加工，蚀除量大，要求粗、精加工速度快。由于模具型腔的大小，复杂程度不同，加工面积变化很大，排屑条件较差，需要电规准在大范围内调节，以满足不同加工对象对规准选择和转换的要求。

（3）电极损耗小。型腔加工的精度主要取决于电极的仿形精度，与穿孔加工不同，电极损耗不能靠电极进给补偿，因此在粗、半精、精加工都要保持电极的低损耗，电极最终的相对损耗要控制在 1% 左右。

（4）粗加工后的侧面修光较难，必须更换精加工电极或利用平动头进行侧面修光。

4.1.5.2　型腔电火花加工工艺方法

型腔电火花加工的主要方法有：单电极平动加工法，多电极更换加工法及分解电极更换法等。

1. 单电极平动加工法

单电极平动加工法，在我国使用最多。它是用一个成型电极完成整个型腔的加工。这种方法的优点是只需一个电极，一次装夹定位，便可达到较高的加工精度（±0.05 mm）。并且平动运动改善了排屑条件，使加工稳定性提高。缺点是难以获得高精度的型腔，特别是难以加工出清棱、清角的型腔，因为它的最小半径为平动头的单边偏心量。此外，粗加工时容易引起不平的表面龟裂状的积碳层，影响表面粗糙度。

目前，型腔电火花加工所使用的平动头有：双偏心蜗轮蜗杆簧片式平动头、数控插补法平动头，三坐标同时伺服平动头。图 4.22 为单电极平动法扩大间隙原理图。

单电极平动加工法，也可利用坐标工作台纵、横方向移动来实现简单型腔的侧面修光。或在电火花成型机床上采用功能强的轨迹运动方式来提高加工精度。

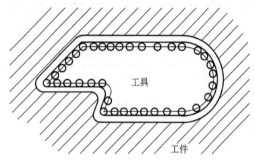

图 4.22　平动头扩大间隙原理图

2. 多电极更换加工法

这种方法采用多个形状相同、尺寸有差异的电极，在粗、半精、精加工中依次更换加工同一型腔。每个更换的电极加工时必须把上一个规准的放电痕迹蚀除掉。因此，一般用两个电极进行粗、精加工就可满足要求。

多电极更换加工法的优点是仿形精度高，尤其是可以较精确地加工出尖角或窄缝。缺点是需要制造多个电极，对电极的重复制造的精度要求高，更换电极要有高的重复定位精度，需要附件和夹具来保证。因此，这种方法只用于精密型腔的加工。

3. 分解电极法

根据型腔的几何形状，把电极分解成主型腔和副型腔电极，分别制造，分别使用。先用主型腔电极加工出主型腔，后用副型腔电极加工尖角窄缝等部位的副型腔。这种方法的优点是可按不同的加工要求选用不同的电极材料，选择不同的电规准，这有利于提高加工速度和改善表面质量，简化电极制造，便于电极修整。缺点是更换电极时主、副型腔之间难以准确定位。当采用高精度的数控电火花机床和完善的电极装夹附件时，这一缺点便可克服。在先进的 CNC 电火花加工机床上电极的重复定位精度可达 ±(2～5) μm。

4.1.5.3　型腔加工用工具电极

1. 电极材料的选择

根据型腔电火花加工特点，电极材料更应具有耐电蚀性能好，电极损耗小，加工速度快。

常用的电极材料是石墨和紫铜。紫铜电极常用于形状复杂，轮廓清晰，精度要求高的型腔加工。而石墨电极适用于大、中型模具型腔加工。铜钨合金和银钨合金是较理想的电极材料，但成型性能差，价格贵，只有在特殊情况下才会使用。

石墨电极和紫铜电极加工工艺比较见表 4.3。

表 4.3　石墨电极与紫铜电极加工工艺比较

比较项目	石墨电极	紫铜电极
对型腔预加工要求	一般不需要预加工（电源容量较大时）	可采用预加工，缩短粗加工时间
电规准选择	采用较大的脉冲宽度、较高峰值电流的低损耗粗规准加工可以达到很高的加工速度	采用更大的脉冲宽度和较低的峰值电流，作为粗规准加工，加工电流不能太大，脉冲间隔也不能太大
排屑方法	尽可能采用电极的冲油方式，必要时也可采用其他排屑方式	不采用电极冲油，粗加工用排气孔，精加工用平动头，自动抬刀等方法改善排屑（冲油时，电极损耗增大）

2. 电极的结构形式

1）整体式电极

整体式电极由一块电极材料制成，适用于型腔大小和复杂程度均为一般的加工，它分为有固定板和无固定板两种形式。无固定板的多用于型腔尺寸较小，形状简单，只有单孔冲油或排气的情况。有固定板的用于型腔尺寸较大，形状较复杂，采用多孔冲油或排气的情况，如图 4.23 所示。

2）镶拼式电极

当电极尺寸较大，单块坯料不够，或形状复杂，分块便于加工时采用镶拼式电极。镶拼式电极可以采用机械紧固或粘接剂粘合。

石墨电极镶拼时，必须注意石墨的方向性和石墨牌号，镶拼的各块材料必须是同一牌号的石墨，石墨压制时的施压方向与电火花加工时的进给方向垂直（见图 4.24），因为不同牌号的石墨及石墨的不同方向其损耗速度是不一样的。

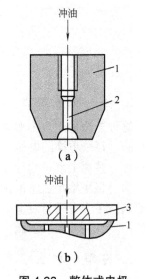

（a）

（b）

图 4.23　整体式电极

1—电极；2—冲油孔；3—电极固定板

3）组合式电极

由两个以上的电极安装在同一固定板上，形成组合式电极。它适用于一模多腔的情况。采用组合式电极加工，可提高加工速度，简化了各型腔之间的定位，保证定位精度。

3. 电极尺寸的确定

型腔加工用的电极尺寸不仅需要考虑电极的水平尺寸，而且还需要考虑各纵断面的尺寸。

1）电极水平尺寸的确定

电极的水平尺寸也称电极横截面尺寸，当使用多电极更换法和分解电极法加工型腔时，电

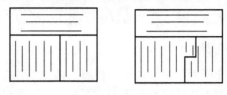

（a）合理镶并

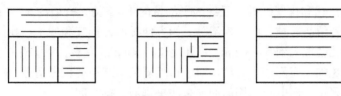

（b）不合理镶并

图 4.24　石墨纤维方向及拼块组合

极水平尺寸的确定方法与穿孔横截面尺寸的确定方法相同，使用单电极平动法加工时，还要考虑平动头侧面修光时单边偏心量的影响。电极水平尺寸按式（4.6）类似公式确定：$a = A \pm Kb$。

上式中，b 为电极的单边缩放量（mm），可按下式确定

$$b = \delta_j + \delta_0 - r_j \qquad (4.11)$$

式中　δ_j——精加工最后一档规准的单面放电间隙，通常指粗糙度 $R_a < 0.8\ \mu m$ 的 δ_j 值，一般为

　　　　0.02 ~ 0.03 mm；

　　　r_j——精加工（平动）时电极的侧面损耗（单边），一般不超过 0.1 mm；

　　　δ_0——精加工时的平动量，一般取 0.5 ~ 0.6 mm。

　　　其他符号与式（4.6）相同。

2）电极垂直方向尺寸的确定

电极垂直方向尺寸即电极在平行于主轴轴线方向的剖面尺寸，如图 4.25 所示，可按下式确定，即

$$H = H_1 + H_2 + H_3 \qquad (4.12)$$

式中　H——除装夹部分以外的电极总高度（mm）；

　　　H_1——电极加工一个型腔的有效高度（mm）；

　　　H_2——加工起点与工件表面最高点之间的距离；

　　　H_3——加工结束时，为避免电极固定板和模板相碰以及同一电极能多次使用等因素而增加的高度，一般取 5 ~ 20 mm。

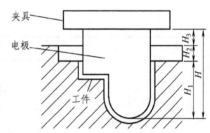

图 4.25　电极高度尺寸的确定

$$H_1 = h_1 + \theta_1 h_1 + \theta_2 h_2 - \delta_j \qquad (4.13)$$

式中　h_1——型腔垂直方向高度（深度）（mm）；

　　　θ_1——粗规准加工时，电极端面的相对损耗率，其值小于 1%，$\theta_1 h_1$ 适用于未预加工的型腔；

　　　θ_2——中、精规准加工时，电极端面相对损耗率，其值为 20% ~ 25%；

　　　h_2——中、精规准加工时，电极端面总的进给量；

δ_j——最后一档精规准加工时，端面的放电间隙，一般为 0.02 ~ 0.03 mm。

4. 排气孔和冲油孔设计

型腔电火花加工一般为变截面的盲孔加工，排屑、排气条件差。为了防止排屑、排气不畅对加工稳定性、加工速度和加工质量的不利影响，在排屑、排气较为困难的拐角和窄缝处开设冲油孔。而在蚀除面积较大以及电极端部有凹入的部位开设排气孔，如图 4.26 所示。用单电极平动法加工时，冲油孔和排气孔的直径约为平动量的 1 ~ 2 倍，一般为 1 ~ 2 mm，若孔开得过大，容易在加工后残留凸起物，而不易清除。为方便排屑，排气和便于钻孔加工，通常把冲油孔和排气孔的上端孔径加大到 5 ~ 8 mm，孔距为 20 ~ 40 mm 左右，以不存在蚀除物堆积为宜。孔要适当错开，以免加工表面产生波纹。对于形状复杂、细小的精密型腔，一般不允许在电极上开孔，加工时可采用抬起电极和侧面冲油来解决排屑、排气问题。

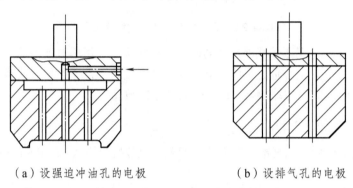

（a）设强迫冲油孔的电极　　　　　　（b）设排气孔的电极

图 4.26　设冲油孔和排气孔的电极

5. 电极制造

电极的制造主要根据选用的电极材料、电极与型腔的精度以及电极数量来选择电极制造方法。目前，常用的制造方法有：机械加工、线切割加工、塑性加工（挤压加工）、电铸及其他加工方法。其中三种加工方法的比较见表 4.4。

表 4.4　电极制造方法

制造方法	特　点	缺　点	适用电极材料
机械加工	最为常用的方法，用普通机床和刃具即可加工。适用于单件及少量电极的加工	加工后需要钳工修正，紫铜磨削困难，石墨加工时易碎裂，粉尘飞扬（加工前可将石墨材料在工作液中浸泡 2 ~ 3 天，可减少崩角）。对精度高形状复杂的电极，制造较困难	紫　铜 石　墨
压力振动加工	适用于批量制造电极	需制备母模，并需压力振动机床	石　墨
电铸法	适用的电极大小范围较大，能铸出精细复杂的有文字花纹的电极	电铸时间长，需要电铸设备，电铸层的厚度受形状影响，制成的电极疏松，加工损耗较大	紫　铜

在电极制造中，采用数控机床加工，可大大提高电极的制造精度和同种电极大批量制造的复制精度。

4.1.5.4　工件准备

型腔电火花加工的工件准备主要考虑工件的预加工和热处理工序的安排。工件预加工后则可进行热处理淬火，这样可避免热处理变形对型腔加工后的影响。但电火花加工去掉了一层淬火层，影响热处理质量，并使钳工抛光困难。有些型腔模，如压铸模、塑料模、锻模等，电火花加工安排在热处理前进行。这样，钳工抛光比较容易，最后淬火时的淬透性也比较好。但是，热处理变形无法消除。生产中要根据型腔模具要求，工件材料热处理变形情况等具体条件，合理地安排热处理工序。

4.1.5.5　电规准的选择、转换和平动量的分配

1. 电规准的选择

电火花加工中一般都用粗规准加工出型腔的基本轮廓以获得较高的加工速度和低的电极损耗，然后用中、精规准逐级修光，以达到所需的表面粗糙度和加工精度。

1）粗规准

粗加工时应优先考虑采用宽的脉冲宽度（$t_i > 400\ \mu s$），选择合适的峰值电流（峰值电流大加工速度高，但电极损耗会增加），并应注意加工面积与加工电流之间的配比关系。通常用石墨电极加工钢时，最高电流密度为 $3 \sim 5\ A/cm^2$，紫铜电极加工钢时可稍大些。

2）中规准

中规准和粗规准之间没有明显的界限，中规准选用的脉冲宽度为 $20 \sim 400\ \mu s$，峰值电流为 $10 \sim 25\ A$。加工小孔窄缝等小型型腔时，可直接用中规准加工成型。

3）精规准

精规准是在中规准加工的基础上进行加工的，精加工去除的量很少，单边不超过 $0.1 \sim 0.2\ mm$。表面粗糙度 R_a 小于 $2.5\ \mu m$，通常都选用脉冲宽度为 $2 \sim 20\ \mu s$，峰值电流小于 $10\ A$ 的小规准进行加工。精加工时电极的相对损耗为 $10\% \sim 25\%$，但由于精加工余量很小，电极的绝对损耗不大，不会对加工精度造成大的影响。精加工的脉冲放电间隙约为 $0.01 \sim 0.02\ mm$。为保持加工稳定性，通常使用的脉冲间隔大于 $2\ \mu s$。

近年来广泛使用伺服电机主轴控制系统，能准确地控制加工深度，因而精加工余量可以小到 $0.05\ mm$，加上脉冲电源附有精微加工电路，可使表面粗糙度 $R_a < 0.4\ \mu m$，精修时间缩短。

2. 电规准转换和平动量的分配

当加工出来的型腔轮廓尺寸约 $1\ mm$ 加工余量时就应进行规准的转换。规准转换的挡数，必须根据具体情况而定，对尺寸小、形状简单的浅型腔加工，规准转换挡数可少些；尺寸大、形状复杂、深型腔加工，规准转换挡数要多一些。粗规准加工时，一般选定一挡；中规准加工，选 $2 \sim 4$ 挡；精规准加工，选 $2 \sim 4$ 挡。规准转换的原则是每挡规准加工的凹坑底部与上一挡规准加工的凹坑底部一样平，即加工表面刚好达到本规准应达到的表面粗糙度时就应该及时转换规准。这样既可以达到修光的目的，又使各挡的金属蚀除量最少、得到尽可能高的加工速度和低的电极损耗。

平动量的计算如图 4.27 所示。

平动量＝粗加工放电间隙＋电极损耗－精加工放电间隙

　　平动量的分配是单电极平动加工方法的关键。由于粗、中、精各挡规准产生的放电凹坑不一样，所以电极的平动量不能按每挡规准平均分配。一般中规准加工的平动量为总平动量的75% ~ 80%，端面进给量为端面余量的 75% ~ 80%。中规准加工后，型腔基本成型，只留很少余量供精规准修光。考虑到电极损耗，平动头及主轴运动的误差，必须在中规准最后一挡加工完毕后，实测型腔尺寸，用改变平动量的大小来补偿电极损耗及其他误差，以得到较高的尺寸精度。

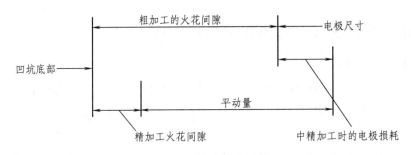

图 4.27　平动量的计算

　　表 4.5 为可控硅脉冲电源，石墨电极（双边缩放量 1.2 mm）加工型腔时的规准转换与平动量分配。

表 4.5　规准转换与平动量分配

规准类别	脉冲宽度/μs	脉冲间隔/μs	电源电压/V	加工电流/A	单面总平动量/mm	端面进给量/mm	备注
粗加工	600	350	80	35	0	0.6	① 型腔加工深度为 101 mm；② 工件材料为 CrWMn
半精加工 R_a（12.5 ~ 3.2）μm	400	250	60	15	0.20	0.3	
	250	200	60	10	0.35	0.2	
	50	50	100	7	0.45	0.12	
精加工 R_a（1.6 ~ 0.8）μm	15	35	100	4	0.52	0.06	
	10	23	100	1	0.57	0.02	
	6	19	80	0.5	0.6		

4.1.5.6　电火花型腔加工实例

　　【例 4.1】　塑料叶轮注塑模，材料 45 钢、工件形状是在 ϕ120 mm 范围内以其轴心为对称均匀分布 6 片叶片的型槽，槽最深处的尺寸为 15 mm，槽的上口宽度为 2.2 mm，槽壁有 0.2 mm 的脱模斜度，工件中心有一个 $\phi 10_{0}^{+0.03}$ mm 的孔。

　　（1）选择加工方法：单电极平动法，平动量 $\delta_0 = 0.4$ mm 。

　　（2）选择电极材料：紫铜。

　　（3）设计电极：工具电极结构为组合式，如图 4.28 所示，用紫铜材料铣削 6 片成型工具电极，叶片斜度为 30′，镶拼在电极固定板上，在电极固定板中心加工一个 $\phi 10^{+0.03}_{\ 0}$ 孔；与工件中心相对应（要求 $\phi 10^{+0.03}_{\ 0}$ 孔与 A 面垂直）。

（4）机床设备：DM5540A 电火花成型机床（JDS50 脉冲电源）。

（5）工件准备：

① 精车 $\phi 10^{+0.03}_{\ 0}$ 孔和其他各尺寸。

② 精磨上、下两平面。

③ 依叶片中心均分 6 等份，在待加工部位钻 6 个 $\phi 1$ 的冲油孔。

（6）电极与工件的装夹定位：

① 制作定位芯棒　用 45 钢车成长 40 mm，直径 $\phi 10^{-0.01}_{-0.03}$ 的定位芯棒。

② 工具电极　以电极固定板 A 面为基准找正后予以紧固，然后将定位芯棒装入固定板中心 $\phi 10^{+0.03}_{\ 0}$ 孔中。

③ 装夹工件　移动工作台 x、y 坐标，对准定位芯棒与工件上的对应孔，中心定位后，卸掉定位芯棒，用精规准火花放电打印法，精调工件位置，使 6 片叶片分别对正 6 个冲油孔，夹紧工件后重复校对相对位置是否准确。

（7）加工规准的选择与转换，见表 4.6。

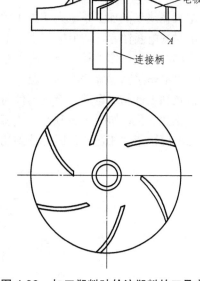

图 4.28　加工塑料叶轮注塑料的工具电极

表 4.6　塑料叶轮注塑模加工规准

脉宽 /μs	脉间 /μs	功效管数		加工电流 /A	总进给深度 /mm	平动量 /mm	表面粗糙度 R_a/μm	极性
		高压	低压					
512	200	4	12	15	12.5	0	> 25	负
256	200	4	8	10	14.5	0.2	12 ~ 13	负
128	10	4	4	2	14.8	0.3	7 ~ 8	负
64	10	4	4	1.3	15	0.36	3 ~ 4	负
2	40	8	24	0.8	15.1	0.4	1.5 ~ 2	正

（8）仅在精加工适当弱冲油，以利排屑。

（9）加工效果：

① 电极总损耗约 1% ~ 2%。

② 加工表面粗糙度 R_a 为 1 ~ 2 μm，不需修型抛光，可直接使用。

③ 加工后槽孔壁有 0.2 mm 脱模斜度，符合要求。

4.2 电火花线切割加工

4.2.1 电火花线切割加工概述

1. 电火花线切割加工原理

电火花线切割加工是电火花加工的一个分类，与电火花成型加工一样，都是基于电极间脉冲放电时的电腐蚀原理。但它有别于电火花成型加工的是不需要制作复杂的成型电极，而是用一根很细的电极丝作工具电极。将电极丝装在一个旋转的储丝筒上，并经过丝架以一定的速度移动。电极丝接高频脉冲电源的负极，工件接脉冲电源的正极，以煤油或乳化液作为工作液。当电极丝和工件相对运动并接近工件时，则工作液被击穿而形成火花放电，使电极表面的金属瞬时熔化和气化，如图4.29所示。电极丝若按规定的方向移动，并使移动的速度与电极丝对工件间的电腐蚀速度相适应，即能达到切割加工的目的。

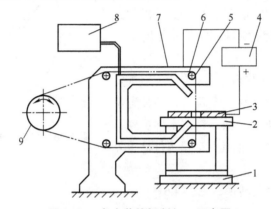

图4.29 电火花线切割加工示意图

1—坐标工作台；2—夹具；3—工件；4—脉冲电源；5—电极丝；
6—导轮；7—丝架；8—工作液箱；9—储丝筒

加工时，工件装在能纵、横方向移动的十字滑板上。滑板的移动由小型电子计算机控制，则能切割圆弧、直线、斜线等线段组成的各种几何形状。若电极丝相对于工件进行有规律的倾斜运动时，还可切割出带锥度的工件和上、下异形的变锥度工件。

2. 电火花线切割加工的特点

与电火花成型加工相比，电火花线切割加工有如下特点：

（1）采用一根很细的金属丝做工具电极，不需要再制作复杂的成型电极。这降低了成本，缩短了生产周期，对新产品试制非常有利。被加工工件一般不需要预加工，在切缝宽度与凸、凹模配合间隙相当的情况下，有可能一次切出凸、凹模来。

（2）能方便加工任意形状的复杂型孔、窄槽、微缝和小孔，可加工最小切缝宽度0.04 mm，最小圆角半径R为0.03 mm，表面粗糙度R_a为1.6～0.4 μm，加工精度±0.005 mm的零件。

（3）加工电流小，属半精、精加工范围，采用正极性加工。在加工时，一般采用一个规准一次加工成型，中途不要转换规准。

（4）采用移动的长电极丝进行加工，单位长度的电极丝损耗小，从而对加工精度影响小，特别在慢速走丝线切割加工时，电极损耗对加工精度的影响更小。

（5）对工件进行轮廓图形加工，余料仍可利用，可节省贵重的模具材料。

（6）采用水或水基工作液，容易实现无人安全运转（水基工作液不会引燃起火），而且工作液的电阻率远比煤油小。在开路时，仍有明显的电解电流，电解效应稍有利于改善表面粗糙度。

（7）机床的自动化程度比较高，编制的程序可以重复使用，而且可以利用间隙补偿来加工不同要求的工件。

线切割加工为新产品试制、精密零件及模具制造开辟了一条新的工艺途径。

4.2.2　电火花线切割加工机床

4.2.2.1　电火花线切割机床分类

由于数控电火花线切割机床控制简便、重复精度高，在生产实践中得到了广泛应用。

电火花线切割机床按电极丝运行方式分为往复走丝和单向走丝两种。前者又称为快速走丝或高速走丝线切割机床（WEDM-HS），这是我国使用和生产的主要机型。后者又称为慢速走丝或低速走丝线切割机床（WEDM-LS），这是国外使用和生产的主要机型，我国也在进行开发生产。这两类线切割机床在加工范围、加工工艺水平、机床的自动化程度、价格等方面都有较大差别。

快速走丝线切割机床采用直径 0.08 ~ 0.25 mm 的钼丝或 0.3 mm 左右的铜丝作电极，走丝速度约 8 ~ 10 m/s，通过储丝筒和丝架往复运动，工作液采用 5% 的乳化液或去离子水。由于电极丝的快速运动能把工作液带进狭窄的加工缝隙，并把电蚀产物及时带出。有利于电极丝的冷却并提高电极丝的承载能力，减少弧光放电对加工的不利影响。不但生产率高，而且可稳定地加工较厚工件。但走丝速度不能太快，否则电极丝容易抖动，反而破坏了加工的稳定性。所以走丝速度一般不超过 10 m/s。目前能达到的加工精度为 ± 0.01 mm，表面粗糙度 R_a 为 2.5 ~ 0.63 μm，最大切割速度可达 50 mm³/min，切割厚度最大可达 500 mm。可满足一般模具的加工要求。

慢速走丝线切割机床采用直径 ϕ0.03 ~ ϕ0.35 mm 的铜丝作电极。走丝速度为 3 ~ 12 m/min，电极丝只是单向通过间隙，不重复使用，可避免电极损耗对加工精度的影响。工作液主要是去离子水和煤油。加工精度可达到 ± 0.001 mm，表面粗糙度可达到 R_a < 0.32 μm。这类机床还能自动穿电极丝和自动卸除加工废料，自动化程度高。但电蚀产物排除较困难，不易切割厚工件。其售价比快速走丝线切割机床要高得多。

4.2.2.2　电火花线切割机床组成

我国快速走丝线切割机床主要由机床本体、脉冲电源、数控系统等三部分组成。图 4.30、图 4.31 分别是高速和低速走丝线切割加工机床组成图。

1. 机床本体

机床本体的主要组成部分包括床身、坐标工作台、运丝机构以及工作液循环系统等。

1）床　身

床身是坐标工作台，运丝机构支承和固定的基础，一般是用铸铁做成的箱体件。其内部还可安置脉冲电源和工作液箱。因而要求具有足够的强度和刚度。

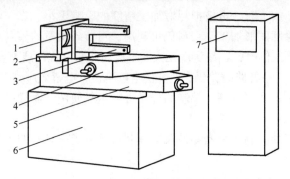

图 4.30　高速走丝数控电火花线切割设备

1—储丝筒；2—走丝溜板；3—丝架；4—纵向滑板；
5—横向滑板；6—床身；7—控制箱

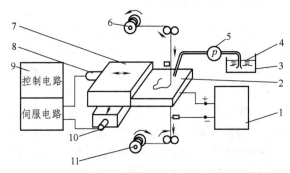

图 4.31　低速走丝数控电火花线切割加工设备

1—脉冲电源；2—工件；3—工作液箱；4—去离子水；5—泵；6—新丝放丝卷筒；
7—工作台；8—x 轴电动机；9—数控装置；10—y 轴电动机；11—废丝卷筒

2）坐标工作台

坐标工作台安置在床身上，它由纵向滑板、横向滑板、滚动导轨（V 形槽内放滚珠）传动、滚珠丝杠和螺母运动副组成。工件装在十字滑板上，加工时通过十字滑板在 x、y 方向上的移动来实现工件的进给。而十字滑板在两个互相垂直方向上的移动是由两个步进电机驱动的，控制器每发出一个脉冲信号，步进电机就通过丝杠、螺母使工作台移动 1 μm。1 μm/脉冲就称为机床的脉冲当量。

电火花线切割机床都是通过坐标工作台与电极丝的相对运动来完成对工件加工的。因此，坐标工作台必须具有很高的定位精度和移动精度，传动副之间必须消除间隙。

3）运丝机构

运丝机构主要由作诗储丝筒和丝架组成，它们的作用是保证电极丝以一定的速度往复循环运行。在走丝时，电极丝整齐地排绕在储丝筒上，并通过换向装置作正反方向转动。储丝筒的转向和其轴向移动的方向同时逆转。在运丝过程中，电极丝由丝架支撑和导向，并依靠导轮保持其与工作台面垂直或倾斜成一定角度（锥度切割）。

为了减小电极丝的振动，应使其跨度尽可能小（按工件厚度调整），通常在工件上、下采用蓝宝石 V 形导向器或圆孔金刚石模导向器。

4）锥度切割装置

为了切割有锥度的内外表面，有些线切割机床还具有锥度切割功能。下面介绍两种：

（1）偏心式丝架 主要用在高速走丝线切割机床上以实现锥度切割，其工作原理如图4.32所示。图4.32（a）所示为上（下）丝臂平动法，上（下）丝臂沿 x、y 方向平移。此法锥度不宜过大，否则导轮易磨损，工件有一定的圆角。图4.32（b）所示为上、下丝臂同时绕一中心移动的方法。此法加工锥度也不宜过大。图4.32（c）所示为上、下丝臂分别沿导轮径向平动和轴向摆动的方法。此法加工锥度不影响导轮磨损，最大切割锥度可达 1.5°。

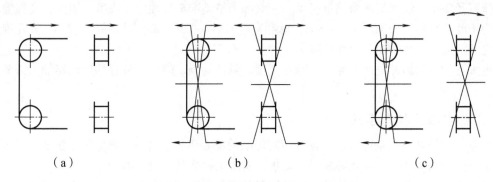

（a）　　　　　　　　　（b）　　　　　　　　　（c）

图4.32　偏移式丝架实现锥度加工的方法

（2）双坐标联动装置 低速走丝线切割机床上依靠上导向器作纵、横两轴（u、v 轴）驱动，与工作台的 x、y 轴在一起构成 NC 四轴同时控制，如图4.33所示。这种方式的自由度很大，依靠强有力的软件，可以实现上、下异形截面形状的加工，最大倾斜角度一般为 ±5°，有的甚至可达 30°（与工件厚度有关）。

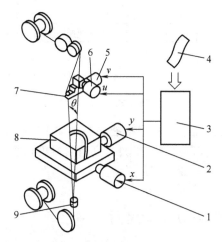

图4.33　四轴联动锥度切割装置

1—x 轴驱动电动机；2—y 轴驱动电动机；3—控制装置；4—数控纸带；5—v 轴驱动电动机；
6—u 轴驱动电动机；7—上导向器；8—工件；9—下导向器

5）工作液及循环系统

电火花线切割加工时，工作液对切割速度、切割精度、切割表面粗糙度等工艺指标影响很大。

低速走丝线切割机床大多采用去离子水作工作液，在特殊精加工时才使用绝缘性能较高的煤油。高速走丝线切割机床大都采用专用的乳化液，生产中也根据加工的具体条件进行选择。

由于线切割切缝很窄，顺利排除电蚀产物极为重要，对高速走丝，通常采用浇注式供液，而对低速走丝机床近年来有些采用浸泡式供液方式。

2. 脉冲电源

目前用于电火花线切割的高频脉冲电源主要是晶体管脉冲电源。它的工作原理与电火花成型加工中所用的脉冲电源相同；所不同的是电源的功率较小，频率较高。由于电火花线切割的电极丝直径很小，线切割的蚀除量很少，一般都用精规准正极性加工成型。因此，高频输出端电压为 100 V 左右，加工电流 $1 \sim 5$ A，脉冲宽度 $0.5 \sim 60$ μs。单个脉冲能量较小，并在维持火花放电的前提下，尽量缩短脉冲间隔。

电火花加工的脉冲电源的频率、脉冲宽度、脉冲间隔、峰值电流等均应根据加工需要进行调整。

3. 数字程序控制系统

数字程序控制系统是进行电火花线切割加工的重要环节。它的主要作用是按加工要求自动控制电极丝相对工件的运动轨迹和进给要求，实现工件形状和尺寸的加工。

电火花线切割机床的运动轨迹控制系统已普遍采用数字程序控制，并进入到微型计算机直接控制阶段。

数控（NC）电火花线切割的控制过程是把图样上的工件形状和尺寸编制成程序信号。通过键盘、或使用穿孔纸带或磁带，输送给电子计算机，计算机根据输入指令控制驱动电机。由驱动电机带动精密丝杠，使工件相对于电极丝作轨迹运动。图 4.34 为数字程序控制过程方框图。

图 4.34　数字程序控制过程方框图

电火花线切割机床的数字程序控制系统能够控制加工同一平面上由直线和圆弧组成的任何图形的工件，这是最基本的控制系统。此外，还有带锥度切割、间隙补偿、螺距补偿、图形编程、图形显示等功能的控制。

4.2.3　电火花线切割加工程序

编程的方法有两种：一种是手工编程，另一种是计算机编程。手工编程是数控编程的基本功。

目前，高速走丝线切割机床一般采用 3B、4B 格式，而以 3B 格式用得最多。而低速走丝切割机床通常采用国际上通用的 ISO（国际标准化组织）或 EIA（美国工业电子工业协会）格式。

4.2.3.1　程序格式

目前，我国常用的数控线切割机床的程序格式为无间隙补偿的 3B 格式，见表 4.7。

表 4.7　3B 程序格式

B	X	B	Y	B	J	G	Z
分隔符号	X 坐标值	分隔符号	Y 坐标值	分隔符号	计数长度	计数方向	加工指令

1. 分隔符号 B

因为 X、Y、J 均为数码，用分隔符号 B 将其隔开。

2. 坐标值 X、Y

为了简化数控装置，规定只输入坐标的绝对值，其单位为 μm，当 X、Y 为零时，可以不写，但必须保留分隔符号 B。

加工斜线（不与 X、Y 轴重合的直线段）时，取加工起点为坐标的原点；X、Y 值为斜线终点坐标值。加工与 X、Y 轴重合的直线段时，X、Y 值为零。加工圆弧时，取圆心为切割坐标系的原点，X、Y 为圆弧切割起点的坐标值。允许将 X、Y 值同时放大或缩小相同的倍数。

在同一工件加工过程中，X、Y 坐标轴的方向保持不变，即 X 滑板和 Y 滑板的运动方向保持不变。加工不同的曲线时，取的坐标原点不同，坐标只能平移，不能转动。即每加工一段圆弧或斜线都要把坐标系平移到圆弧的圆心或斜线的起点。

3. 计数方向 G

加工斜线时，斜线在某坐标轴上的投影长度最长就取该坐标轴的方向为计数方向。即斜线在 X 轴上的投影长度最长时，计数方向为 X 方向，用 G_x 表示；Y 轴上的投影长度最长时，计数方向为 Y 方向，用 G_y 表示；若在 X 轴和 Y 轴上的投影长度相等时，可任意选择取 G_x 或 G_y。

若斜线终点坐标为 (x_e, y_e)，终点坐标值大的为计数方向，如图 4.35 所示。

即：$x_e > y_e$ 时，取 G_x；

　　　$y_e > x_e$ 时，取 G_y；

　　　$y_e = x_e$ 时，取 G_x 或 G_y 均可。

加工圆弧时，圆弧的终点坐标 (x_e, y_e)，终点坐标值小的为计数方向，如图 4.36 所示。

即：$x_e > y_e$ 时，取 G_y；

　　　$y_e > x_e$ 时，取 G_x；

　　　$y_e = x_e$ 时，取 G_x 或 G_y 均可。

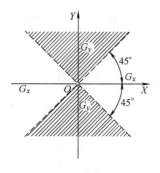

图 4.35　斜线的计数方向

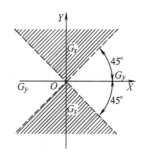

图 4.36　圆弧的计数方向

4. 计数长度 J

计数长度（控制长度）是从起点加工到终点时某一拖板进给的总长度。即加工图形在计数方向的投影长度（绝对值）之总和，以 μm 为单位。对于计数长度不足六位的，应写成六位，如 1 949 μm，应写成 001949（近年生产的线切割机，由于数控功能较强，也可不必补足六位，只写有效位数即可）。

【**例 4.2**】 加工图 4.37 所示斜线 OA，其终点为 $A(x_e, y_e)$，且 $y_e > x_e$，确定 G、J。

因为 $y_e > x_e$，OA 线与 X 轴夹角大于 45°，计数方向为 G_y，OA 线在 Y 轴上的投影长度为 y_e，故 $J = y_e$。

【**例 4.3**】 加工图 4.38 所示的圆弧，加工起点 A 在第四象限，终点 $B(x_e\ y_e)$ 在第一象限，试确定 G、J。

加工终点靠近 Y 轴，故 $y_e > x_e$，计数方向取 G_x，计数长度为各象限中的圆弧段在 X 轴上的投影长度的总和，即 $J = J_{x1} + J_{x2}$。

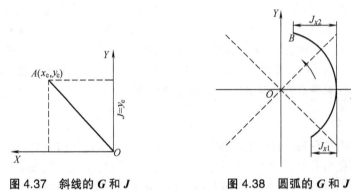

图 4.37　斜线的 G 和 J　　　　　图 4.38　圆弧的 G 和 J

5. 加工指令 Z

加工指令 Z 应根据被加工图形的形状，所在象限和加工方向等确定。加工指令有 12 种，如图 4.39 所示，斜线的加工指令按其走向和象限不同而分为 L_1、L_2、L_3、L_4，如图 4.39（a）所示，与坐标轴重合的直线，根据进给方向，加工指令按图 4.39（b）选取。

若加工圆弧时，被加工圆弧的起点在坐标系的四个象限中，并按顺时针方向切割，如图 4.39（c）所示。加工指令分别用 SR_1、SR_2、SR_3、SR_4 表示。

若按反时针方向切割时，分别用 NR_1、NR_2、NR_3、NR_4 表示，如图 4.39（d）所示。若加工起点刚好在坐标轴上，其指令应选圆弧跨越的象限，如图 4.39（c）、（d）所示。

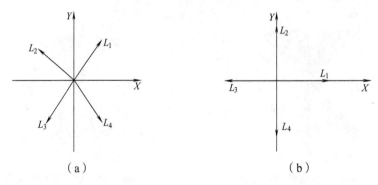

（a）　　　　　　　　　　　（b）

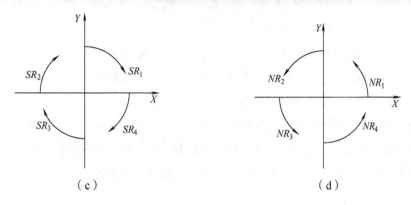

（c）　　　　　　　　　　　　　　（d）

图 4.39　加工指令

4.2.3.2　加工程序编制步骤

在编程前应了解线切割机床的规格及主要参数，控制系统所具有的功能及编程指令格式等。要对零件图样进行工艺分析，明确加工要求。

电火花线切割加工时，为了获得所要求的加工尺寸，电极丝和加工图形之间必须保持一定的距离，如图 4.40 所示。图中的点划线表示电极丝中心的轨迹，实线表示型孔或凸模的轮廓。编程时首先要求出电极丝中心轨迹与加工图形的垂直距离 f（单边补偿量），并将电极丝中心轨迹分割成单一直线或圆弧段，求各线段的交点坐标后，逐一进行编程，其步骤如下：

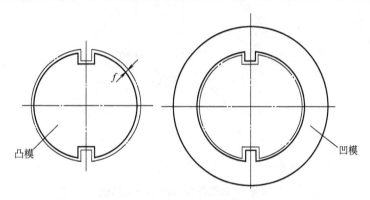

凸模　　　　　　　　　　　　　　　　　　凹模

图 4.40　电极丝中心相对工件的移动轨迹

（1）根据图样要求，计算出电极丝中心与加工图形的垂直距离 f。

$$f = \pm\left(\frac{1}{2}d + \delta\right) \tag{4.14}$$

式中　　f ——单边补偿量（mm），加工凸模，外偏为正补偿，加工凹模，内偏为负补偿；

　　　　d ——电极丝直径（mm）；

　　　　δ ——单边放电间隙（mm）。

（2）分析零件图形，建立总坐标系，为简化计算，通常选择零件的对称轴为坐标轴。

（3）确定电极的中心轨迹线，计算各交点、切点在中心轨迹线上的坐标值，可按平均尺寸计算，保证误差不大于 1 μm。如圆弧 $R10^{+0.03}_{+0.01}$ mm，编程时的圆弧半径 $R = \left[10 + \frac{1}{2}(0.01 + 0.03)\right] =$

10.02 mm，将各点的坐标值填入计算单。

（4）确定切割起点和切割路线，由于电极丝中心移动轨迹是由若干条子程序段组成的连续曲线，前一条子程序段的终点就是下一条子程序段的起点。根据电极丝中心轨迹各交点的坐标值及各线段的加工顺序，逐段编写加工程序。

（5）程序检验。编写好的程序一般要经过检验才能用于正式加工，线切割机床数控系统一般都提供程序检验的方法，常见的方法有画图检验和空运行等。画图检验主要是验证程序实际加工情况，验证加工中是否存在干涉和碰撞，机床的行程是否满足等。

4.2.3.3 3B 编程举例

【例 4.4】 编制加工如图 4.41 所示零件的冲裁凹模程序，其双面配合间隙为 0.02 mm，钼丝直径为 0.13 mm，火花放电间隙为 0.015 mm。

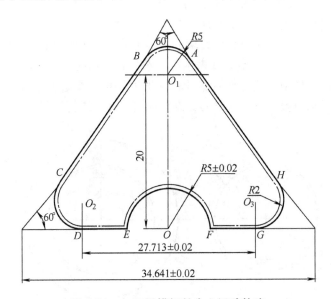

图 4.41 加工凹模钼丝中心运动轨迹

（1）计算电极丝中心偏移量 $f_{凹}$。对于落料模，被加工零件尺寸由凹模决定，模具配合间隙应在凸模上扣除。凹模中心偏移为内偏，取负值，即

$$f_{凹} = -(d/2 + \delta) = -(0.13/2 + 0.015) \text{ mm} = -0.08 \text{ mm}$$

（2）建立总坐标系。计算交、切点的坐标值，填入计算单。

图形的对称轴为直角坐标系的 Y 轴，底边为 X 轴。穿丝孔在 O_1 处。切割路线为 $O_1 \rightarrow A \rightarrow B \rightarrow C \rightarrow D \rightarrow E \rightarrow F \rightarrow G \rightarrow H \rightarrow A$。

计算偏移后的各交、切点坐标值（ x, y ）和分坐标值（ x', y' ），填入计算单（见表 4.8）。

（3）根据分坐标值写出各段加工程序并填入程序单（见表 4.9）。

表 4.8　凹模加工程序计算单

段号	点号	总坐标		分坐标		G	J	Z
		x	y	x'	y'			
$1(\overline{O_1A})$	O_1	0	20.000	0	0	G_x	004 261	L_1
	A	4.261	22.460	4.261	2.460			
$2(\widehat{AB})$	A	4.261	22.460	4.261	2.460	G_y	004 920	NR_1
	B	− 4.261	22.460	− 4.261	2.460			
$3(\overline{BC})$	B	− 4.261	22.460	0	0	G_y	019 500	L_3
	C	− 15.519	2.960	− 11.259	− 19.500			
$4(\widehat{CD})$	C	− 15.519	2.960	− 1.663	0.960	G_x	002 177	NR_2
	D	− 13.857	0.080	0	− 1.920			
$5(\overline{DE})$	D	− 13.857	0.080	0	0	G_x	008 777	L_1
	E	− 5.080	0.080	8.777	0			
$6(\widehat{EF})$	E	− 5.080	0.080	− 5.080	0	G_y	010 160	SR_2
	F	5.080	0.080	5.080	0			
$7(\overline{FG})$	F	5.080	0.080	0	0	G_x	008 777	L_1
	G	13.857	0.080	8.777	0			
$8(\widehat{GH})$	G	13.857	0.080	0	− 1.920	G_y	002 880	NR_4
	H	15.519	2.960	1.663	0.960			
$9(\overline{HA})$	H	15.519	2.960	0	0	G_y	019 500	L_2
	A	4.261	22.460	− 11.259	19.500			

表 4.9　凹模加工程序单

N	B	X	B	Y	B	J	G	Z
1		4 261		2 460		004 261	G_x	L_1
2		4 261		2 460		004 920	G_y	NR_1
3		11 259		19 500		019 500	G_y	L_3
4		1 663		960		002 177	G_x	NR_2
5						008 777	G_x	L_1
6		5 080		880		010 160	G_y	SR_2
7						008 777	G_x	L_1
8				1 920		002 880	G_y	NR_4
9		11 259		19 500		019 500	G_y	L_2

4.2.3.4　4B 格式程序编制

3B 格式的数控系统，没有间隙补偿功能，必须按电极丝中心轨迹编程，当零件形状复杂时，编程的工作量大。近年来采用带有间隙自动补偿功能的数控系统，可以减少编程工作量，其中 4B 格式就是按工件轮廓编程，数控系统使电极丝相对工件轮廓自动实现间隙补偿。

由于 4B 格式数控系统是根据圆弧的凸、凹性，以及加工的是凸模还是凹模实现间隙补偿的。所以，程序中增加了一个 R 和 D 或 DD（圆弧的凸、凹性）而成为 4B 格式。在加工凸模时，当调整补偿距离后使圆弧半径增大的称为凸圆弧。调整补偿后使圆弧半径减小的称为凹圆弧。加工凹模则相反。这种格式按工件轮廓编程，补偿距离 f 是单独输入数控装置的，加工凸模或凹模也是控制面板上的凸、凹开关的位置来确定的。这种格式不能处理尖角的自动间隙补偿，所以，尖角一般取 $R = 0.1$ mm 的过渡圆弧来编程，4B 程序格式见表 4.10。

表 4.10 4B 格式

B	X	B	Y	B	J	B	R	G	D 或 DD	Z
分隔符号	X 坐标值	分隔符号	Y 坐标值	分隔符号	计数长度	分隔符号	圆弧半径	计数方向	曲线形式	加工指令

注：表中 R 为所加工的圆弧半径；
　　D 或 DD——D 代表凸圆弧曲线，DD 代表凹圆弧曲线。

4.2.3.5　ISO 代码及程序编制

ISO 代码是国际标准化机构制订的用于数控编程和控制的一种标准代码，代码中有 G 指令（称为准备功能指令）和 M 指令（称为辅助功能指令）等，高速走丝线切割机床中有一部分已采用 G 代码格式，而低速走丝线切割机床通常采用国际上通用的 G 代码格式。

表 4.11 为汉川 MDVIC EDW 快走丝机床用的 ISO 指令代码；不同工厂的代码，可能稍有差异，但与国际上使用的基本一致。

表 4.11　数控线切割机床常用的 ISO 指令代码

代 码	功 能	代 码	功 能
G00	快速定位	G08	X 轴镜像，Y 轴镜像
G01	直线插补	G09	X 轴镜像，X、Y 轴交换
G02	顺圆插补	G10	Y 轴镜像，X、Y 轴交换
G03	逆圆插补	G11	X 轴镜像，Y 轴镜像，X、Y 轴交换
G05	X 轴镜像	G12	消除镜像
G06	Y 轴镜像	G40	取消间隙补偿
G07	X、Y 轴交换	G41	左偏间隙补偿　D 偏移量
G42	右偏间隙补偿　D 偏移量	G84	微弱放电找正
G50	消除锥度	G90	绝对坐标
G51	锥度左偏　A 角度值	G91	增量坐标
G52	锥度右偏　A 角度值	G92	定起点
G54	加工坐标系 1	M00	程序暂停
G55	加工坐标系 2	M02	程序结束
G56	加工坐标系 3	M05	接触感知解除
G57	加工坐标系 4	M96	主程序调用文件程序
G58	加工坐标系 5	M97	主程序调用文件结束
G59	加工坐标系 6	W	下导轮到工作台面高度
G80	接触感知	H	工件厚度
G82	半程移动	S	工作台面到上导轮高度

【例 4.5】　利用 ISO 代码编制如图 4.42 所示的落料凹模的线切割加工程序，电极丝直径为 $\phi0.15$ mm，单面放电间隙为 0.01 mm。

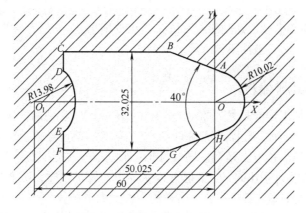

图 4.42　凹模型孔及平均尺寸

建立编程坐标系（见图 4.42），按平均尺寸计算凹模刃口轮廓交点及圆心坐标（见表 4.12）。

表 4.12　凹模刃口轮廓交点及圆心坐标

交点及圆心	X	Y	交点及圆心	X	Y
A	3.427 0	9.415 7	F	-50.025	$-16.012\ 5$
B	$-14.697\ 5$	16.012 5	G	$-14.697\ 5$	$-16.012\ 5$
C	-50.025	16.012 5	H	3.427 0	$-9.415\ 7$
D	-50.025	9.794 9	O	0	0
E	-50.025	$-9.794\ 9$	O_1	-60	0

偏移量 D：$0.15/2+0.01 = 0.085$ mm。

穿丝孔选在 O 点，切割顺序为 $O \to A \to B \to C \to D \to E \to F \to G \to H \to A$，切割程序如下：

AM1	（程序名）			
G92	X0	Y0		
G41	D85（此程序段应放在切入线之前）			
G01	X3427	Y9146		
G01	X $-$ 14698	Y16013		
G01	X $-$ 50025	Y16013		
G01	X $-$ 50025	Y9795		
G02	X $-$ 50025	Y $-$ 9795	I $-$ 9976	J $-$ 9795
G01	X $-$ 50025	Y $-$ 16013		
G01	X $-$ 14698	Y $-$ 16013		
G01	X　3427	Y $-$ 9416		
G03	X　3427	Y 9416	I $-$ 3427	J9416

G40	（G40 应放在退出线之前）	
G01	X0	Y0
M02		

程序中 I、J 为圆心坐标，是圆心相对圆弧起点的增量值，I 是 X 方向坐标值，J 是 Y 方向坐标值。圆弧插补时，圆心坐标不得省略。

4.2.3.6 锥度线切割编程

数控线切割机床加工锥度是通过驱动 U、V 工作台（轴）实现的。U、V 工作台通常装在上导轮部位，进行锥度加工时，数控系统驱动 U、V 工作台，使上导轮相对 X、Y 工作台平移，带动电极丝在所要求的锥角位置上运动。顺时针加工时，锥度左偏（G51）加工出来的工件上大下小，锥度右偏（G52）加工出来的工件上小下大。逆时针加工时，锥度左偏（G51）加工出来的工件上小下大；锥度右偏（G52）加工出来的工件上大下小。

在进行锥度加工时，还需输入工件及工作台参数，如下导轮中心到工作台面的距离 W，工件厚度 H，工作台面到上导轮中心距离 S。

【例 4.6】 编制如图 4.43 所示的凹模的切割程序。电极丝直径为 $\phi 0.12 \text{ mm}$，单边放电间隙为 0.01 mm，刃口斜度为 0.5°，工件厚度 H 为 15 mm，下导轮中心到工作台面的距离 W 为 60 mm，工作台面到上导轮中心距 S 为 100 mm。

偏移量 D：0.12/2 + 0.01 = 0.07 mm。

程序如下：

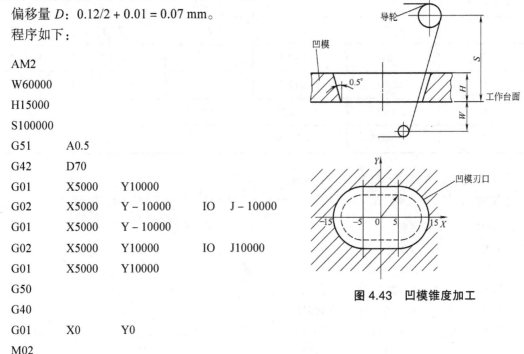

AM2			
W60000			
H15000			
S100000			
G51	A0.5		
G42	D70		
G01	X5000	Y10000	
G02	X5000	Y – 10000	IO J – 10000
G01	X5000	Y – 10000	
G02	X5000	Y10000	IO J10000
G01	X5000	Y10000	
G50			
G40			
G01	X0	Y0	
M02			

图 4.43 凹模锥度加工

4.2.4 电火花线切割加工工艺

零件进行电火花线切割加工前，必须合理地确定加工工艺路线，其中包括工艺准备、工件装夹和切割加工。下面是电火花线切割加工工艺过程。

4.2.4.1　电极丝的准备

电火花线切割加工使用的电极丝材料有钼丝、钨钼丝和黄铜丝。钼丝韧性好，在频繁的急冷急热变化中，丝质不易变脆，不易断丝。含钨、钼各 50% 的钨钼丝加工效果比钼丝好，使用寿命和加工速度都比钼丝高，一般可提高加工效率 15%～20%。缺点是成本比钼丝贵。因此，对一般工件可选用钼丝，对于厚度较大或加工时间较长的工件，可选用钨钼合金丝。对于单向走丝的线切割机，目前均采用黄铜丝和复合镀锌丝两种。黄铜丝加工的表面粗糙度和平直度较好，蚀屑附着少。但抗拉强度差，损耗大。镀锌丝在加工效率，减少表面变质层和提高加工精度上优于黄铜丝。对于精度要求较高的模具可选择复合镀锌丝。

电极丝直径主要根据加工要求和工艺条件选择。在可能的条件下，应选择直径较大的电极丝。直径大，抗拉力大，承受电流能力大，可采用较强的电规准进行加工，提高加工速度。同时，电极丝粗，切缝宽，排屑条件好，加工过程稳定。但粗丝难于加工出内尖角，降低加工精度。所以，工件厚度较大，几何形状简单的宜采用较大直径的电极丝，当工件厚度较小，几何形状复杂（特别是加工工件凹角要求高）时，宜采用较细直径的电极丝。我国快速走丝线切割大都用直径为 0.08～0.20 mm 的钼丝做电极丝。

4.2.4.2　工作液的选配

快速走丝线切割加工，目前最常用的是乳化液，乳化液是由 5%～10% 乳化油和水配制而成，水可以是自来水、蒸馏水、高纯水和磁化水。

慢速走丝线切割加工，目前普遍使用的是去离子水。为提高加工速度，在加工时，还加进增加工作液电阻率的导电液。对淬火钢，使电阻率在 $2 \times 10^4 \, \Omega \cdot cm$ 左右，对加工硬质合金电阻率在 $30 \times 10^4 \, \Omega \cdot cm$ 左右。

4.2.4.3　工件准备

以线切割加工为主的工件坯料有别于常规机械加工的工艺路线。它应为：下料→锻造→退火→机械粗加工→淬火与回火→磨削加工→线切割加工→钳工装配。

1. 工件材料

冷冲模常用的模具材料有碳素工具钢和合金工具钢，如碳素工具钢（T8A、T10A、T12 等），合金工具钢（Cr12、Cr12MoV、CrWMn 等）。

工件材料的切割速度一般与材料熔点有关，熔点低的材料，切割速度快，熔点高的材料切割速度慢。在快速走丝和乳化液介质的条件下，通常切割铝、铜，淬火钢等材料，比较稳定，切割速度也快。而切割不锈钢、磁钢，硬质合金等材料，加工就不太稳定，切割速度也慢。

2. 工件的预加工

工件的预加工是指线切割加工前，先将大部分余量去除，这样，精加工后不会产生较大的变形。因为在电火花线切割加工中，去除的材料越多，越容易造成工件材料的残余变形。反之，去除的材料越少，工件材料的残余变形也越少。

预加工可以采用机械加工和电火花线切割加工的粗加工。

机械预加工在工件淬火处理之前进行，对形状复杂的工件，所留的加工余量大而不均匀。因此，仅用于精度要求低的工件的预加工。

电火花线切割预加工可在淬火处理后进行，加工轨迹能够准确地接近工件形状，精加工余量可留得少而均匀，且可把精加工和预加工合在同一台机床上一次装夹较正后完成。

电火花线切割预加工也可在机械预加工后进行，由于淬火处理，工件残余应力的存在使一些尖角、扇形或窄长工件，残余变形问题十分严重。因此，在正式精加工前对工件形状中的尖角、扇形和窄槽利用线切割本身进行预加工，就可以提前释放残余应力，减轻或避免残余应力所引起的变形。

电火花线切割预加工常用于精度要求较高的工件。机械预加工，余量可留 2~3 mm。线切割预加工，余量可留 0.5~1 mm。

3. 工艺基准

为了便于线切割加工，根据工件外形和加工要求，准备相应的校正基准和加工基准，并尽量与图纸上的设计基准一致。

4. 穿丝孔准备

凹模类工件在切割前必须加工穿丝孔，以保证工件的完整性。凸模类工件的切割也需要加工穿丝孔。因为毛坯材料在切割时，会在很大程度上破坏材料内应力的平衡，造成材料变形，影响加工精度。而加工穿丝孔，可以使工件余料完整，从而减小变形所造成的误差。

穿丝孔直径一般为 3~5 mm。

4.2.4.4 工件的装夹

工件装夹会影响工件的加工质量，装夹应力求方便，支撑稳定。

1. 工件装夹方式

为便于工件装夹，工件材料必须有足够的夹持余量，夹持的作用力要均匀，不得使工件变形或翘起。对于加工要求低或悬臂部分小的情况，可以用一端夹持的悬臂支撑方式，对于定位精度高的支撑稳定的装夹方式，可以采用两端支撑方式及其派生的桥式支撑方式及板式支撑方式。

2. 工件的调整

工件装夹后，必须使工件的定位基准面与机床工作台面和工作台的进给方向 x,y 保持平行，以保证所切割的表面与基准面之间的相对位置精度。

3. 电极丝初始位置的确定

线切割加工前，需要将电极丝调整到线切割加工的起始坐标位置。

4. 选择合理的切割路线

合理的切割路线应减少工件变形，保证加工精度。一般在开始加工时应沿着离开工件夹具的方向进行切割，最后再转向夹具方向。一般情况下，最好将工件与其夹持部分分割的线段安排在最后的程序中。

如图 4.44 所示的由外向内的切割路线，因坯件材料被割离，会在很大程度上破坏材料内应力的平衡状态，使材料变形。图 4.44（a）所示为不正确的方案，图 4.44（b）所示为较为合理的方案，但仍存在变形。因此，对于精度要求较高的零件，最好采用图 4.44（c）所示的方案。电极丝不由坯件的外部切入，而是将切割起始点取在坯件预制的穿丝孔中。

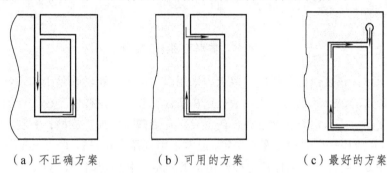

（a）不正确方案　　　　（b）可用的方案　　　　（c）最好的方案

图 4.44　切割起始点和切割路线的安排

4.2.4.5　电规准的选择

由于线切割加工一般都选用晶体管高频脉冲电源，用单个脉冲能量小，脉宽窄，频率高的电参数进行正极性加工。脉冲宽度增加，脉冲间隔减少，脉冲峰值电流增大（电源电压升高），加工电流增大，都会使切割速度提高，但加工的表面粗糙度和精度会下降，并使电极丝损耗增大。

实践表明，电源电压升高与切割速度的提高并不总是成线性关系。当电压过高，脉冲电源的峰值电流太大，电蚀产物过多，使电流效率降低，切割速度反而下降。峰值电流的选择与表面粗糙度成正比，当表面粗糙度 $R_a \leqslant 1.25\ \mu m$，峰值电流 4 ~ 8 A；$R_a \leqslant 2.5\ \mu m$ 时，峰值电流 6 ~ 12 A，$R_a \leqslant 5\ \mu m$ 时，峰值电流应在 20 A 以内。在上述范围内，峰值电流的大小可随加工件厚度调整。

脉冲宽度增加，可使切割速度提高，但表面粗糙度变差。当工件的表面粗糙度 $R_a \leqslant 1.25\ \mu m$ 时，脉冲宽度一般为 2 ~ 6 μs，$R_a \leqslant 2.5\ \mu m$ 时，脉冲宽度为 6 ~ 20 μs；$R_a \leqslant 5\ \mu m$ 时，脉冲宽度为 20 ~ 40 μs。当加工工件厚度在 10 mm 以内时，脉冲宽度应小于 30 μs；当工件厚度在 1 ~ 2 mm 甚至更薄时，脉冲宽度应小于 20 μs。

脉冲间隔减小，能较大幅度提高生产率，而减小脉冲间隔对表面粗糙度无明显影响。脉冲间隔过小，容易造成断丝；脉冲间隔过大则很难得到稳定的伺服特性，无法进行加工。为使加工稳定，脉冲间隔时间 t_0 一般为脉冲宽度 t_i 的 3 ~ 4 倍。脉冲间隔时间与工件厚度成正比，对于较厚的工件，适当加大脉冲间隔，一方面排屑有充裕时间，另一方面，蚀除物也减少了一些。

4.2.4.6　异形孔喷丝板线切割加工实例

异形孔喷丝板的孔形特殊、细微、复杂。如图 4.45 所示，外接参考圆直径在 1 mm 以下，缝宽 0.05 ~ 0.1 mm。孔的一致性要求很高，加工精度在 0.005 mm 以下，$R_a \leqslant 0.4\ \mu m$。喷丝板的材料是不锈钢 1Cr18Ni9Ti。

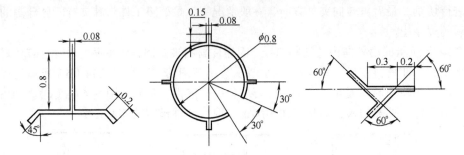

图 4.45 异形孔喷丝板实例

加工中为保证高精度、低粗糙度值要求，采用以下措施：穿丝孔是用细钼丝作电极在电火花成型机床上加工的，穿丝孔的位置一般是选在窄缝交会处，这样便于校正和加工。当电极丝进、退轨迹重复处，应当切断脉冲电源，使得异形孔诸槽一次加工成型，有利于保持缝宽的一致性。电极丝直径应根据异形孔缝宽来决定，通常采用直径为 0.035 ~ 0.10 mm 的电极丝。目前，电极丝速度采用 0.8 ~ 2 m/s，为保持电极丝运动的稳定，利用定时限位器保持电极丝运动的位置精度。

利用电火花线切割加工异形孔喷丝板、异形孔拉丝模及异形整体电极，都获得了较好的工艺效果。

4.3 电化学及化学加工

4.3.1 电化学加工概述

1. 电化学加工过程

如图 4.46 所示，用两片金属（Fe、Cu）插入导电溶液中（如 NaCl 溶液），两者将出现电位差，形成所谓"原电池"，然后用导线把两金属片连接起来，就会有电流从导线中通过；并出现了铁的加速溶解。当按原电流方向加上一个直流电源时，电流加大，铁的溶解也加快。

电解质溶液是靠溶液中正、负离子定向移动而导电的。溶液中的正离子移向阴极并在阴极上得到电子进行还原反应，负离子移向阳极并在阳极表面失去电子进行氧化反应。在阳极、阴极表面产生得、失电子的化学反应称为电化学反应，通过电化学反应从工件上去除或镀覆金属材料的特种加工方法称为电化学加工。

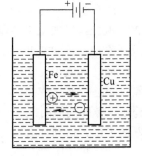

图 4.46 电化学加工原理

2. 电化学加工分类

根据电化学加工原理，可将电化学加工分为三类：

（1）利用电化学反应过程中阳极溶解来进行加工，主要有电解加工和电解抛光。

（2）利用电化学反应过程中阴极沉积来进行加工，主要有电铸、电镀、电刷镀。

（3）利用电化学加工与其他加工方法相结合的电化学复合加工工艺，主要有电解磨削、电解电火花复合加工等。

4.3.2 电解加工

电解加工是利用金属在电解液中产生阳极溶解的原理去除工件材料的加工方法。

4.3.2.1 电解加工过程

图 4.47 所示为电解加工示意图，加工时，工件接直流电源（10～20 V）的正极，工具电极接直流电源的负极。工具电极向工件缓慢进给，并使两极之间保持较小的间隙（0.1～1 mm），让具有一定压力（0.5～2 MPa）的电解液从两极间隙流过，并把阳极工件上溶解下来的电解产物，以 5～50 m/s 的高速冲走。

若工件加工面的初始形状与工具电极（阴极）不同，如图 4.48（a）所示，则工件上各加工点距工具表面的距离不相同，各点电流密度不一样。距离较近的地方通过的电流密度较大，电解液的流速也较高，阳极溶解的速度较快。而距离较远的地方，电流密度小，且电解液的流速也较慢，阳极溶解速度就慢。由于工具相对工件不断进给，工件表面上各点就以不同的溶解速度进行溶解。使工件表面逐渐接近工具表面的形状，直到把工具表面形状复印在工件上，如图 4.48（b）所示。

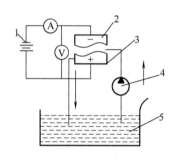

图 4.47 电解加工示意图

1—直流电源；2—工具阴极；3—工件；
4—电解液泵；5—电解液

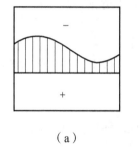

（a）

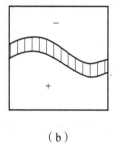

（b）

图 4.48 电解加工成型原理

4.3.2.2 电解加工的特点

1. 电解加工的主要优点

（1）生产率高。可一次进给，直接成型，无需粗、精加工分开，进给速度可达 0.3～15 mm/min，生产率约为电火花加工的 5～10 倍。在某些情况下，比切削加工的生产率还高，且生产率不受加工精度和表面粗糙度的直接限制。

（2）表面质量好。加工过程不存在机械切削力和切削热作用，故加工表面无残余应力和飞边、毛刺，对材料强度和硬度亦无影响。表面粗糙度 R_a 为 1.25～0.2 μm，平均加工精度为 ±0.1 mm，电解微细加工钢件的精度可达 ±(10～70) μm。

（3）加工过程中阴极工具在理论上不会损耗，可长期使用。

2．电解加工的主要缺点

（1）电解加工的影响因素很多，技术难度高，不易实现稳定加工和保证较高的加工精度，加工细的窄缝，小孔及小棱角，比较困难。一般圆角半径大于 0.2 mm。

（2）电解液对设备、工装有腐蚀作用，电解产物必须妥善处理，否则将污染环境。

4.3.2.3　电解液

1．电解液的作用

正确选择电解液，对保证电解加工的正常进行有重要作用。

（1）作为导电介质，传递电流。

（2）在电场作用下进行电化学反应，使阳极溶解能顺利而有控制地进行。

（3）将加工间隙内产生的电解产物及热量能及时带走，起到更新和冷却的作用。

2．电解液的分类

电解液可分为中性盐溶液、酸性溶液和碱性溶液三大类。酸性电解液主要用在高精度、小间隙、细长孔以及锗、钼、铌等难溶金属加工。碱性电解液仅用于加工钨、钼等金属材料，它对人体有所损害，且会生成难溶性阳极薄膜，影响阳极溶解。中性盐溶液腐蚀性小，使用时较安全，故应用最普遍。常用的有 $NaCl$、$NaNO_3$、$NaClO_3$ 三种电解液。

4.3.2.4　电解加工的基本工艺规律

1．生产率及其影响因素

电解加工的生产率是单位时间内电解蚀除的金属量，用 mm^3/min 或 g/min 来表示。影响生产率的因素有工件材料的电化学当量、电流密度、电解液及电极间隙等。

电解加工时，阳极工件上蚀除的金属量（V 或 m）与电解电流 I 和电解时间 t 成正比，其比例系数称为电化学当量。这一规律即法拉第电解定律，用下式表示

$$V = \omega I t \qquad\qquad (4.15)$$

式中　V ——阳极上溶解或析出的金属量（mm^3）；

　　　I ——电解电流（A）；

　　　t ——电解时间（h）；

　　　ω ——工件材料的体积电化学当量（$mm^3/A \cdot h$）。

电流 I 为电流密度 i 与加工面积 A 的乘积，故阳极的体积加工速度为

$$v = \frac{V}{t} = \eta \omega i A \qquad\qquad (4.16)$$

生产中常用垂直于表面方向的加工速度来衡量生产率，对于等截面型腔，$v = v_a A$，所以

$$v_a = \frac{v}{A} = \eta \omega i \qquad\qquad (4.17)$$

式中　v——体积加工速度；

　　　v_a——深度加工速度；

　　　i——加工电流密度；

　　　A——工件阳极的加工面积；

　　　η——电流效率。

由式（4.17）可知，蚀除速度与该处的电流密度成正比。电解加工的平均电流密度约为 10 ～ 200 A/cm²。

设电极间隙为 $\varDelta$，电极截面积为 A，电解液的电导率为 σ，则电流 I 为

$$I = \frac{U_R}{R} = \frac{U_R \sigma A}{\varDelta} \tag{4.18}$$

$$v_a = \eta \omega i = \eta \omega \, \frac{U_R \cdot \sigma}{\varDelta} \tag{4.19}$$

式中　σ——电导率（1/Ω·mm）；

　　　U_R——电解液的欧姆电压降（V）；

　　　$\varDelta$——电极间隙（mm）。

式（4.19）说明蚀除速度与 η、ω、σ、U_R 成正比，而与 $\varDelta$ 成反比，即电极间隙越小，工件的蚀除速度越大；但间隙过小，将引起火花放电或电解产物特别是氢气排泄不畅，反而降低蚀除速度。

2. 加工精度

电解加工的精度主要取决于：阴极的型面精度，复制精度及重复精度。阴极的型面精度包括设计精度和制造精度。复制精度是指加工出的形状和尺寸与阴极形状和尺寸相符合的程度。工件与阴极工具之间各处加工间隙的大小和均匀程度，直接影响电解加工的复制精度。重复精度是指用同一个工具阴极加工一批工件的形状和尺寸的一致性。加工间隙（一般指最终间隙）的稳定性直接影响电解加工的重复精度。因此，加工间隙的状态直接影响电解加工精度。

由于影响加工间隙的因素很多，而且随机性很大，因此电解加工难以获得高精度。

3. 表面质量

电解加工的表面质量，包括表面粗糙度和表面层的物理性能。正常电解加工的表面粗糙度 R_a 能达到 1.25 ～ 0.16 μm。由于电解加工没有切削力和切削热的影响，不存在残余应力和表面烧伤等缺陷。影响表面质量的因素有：

（1）工件材料的合金成分，金相组织和热处理状态对表面粗糙度均有影响。如果合金成分及热处理条件使金相组织均匀，结构致密，晶粗细小，就能减小溶解速度的差别，得到较好的表面质量。

（2）工艺参数对表面质量也有很大的影响，一般说来，电流密度高（＞30 A/cm²）加工间隙小有利于均匀溶解。电解液的温度过高会引起阳极表面剥落，温度过低，会导致阳极钝化严重，使阳极表面产生不均匀溶解或形成黑膜。电解液流速过高，有可能引起流动不均匀，局部产生真空，影响表面质量；电解液流速过低，不能排除电解产物，甚至使表面温度过高而产生沸腾气化，造成表面缺陷。

（3）工具阴极的表面质量也有影响，如工具阴极表面条纹，刻痕等都会相应地复印在工件表面，所以阴极表面必须光洁。

4.3.2.5 电解加工的应用

1. 深孔扩孔加工

深孔扩孔加工按工具阴极的运动形式可分为固定式和移动式两种。

固定式即工件和工具阴极之间没有相对运动。适合于孔径较小、深度不大的工件。

移动式即工具阴极在零件内孔作轴向移动。该方法主要用于深孔加工，在工具电极移动的同时再作旋转，可加工内孔膛线。

2. 型孔加工

对一些形状复杂、尺寸较小的四方、六方、椭圆、半圆等形状的通孔或不通孔，机械加工很困难，可采用电解加工。

3. 型腔加工

对消耗量较大，精度要求一般的矿山机械、汽车、拖拉机等制造厂的曲轴锻模，可采用电解加工。

电解加工锻模可以获得较高的生产率和较低的表面粗糙度值，其尺寸精度为 ±0.15 ~ ±0.3 mm。采用混气电解加工锻模可大大简化阴极工具设计，且加工精度可以控制在 ±0.1 mm 之内。

4. 电解抛光

电解抛光是一种表面电化学光整加工方法，用于改善工件的表面粗糙度和表面物理性能，而不用于对工件进行形状和尺寸加工。

电解抛光是利用在电解液中发生阳极溶解现象而对工件表面进行腐蚀抛光的。电解抛光时，阳极一方面发生溶解，另一方面生成薄薄的一层阳极黏膜，工件表面凹陷处黏膜较厚、电阻较大、溶解速度慢，而凸起处黏膜较薄，电阻较小，溶解速度快。于是工件表面的粗糙度就逐渐改善，并且出现较强的光泽。

电解抛光不需要成型电极，也不需要相对进给运动，工具与工件之间距离较大（40 ~ 100 mm），电流密度较小。

电解加工还可用于工件上刻印文字或标记等，即所谓电解刻印。它具有经济、迅速的特点。

另外电解加工与其他加工相结合的电解复合加工，如电解磨削、电解研磨、超声电解加工、电解电火花研磨加工等方法在硬质合金刀具、量具、模具及特殊零件的加工方面显示出很好的综合应用效果。

4.3.3 电铸加工

电铸加工是利用电化学过程中的阴极沉积现象来进行成型加工的。电铸和电刷镀、复合镀在原理和本质上都属于电镀工艺范畴，但它们之间也有明显的区别，见表 4.13 所列。

表 4.13　电铸、电镀、电刷镀和复合镀的主要区别

区别项目	电　　镀	电　　铸	电刷镀	复合镀
工艺目的	表面装饰、防锈蚀	复制、成型加工	增大尺寸，改善表面性能	① 电镀耐磨等功能镀层； ② 制造超硬砂轮或磨具，电镀带有超硬磨料的特殊复合层表面
镀层厚度	0.001～0.05 mm	0.05～5 mm 或以上	0.001～0.5 mm 或以上	0.05～1 mm 以上
精度要求	只要求表面光洁、光滑	有尺寸及形状精度要求	有尺寸及形状精度要求	有尺寸及形状精度要求
镀层牢度	要求与工件牢固粘接	要求与原模分离	要求与工件牢固粘接	要求与机体牢固粘接
阳模材料	用镀层金属同一材料	电镀层金属同一材料	用石墨、铂等钝性材料	用镀层金属同一材料
镀　液	用自配的电镀液	用自配的电镀液	按被镀金属层选用现成相应的涂镀液	用自配的电镀液
工作方式	需要镀槽，工件浸泡在镀液中，与阳极相对运动	需要电铸槽，工件与阳极可相对运动或静止不动	不需镀槽，镀液浇注或含吸在相对运动着的工件或阳极之间	可采用镀槽或采用其他方式，如电镀、电铸、电刷镀等

4.3.3.1　电铸加工原理、特点和应用范围

1. 电铸加工原理

图 4.49 所示为电铸加工原理图，用导电的原模作阴极，电铸材料（如纯铜）作阳极，含电铸材料的金属盐（如硫酸铜）作电铸溶液。在直流电源的作用下，电铸溶液中的金属阳离子移向阴极并在阴极上得到电子，还原成为金属原子而沉积在原模表面，而阳极金属原子源源不断地失去电子而成为金属阳离子溶解到电铸溶液中进行补充，使溶液中的金属阳离子的浓度基本保持不变。当原模上的电铸层逐渐加层到所需要的厚度时，即可取出。并设法与原模分离，获得与原模型面相反的电铸件。

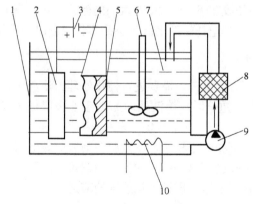

图 4.49　电铸加工原理图

1—电铸槽；2—阳极；3—直流电源；4—电铸层；5—原模（阴极）；
6—搅拌器；7—电铸液；8—过滤器；9—泵；10—加热器

2. 电铸加工特点

（1）能准确、精密地复制复杂型面和微细花纹，其细密程度可达微米级。电铸后的型面一般不需要修正。

（2）能用一只标准原模制出很多形状一致的型腔或电火花加工用的电极。其尺寸精度高、表面粗糙度 R_a 低于 0.1 μm，同一原模生产的电铸件一致性好。

（3）借助石膏、石蜡、环氧树脂等作为原模材料，进行复杂零件内、外表面的复制，然后再电铸成型，适应性广。

（4）电铸速度慢，生产周期长，尖角和凹槽部分，铸层不均匀，且铸层内存在一定内应力，不能承受冲击载荷。

3. 电铸加工的应用

（1）复制精细的表面轮廓花纹，如唱片模、工艺美术品模、纸币、证券、邮票的印刷模。

（2）复制注塑用的模具、电火花型腔加工用的工具电极。

（3）制造复杂、高精度的空心零件和薄壁零件，如波导管等。

（4）制造表面粗糙度标准样块、反光镜、表盘、异形孔、喷嘴等特殊零件。

4.3.3.2　电铸加工的工艺过程及要求

电铸加工的主要工艺过程如图 4.50 所示。

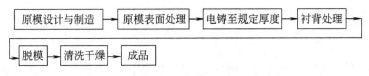

图 4.50　电铸加工的主要工艺过程

1. 原模设计与制造

制造原模是电铸过程第一步，原模材料应根据精度、表面粗糙度、生产批量、成本等要求不同，可采用不锈钢、铜、铝、低熔点合金、有机玻璃、环氧树脂、石膏、石蜡等不同材料。

原模的形状与所需要的型腔相反，其尺寸应与型腔尺寸一致。对于精密塑件，在确定模型尺寸时，应考虑塑料制品成型时的收缩率。原模电铸表面的粗糙度 R_a 小于 0.4 ~ 0.2 μm，要有一定的脱模斜度（一般为 15′ ~ 30′），考虑电铸端部粗糙部分要切除，原模长度要比工件尺寸放大 5 ~ 8 mm。

2. 原模的表面处理

对金属材料制作的原模，在电铸前需要进行钝化处理，使金属原模表面形成一层钝化膜，以便电铸后易于脱模（一般用重铬酸盐溶液处理）。对于非金属材料制作的原模要进行表面导电化处理。其处理方法如下：

（1）用极细的石墨粉、铜粉、银粉调入少量胶粘剂做成导电漆，在表面涂敷均匀薄层。

（2）用真空镀膜或阴极喷射（离子镀）法使表面覆盖一薄层金或银的金属膜。

（3）用化学镀的方法在表面镀一层银、铜或镍的薄层。

3. 电铸过程

电铸通常生产率低，时间较长。电流密度过大易使沉积金属的结晶组织粗大，强度低。一般每小电电铸金属层 0.02 ~ 0.5 mm。

电铸过程要点：

（1）溶液必须连续过滤，以除去电解质水解或硬化形成的沉淀物，阳极夹杂物和尘土等固体悬浮物。

（2）严格控制电铸液的成分、浓度、温度、电流密度，使各项数值在规定范围内。

（3）阳极材料应采用高纯度的镍板和铜片，面积为阴极面积的 2 ~ 3 倍，模型与阳极间位置要合适，距离要均匀，一般不小于 200 mm。

4. 衬背与脱模

某些电铸件在成型之后，还需用其他材料衬背加固，然后再机械加工到一定尺寸。

塑料模具电铸件的衬背方法常为浇注铝或铅锡合金；印刷电路板则常用热固性塑料等。

电铸件与原模的脱模方法有锤打、加热或冷却胀缩分离，用薄刀撕剥分离，用脱模架拉出，如图 4.51 所示。

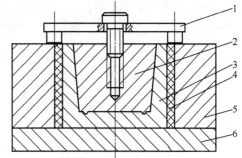

图 4.51 电铸模结构与脱模架
1—脱模架；2—原模；3—电铸型腔；
4—无机粘接剂；5—模套；
6—垫板

4.3.3.3 电铸加工应用实例

1. 型腔模电铸

型腔模电铸工艺因选用原模材料不同而稍有差异，钢制原模电铸工艺为：

1）制造原模

原模一般采用不含铬的中碳钢制作，其形状与型腔相反，长度应按型腔尺寸放长 5 ~ 8 mm。作为电铸后的加工余量，以切除型腔表面的粗糙部分。表面粗糙度 R_a 为 0.1 μm，脱模斜度为 15′，严格防止倒锥。

2）原模镀铬

原模制造后应用汽油或甲苯或乙醇等擦洗去油，并用水冲洗干净。为了便于脱模，一般须镀铬作为脱模层，形状简单的原模可直接镀铬，形状复杂的原模应先镀镍，再镀铬，以保证镀铬的均匀性。但需增设辅助阳极，使凹面能均匀镀上铬。

3）电 铸

型腔电铸常用的是电铸镍，镍层的性能决定于电铸液的配方，硫酸镍 200 ~ 275 g/L，氯化镍 30 ~ 45 g/L，硼酸 25 ~ 37.5 g/L，硫酸镍是电铸液的主要成分，氯化物是电铸液的活化剂，硼酸是电铸液的缓冲剂，稳定酸碱度。电铸液中的酸碱度应适当，过高则铸层粗糙开裂，pH 过高可加适量硫酸，过低可加稀释的氢氧化钠调节。

4）机械加工、脱模

先铣、刨平上端加长的不规则部分（见图 4.51 中的 3），再磨平底面，加工四周，然后将电铸型腔和模套内腔分别涂上一层很薄的无机粘接剂，并将电铸型腔装入模套 5 内，清除掉多余的粘接剂，待粘接剂干燥后，再用脱模架中的螺钉拧出原模，即获得所需的电铸模具。

如果是铝制原模，由于铝在空气中容易氧化，原模在电铸前要先镀一层锌，因锌层薄（仅

1 μm 厚），故还需镀 2～3 μm 厚的铜层，作为电铸镍的底层。如果是电铸铜，则化学镀锌后，即可直接镀铜。在后续脱模中，可用氢氧化钠溶液将铝原模溶解掉（除去）。

如果是有机玻璃原模，则需要先化学镀一层银或镀铜，这样更有利于电铸，脱模时可用水煮，使有机玻璃软化，膨胀而去除。

用上述方法可电铸电火花加工用的凸、凹成型电极。

2. 电铸精密零件

对尺寸精度要求高和表面粗糙度值很低的微细孔或断面复杂的异形孔的加工，采用精密电铸的方法就比较容易解决。例如精密喷嘴的加工，其电铸工艺过程如图 4.52 所示。

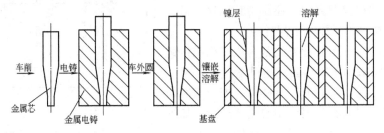

图 4.52 喷嘴电铸过程

由图 4.52 可知：

（1）用切削加工制作铝合金型芯。

（2）电铸金属镍。

（3）机械切削外圆。

（4）去型芯。将加工好的电铸件插入基盘中，磨削上、下基盘，最后用对镍没有伤害的氢氧化钠溶液溶解型芯，即可获得所需要的型孔。

制作过细的型芯时，由于铝合金刚性差，切削加工很困难，可用黄铜作型芯。而黄铜溶解困难。目前，多采用铬酸和硫酸的混合溶液或过硫酸铵溶液进行溶解，其溶解速度仍较缓慢。

若在精密微细喷嘴内孔镀铬，因微细孔用电镀法镀铬很困难（孔径 0.2～0.5 mm）。所以首先在黄铜制的精密型芯上，用硬质铬酸进行电沉积，再电铸上一层金属镍，电铸成型后用硝酸类溶液溶解型芯。因硝酸类溶液对黄铜溶解速度快，而对铬层不发生浸蚀，从而使表面光洁的硬铬层在孔中形成，这是精密微细孔镀铬的很好办法。

4.3.4 化学加工

化学加工就是利用酸、碱、盐等化学溶液与金属产生化学反应，使金属腐蚀溶解，改变工件尺寸和形状的一种加工方法。

在模具中化学加工的形式有化学蚀刻和照相蚀刻法，主要用于加工文字、花纹、图案及电火花加工用的工具电极。

4.3.4.1 化学蚀刻加工

先把工件非加工表面用耐腐蚀的涂层保护起来，需加工的表面暴露出来，浸入到化学溶液中进行腐蚀，使金属的特定部位溶解除去，达到加工的目的。

1. 化学蚀刻的特点

（1）可加工金属材料和非金属材料，不受加工材料硬度的影响，如铝合金、钼合金、钛合金、模具钢、不锈钢、玻璃、石材等。

（2）加工表面无毛刺、无应力，表面粗糙度 R_a 达 2.5 ~ 1.25 μm。

（3）因刻型及腐蚀条件限制，加工精度不高，不宜加工窄槽、型孔、尖角等。

（4）腐蚀液及其蒸气对人体及设备有害，污染环境，需有保护性措施。

2. 工艺过程

化学蚀刻的工艺过程如图 4.53 所示。

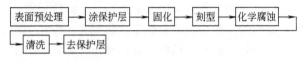

图 4.53　化学蚀刻的工艺过程

1）表面预处理

工件表面除油，去氧化膜，如用有机溶剂三氯乙烷、汽油刷洗，用丙酮、酒精等擦拭，用棉花、毛刷湿润后用去垢剂擦拭等。

2）涂保护层

用刷涂、浸涂或喷涂等方法，涂上保护层，小零件或形状复杂的型面用刷涂或浸涂；大面积型面宜用喷涂。涂层保护胶可用氯丁橡胶、丁基橡胶（使用时会污染环境）和不污染环境的RHJ 97-1 型系列保护胶。涂层厚度控制在 0.2 mm，涂后在适当温度下固化。

3）刻　型

进行化学腐蚀前应将型面上加工部位的保护胶剥离掉。剥离时不要损伤待加工部位边缘，发现非加工部位保护胶松动，离缝或损坏要用保护胶修补。

4）腐　蚀

根据被加工材料选择合适的腐蚀液，并把工件浸入腐蚀液中，不断加以搅拌，以保证腐蚀均匀，腐蚀深度根据腐蚀速度控制腐蚀时间。腐蚀成型后，经清洗，去保护胶、干燥后即加工结束。

4.3.4.2　照相化学腐蚀加工

型腔表面加工更精细的文字、商标、图案、花纹等，采用照相化学腐蚀方法可以达到更满意的效果。

照相化学腐蚀加工工艺过程如图 4.54 所示。

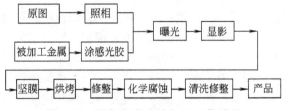

图 4.54　照相化学腐蚀加工工艺过程

1）原图和照相

将所需图形按比例放大描绘在图纸上，形成黑白分明的图案（原图），然后通过照相将原图缩小到照相底片上。

2）感光胶的涂覆

模具表面经去油、去氧化层处理后，涂上感光胶（聚乙烯醇感光胶、骨胶、明胶）待干燥后就可贴底片曝光。

3）曝光、显影、坚膜

照相底片贴在涂有感光胶的工作表面，底片可用玻璃压紧，或用透明胶带粘牢，对曲面或圆角可用白凡士林将底片粘接或用真空方法使其紧紧密合。然后用紫外光照射，使工件表面的感光胶按图像感光。感光时间的长短根据经验确定。将感光（曝光）后的工件放入 40~50 ℃的热水中，浸 30 s 左右（显影）。由于照相底片上不透光的部分，挡住了光线照射，胶膜未参与反应，仍是水溶性，照相底片上的透光部分，由于参与光化学反应，使胶膜变成了不溶于水的络合物。此后，经过显影，把未感光的胶膜用水冲洗，并用脱脂棉将未感光部分擦去，使胶膜呈现出清晰的图像。为了提高显影后胶膜的抗蚀性，可将其放入坚膜液中（10% 的酪酸酐溶液）进行处理。

4）固化（烘烤）

经感光、坚膜后的胶膜，抗蚀能力仍然不强，必须进一步固化，聚乙烯醇胶在 180 ℃ 下固化 15 min，呈深棕色，固化温度及时间因材料而异。

5）腐　蚀

经固化的工件放在腐蚀液中进行腐蚀，即可获得所需图像。腐蚀液的成分随工件材料而异。为了保证加工形状和尺寸精度，应在腐蚀液中添加保护剂，防止腐蚀向侧向渗透。对钢件腐蚀常用三氯化铁水溶液，可用浸蚀或喷洒的方法进行腐蚀。若在三氯化铁中添加适量的粉末硫酸铜调成糊状，涂在型腔表面（涂层厚 0.2~0.4 mm）可减少侧向渗透；也可用松香粉刷嵌在腐蚀露出的图形侧壁上。

6）去胶、修整

将腐蚀好的型腔经清洗、去胶、擦干，即加工结束。对于有缺陷的地方，进行局部修描后，再行腐蚀或机械修补。去胶一般采用氧化法，即使用强氧化剂（硫酸与过氧化氢的混合物），将胶膜氧化而去除；也有用丙酮、甲苯等有机溶剂去胶的。最后用水冲洗，用热风吹干，涂上一层油膜即完成全部加工。

4.3.4.3　化学蚀刻与电铸加工实例——筛网制造

电动剃须刀的网罩就是固定刀片。网孔外边缘倒圆，以便网罩在脸上能平滑移动，并使胡须容易进入网孔。而网孔内侧边缘锋利，使旋转刀片很容易切削胡须。网罩的加工大致如下：制造原模即在铜或铝板上涂布感光胶，再将照相底板与它紧贴，进行曝光、显影、定影后即获得带有规定图形绝缘层的原模。对原模进行化学处理，以获得钝化层，使电铸后的网罩容易与原模分离。将原模弯成所需形状，然后电铸（一般控制镍层的硬度为维氏硬度 500~550 HV，硬度过高则容易发脆），最后脱膜。图 4.55 所示为电动剃须刀网罩电铸工艺过程。

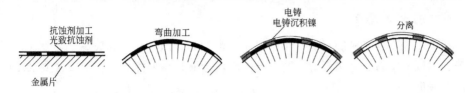

图 4.55　电动剃须刀网罩的电铸工艺过程

用这种方法是生产各种筛网、滤网最有效的方法，因为它不需要任何专用设备就可以获得各种形状的孔眼，孔眼尺寸大至数十毫米，小至 5 μm。

4.4　超声加工

超声加工也称为超声波加工。电火花加工和电化学加工只能加工导电材料，而超声加工不仅能加工硬质合金、淬火钢等脆硬金属材料，而且更适合加工玻璃、陶瓷、半导体、锗、硅片及宝石、金刚石等不导电的非金属脆硬材料。

4.4.1　超声加工基本概述

1. 超声加工的基本原理

超声波指高于人耳听觉频率上限的一种振动波。它通常指频率高于 16 kHz 以上的所有频率。加工用的超声波频率为 16～25 kHz。超声波的特点是频率高、波长短、能量大，传播过程中的反射、折射、共振损耗等现象显著。

超声波加工是利用工具端面作超声频振动，通过磨料悬浮液加工脆硬材料的一种加工方法，加工原理如图 4.56 所示。加工时在工件 1 和工具 2 之间加入液体（水和煤油）和磨料混合的悬浮液 3，并使工具以很小的力 F 轻压在工件上，超声换能器 6 产生 16 kHz 以上的超声频纵向振动，并通过变幅杆 4、5 把振幅扩大到 0.05～0.1 mm 左右，驱动工具端面作超声频振动，迫使工作液中的悬浮磨粒以很大速度和加速度不断地撞击和抛磨加工表面，使工件材料被加工下来。同时，工作液受工具端面的超声振动作用而产生高频、交变的液压冲击波和空化作用，加剧了机械破坏作用。

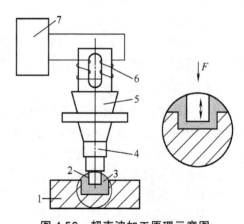

既然超声加工是基于局部的撞击作用，因此不难理解，越是脆硬材料，受撞击作用遭受的破坏越大。相反，韧性材料，由于它的缓冲作用而难以加工。因此，可以选择合理的工具材料，如用 45 钢就是一种比较理想的超声加工工具材料。

图 4.56　超声波加工原理示意图

1—工件；2—工具；3—磨料悬浮液；4、5—变幅杆；
6—换能器；7—超声波发生器

2. 超声加工的特点

（1）适合于加工各种硬脆材料，特别是不导电的非金属材料，如玻璃、陶瓷、石英、锗、硅、石墨、玛瑙、宝石、金刚石等，对导电的脆硬金属材料如淬火钢、硬质合金也能加工，但加工生产率较低。

（2）工具可用较软的材料做成复杂形状，不需要工具和工件作比较复杂的相对运动，所以超声加工机床结构简单、操作、维修方便。

（3）由于去除加工材料是靠极小磨料瞬时的局部撞击作用，故工件表面的宏观切削力很小，切削应力、切削热很小，不会引起变形和烧伤，表面粗糙度 R_a 可达 $1 \sim 0.1\ \mu m$，加工精度可达 $0.01 \sim 0.02\ mm$，而且可加工薄壁、窄缝、低刚度零件。

4.4.2 超声加工设备

超声加工设备又称超声加工装置，它们的功率大小和结构形式虽有所不同，但其组成部分基本相同，一般包括超声发生器，超声振动系统（声学部件），机床本体和磨料工作液循环系统。其主要组成如下：

1. 超声发生器

超声发生器的作用是将工频交流电转变为有一定功率输出的超声频振荡，以提供工具端面往复振动和去除被加工材料的能量。其基本要求是输出的功率和频率在一定范围内是连续可调，最好具有对共振频率自动跟踪和自动微调的功能。超声加工用的高频发生器，有电子管和晶体管两种，大功率（$1\ kW$ 以上）的往往仍是电子管式的，但近年来有被晶体管取代的趋势。

2. 声学部件

声学部件的作用是把高频电能转变为机械能，使工具端面作高频小振幅振动。它是超声加工机床中的重要部件。声学部件又由换能器、振幅扩大棒及工具组成。

1）换能器

换能器的作用是把高频电振荡转换成机械振动。目前有利用压电效应和磁致伸缩效应做成的压电效应超声换能器和磁致伸缩效应超声换能器。

2）振幅扩大棒（变幅杆）

由于压电或磁致伸缩的变形量很小，（即使在共振条件下其振幅也不超过 $0.005 \sim 0.01\ mm$）不能用于加工，超声加工用的振幅需要 $0.01 \sim 0.1\ mm$，因此，需要一个上粗下细的杆子将振幅扩大，此棒称为振幅扩大棒或变幅杆。

变幅杆之所以能扩大振幅是由于通过变幅杆每一截面的振动能量是不变的，截面小的地方能量密度大，而能量密度与振幅的平方成正比。

超声波的机械振动经扩大棒放大以后传给工具，使磨粒和工作液以一定的能量冲击工件，并加工出一定尺寸和形状。

3）工具

工具的形状和尺寸决定于被加工表面的形状和尺寸，它们相差一个加工间隙。

整个声学部件的连接部分应接触紧密，连接处应涂以凡士林油，绝不能存在空气间隙，否则超声波传递过程中将损失很大能量。换能器、扩大棒或整个声学部件应选择在振幅为零的驻波节点夹固支承在机床上。

3. 磨料工作液及循环系统

效果较好而又最常用的工作液是水，为提高表面质量有时也可用煤油和机油作工作液。磨料常用碳化硼、碳化硅或氧化铝，其粒度大小是根据加工生产率和精度要求选定的，颗粒大的，生产率高，但加工精度及表面粗糙度则较差。

4.4.3　基本工艺规律

1. 加工速度及影响因素

加工速度用 mm^3/min 或 g/min 来表示。影响加工速度的主要因素有工具的振动频率、振幅、工具和工件间的压力，磨料的种类和粒度，磨料悬浮液的浓度与供给方式，工具与工件材料、加工面积、加工深度等。提高工具的振幅和频率，控制进给压力，保持工具与工件间的合理间隙，可使生产率提高。磨料硬度愈高，粒度愈粗，磨料在悬浮液的浓度增加，被加工的工件愈脆，生产率也增加。

超声加工的生产率较低，一般为 $1 \sim 50\ mm^3/min$，加工玻璃时的最大速度可达 $400 \sim 2\ 000\ mm^3/min$。

2. 加工精度及影响因素

超声加工精度除机床、夹具精度影响外，主要与工具制造和安装精度，工具的磨损，磨料粒度，加工深度，被加工材料的性质等有关。超声加工的精度较高，可达 $0.01 \sim 0.02\ mm$。

超声加工孔的精度在采用 $240^{\#} \sim 280^{\#}$ 磨粒（磨粒尺寸为 $63 \sim 40\ \mu m$），精度可达 $\pm 0.05\ mm$；采用 W7 ~ W8 时（磨粒尺寸为 $5 \sim 28\ \mu m$），精度可达 $\pm 0.02\ mm$ 或更高。磨粒越细，加工精度越高，尤其在加工深孔时，采用细磨粒有利于减小孔的锥度。

加工圆孔，其形状误差主要有圆度和锥度，圆度大小主要与工具横向振动和工具沿圆周磨损不均匀有关。锥度大小与工具磨损量有关。如果采用工具或工件旋转的方法可以提高孔的圆度和生产率。

3. 表面质量及其影响因素

超声加工有较好的表面质量，不会产生表面烧伤和表面变质层，表面粗糙度 R_a 可达 $0.63 \sim 0.08\ \mu m$。

加工的表面质量取决于磨粒每次撞击工件表面的凹痕大小。它与磨料颗粒的直径，被加工材料的性质、超声振动的振幅以及磨料悬浮工作液的成分等有关。

工件材料硬度较大、磨粒直径较小，超声振幅较小时，则加工表面粗糙度得到改善，但生产率降低。

磨料悬浮液的性能对表面粗糙度的影响比较复杂。实践表明，用煤油或润滑油代替水可使表面粗糙度有所改善。

4.4.4 超声加工的应用

超声加工的生产率虽然比电火花加工和电化学加工低，但其加工的精度和表面质量比它们都好。即使是电火花加工后的一些淬火钢、硬质合金冲模、拉丝模、塑料模，最后还常用超声抛磨、光整加工。

1. 型孔、型腔加工

超声波加工在模具制造行业可用于脆硬材料加工圆孔、型孔、型腔、套料及微细孔等。

2. 超声抛磨

电火花成型加工及电火花线切割加工后的模具表面是硬脆的，经超声波抛磨以后，可以改善其表面粗糙度，R_a 一般可达 0.4 ~ 0.8 μm。

3. 复合加工

超声加工硬质合金，耐热合金等硬质金属材料时，加工速度较低，工具损耗较大，为了提高加工速度及降低工具损耗，把超声加工和其他加工方法相结合进行复合加工。

采用超声与电解加工或电火花加工相结合的方法来加工喷油嘴、喷丝板上的小孔或窄缝，可提高加工速度或质量。

超声与电火花复合加工小孔、窄缝及精微异形孔时，也可以获得较好的工艺效果，其方法是在普通电火花加工时引入超声波，使电极工具端面作超声振动。

4.5 激光加工

4.5.1 激光加工基本概述

1. 激光加工的基本原理

激光加工技术是利用激光束与物质相互作用的特性对材料（包括金属与非金属）进行切割、焊接、表面处理、打孔、微加工等的一门技术。激光加工作为先进制造技术已广泛应用于汽车、电子、电器、航空、冶金、机械制造等国民经济重要部门，对提高产品质量、劳动生产率、自动化、无污染、减少材料消耗等起到愈来愈重要的作用。

激光加工利用高功率密度的激光束照射工件，使材料熔化气化而进行穿孔、切割和焊接等的特种加工。早期的激光加工由于功率较小，大多用于打小孔和微型焊接。到 20 世纪 70 年代，随着大功率二氧化碳激光器、高重复频率钇铝石榴石激光器的出现，以及对激光加工机理和工艺的深入研究，激光加工技术有了很大进展，使用范围随之扩大。数千瓦的激光加工机已用于各种材料的高速切割、深熔焊接和材料热处理等方面。各种专用的激光加工设备竞相出现，并与光电跟踪、计算机数字控制、工业机器人等技术相结合，大大提高了激光加工机的自动化水平和使用功能。

从激光器输出的高强度激光经过透镜聚焦到工件上，其焦点处的功率密度高达 10

（W/cm），温度高达 10 000 ℃ 以上，任何材料都会瞬时熔化、气化。激光加工就是利用这种光能的热效应对材料进行焊接、打孔和切割等加工的。通常用于加工的激光器主要是固体激光器和气体激光器。

2. 激光加工的特点

激光加工技术与传统加工技术相比具有很多优点，所以得到如此广泛的应用。尤其适合新产品的开发：一旦产品图纸形成后，马上可以进行激光加工，可以在最短的时间内得到新产品的实物。特点有以下几个方面：

（1）光点小，能量集中，热影响区小。

（2）不接触加工工件，对工件无污染。

（3）不受电磁干扰，与电子束加工相比应用更方便。

（4）激光束易于聚焦、导向，便于自动化控制。

（5）范围广泛：几乎可对任何材料进行雕刻切割。

（6）安全可靠：采用非接触式加工，不会对材料造成机械挤压或机械应力。

（7）精确细致：加工精度可达到 0.1 mm。

（8）效果一致：保证同一批次的加工效果几乎完全一致。

（9）高速快捷：可立即根据电脑输出的图样进行高速雕刻和切割，且激光切割的速度与线切割的速度相比要快很多。

（10）成本低廉：不受加工数量的限制，对于小批量加工服务，激光加工更加便宜。

（11）切割缝细小：激光切割的割缝一般在 0.1 ~ 0.2 mm。

（12）切割面光滑：激光切割的切割面无毛刺。

（13）热变形小：激光加工的激光割缝细、速度快、能量集中，因此传到被切割材料上的热量小，引起材料的变形也非常小。

（14）适合大件产品的加工：大件产品的模具制造费用很高，激光加工不需任何模具制造，而且激光加工完全避免材料冲剪时形成的塌边，可以大幅度地降低企业的生产成本提高产品的档次。

（15）节省材料：激光加工采用电脑编程，可以把不同形状的产品进行材料的套裁，最大限度地提高材料的利用率，大大降低了企业材料成本。

4.5.2　激光加工应用

4.5.2.1　激光切割技术

1. 气化切割

工件在激光作用下快速加热至沸点，部分材料化作蒸气逸去，部分材料为喷出物从切割缝底部吹走。这种切割机是无融化材料的切割方式。

2. 熔化切割

激光将工件加热至熔化状态，与光束同轴的氩、氦、氮等辅助气流将熔化材料从切缝中吹掉。

3. 氧助熔化切割

金属被激光迅速加热至燃点以上，与氧发生剧烈的氧化反应（即燃烧），放出大量的热，又加热下一层金属，金属被继续氧化，并借助气体压力将氧化物从切缝中吹掉。

激光切割技术广泛应用于金属和非金属材料的加工中，可大大减少加工时间，降低加工成本，提高工件质量。现代的激光成了人们所幻想追求的"削铁如泥"的"宝剑"。以 CO_2 激光切割机为例，整个系统由控制系统、运动系统、光学系统、水冷系统、排烟和吹气保护系统等组成，采用最先进的数控模式实现多轴联动及激光不受速度影响的等能量切割，同时支持 DXP、PLT、CNC 等图形格式并强化界面图形绘制处理能力；采用性能优越的进口伺服电机和传动导向结构实现在高速状态下良好的运动精度。

激光切割是应用激光聚焦后产生的高功率密度能量来实现的。在计算机的控制下，通过脉冲使激光器放电，从而输出受控的重复高频率的脉冲激光，形成一定频率，一定脉宽的光束，该脉冲激光束经过光路传导及反射并通过聚焦透镜组聚焦在加工物体的表面上，形成一个个细微的、高能量密度光斑，焦斑位于待加工面附近，以瞬间高温熔化或气化被加工材料。每一个高能量的激光脉冲瞬间就把物体表面溅射出一个细小的孔，在计算机控制下，激光加工头与被加工材料按预先绘好的图形进行连续相对运动打点，这样就会把物体加工成想要的形状。切割时，一股与光束同轴气流由切割头喷出，将熔化或气化的材料由切口的底部吹出（注：如果吹出的气体和被切割材料产生热效反应，则此反应将提供切割所需的附加能源；气流还有冷却已切割面，减少热影响区和保证聚焦镜不受污染的作用）。与传统的板材加工方法相比，激光切割其具有高的切割质量（切口宽度窄、热影响区小、切口光洁）、高的切割速度、高的柔性（可随意切割任意形状）、广泛的材料适应性等优点。

4.5.2.2　激光焊接技术

激光焊接是激光材料加工技术应用的重要方面之一，焊接过程属热传导型，即激光辐射加热工件表面，表面热量通过热传导向内部扩散，通过控制激光脉冲的宽度、能量、峰功率和重复频率等参数，使工件熔化，形成特定的熔池。由于其独特的优点，已成功地应用于微、小型零件焊接中。高功率 CO_2 及高功率 YAG 激光器的出现，开辟了激光焊接的新领域。获得了以小孔效应为理论基础的深熔焊接，在机械、汽车、钢铁等工业部门获得了日益广泛的应用。

与其他焊接技术比较，激光焊接的主要优点是：激光焊接速度快、深度大、变形小。能在室温或特殊的条件下进行焊接，焊接设备装置简单。例如，激光通过电磁场，光束不会偏移；激光在空气及某种气体环境中均能施焊，并能通过玻璃或对光束透明的材料进行焊接。激光聚焦后，功率密度高，在高功率器件焊接时，深宽比可达 5∶1，最高可达 10∶1。可焊接难熔材料如钛、石英等，并能对异性材料施焊，效果良好。便如，将铜和钽两种性质截然不同的材料焊接在一起，合格率几乎达 100%。也可进行微型焊接。激光束经聚焦后可获得很小的光斑，且能精密定位，可应用于大批量自动化生产的微、小型元件的组焊中，例如，集成电路引线、钟表游丝、显像管电子枪组装等由于采用了激光焊，不仅生产效率大、高，且热影响区小，焊点无污染，大大提高了焊接的质量。

可焊接难以接近的部位，施行非接触远距离焊接，具有很大的灵活性。在 YAG 激光技术中采用光纤传输技术，使激光焊接技术获得了更为广泛的推广与应用。激光束易实现光束按时间与空间分光，能进行多光束同时加工及多工位加工，为更精密的焊接提供了条件。

4.5.2.3　激光焊接技术

激光热处理是利用高功率密度的激光束对金属进行表面处理的方法，它可以对金属实现相变硬化（或称作表面淬火、表面非晶化、表面重熔淬火）、表面合金化等表面改性处理，产生用其大表面淬火达不到的表面成分、组织、性能的改变。经激光处理后，铸铁表面硬度可以达到 HRC60 以上，中碳及高碳的碳钢，表面硬度可达 HRC70 以上，从而提高起抗磨性，耐腐蚀，抗氧化等性能，延长其使用寿命。

激光热处理技术与其他热处理如高频淬火，渗碳，渗氮等传统工艺相比，具有以下特点：

（1）无需使用外加材料，仅改变被处理材料表面的组织结构.处理后的改性层具有足够的厚度，可根据需要调整深浅一般可达 0.1 ~ 0.8 mm。

（2）处理层和基体结合强度高.激光表面处理的改性层和基体材料之间是致密的冶金结合，而且处理层表面是致密的冶金组织，具有较高的硬度和耐磨性。

（3）被处理件变形极小，由于激光功率密度高，与零件的作用时间很短，故零件的热变形区和整体变化都很小。故适合于高精度零件处理，作为材料和零件的最后处理工序。

（4）加工柔性好，适用面广。利用灵活的导光系统可随意将激光导向处理部分，从而可方便地处理深孔、内孔、盲孔和凹槽等，可进行选择性的局部处理。

4.5.2.4　激光熔覆技术

利用激光高功率密度，由激光加工系统在数控控制下，在基材表面指定部位形成一层很薄的微熔层，同时添加特定成分的自熔合金粉，如镍基、钴基和铁基合金等，使它们以熔融状态均匀地铺展在零件表层并达到预定厚度，与微熔的基体金属材料形成良好的冶金结合，并且相互间只有很小的稀释度，在随后的快速凝固过程中，在零件表面形成与基材完全不同的、具有预定特殊性能的功能熔覆材料层，从而可以完全改变材料表面性能，可以使价廉的材料表面获得极高的耐磨、耐蚀、耐高温等性能。该工艺可以修复材料表面的孔洞和裂纹，可以恢复已磨损零件的几何尺寸和性能。

4.5.2.5　激光快速成型技术

激光快速成型技术集成了激光技术、CAD/CAM技术和材料技术的最新成果，根据零件的 CAD 模型，用激光束将光敏聚合材料逐层固化，精确堆积成样件，不需要模具和刀具即可快速精确地制造形状复杂的零件，该技术已在航空航天、电子、汽车等工业领域得到广泛应用。

思考题

1. 特种加工与机械切削加工工艺的主要区别是什么？

2. 电火花加工的原理和工艺特点是什么？

3. 电火花加工应具备哪些基本条件？一次放电过程中应包括哪几个阶段？

4. 影响电火花加工速度、加工精度的主要因素有哪些？加工时应如何控制？

5. 比较紫铜电极、石墨电极、钢电极和铸铁电极的优缺点。

6. 型腔电火花加工为何要设置排气孔和冲油孔？如何设置？

7. 脉冲宽度对电火花加工的正、负极选择有何影响？它们对生产率和电极损耗有何关系？

8. 电火花加工前，凹模模坯应作哪些准备？

9. 试说明二次电极法加工型孔的工艺过程及用途。

10. 使用阶梯电极有何特殊用途？

11. 型腔电火花加工时，应如何进行电规准的选择、转换与平动量的分配。

12. 冲模型孔电火花加工有哪些方法？在什么情况下采用？

13. 型腔电火花加工常用哪些方法？设计制造一型腔模电火花加工用的电极。

14. 线切割加工前应注意哪些？

15. 普通冲裁模、复合模、级进模、凹模型孔加工有何特点？

16. 电火花线切割加工工艺参数的选择与型腔电火花加工有何不同？

17. 用 3B 格式手工编程线切割加工图 4.57 所示零件的冲裁凹模及凸模，其双边配合间隙为 0.02 mm，采用 0.13 mm 的钼丝，高频放电，火花放电间隙为 0.01 mm（单边）。

18. 利用线切割加工如图 4.58 所示的零件，试用 ISO 代码或 4B 格式编程。

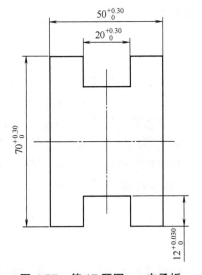

图 4.57　第 17 题图——支承板　　　　图 4.58　第 18 题图——线切割图

19. 在模具制造中应用了哪些电化学加工的方法？

20. 电解加工的原理、特点是什么？提高电解加工精度的途径有哪些？

21. 电铸加工的原理和工艺过程如何？

22. 试述照相化学腐蚀的工艺过程及应用。

23. 试述超声加工的原理及超声-电解复合加工的应用。

24. 试述激光加工技术在模具制造中应用。

第 5 章　模具机械加工精度及表面质量

零件的加工质量由加工精度和表面质量两方面决定，而零件加工质量又决定了零件的机械性能与工作性能。因此，机械加工中，如何保证零件的加工质量是保证零件的机械性能与工作性能的关键。本章的任务就是对机械加工过程中零件的质量问题进行探讨，找出各种因素对加工质量影响的规律，并提出进一步提高加工质量的措施。

5.1　模具机械加工精度分析

5.1.1　概　述

5.1.1.1　加工精度与加工误差

机械加工精度是指零件加工后的实际几何参数（尺寸、形状及表面间的相互位置）与理想几何参数的符合程度。符合程度越高，则加工精度越高。而加工后，零件的实际几何参数与理想几何参数的偏差程度即为加工误差。加工精度越高，则加工误差越小；加工精度越低，则加工误差越大。加工精度的高低是通过加工误差的大小表达的。因此，加工精度与加工误差是对一个问题从两个不同角度的评定。

从保证产品的使用性能分析，允许有一定的加工误差；从加工的角度分析，加工后实际几何参数与理想几何参数绝对符合也是不可能的，也允许有一定的加工误差，只要加工误差又不超过图样规定的偏差，即为合格品。分析和研究加工误差产生的原因，掌握其变化规律，是保证和提高零件加工精度的主要措施。

5.1.1.2　影响加工精度的因素

机械加工中，机床、夹具、刀具及工件组成一个统一体，称作工艺系统。零件加工的尺寸精度、几何形状及相互位置精度取决于工艺系统组成部分在切削运动中的相互位置关系。由于工艺系统中各种误差的存在，在完成任何一个加工过程中，使工件与刀具之间正确的几何关系被破坏而产生加工误差，这种由工艺系统各环节间及相对位置偏移产生的误差称为原始误差。这些原始误差中一部分与工艺系统的初始状态有关，另一部分与切削过程的物理因素变化有关。归纳如图 5.1 所示。

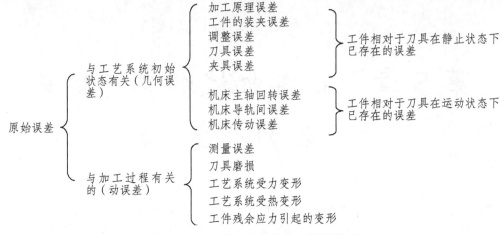

图 5.1　原始误差及其产生的原因

5.1.1.3　研究加工精度的方法

在切削加工中，各种原始误差的大小和方向各不相同，对加工精度的影响是不相同的。而加工误差则必须在工序尺寸方向上度量。因此，在分析原始误差对加工精度的影响的时候，我们应该找出对加工误差影响最大的方向（即误差的敏感方向）和对加工误差影响最小的方向（即误差的不敏感方向）。

研究加工精度的方法有两种：单因素分析法和统计分析法。前者为简化分析过程，研究某一确定因素对加工精度的影响时，一般不再考虑其他因素对加工精度的同时作用，通过分析计算、实验测试，得到该因素对加工误差影响的关系；后者以生产中一批工件的实测结果为基础，运用数理统计方法进行数据处理，用以控制工艺过程的正常运行。当发生质量问题时，可以从中判断出误差的性质以及找出误差出现的规律，并帮助我们找到解决有关的加工精度问题的方法。统计分析法只适用于批量生产。

在实际生产中，常常将这两种方法结合起来应用，一般先用统计分析法寻找误差的出现规律，初步判断产生加工误差的可能原因，然后运用单因素分析法进行分析、试验，以便很快地有效地找出影响加工精度的主要原因。

5.1.2　工艺系统的几何误差

5.1.2.1　加工原理误差

因采用了近似的成型运动或近似的刀刃轮廓进行加工而产生的误差称为加工原理误差。例如，常用齿轮的加工就有两种原理误差：一是刀刃轮廓的近似造型误差，即由于制造上的原因，采用了阿基米德蜗杆或法向直廓蜗杆代替标准渐开线蜗杆而产生误差；另外就是由于滚刀齿数有限，实际加工中加工出的齿形是一条折线，和理论的光滑渐开线有差异。又如用挂轮配传动比时，若其中含有圆周率因子 π，配出的传动比就有误差，同样产生加工原理误差。采用近似的成型运动或近似的刀刃轮廓加工，虽然会带来加工原理误差，但因可以简化机床或刀具的结构，往往会减小机床和刀具的误差，有时反而能得到较高的加工精度，并能提高生产率和经济性。因而，只要其误差不超过规定的精度要求（一般原理误差应小于10%～15%工件的公差值），在生产中仍得到广泛的应用。

5.1.2.2　机床几何误差

在实际生产中，一般用一定精度的机床才能加工出一定精度的工件。机床的制造误差、安装误差、使用中的磨损等都会直接影响工件与刀具的相互位置关系，从而影响工件的加工精度。机床的几何误差主要是机床主轴回转误差、机床导轨导向误差和传动链传动误差。

1. 机床主轴回转误差

1）概　念

主轴回转误差是指主轴的瞬时回转轴线对其理论回转轴线在规定测量平面内的变动量。机床主轴是用来装夹工件或刀具并传递主要切削运动的重要零件。主轴回转时理论上其回转轴线的空间位置应该固定不变，即回转轴线没有任何运动。实际上，由于主轴部件中轴承、轴颈、轴承座孔等的制造误差与装配误差、润滑条件以及回转时的动力因素的影响，往往其瞬时空间位置都处于变化之中。

2）对加工精度的影响

主轴回转误差，直接影响被加工工件的加工精度，如工件表面的几何形状精度、位置精度和表面粗糙度，尤其在精加工时，主轴回转误差往往是影响工件圆度误差的主要因素，如坐标镗床和精密磨床，都要求主轴有较高的回转精度。因此，主轴回转精度是机床精度的一项很重要的指标。主轴回转误差有三种基本形式：端面圆跳动、径向圆跳动和角度摆动，如图5.2所示。不同形式的主轴回转误差所造成的加工误差是不同的。

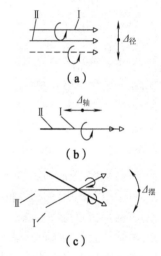

图5.2　主轴回转误差的基本形式

主轴的径向圆跳动主要影响工件圆柱面的精度。但加工方法不同，产生的误差的大小也不尽相同。

车削时，假设主轴的径向圆跳动是在与其实际轴线垂直的 Y 方向上，作简谐直线运动，如图5.3所示。此时，车刀刀尖到平均回转轴线 O_m 的距离 R 为定值，实际回转轴线 O_1 相对于 O_m 的变动（即原始误差）$h = A\cos\varphi$，其中，A 为径向误差的幅值，φ 为主轴转角。当车刀切在工件表面 a_1 处时 $\varphi = 0$，则切出的实际半径 $r_{\varphi=0} = R - A$，如图5.3（a）所示。当车刀切在工件 a'_1 处时 $\varphi = \varphi$，切出的实际半径 $r_{\varphi=\varphi} = R - h = R - \cos\varphi$，如图5.3（b）所示。将工件返回到图5.3（a）所示位置，可看出 a'_1 到 O_1 的距离仍为 $r_{\varphi=\varphi} = R - h$。所以工件表面 a' 在与车刀相固连的坐标系（O_m；X_2，Y，Z）中的坐标为

$$\begin{cases} Y = A + (R-h)\cos\varphi = A\cdot\sin^2\varphi + R\cdot\cos\varphi \\ Z = (R-h)\cdot\sin\varphi = R\cdot\sin\varphi - A\cdot\cos\varphi\sin\varphi \end{cases}$$

所以，有 $Y^2 + Z^2 = R^2 + A^2\sin^2\varphi$，略去二次误差 $A^2\sin^2\varphi$，则有

$$Y^2 + Z^2 \approx R^2 \tag{5.1}$$

式（5.1）表明，车削出来的工件表面接近于正圆，即车削时主轴径向圆跳动对工件的圆度影响很小。

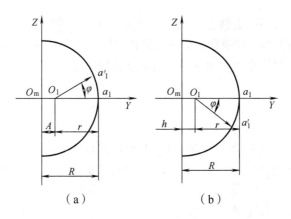

（a）　　　　　　　　（b）

图 5.3　主轴纯径向圆跳动对车削圆度的影响

镗削时，上述形式的主轴径向圆跳动误差其原始误差 $h = A \cdot \sin \varphi$，如图 5.4 所示。由于刀具与主轴一起回转，当镗刀镗孔从位置 $a_1(\varphi = 0)$ 绕实际回转中心 O_1 转到位置 $a_1'(\varphi = \varphi)$ 时，O_1 偏离平均回转中心 O_m 的距离为 $h = A \cdot \cos \varphi$。

由于在任何一时刻，刀尖到主轴的实际回转中心 O_1 的距离 R 是一定值，因此刀尖切到 a_1' 处时，a_1' 在与加工表面相固连的直角坐标系（O_m；X_1，Y，Z）中的坐标为

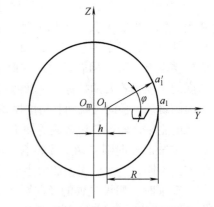

$$\begin{cases} Z = R \cdot \sin \varphi \\ Y = h + R \cdot \cos \varphi = (A + R)\cos \varphi \end{cases}$$

这是椭圆的参数方程，其长半轴为 $(A + R)$，短半轴为 R。此式表明，镗刀镗出的孔是椭圆形的，圆度误差为 A。

图 5.4　主轴纯径向圆跳动对镗孔精度的影响

主轴的端面圆跳动对圆柱面的加工没有影响，但在加工端面时，它会影响端面形状和轴向尺寸精度。如图 5.5（a）所示，如果主轴旋转一周，来回跳动一次，则加工出来的端面为近似螺旋面，向前跳动半周形成右螺旋面，向后跳动半周形成左螺旋面。端面对轴线的垂直度误差随切削半径的减小而增大，其关系为

$$\tan \theta = A / R \tag{5.2}$$

式中　A——主轴端面圆跳动的幅值；

　　　R——工件车削端面的半径；

　　　θ——端面切削后的垂直度偏角。

在加工螺纹时，主轴的端面圆跳动会使加工的螺纹产生螺距的周期性误差，如图 5.5（b）所示。

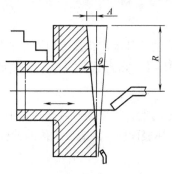

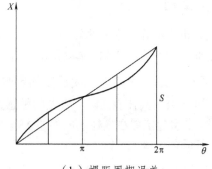

（a）工件端面与轴线不垂直　　　　　　　　　（b）螺距周期误差

图 5.5　主轴纯端面圆跳动

在实际加工中，主轴回转误差是三种基本形式误差的合成。

3）影响主轴回转精度的主要因素

主轴误差如主轴支承轴颈的圆度误差、同轴度误差等；轴承误差如滑动轴承内孔或滚动轴承滚道的圆度误差、轴承的间隙、轴承配合的误差等；主轴系统的径向不等刚度及热变形。对于不同类型的机床，其影响因素也各不相同。如对工件回转类机床（如车床、外圆磨床），因切削力的方向不变，主轴回转时，作用在支承上的作用力方向也不变，因此轴承孔与主轴轴颈接触点的位置基本不变，因而，主轴的支承轴颈的圆度误差影响较大，而轴承孔圆度误差影响较小，如图 5.6（a）所示；对于刀具回转类机床（如钻床、镗床），刀具与主轴一起旋转，切削力方向随旋转方向而改变，此时轴承孔的圆度误差影响较大，主轴承支承轴颈的圆度误差影响较小，如图 5.6（b）所示。

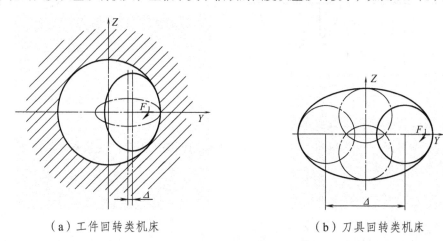

（a）工件回转类机床　　　　　　　　　（b）刀具回转类机床

图 5.6　两类主轴回转误差的影响

4）提高主轴回转精度的措施

提高主轴部件的制造精度：如提高轴承的回转精度，提高箱体支承孔及主轴轴颈和与轴承相配合表面的加工精度；对滚动轴承进行预紧，适当预紧滚动轴承使其消除间隙，甚至产生微量过盈，使轴承滚道与滚动体的变形相互制约，既能提高轴承刚度，又均化了轴承内外圈滚道和滚动体的误差，使主轴回转精度提高，使主轴的回转误差不反映到工件上。如在外圆磨床上采用两固定顶尖支承，主轴只起传动作用，工件的回转精度完全由顶尖和顶尖孔的精度决定，而不依赖于主轴的回转精度。这是保证工件形状精度的最简单又有效的方法。

2. 机床导轨误差

导轨是机床中确定主要部件相对位置的基准，也是运动的基准。机床导轨副是实现直线运动的主要部件，其制造和装配精度是影响直线运动的重要因素，它将直接影响工件的加工精度。

1）导轨在水平面内直线度误差的影响

在车削或磨削圆柱表面时，误差的敏感方向在水平方向上，如果床身导轨在水平面内存在导向误差 Δ ，引起工件在半径上的误差 $\Delta R = \Delta$ 。当加工圆柱表面时，将造成工件的圆柱度误差，如图 5.7 所示。

2）导轨在垂直面内直线度误差的影响

机床导轨在垂直面内存在导向误差 Δ ，如图 5.8 所示。当磨削外圆柱表面时，工件沿砂轮切线方向产生位移，误差在非敏感方向，对表面影响甚小，其圆柱度误差 $\Delta R \approx \Delta^2 /(2R)$ 。但对平面磨床、龙门刨床、铣床等法向方向的位移（误差敏感方向），其误差值会直接反映到工件的加工表面。

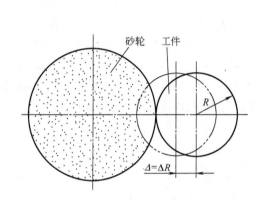

图 5.7　磨床导轨在水平面内的直线度误差

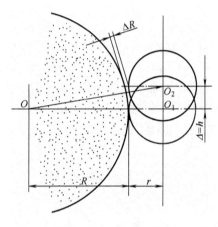

图 5.8　磨床导轨在垂直面内直线度误差

3）前后导轨的平行度误差的影响

如果前后导轨不平行（扭曲），将使床鞍产生横向倾斜，刀具产生位移，如图 5.9 所示，而引起工件形状误差，其值为

$$\Delta y = H \cdot \Delta / B \qquad (5.3)$$

式中　Δy ——工件产生的半径误差；

　　　H ——主轴至导轨面的距离；

　　　Δ ——前后导轨扭曲量；

　　　B ——导轨宽度。

一般车床 $H / B \approx 2/3$ ，外圆磨床 $H \approx B$ ，因此导轨扭曲量 Δ 引起的加工误差不可忽略。

4）导轨对主轴回转轴线平行度的影响

当在工件回转类机床（车床或磨床）上加工圆柱面时，如果导轨与主轴不平行，将会引起工件的几何形状误差。如外圆柱面产生锥度、单叶回转曲面等。

3. 机床传动链误差

1）概　念

所谓传动链传动误差是指内联系的传动链中首末两端传动元件之间相对运动的误差。一般的加工中，机床传动链传动误差对工件质量影响不大，但在加工螺纹或用范成法加工齿轮等工件时，要求工件和刀具间必须有准确的传动关系，它是影响加工精度的主要因素。例如，在滚齿机上用单头滚刀加工直齿轮，要求：滚刀转一周，工件转过一个齿。这种工件与刀具间的严格的运动关系由刀具与工件间的传动链来保证。如图 5.10 所示，其传动关系可具体表示为

$$\varphi_n(\varphi_g) = \varphi_d \times \frac{64}{16} \times \frac{23}{23} \times \frac{23}{23} \times \frac{46}{46} i_c i_f \times \frac{1}{96} \tag{5.4}$$

式中　i_c——差动轮系的传动比，在滚切直齿时，$i_c=1$；

　　　i_f——分度挂轮传动比；

　　　$\varphi_n(\varphi_g)$——工件转角；

　　　φ_d——滚刀转角。

传动链中各传动元件如齿轮、蜗杆、蜗轮等，因有制造误差（主要影响运动精度）、装配误差（主要是装配偏心）和磨损，就会破坏其正确的运动关系，使工件加工产生误差。

2）传动链误差的传递系数

传动链传动误差一般可用传动链末端元件的转角误差来衡量。由于各传动件在传动链中所处的位置不同，它们对工件加工精度（即末端件的转角误差）的影响也不同。如图 5.10 所示的传动系统，设滚刀轴均匀旋转，若齿轮 Z_1 有转角误差 $\Delta\varphi_1$，而其他各传动件无误差，则传到末端件（亦即第 n 个传动元件）上所产生的转角误差 $\Delta\varphi_{1n}$ 为

$$\Delta\varphi_{1n} = \Delta\varphi_1 \times \frac{64}{16} \times \frac{23}{23} \times \frac{23}{23} \times \frac{46}{46} i_c i_f \times \frac{1}{96} = k_1 \cdot \Delta\varphi_1 \tag{5.5}$$

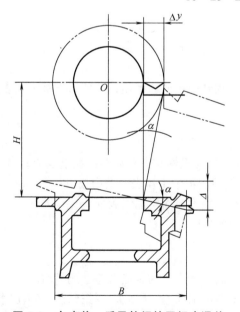

图 5.9　车床前、后导轨间的平行度误差

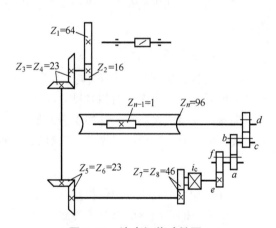

图 5.10　滚齿机传动链图

式（5.5）中，k_1 为 Z_1 到末端件的传动比，它反映了 Z_1 的转角误差对末端元件传动精度的影响。当传动链是直角传动（$k > 1$），则传动元件的转角误差将被扩大；反之，$k < 1$ 则转角误差将被缩小。因此，k 又叫作误差传递系数。

同样，对于 Z_j 也有上式关系（$j = 1, 2, \cdots, n$）。

由于所有的传动元件都存在误差，因此，各传动件对工件精度影响的总和 $\Delta \varphi_\Sigma$ 为各传动元件所引起末端元件转角误差的迭加，即

$$\Delta \varphi_\Sigma = \sum_{j=1}^{n} \Delta \varphi_j = \sum_{j=1}^{n} k_j \Delta \varphi_j \tag{5.6}$$

如果考虑到传动链中各传动元件的转角误差都是独立的随机变量，则传动链末端元件的总转角误差可用概率法估算，即

$$\Delta \varphi_\Sigma = \sqrt{\sum_{j=1}^{n} k_j^2 \varphi_j^2} \tag{5.7}$$

3）减少传动链误差的措施

为了减少机床传动链传动误差对工件加工精度的影响，可以采取减少传动环节（即减少传动元件个数）缩短传动链；提高传动副（特别是末端元件）的制造和装配精度，以减少传动间隙；在传动链中按降速比递增的原则分配各传动副的传动比；采用误差校正装置消除误差等措施。

5.1.2.3　其他几何误差

1. 刀具误差

机械加工中常用的刀具有三类：一般刀具、定尺寸刀具和成型刀具。

一般刀具（如普通车刀、单刃车刀、铣刀等）的制造误差对加工没有直接影响，可以不予考虑。

定尺寸刀具（如钻头、铰刀、拉刀、槽铣刀等）的尺寸误差直接影响工件的尺寸精度。刀具的安装使用不当将产生跳动，会影响工件的加工精度与表面的质量。另外，定尺寸刀具的磨损也会影响工件的加工精度。

成型刀具（如成型车刀、成型铣刀、齿轮刀具等）的制造误差和磨损，主要影响被加工表面的形状精度。

2. 夹具误差与磨损

夹具的误差主要指：① 定位元件、刀具导向元件、分度机构及夹具体等的制造误差；② 夹具上各元件的工作面间的相对尺寸误差；③ 夹具在使用过程中工作表面的磨损。

夹具误差将直接影响工件加工表面的位置精度或尺寸精度，而对加工表面位置误差影响最大。夹具的磨损是逐渐而缓慢的，它对加工的影响不很明显。

3. 测量误差

工件在加工过程中要用各种量具、量仪进行测量，而量具本身的制造误差、测量时的接触力、示值读识的正确程度以及环境温度等，都会直接影响加工误差。因此，要正确选择和使用量具，以保证测量精度。

5.1.3　工艺系统的受力变形

5.1.3.1　基本概念

工艺系统是指在切削加工中由机床、刀具、夹具和工件组成的封闭系统。在切削力、夹紧力、传动力及重力等的作用下，工艺系统的各组成元件将产生相应的变形，这种变形将破坏刀具与工件在静态下调整好的相互位置及切削成型运动所需要的正确几何关系，造成加工误差。例如，车削细长轴时，在切削力作用下，工件产生弯曲变形，使加工后的轴出现中间粗两头细的圆柱度误差，如图 5.11（a）所示。又如在内圆磨床上用横向切入法磨孔时，由于磨头主轴弯曲变形，使磨出的孔出现带有锥度的圆柱度误差，如图 5.11（b）所示。

由此可见，工艺系统的受力变形是加工中一项很重要的原始误差，而工艺系统受力变形通常是弹性变形。工艺系统抵抗弹性变形的能力，用刚度 k 来描述。所谓工艺系统刚度，是指工件加工表面所受的切削力的法向分力 F_y 与刀具相对于工件在该方向上位移量 y_{xt} 的比值，用 K_{xt} 表示，即

$$k_{xt} = \frac{F_y}{y_{xt}} \text{（N/mm）} \tag{5.8}$$

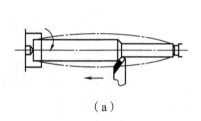
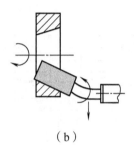

（a）　　　　　　　　　　　　　　　（b）

图 5.11　工艺系统受力变形引起的加工误差

因此，工艺系统的刚度越大，抵抗弹性变形的能力就越强，加工精度也就越高。工艺系统在法向分力 F_y 上的位移量 y_{xt} 是工艺系统各组成部分在切削力作用下综合变形的结果，即

$$y_{xt} = y_{jc} + y_{jj} + y_{dj} + y_g \tag{5.9}$$

式中　y_{xt}——工艺系统总的变形量；

　　　y_{jc}——机床的变形量；

　　　y_{jj}——夹具的变形量；

　　　y_{dj}——刀具的变形量；

　　　y_g——工件的变形量。

根据刚度的定义，机床刚度 k_{jc}，夹具刚度 k_{jj}，刀具刚度 k_{dj} 及工件刚度 k_g 分别为

$$k_{jc} = \frac{F_y}{y_{jc}}, \quad k_{jj} = \frac{F_y}{y_{jj}}, \quad k_{dj} = \frac{F_y}{y_{dj}}, \quad k_g = \frac{F_y}{y_g}$$

代入式（5.9）得

$$\frac{1}{k_{xt}} = \frac{1}{k_{jc}} + \frac{1}{k_{jj}} + \frac{1}{k_{dj}} + \frac{1}{k_{g}}$$

（5.10）

式（5.10）表明，当知道工艺系统各个组成部分的刚度，即可求出系统刚度。

用刚度一般式来求解工艺系统刚度时，应针对具体情况加以分析与简化，对加工精度影响很小的，可略去不计。如车削外圆时，车刀本身在切削力作用下的变形对加工误差的影响很小，略去；再如镗孔时，工件（箱体零件）的刚度一般很大，其受力变形很小，因此，也可忽略不计。

5.1.3.2　工艺系统受力变形对加工精度的影响

1. 切削力作用点位置变化引起的形状误差

1）在车床两顶尖间车削短而粗的光轴

如图 5.12（a）所示，因为工件和车刀的刚度较大，其变形极小，因而都可忽略不计。此时工艺系统的总变形完全取决于主轴箱、尾座（含顶尖）和刀架的变形。

当加工中车刀位于图示位置时，车床主轴箱受力为 F_A，相应变形 y_{tj}；尾座受力 F_B，相应变形 y_{wz}；刀架受力 F_y，相应变形 y_{dj}。工件轴线 AB 位移到 $A'B'$。此时工艺系统总变形 y_{xt} 为

$$y_{xt} = y_x + y_{dj}$$

（5.11）

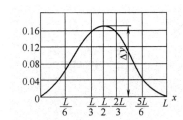

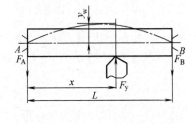

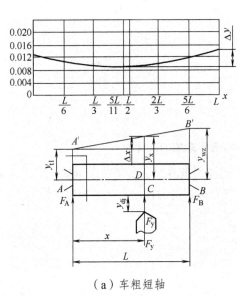

（a）车粗短轴　　　　　　　　　　　（b）车细长轴

图 5.12　工艺系统变形随受力点变化而变化

而根据图 5.12（a）中几何关系，有

$$y_x = y_{tj} + \Delta x = y_{tj} + (y_{wz} - y_{tj})\frac{x}{L}$$

代入式（5.11），并根据刚度概念，有

$$y_{xt} = y_x + y_{dj} = F_y \left[\frac{1}{k_{dj}} + \frac{1}{k_{tj}} \left(\frac{L-x}{L} \right)^2 + \frac{1}{k_{wz}} \left(\frac{x}{L} \right)^2 \right]$$

（5.12）

由式（5.12）看出，随切削力作用点位置的变化，工艺系统刚度也是变化的。

当 $x = 0$ 时，$y_{xt} = F_y \left(\dfrac{1}{k_{dj}} + \dfrac{1}{k_{tj}} \right)$；

当 $x = L$ 时，$y_{xt} = F_y \left(\dfrac{1}{k_{dj}} + \dfrac{1}{k_{wt}} \right) = y_{max}$；

当 $x = \dfrac{L}{2}$ 时，$y_{xt} = F_y \left(\dfrac{1}{k_{dj}} + \dfrac{1}{4k_{tj}} + \dfrac{1}{4k_{wz}} \right)$。

还可以求出当 $x = \left(\dfrac{k_{wz}}{k_{tj} + k_{wz}} \right) L$ 时，工艺系统刚度最大，变形最小为

$$y_{xt} = y_{xt(min)} = F_y \left(\dfrac{1}{k_{xj} + k_{wz}} + \dfrac{1}{k_{dj}} \right)$$

再求得上述最大值与最小值的差值，就得到车削时圆柱度误差。

例如，设 $k_{tj} = 6 \times 10^4 \, \text{N/mm}$，$k_{wz} = 5 \times 10^4 \, \text{N/mm}$，$k_{dj} = 4 \times 10^4 \, \text{N/mm}$，$F_y = 400 \, \text{N}$，工件长 $L = 500 \, \text{mm}$，则沿工件长度上系统的位移如表 5.1 所列。

表 5.1　沿工件长度的变形　　　　　　　　　　单位：mm

x	0（主轴箱处）	$\dfrac{1}{6}L$	$\dfrac{1}{3}L$	$\dfrac{5}{11}L$	$\dfrac{1}{2}L$（中点）	$\dfrac{2}{3}L$	$\dfrac{5}{6}L$	L（尾座）
y_{xt}	0.016 7	0.014 8	0.013 9	0.013 6	0.013 7	0.014 3	0.01 57	0.018

工件的圆柱度误差为（0.018 − 0.013 6）mm = 0.004 4 mm。

根据表中数据，可做出该零件加工的变形曲线，如图 5.12（a）上方所示。变形大的地方，从工件上切去的金属层薄；变形小的地方，切去的金属层厚，因此机床受力变形后使加工出来的工件呈中间细、两端粗的鞍形，如图 5.13 所示。

2）在车床两顶尖间车削刚性差的细长轴

在切削力作用下，工件的变形大大超过机床、夹具和刀的变形量，此时不考虑机床夹具与刀具的变形，工艺系统的变形完全取决于工件的变形。

其变形量可由材料力学公式来计算，即

$$y_g = \frac{F_y}{3EI} \cdot \frac{(L-x)^2 x^2}{L} \qquad (5.13)$$

显然，当 $x = 0$ 或 $x = L$ 时，$y_g = 0$；当 $x = \dfrac{L}{2}$ 时，工件刚度最小，变形最大，$y_{gmax} = \dfrac{F_y L^3}{48EI}$。因此，加工后工件呈鼓形，如图 5.12（b）所示。

在分析切削力着力点对工艺系统的影响时，若要考虑机床和工件同时变形，则工艺系统的总变形为二者的叠加。工艺系统刚度随受力点位置变化而变化的例证很多，如立式车床、龙门刨床、龙门铣床等的横梁及刀架、大型铣镗床滑枕内的轴等，其刚度均随刀架位置或滑枕伸出长度不同而不同，如图 5.14 所示，对它们的分析方法与上例相同。

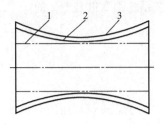

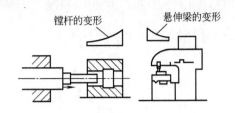

图 5.13　工件在顶尖上车削后的形状　　图 5.14　工艺系统随受力点位置变化而变形的情况

1—机床不变形的理想状态；2—主轴、尾架变形的
加工状态；3—主轴、尾架、刀架变形的加工状态

2. 切削力大小变化引起的加工误差

在切削加工中，由于被加工表面的几何形状等原因，往往会引起切削力的变化，从而造成工件的加工误差。以车削为例，在车床上加工短轴，工艺系统刚度变化不大，可近似地看作常量，假设工件毛坯存在圆度误差（如椭圆），使切削时刀具的切削深度在 a_{p1} 与 a_{p2} 之间变化，如图 5.15 所示，现对其进行分析。

加工时，工件每转一转，切削深度 a_p 在 a_{p1} 与 a_{p2} 之间变化。引起切削分力 F_y 随着 a_p 的变化由 $F_{y\max}$ 变化到 $F_{y\min}$，工艺系统也将产生相应的变形，即刀尖相对于工件的位移由 y_1 变到 y_2，工件产生圆度误差 $\Delta_g = y_1 - y_2$。这种由于毛坯形状误差或材料硬度不均匀而引起的切削力变化，使工件产生相应误差的现象叫作"误差复映"。

毛坯圆度的最大误差为

$$\Delta_m = a_{p1} - a_{p2}$$

车削后工件的圆度误差为

$$\Delta_g = y_1 - y_2 = \frac{1}{k_{xt}}(F_{y\max} - F_{y\min})$$

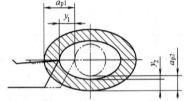

图 5.15　零件形状误差的复映

而　　　　　$F_y = \lambda C_F f^{0.75}(a_p - y) = A(a_p - y)$ 　　　　　　　（5.14）

式中　　λ ——系数，$\lambda = F_y / F_z$，一般取 $\lambda = 0.4$；

　　　　C_F ——与刀具几何参数及切削条件有关的系数；

　　　　f ——进给量；

　　　　A ——径向切削力系数。

所以　　　　　$\Delta_g = \dfrac{A}{k_{xt}}(a_{p1} - a_{p2})$

令　　　　　$\varepsilon = \dfrac{\Delta_g}{\Delta_m} = \dfrac{A}{k_{xt}}$ 　　　　　　　　　（5.15）

式中　　ε ——误差复映系数。

由于 Δ_g 总是小于 Δ_m，所以 ε 是一个小于 1 的正数。它定量地反映了毛坯误差经加工后所减小的程度，它与工艺系统刚度成反比，与径向切削力系数成正比。这表明要减小工件的复映误差，可以减小 A（如减少进给量 f 等），即能提高加工质量，但切削时间会增长。如果此时设法增大 k_{xt}，则不但能减小加工误差 Δ_g，而且可以在保证加工质量的前提下增大进给量，提高生产率。

当毛坯误差较大，一次进给不能满足加工精度要求时，可增加走刀次数来减小工件的复映误差。设 ε_1, ε_2, ε_3, …分别为第一次、第二次、第三次、…、走刀时的误差复映系数，则

$$\Delta_{g1} = \varepsilon_1 \Delta_m$$
$$\Delta_{g2} = \varepsilon_2 \Delta_{g1} = \varepsilon_1 \varepsilon_2 \Delta_m$$
$$\Delta_{g3} = \varepsilon_3 \Delta_{g2} = \varepsilon_1 \varepsilon_2 \varepsilon_3 \Delta_m$$
$$\cdots$$

总的误差复映系数为

$$\varepsilon_{总} = \varepsilon_1 \varepsilon_2 \varepsilon_3 \cdots \varepsilon_n \tag{5.16}$$

由以上分析可知，当毛坯有形状误差（如圆度、圆柱度、直线度等）或相对位置误差（如偏心等）以及毛坯硬度或材质不均匀，加工后仍然会产生同类误差，解决方法就是通过多次走刀来提高加工精度（一般经过 2、3 次走刀后方可达到 IT7 的精度要求）。

3．其他力引起的加工误差

1）夹紧力引起的加工误差

工件在装夹时，由于刚度较低或夹紧力着力点不当，都会引起工件的变形，造成加工误差，如图 5.16 所示。特别是薄壁套、薄板等零件，易产生加工误差。

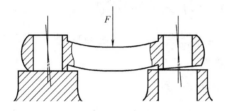

图 5.16　着力点不当引起的加工误差

2）重力引起的加工误差

工艺系统中有关零部件自身的重力也会引起相应变形，如龙门铣床横梁变形、摇臂钻床的摇臂变形、镗床镗杆下垂变形等，都会造成加工误差。

3）惯性力引起的加工误差

高速切削时，工艺系统中的高速旋转的不均衡的零部件（包括刀具、夹具及工件）将产生离心力。离心力在工件的每一转中不断变更方向，引起 F_y 的大小变化，使工艺系统的受力也随之变化而产生加工误差。如图 5.17 所示加工，将产生圆度误差。

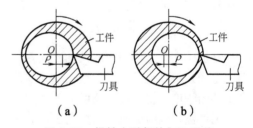

图 5.17　惯性力引起的加工误差

5.1.3.3　机床部件刚度

1．机床部件刚度的测定

机床由许多零件组成，受力时各零件的弹性变形不相同，使机床整体受力变形复杂。因此，机床的刚度一般仍采用试验法测定。测定方法有静态测定法和工件状态测定法两种。

2. 影响机床部件刚度的因素

1）连接表面间接触变形的影响

由于零件表面存在着宏观的几何形状误差与微观的表面粗糙度，使零件间实际接触状态为表面间相对凸起的峰点面接触，所以实际接触面积只是理论接触面积的一小部分。当外力作用时，接触面上将产生较大的接触应力而引起接触变形，其中既有表面层的弹性变形，也有局部塑性变形。试验表明，接触表面间载荷增大，压强增大，接触变形也增大，但接触刚度也将随之增大。同时连接表面的接触刚度受接触表面材料、硬度、表面的纹理方向等诸多因素的影响。

2）零件间摩擦力和接合面间隙的影响

机床部件受力变形时，零件接触表面间会发生相对错动，加载时摩擦力阻碍变形增大；卸载时摩擦力阻碍变形恢复。因而造成加载和卸载刚度曲线不重合。零件配合表面间的间隙，会引起配合件的相对错位，所以，配合件受单向载荷后，间隙消除，表面相互接触刚度增大，对加工精度影响减小。

3）部件中薄弱零件的变形

部件中的薄弱零件受力后会产生很大的变形，使整个部件的刚度降低。如溜板箱部件中细长的楔铁，刚性差，不易加工平直而与导轨面配合不良或轴承衬套因形状误差而与孔体接触不良，在载荷作用下，它们都极易产生变形而使整个部件的刚度降低。

5.1.3.4 减小工艺系统受力变形的措施

减小工艺系统受力变形是保证零件加工精度与提高生产率的有效途径之一。在实际生产中，一般采取以下几方面的措施：

1. 提高连接表面的接触刚度

部件由零件连接而成，实体零件的刚度一般都大大高于部件的接触面的接触刚度，所以，提高接触刚度是提高工艺系统刚度的关键。特别是对在使用中的机床及设备，提高其连接表面的接触刚度，往往是提高机床刚度最简便、最有效的方法。常用的方法是改善接触表面的配合质量，如机床导轨副采用刮研，改善配合质量而提高接触刚度。此外，为提高接触刚度还可以给机床部件以预加载荷，这样可以消除配合面的间隙，减小受力后的变形量，如对各类轴承、滚珠丝杠螺母的调整。

2. 提高工件的刚度

在加工中，切削力引起的加工误差，往往是由于工件本身刚度不足或其各部位刚度不均匀而产生的，特别是叉架类、细长轴等零件，其本身的刚度较低，非常容易变形。所以，如何提高工件的刚度是提高加工精度的关键。其主要措施是缩小切削力的作用点到支承之间的距离，增大工件被切削时的刚度，如图 5.18 所示。

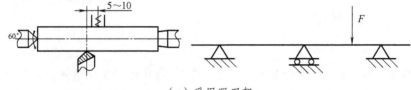

（a）采用跟刀架

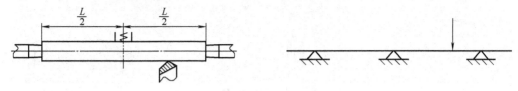

（b）采用中心架

图 5.18　增加支承提高工件刚度

3. 提高机床部件的刚度

切削加工中，有时由于机床部件刚度低而产生变形和振动，影响加工精度。提高机床部件刚度的方法通常是采用一些辅助装置。图 5.19（a）所示为在转塔车床上采用固定转动导向支承套，提高部件的刚度。图 5.19（b）所示为采用转动导向支承套，并用加强杆和导向支承套提高部件的刚度。

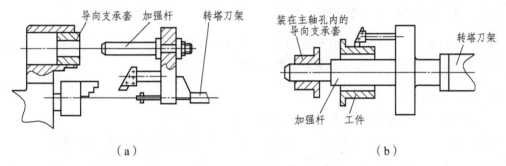

（a）　　　　　　　　　　　　　（b）

图 5.19　提高部件刚度的装置

4. 合理装夹工件

在工件装夹时，要根据工件的结构特点，选择适合的装夹方法装夹工件，以减小夹紧变形。如加工套类工件时，若装夹不当，夹紧时，套筒由于弹性变形而成为三棱形，如图 5.20（a）所示；镗孔后内孔为正圆形，如图 5.20（b）所示。松开工件后，弹性恢复，使已镗的孔成为三棱形，如图 5.20（c）所示。为减小工件夹紧变形，可采用图 5.20（d）和图 5.20（e）所示方法装夹工件。

又如磨削薄片工件，若毛坯翘曲，当磁力将工件夹紧时，工件产生弹性变形，磨完后松开工件，弹性恢复又使磨平的工件表面翘曲，如图 5.21（a）、（b）、（c）所示。改进的办法是在工件与磁力吸盘之间加垫薄橡皮垫（0.5 mm 以下），如图 5.21（d）、（e）所示。当工件被吸紧时，橡皮垫被压缩，使工件变形减小；再以磨好的表面定位，磨另一面。如此正反面多次交替磨削就可获得较高精度的平面。

（a）第一次夹紧　　（b）镗孔　　（c）松开后工件变形　　（d）采用开口过渡环　　（e）采用专用卡爪

图 5.20　工件夹紧变形引起的加工误差

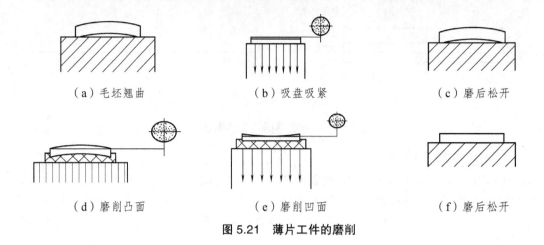

（a）毛坯翘曲　　　　　（b）吸盘吸紧　　　　　（c）磨后松开

（d）磨削凸面　　　　　（e）磨削凹面　　　　　（f）磨后松开

图 5.21　薄片工件的磨削

5.1.3.5　工件残余应力引起的变形

残余应力是指在没有外力作用下或去除外力后工件体内存留的应力，又叫内应力。主要由金属内部的相邻组织发生不均匀的体积变化而产生。

1．残余应力的产生

1）毛坯制造和热处理中产生的残余应力

在铸、锻、焊等热加工及热处理的过程中，由于工件各部分厚薄不均、冷热收缩不均匀及金相组织转变时的体积变化而使毛坯内部产生了残余应力。毛坯结构越复杂，各部分的壁厚越不均匀，散热条件相差越大，毛坯的残余应力也越大。具有残余应力的毛坯由于残余应力处于暂时相对平衡状态，短时间内其变形是看不出的，但当对其进行切削加工后，这种平衡被打破，残余应力重新分布，工件就出现明显的变形。图 5.22 所示为一个截面内厚外薄的铸件，在浇铸后的冷却过程中产生残余应力的情况。当铸件冷却时，因壁 A、C 较薄，散热较易，冷却较快；壁 B 较厚，冷却较慢。当 A、C 从塑性状态冷却到弹性状态（约 620 ℃）时，B 还处于塑性状态，这时，A、C 收缩 B 不起牵制作用，铸件内不产生残余应力。当 B 冷却到弹性状态时，A、C 的温度已降很多，收缩速度变得很慢，而这时 B 收缩较快而受到 A、C 的阻碍。此时 B 内就产生了拉应力，而 A、C 就产生了压应力，形成了相对平衡的状态。

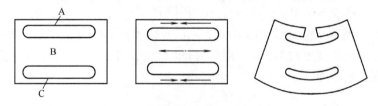

图 5.22　铸件残余应力的形成及变形

如果在 A 上切开一个缺口，A 上的压应力消失，原应力平衡状态被破坏，铸件在 B、C 的残余应力作用下，B 收缩，C 伸长，铸件发生弯曲变形，直到残余应力重新分布达到新的相对平衡为止。

推广到一般情况，各种铸件都难免因为冷却速度不均匀而产生残余应力，如铸造后的机床床身等。

2）冷校直引起的残余应力

细长的轴类零件（如光杠、丝杠、曲轴等）很容易发生弯曲变形。弯曲的工件（无残余应力）要校直，常采用使工件产生反向弯曲，并使工件产生一定的塑性变形的冷校直方法。如图 5.23 所示，工件在反向外力 F 作用下，产生反向弯曲，如图 5.23（a）所示，这时工件上层受压应力、下层受拉应力，应力分布情况如图 5.23（b）所示，表层为塑性变形区（点划线外），里层为弹性变形区（点划线内）。除去外力后，弹性区开始恢复，使残余应力重新分布，如图 5.23（c）所示。冷校直后虽然减小了弯曲，但工件处于不稳定状态，当再次进行加工时，又会产生新的变形。

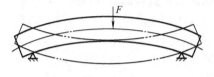  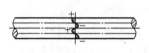

（a）冷校直方法　　　　（b）加载时残余应力的分布　　　（c）卸载后残余应力的分布

图 5.23　冷校直引起的残余应力

3）切削加工所引起的残余应力

工件在切削加工中，由于切削力和摩擦力的作用，使工件表面层金属塑性变形而产生残余应力。同时，由于切削热的作用，也会使工件表面层产生残余应力。

2. 减少或消除残余应力的措施

1）合理设计零件结构

在零件结构设计中，尽量简化结构，缩小各部分厚薄差异，增大零件刚度，减少残余应力的产生。

2）采用消除残余应力的热处理工序

对铸、锻、焊接件进行退火或回火；对淬火件进行回火；对床身、丝杠、箱体、精密主轴等精度要求高的零件，粗加工后进行时效处理。

3）合理安排工艺过程

安排机械加工工艺时，把粗、精加工分开在不同的工序中进行，使粗加工后有一定时间让工件的残余应力重新分布，减小对精加工的影响。加工大型工件时，粗、精加工往往在一个工序中完成，这时应在粗加工之后松开工件，让工件有自由变形的可能，再用较小的夹紧力夹紧工件进行精加工。

5.1.4　工艺系统的热变形

机械加工过程中，工艺系统会受到各种热的影响而产生变形，这种变形称为热变形。它将破坏工件与刀具正确的几何关系和运动关系，造成工件的加工误差。统计分析表明，在精密加工和大件加工中，热变形所引起的加工误差约占工件加工总误差的 40%～70%。所以，研究工艺系统热变形是关系到如何提高工件加工精度的重要课题。

工艺系统热变形不但影响加工精度，还影响加工效率。为减小热变形对加工精度的影响，通常需要花费很多时间预热机床以获取热平衡，或降低切削用量以减少切削热与摩擦热。特别是高效率、高精度、自动化加工技术的发展，使工艺系统热变形问题变得更为突出。

1. 影响热变形的因素

工艺系统是一个复杂系统，其热变形是非常复杂的。影响其热变形的因素很多，但大致可以概括为内部热源和外部热源两类。

1）内部热源

内部热源包括切削热和摩擦热。切削热是切削过程中切削层金属的弹性变形、塑性变形以及刀具与工件、切屑间的摩擦所产生的，是切削过程中最主要的热源。切削热由切屑、工件、刀具、夹具、机床及周围介质传出。各部分传出的热量与切削条件及各部分材料的导热性能有关。通常在车削加工中，切屑带走的热量可达 50% ~ 80%（且切削速度越高，切屑带走的热量占总切削热的百分比就越大），传给工件的热量约为 30%，传给刀具约为 10%；在钻、镗孔时，由于大量切屑滞留在孔中，散热条件不好，传给工件的热量要高很多，一般超过 50%；磨削加工时，因磨屑很小，带走的热量很少，有约 84% 的热量传给工件，使其加工表面温度达 800 ~ 1 000 °C，既影响工件的加工精度，又影响工件的表面质量（氧化、脱碳或烧伤）。

摩擦热主要是机床传动系统（包括液压传动系统）中运动部件产生的，如电动机、轴承、齿轮、丝杠副、导轨副、液压泵、液压阀等各运动部件产生的摩擦热。摩擦热在工艺系统中往往是局部发热，会引起局部温度升高和变形，破坏系统原有的几何精度。所以，摩擦热是机床热变形的主要热源。

2）外部热源

工艺系统的外部热源主要是环境温度变化和热辐射，对机床热变形有一定的影响，对大型精密工件的加工有较大影响。

工艺系统在各种热源作用下，温度会逐渐升高，与此同时，它们也通过各种传热方式向周围发散。当单位时间内传入系统的热量与散发出去的热量相等，温度不再升高，这时工艺系统就达到了热平衡状态。在这种状态下，工艺系统各部分的温度就保持在一个相对固定的数值上，因而各部分的热变形也就相应地趋于稳定。

由于作用于工艺系统各组成部分的热源的发热量及位置不同，作用时间也不相同，而工艺系统各部分的热容量与散热条件也不一样，因此，系统的各部分的温升是不相同的。即使是同一物体处于不同的空间位置上的各点，在不同时间其温度也是不相同的。物体中各点温度的分布称为温度场。当物体未达到热平衡时，各点温度不仅是坐标位置的函数，也是时间的函数，这种温度场称为不稳态温度场。物体达到热平衡后，各点温度将不再随时间而变化，而是其坐标位置的函数，这种温度场则称为稳态温度场。处于稳态温度场时引起的加工误差是有规律的，有利于保证工件的加工精度。

2. 减少工艺系统热变形的措施

减少工艺系统热变形的主要措施有以下几种。

1）减少热源的发热及其影响

切削中，内部热源是工艺系统变形的主要原因，为减小工艺系统热变形，应减少热源发热。为减少切削热，应合理选择切削用量，合理选择刀具几何参数，充分冷却。为减小机床热变形，应尽可能分离热源。对于不能分离的热源，如主轴轴承、丝杠副、高速运动的导轨副等，则从结构和润滑等方面改善其摩擦特性，减少发热。

2）加强散热能力

对发热量大的热源，如果既不能从机床内部移出，又不便隔热，为消除或减小内部热源的影响，可采用强制冷却的办法，如风冷、水冷等，以抑制机床的温升和热变形。

3）均衡温度场

单纯采用减小温升不能收到满意的效果时，可采用热补偿法来均衡机床的温度场，使机床产生均匀的热变形，达到减小对加工影响的目的。采用这些措施后，加工误差可降低为原来的 1/3 ~ 1/4。

4）采用合理的机床部件结构

（1）采用热对称结构，在变速箱中，将轴、轴承、传动齿轮尽量对称布置，可使箱壁温升均匀，箱体变形减小；

（2）合理选择机床部件的装配基准，使热变形尽可能不在误差的敏感方向。

5）加速达到并保持热平衡状态

工艺系统达到热平衡状态后，热变形趋于稳定，易于保证加工精度。因此，对于精密机床，特别是大型机床，应尽快进入且达到热平衡状态。为了缩短这个时间，可在加工前高速空运转，或在机床的运转部位设置控制热源，人为地给机床加热。当机床达到热平衡状态后，为保持其热平衡，加工时应尽量避免中途停车。

6）控制环境温度

环境温度的变化以及室内各部分的温差，都将使工艺系统产生热变形，从而影响工件的加工精度。因此，精密机床一般安装在恒温车间，恒温室平均温度一般为 20 ℃，冬季为 17 ℃，夏季为 23 ℃，其恒温精度一般控制在 ±1 ℃ 以内。

5.1.5　提高加工精度的工艺措施

由于工艺系统存在着各种原始误差，总会产生各种不同的加工误差。为了保证和提高机械加工精度，必须采取相应的工艺措施以控制这些因素对加工的影响，其主要措施有：

1）减少或消除原始误差

在切削加工中，提高机床、夹具、刀具的精度和刚度，减小工艺系统受力、受热变形等，都可以直接减小原始误差。为有效地提高加工精度，首先要查明影响加工精度的主要原始误差，再根据该项误差及加工的具体情况采取相应的措施。如对刚度差的细长轴类工件的加工，容易产生弯曲变形和振动，为减小其受力弯曲而产生的加工误差，可采取下列措施：尾座顶尖用弹性顶尖，减少因进给力和热应力使工件压弯；采用反向进给方式，工件在 F_x 力作用下，能向右伸长；使用跟刀架增加刚度；采用较大主偏角的车刀及较大的进给量，增大 F_x，以抑制振动，使切削平稳，如图 5.24 所示。

再如，对精密工件的加工，应选用与工件精度相一致的机床进行加工，并提高工艺系统刚度及采用积极办法控制热变形。采用"就地加工法"，将机床要保证的精度所关联的零件按经济精度制造，在部件或机床装配完成后，最后再以一个表面为基准对自身的某些部位进行最终的精密加工，以提高刀具与工件安装部件的相互位置精度。例如，牛头刨床总装配完成后，在刨床上用自身刨刀直接对工作台进行刨削，以保证工作台面与主运动方向的平行度。此法是既简单又直接的减少原始误差的方法。

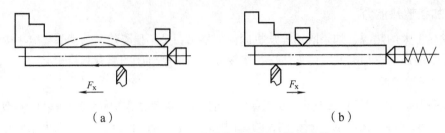

（a） （b）

图 5.24 不同进给方向车削细长轴的比较

2）转移原始误差

转移原始误差就是将原始误差从误差的敏感方向转移到误差的非敏感方向上，这样在未减少原始误差的条件下，可以获得较高的加工精度。例如转塔车床转塔刀架的回转方向为水平位置，如图 5.25（a）所示，切削外圆时，刀架的转位误差也在水平面内（即误差的敏感方向上），而引起加工误差；若将刀具切削部分置于垂直平面内，如图 5.25（b）所示，刀架回转方向位于工件加工表面的切向上，即刀架的转位误差转移到了误差的不敏感方向上，减小了由转位误差引起的加工误差。

再如，在批量生产中，用镗模加工箱体孔系，将主轴与镗刀杆浮动连接，这样镗孔的精度不受机床误差的影响，而由镗模来保证。原因是镗模结构远比机床简单，精度容易达到。

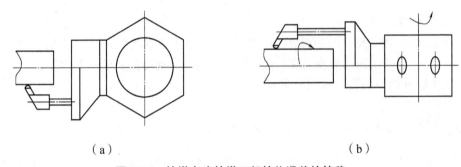

（a） （b）

图 5.25 转塔车床转塔刀架转位误差的转移

3）补偿或抵消原始误差

补偿或抵消误差，是人为地造成一种新的原始误差去抵消加工过程中原有的原始误差，而达到减小加工误差，提高加工精度的目的。例如，在精密螺纹加工中，机床传动链误差将直接反映到工件螺距上，而使加工精度降低。假若采用提高零件精度和传动链传动精度的方法来满足加工精度要求，不仅成本高，效果也不理想。实际生产中常采用螺距校正装置来消除传动链误差，保证被加工工件螺距的加工精度。

误差补偿是一种有效而经济的方法，结合现代计算机技术，能够达到很好的效果，在实际生产中得到了广泛运用。

5.1.6 加工误差的统计分析法

5.1.6.1 加工误差的性质

根据加工一批工件所出现的误差的规律来看，加工误差可分为：

1．系统性误差

1）常值系统性误差

在顺序加工一批工件时，误差的大小和方向都保持不变者，称为常值系统性误差。如加工原理误差和机床、刀具、夹具的制造误差，工艺系统的受力变形等引起的加工误差都属于常值系统性误差。另外，机床、夹具、刀具和量具的磨损速度很慢，在一定时间内也可看成是常值系统性误差。

2）变值系统性误差

在顺序加工一批工件时，误差的大小和方向按一定规律变化者，称为变值系统性误差。如机床、夹具和刀具等在热平衡前的热变形误差，刀具的磨损等都随加工时间而有规律地变化，是变值系统性误差。

2．随机性误差

在顺序加工一批工件时，误差的大小和方向不同且呈无规则变化的称为随机性误差。如加工余量不均匀或材料硬度不均匀引起的毛坯误差复映，定位误差，夹紧误差，多次调整的误差，残余应力引起的变形误差等都是随机误差。

对随机误差，从表面上看似没有什么规律，但应用数理统计的方法，可以找出一批工件加工时误差的总体规律，查出产生这些误差的原因，然后在工艺上采取相应的解决措施。

误差的性质不同，采取的解决方法也不相同。但应该指出，在不同的生产场合，误差的表现性质会有所不同。例如，机床在一次调整中加工一批工件，机床的调整误差是常值系统误差。但是，在大批量生产中，需多次调整机床，多次调整时发生的调整误差就不可能是常值，变化也无一定规律，它就是随机误差。

在实际生产中，常用统计分析法研究加工精度。它是以生产现场观察检测得到的资料为基础，应用数理统计的方法，对一批工件的加工精度进行分析研究，找出误差产生的原因及误差的性质，以便提出解决问题的方法。

常用的误差统计分析方法有分布图分析法和点图分析法。

5.1.6.2　分布图分析法

1．实际分布图——直方图

在加工过程中，对某工序的加工尺寸采取抽取有限样品数据进行分析处理，用直方图的形式表示出来，以分析加工质量及稳定程度的方法，称为直方图分析法。

直方图的相关术语：

• 尺寸分散范围：指抽取的零件有限样品中，由于各种误差存在，加工尺寸的变化区间，即零件实际最大尺寸与最小尺寸间距；

• 组数：把零件的尺寸分散范围按尺寸间隔均分的个数；

• 频数：指样品中出现在同一尺寸间隔内的零件的个数；

• 频率：指频数与样品总数的比值；

• 组距：指样品中划分的尺寸间隔；

• 中心值：每一组的中间数值 $x_i=$（组下限值+组上限值）/2；

- 频率密度：指频率与组距的比值。

直方图是以工件尺寸（组距为单位长）为横坐标，以频率密度为纵坐标的表示该工序加工尺寸的实际分布图，如图 5.26 所示。

$$直方图的矩形面积＝频率密度×组距＝频率$$

所有各组频率之和等于 100%，即直方图全部矩形面积之和等于 1。

由直方图的各矩形顶端的中心点连成折线，即为实际分布曲线。

直方图的观察分析：通过观察图形，判断生产过程是否稳定，估计生产过程的加工质量及产生废品的可能性。分析误差产生的原因、误差与基本尺寸偏移的程度，找出解决的办法。

要进一步分析该工序的加工精度问题，必须找出频率密度和加工尺寸间的关系，因此必须研究理论分布曲线。

2. 理论分布图——正态分布曲线

1）正态分布

大量的试验、统计和理论分析表明：在机械加工中，用调整法加工一批工件（总数极多），其尺寸误差是由许多相互独立的随机误差综合作用的结果。若这些误差中又没有任何一个具有主导优势，那么，加工后工件的尺寸服从正态分布。

正态分布曲线的形状如图 5.27 所示，其概率密度的函数表达式为

$$y = \frac{1}{\sigma\sqrt{2\pi}} e^{-\frac{1}{2}\left(\frac{x-\mu}{\sigma}\right)^2} \tag{5.17}$$

当采用该曲线代表加工尺寸的实际分布曲线时，式（5.17）各参数的含义为：

y——分布曲线的纵坐标，表示工件的频率密度；

x——分布曲线的横坐标，表示工件的尺寸或误差；

μ——工件的平均尺寸（分散中心）；

σ——随机变量的标准偏差（均方根误差）。

由式（5.17）及图 5.27 可看出，当 $x = \mu$ 时，有

$$y = \frac{1}{\sigma\sqrt{2\pi}} \tag{5.18}$$

这是正态分布的最大值，它是曲线的对称中心。

从正态分布图上可以看出以下特征：

（1）曲线对称于直线 $x = \mu$，靠近 μ 的工件尺寸出现的概率较大，远离 μ 的工件尺寸出现的概率小。

（2）对 μ 的正偏差和负偏差，其概率相等。

（3）分布曲线与横坐标围成的面积代表了一批工件的全部（100%），其相对面积为 1。当 $x - \mu = \pm 3\sigma$（即 $x = \mu = \pm 3\sigma$）时，曲线围成的面积为 0.997 3。即 99.73% 的工件尺寸落在 $\pm 3\sigma$ 范围内，仅有 0.27% 的工件在范围之外，可以忽略不计。因此，正态分布曲线的分散范围一般取为 $\pm 3\sigma$。

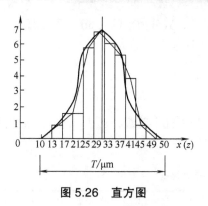

图 5.26　直方图

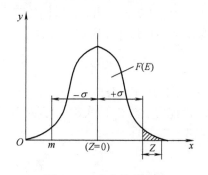

图 5.27　正态分布曲线

$\pm 3\sigma$（或 6σ）是一个很重要的概念，在研究加工误差时应用很广。6σ 的大小代表了某种加工方法在一定条件（如毛坯余量、机床、夹具、刀具、切削用量等）下所能达到的加工精度。所以一般情况下，应使所选择的加工方法的标准差 σ 与公差带宽度 T 之间具有如下关系

$$6\sigma \leqslant T \tag{5.19}$$

在加工时，考虑到系统性误差及其他因素的影响，须使 6σ 小于公差带宽度 T，才能可靠地保证加工精度。

2）正态分布的特征参数

从以上分析可知：μ 和 σ 为正态分布曲线的两个重要的特征参数。μ 确定分布曲线的位置，如果改变 $\mu = \bar{x}$（σ 不变），则曲线沿 x 轴平移而形状不变，如图 5.28（a）所示，μ 和公差带中心的差值反映常值系统性误差的大小。σ 决定了分布曲线的形状和分散范围。若 μ 保持不变，σ 值越小则曲线形状越陡峭，尺寸分散范围越小，加工精度越高；反之曲线形状越平坦，尺寸分散范围越大，加工精度越低，如图 5.28（b）所示，σ 的大小反映了随机性误差对工件尺寸的影响。随机性误差越大，则 σ 越大。

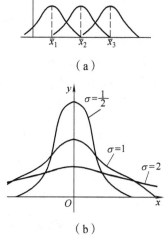

图 5.28　正态分布曲线及其特征

3. 分布图分析法的应用

1）确定工序加工方法的精度

对于给定的加工方法，由于其随机性因素影响下所得的加工尺寸的分布符合正态分布，因而，可以在多次统计的基础上，可为给定加工方法求得其标准偏差 σ 值。然后，按 6σ 确定该加工方法的精度。

2）判别加工误差的性质

如工件尺寸的实际分布曲线基本符合正态分布，则说明了加工中无变值系统性误差（或影响很小）。如公差带中心与尺寸分布中心不重合，则说明存在常值系统性误差；如实际分布曲线不服从正态分布，可根据直方图分析判断变值系统性误差的类型。

3）判断工序能力及其等级

所谓工序能力是指工序处于稳定状态时，加工误差正常波动的幅度。当加工尺寸符合正态分

布时，可以认为加工误差超出分散范围的可能性极小，其分散范围为 6σ，其工序能力就是 6σ。

工序能力等级可以用工序能力系数来表示，工序能力系数为

$$C_p = T/(6\sigma) \tag{5.20}$$

式中　T——工件尺寸的公差。

根据工序能力系数 C_p 的大小，可将工序能力分为五个等级，见表 5.2。一般情况下，工序能力不应低于二级，即 $C_p > 1$。

表 5.2　工序能力等级

C_p	$C_p \geqslant 1.67$	$1.67 > C_p \geqslant 1.33$	$1.33 > C_p \geqslant 1.0$	$1.0 > C_p \geqslant 0.67$	$0.67 > C_p$
工序能力等级	特级	一级	二级	三级	四级
工序能力判断	工序能力过高	工序能力充分	工序能力够用但不算充分	工序能力明显不足	工序能力差

应该指出的是，$C_p > 1$，只说明该工序能力足够，具备了不产生废品的必要条件，但不是充分条件。加工中是否产生废品，还要看调整得是否正确。

4）估算不合格品率

正态分布曲线与横坐标所包围的面积代表一批工件的总数 100%，如果尺寸分散范围超出工件的公差带 T，肯定要产生废品。如图 5.29（a）所示，在曲线下 E、F 两点间面积（阴影部分）代表合格品率，而两侧的空白部分则是不合格品率。当加工外圆表面时，图中 E 点左边空白部分为不可修复的废品率，F 点右边的空白部分则为可修复的不合格品率；加工孔时，恰好相反。对于某一规定的 x 范围的曲线面积，如图 5.29（b）所示，可用下面的积分式求得

$$A = \frac{1}{\sigma\sqrt{2\pi}} \int_0^x e^{-\frac{x^2}{2\sigma^2}} dx \tag{5.21}$$

令 $Z = \dfrac{x}{\sigma}$，所以

$$\Phi(Z) = \frac{1}{\sqrt{2\pi}} \int_0^Z e^{-\frac{z^2}{2}} dZ \tag{5.22}$$

正态分布的总面积为

$$2\Phi(\infty) = \frac{2}{\sqrt{2\pi}} \int_0^\infty e^{-\frac{z^2}{2}} dZ \tag{5.23}$$

在一定的 Z 值时，函数 $\Phi(Z)$ 的数值等于加工尺寸在 x 范围的概率。各种不同的 Z 值，对应的函数值 $\Phi(Z)$ 可由有关手册查得。

4. 分布图分析法的缺点

（1）不能反映误差的变化趋势。分析加工误差时，没有考虑到工件加工的先后顺序，难把变值系统性误差与随机性误差的影响区分开来。

（2）分布图分析法是要等到一批工件加工完成后才能进行的，它不能在加工过程中及时提供控制精度的信息。

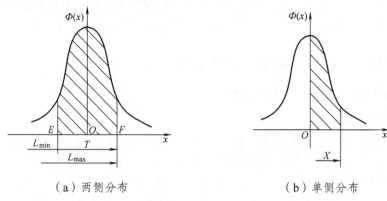

（a）两侧分布　　　　　　　　　　　（b）单侧分布

图 5.29　废品率的估算

5.2　模具机械加工表面质量分析

零件的加工质量，不仅仅指加工精度，还有表面质量。产品的工作性能，在很大程度上取决于零件的表面质量。随着科学技术的发展，产品对零件的工作性能和可靠性的要求越来越高了。同样，对零件的表面质量的要求也是越来越高。研究加工表面质量，就是要研究零件表面粗糙度和其表面层内的状态，就是要掌握机械加工中各种工艺因素对加工质量影响的规律，以便控制加工过程，最终达到提高加工表面质量，提高产品的工作性能的目的。

5.2.1　加工表面质量的概念

5.2.1.1　表面质量的含义

加工表面质量包含以下两个方面的内容。

1. 表面几何形状特征

经任何机械加工方法加工后得到的加工表面都不可能是绝对理想的表面，总有峰谷交替的小波纹，偏离理想的光滑表面而形成微小的几何形状误差。按加工表面特征，可分为：

（1）表面粗糙度——加工表面的微观几何形状误差。表面微观不平的波长 L 与波高 H 的比值 $L/H < 50$。

（2）表面波度——加工表面微观不平的波长 L 与波高 H 之比在 $50 \sim 1\,000$ 的周期性形状误差。一般是由加工中的低频振动引起的。目前尚无国家标准。

（3）表面伤痕——在加工表面上一些个别位置上出现的缺陷。例如砂眼、气孔、裂痕等。

2. 表面层的物理力学性能

加工过程中，由于挤压力、摩擦力及切削热的作用，还会使工件表层物理、力学性能产生变化，以及在某些情况下产生化学性质的变化，主要有以下几个方面：

（1）表面层加工硬化（冷作硬化）　加工后表面层强度、硬度提高的现象。

（2）表面层金相组织改变　加工后表面层的金相组织发生改变，不同于基体组织。

（3）表面层产生的残余应力　加工后残存在工件表面层与基体间的应力。

5.2.1.2　表面质量对零件使用性能的影响

1. 表面质量对零件耐磨性的影响

1）表面粗糙度的影响

由于零件表面存在微观几何形状误差，当两个零件表面相互接触并相对运动时，只能是两轮廓的峰点接触，其实际接触面积比理论接触面积要小很多，这样接触点处将产生很大的压强，破坏两表面间的润滑状态，使零件表面初期的磨损加剧，磨损量增大。表面越粗糙，接触点越少，磨损量越大。但要注意这并不是意味着表面粗糙度越小，其耐磨性就越好。如果摩擦表面粗糙度太小，表面间的分子吸引力增加而产生粘接，并会挤出表面间的润滑油而形成干摩擦，同样会使摩擦系数增大和磨损量增大。因此，在一定的工作条件下，一对摩擦表面的粗糙度通常存在一个最佳值。根据实验分析，表面粗糙度值 R_a 约为 0.32 ~ 1.25 μm。

2）表面硬化的影响

零件加工表面的加工硬化，使两接触表面间的弹性与塑性变形减小，硬度提高从而提高耐磨性。但过度的加工硬化，会引起零件表层金属组织的疏松，甚至出现裂纹剥落，而加速零件的磨损。

3）金相组织变化的影响

在磨削时，由于切削温度的影响会引起加工表面金属金相组织改变，从而使表面层硬度下降，耐磨性降低。

2. 表面质量对零件疲劳强度的影响

1）表面粗糙度的影响

表面粗糙度越大，微观轮廓凹谷的夹角和曲率半径一般就越小，在交变应力作用下，就越容易引起应力集中，产生疲劳裂纹，引起疲劳破坏。表面粗糙度越小，表面缺陷越小，零件的抗疲劳性越好。不同材料对应力集中的敏感程度不同。越是优质材料，表面粗糙度对疲劳强度的影响越大。因此，对重要的零件应进行光整加工，减少表面粗糙度，提高疲劳强度。

2）加工硬化的影响

零件表面的硬化层，能阻止疲劳裂纹的生长和扩大，有助于提高疲劳强度。但加工硬化程度也不能过大，否则反而易产生裂纹。

3）残余应力的影响

表面残余应力对零件疲劳强度的影响较大。表面层具有拉伸残余应力时，将使疲劳裂纹扩张，降低疲劳强度。表面层具有压缩残余应力，能部分抵消工作载荷引起的拉伸作用，能延缓疲劳裂纹的产生、扩张，使零件疲劳强度提高。生产中常用滚压加工、喷丸处理等方法来强化零件表面。

5.2.1.3　表面质量对配合精度的影响

相互配合的零件间的配合关系是用间隙值或过盈量来表示的。对于间隙配合，若表面粗糙度过大，初期磨损量较大，而增大配合间隙，改变配合性质，降低配合精度。对于过盈配合，若表面粗糙度过大，两配合表面的凸峰容易被挤平，而减少配合的实际过盈量，降低配合表面的结合强度。

表面残余应力会引起零件变形，改变零件形状与尺寸，所以对配合性质也有一定的影响。

5.2.1.4　表面质量对零件的耐腐蚀性的影响

1. 表面粗糙度的影响

表面粗糙度对零件的耐腐蚀性能有较大影响，表面粗糙度越大，其表面上的凹谷越深，与气体液体接触的面积越大，越容易沉积腐蚀性介质而产生化学腐蚀和电化学腐蚀，所以零件的耐腐蚀性就越差。

2. 表面层残余应力的影响

零件表面存在残余压应力时，其组织较致密，能阻止表面裂纹的进一步扩张，腐蚀性介质不易渗入，有利于提高表面抗腐蚀能力。

5.2.2　影响加工表面粗糙度的工艺因素及其控制措施

影响加工表面粗糙度的工艺因素主要有几何因素和物理因素两个方面。不同的加工方法，对表面粗糙度影响的工艺因素也各不相同。切削加工过程中，表面粗糙度的形式及影响因素已在有关课程中讨论过，因此不再赘述。此处仅讨论磨削加工时表面粗糙度的形成与影响因素。

5.2.2.1　磨削时表面粗糙度的形成

1. 几何因素

磨削表面是由砂轮上大量的磨粒挤压、刻划出的无数条压痕和沟槽形成的。因而，在单位面积上，这种压迹、刻痕越多，其深度越均匀，表明通过单位面积的磨粒数越多，表面粗糙度值就越小。反之，表面粗糙度就越大。

2. 物理因素

引起磨削表面粗糙度的物理因素即表面层金属的塑性变形。在磨削加工中，由于磨粒不规则，大多为负前角，磨刃很不锋利，且磨削速度很高，磨削比压大，磨削温度高，使工件表面产生较大的塑性变形，增大了表面粗糙度值。

5.2.2.2　影响磨削表面粗糙度的因素及其控制措施

1. 砂轮粒度的影响

砂轮粒度号越大，磨粒的粒度越细，砂轮表面单位面积上的磨粒就越多，磨削表面刻痕越细，表面粗糙度就越小。但砂轮粒度号也不宜过大，否则，会引起砂轮塞屑，使磨削性能降低，引起烧伤，增大表面粗糙度，如图 5.30 所示。砂轮粒度的选择应根据工件材料、磨削状态进行选择，通常选取 46～60 号粒度。

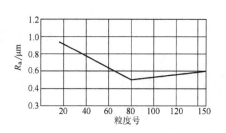

图 5.30　砂轮粒度与表面粗糙度的关系

2. 砂轮硬度的影响

砂轮的硬度是指磨粒在磨削力作用下，从砂轮上脱落下来的难易程度。砂轮硬度太硬，磨钝了的磨粒不能及时脱落，新的磨粒不能露出，会增大磨削力，增加磨削热，使工件表面粗糙度增大。砂轮太软，磨粒过早脱落，砂轮形状不易保持，磨削作用减弱，同样使表面粗糙度增大，通常选用中软砂轮。

3. 砂轮修整质量的影响

砂轮的修整是恢复砂轮的正确形状与磨削能力。砂轮修整质量与所用修整工具、修整砂轮的纵向进给量有很大关系。常用的砂轮修整工具是金刚石笔。修整时，金刚石笔除去砂轮外层已钝化的磨粒，使锋利的磨粒露出。修整砂轮的纵向进给量越小，修出的砂轮上的微刃越多，砂轮表面磨粒的等高性越好，被磨削工件的表面粗糙度就越小。

4. 磨削用量的影响

提高砂轮速度 v_s 有利于减小磨削表面粗糙度。砂轮速度 v_s 越大，单位时间内参与切削的磨粒越多，残余面积减小。同时，会使工件表面金属来不及变形，表面粗糙度降低，如图 5.31（a）所示。

工件速度 v_w 增大，塑性变形增大，同时会使单位时间内磨削工件表面的磨粒数减少，表面粗糙度将增大，如图 5.31（b）所示。

横向进给量（背吃刀量 a_p）对表层金属塑性变形的影响很大。增大背吃刀量，单颗磨粒的磨屑厚度增大，磨削力增大，工件变形增大，表面粗糙度增大。在生产中，粗磨取较大的背吃刀量，以提高生产率；精磨取较小的背吃刀量或进行无进给磨削，以降低表面粗糙度，如图 5.31（c）所示。

纵向进给量 f 越大，砂轮表面磨粒与工件表面的某一点的接触次数减少，使表面粗糙度增大。此外，合理选用磨削液，可以降低表面粗糙度。磨削时，磨削热的作用占主导地位，采用合适的磨削液，可以降低磨削区温度，减少磨削烧伤、冲击切屑及脱落下来的磨粒，从而降低表面粗糙度。

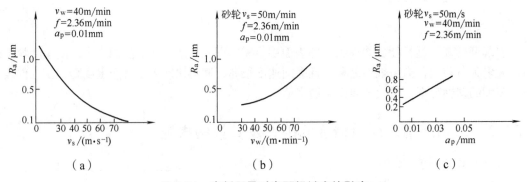

图 5.31　磨削用量对表面粗糙度的影响

5.2.3　影响零件表面层物理力学性能的主要因素及其控制措施

机械加工中，工件受切削力和切削热的作用，金属表面层的物理力学性能会产生很大的变化，造成表面层与基体材料的性能发生较大差异。主要表现为表面层金属显微硬度变化、金相组织的变化和表面层金属中产生残余应力。

5.2.3.1　表面层的加工硬化

1. 加工硬化产生的原因

机械加工过程中，工件表面层受切削力作用，产生塑性变形，使晶格扭曲、畸变，晶粒间产生滑移，晶粒被拉长，形成纤维状组织，使表面层金属的硬度增加，这种现象称为加工硬化或冷作硬化。表面层金属硬化后，金属变形阻力增大，金属塑性减小，其物理力学性能也发生变化。

同时，机械加工过程中，工件表面层受切削热的作用，使表面层金属温度升高，在一定条件下它会使已强化的金属产生回复。回复的结果是使金属失去通过加工硬化所得到的物理力学性能。回复作用的速度取决于温度的高低、温度持续时间及加工强化程度的大小。

由于金属在机械加工过程中同时受到力和热的作用，加工后金属表面层的加工硬化，实际上是硬化和回复综合作用造成的。

2. 加工硬化的表示方法

评定加工硬化的指标有三项：

① 表面层金属的显微硬度 HV；

② 硬化层深度 h（μm）；

③ 硬化程度 N。

$$N = \frac{HV - HV_0}{HV_0} \times 100\% \tag{5.24}$$

式中　　HV_0——金属原来的显微硬度（GPa）。

3. 影响加工硬化的因素

1）刀具几何形状的影响

刀具刃口半径（r_n）和后刀面的磨损对表面层的加工硬化有决定性影响。刃口半径增大，切屑变形增大，径向切削分力增大，后刀面对工件的挤压、摩擦作用加剧，工件塑性变形增大，硬化程度增大，硬化层深度也增大。因此，增大刀具前角与减小刃口半径都能减小切屑变形，减小硬化程度。

2）切削用量的影响

切削用量中，对加工硬化影响最大的是切削速度和进给量。图 5.32（a）给出了切削速度与硬化层深度的关系。在中、低速阶段，增大切削速度，后刀面与工件的作用时间缩短，使塑性变形的扩展深度减小，且切削速度增大使第 I 变形区变窄，工件材料的屈服极限提高，塑性降低。此外，在此范围中切削速度增大还会使切削温度升高，加强硬化的回复作用，硬化层深度减小。当切削速度大于 90 m/min 时，切削热在工件表面层上的作用时间也缩短了，回复作用减弱，硬化程度增加。

随着进给量增大，切削力也增大，表面层金属的塑性变形增大，硬化程度加剧，如图 5.32（b）所示。但当进给量过小时（如 f 为 0.05 ~ 0.08 mm），可能使切削厚度小于刀具刃口半径，此时刀具与工件摩擦力加剧，使加工硬化现象反而增大。背吃刀量对表层金属加工硬化的影响不大。

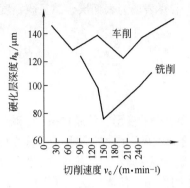

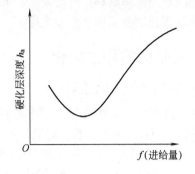

（a）切削速度对加工硬化的影响　　　　　　（b）进给量对加工硬化的影响

图 5.32　切削用量对加工硬化的影响

3）被加工材料的影响

工件材料硬度越低，塑性越大，切削后硬化程度越严重。有色金属及合金的熔点低，易回复，硬化现象较钢材轻很多，根据不同的工件材料和加工条件，采用合适的切削液，有助于减轻加工硬化现象。

5.2.3.2　表层残余应力

1. 表层残余应力产生的原因

表层残余应力是指去除外部载荷后，工件表层内部残存的并自行平衡的应力。表层残余应力的产生有以下几方面原因：

1）冷态塑性变形引起的残余应力

切削过程中在切削力作用下，金属切削层产生剧烈的塑性变形，使金属表层的比容积增大，体积增大，但其变化受到与之相连的里层金属的阻碍而在表面层产生残余压应力，里层产生残余拉应力。在已加工表面形成过程中，由于后刀面的挤压、摩擦作用，使表层金属晶格进一步变形伸长而使塑性变形加剧，表层残余压应力增大。

2）热态塑性变形引起的残余应力

切削过程中，在切削热的作用下，加工表面的表面层产生热膨胀，但金属基体温度较低，阻碍表层金属的热塑变形而使表层产生压应力。切削结束后，表面层温度降低，其收缩又受到基体的阻碍而产生拉应力。所以磨削温度越高，热塑变形就越大，残余拉应力也越大，甚至会导致磨削表面产生裂纹。

3）金相组织变化引起的残余应力

切削时，当工件表面温度高于金属相变温度，会引起金属表层金相组织变化。不同深度处温度不同，其相变也不相同。由于不同的金相组织的密度不同（马氏体 $\rho_M = 7.75\,\text{g}/\text{cm}^3$；奥氏体 $\rho_A = 7.96\,\text{g}/\text{cm}^3$；珠光体 $\rho_p = 7.78\,\text{g}/\text{cm}^3$；铁素体 $\rho_F = 7.88\,\text{g}/\text{cm}^3$），必然引起体积的变化而使表层产生残余应力。但是由于金属原有组织和温度不同，表层面产生的残余应力的性质是不同的。例如磨削淬火钢工件时，表层可能产生回火，表层组织由马氏体转变为索氏体，密度增大而体积减小，受到基体的阻碍产生表层残余拉应力。

2. 影响残余应力的因素

1）切削加工

在切削加工中，凡影响加工硬化、热塑性变形及金相组织变化的因素，都会引起表面残余应力。影响较大的因素有工件材料、切削速度、刀具前角等，且一种因素在不同的切削条件下，其影响是不相同的。例如，用正前角车刀车削 45 钢时，无论切削速度如何变化，工件表层始终产生的是残余拉应力，主要原因是 45 钢淬火性能差，切削中热因素起了主导作用，没有产生残余压应力的条件；以同样的条件车削 18CrNiMo 时，低速范围内，表面产生残余拉应力，但随着切削速度的增大，残余拉应力逐渐减小，当切削速度增大到 200～250 m/min 时，表层呈现残余压应力。其原因是低速切削中，切削热起主导作用而产生残余拉应力；随着切削速度的增大，表层温度达到或超过淬火温度，使工件表层发生局部淬火形成马氏体，金属的比容增大，此时，金相组织变化起了主导作用，而在表层产生残余压应力，且它随着切削速度的提高而增大。

2）磨削加工

磨削加工中，塑性变形严重，且磨削热量大，工件表面温度高，因而，热因素与塑性变形对工件表层残余应力的影响都很大。首先，磨削深度 a_p 对工件表层残余应力的性质、大小有很大影响。当 a_p 较小时，磨削温度较低，没有金相组织变化，塑性变形起主导作用，工件表层产生残余压应力；当 a_p 增大，磨削热随之增加，虽塑性变形加剧，但热因素逐渐占主导作用，在工件表层产生残余拉应力，且该应力随 a_p 的增大而逐渐增大；当 a_p 增大到一定程度后，尽管磨削温度很高，塑性变形又会逐渐占据主导地位，使工件表层残余拉应力减小，残余压应力逐渐增大，如图 5.33 所示。其次，工件材料及其热处理状态对残余应力的性质、磨削裂纹产生有很大关系。一般而言表层残余应力的性质取决于工件材料的强度、导热性、塑性等因素。材料的强度越高，导热性越差，塑性越低，磨削时金属表层产生残余拉应力的倾向就越大，产生磨削裂纹的可能性也越大。如碳素工具钢比碳素结构钢强度高，塑性小，导热性差，磨削时其变形阻力大，发热量较大，且磨削热易集中在金属表层，所以磨削碳素工具钢时，金属表层产生残余拉应力的倾向比磨削碳素结构钢大。

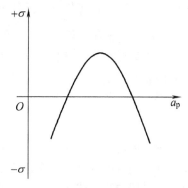

图 5.33　磨削深度对工件表层残余应力的影响

5.2.3.3　表层金属金相组织变化与磨削烧伤

1. 表层金相组织变化与磨削烧伤的原因

机械加工过程中，当切削热的作用使工件表面层温度超过工件材料的相变临界温度时，工件表层的金相组织就会发生变化。在一般的切削加工中，切屑能带走大部分的切削热。因此，切削热对工件的影响并没有那么大。而在磨削加工中，由于磨削速度很高（一般在 35～80 m/s 范围内），磨削比压大，单位切削面积上产生的磨削热比一般的切削加工要大几十倍，且由于磨削时切屑很小，带走的热量很少（不到总热量的 20%），大部分热量都传给工件表层，使工件表层具有很高的温度。严重时往往会使表层金属的金相组织发生变化，使金属表层的硬度和强度下降，产生残余应力甚至引起显微裂纹，这就是磨削烧伤现象。它将严重影响零件的使用性能。

磨削淬火钢时，在工件表层形成的瞬时高温将使表层金属产生三种金相组织变化，即三种磨削烧伤：回火烧伤、淬火烧伤和退火烧伤。

磨削烧伤时，因磨削热不同，其表面变质层深度不同，往往呈现黄、褐、紫、青等不同的烧伤颜色。这些不同的烧伤颜色即使在最后的光磨中被磨去，但实际上烧伤层并未被完全除去，将会给零件工作带来隐患。

2. 改善磨削烧伤的工艺措施

1）合理选择磨削用量

以磨外圆为例说明磨削用量对烧伤的影响。径向进给量增大，表面及表层以下不同深度的温度都会升高，烧伤增加。此时，如增大磨削速度，则会加重工件表面烧伤的程度。

工件纵向进给量增加，砂轮与工件表面接触时间减短，热作用减少，工件表面及表层以下不同深度的温度都会降低，磨削烧伤减轻。为弥补因纵向进给量增大而使表面粗糙度增大的缺陷，可采用宽砂轮磨削。

工件圆周进给速度增大，磨削区表面温度增高，由于热源的作用时间减短，使烧伤减轻，但会使工件表面粗糙度增大。一般采用提高砂轮磨削速度来弥补。因此，为了减轻磨削烧伤又能得到较小的表面粗糙度，可以同时提高磨削速度和工件圆周进给速度。

2）工件材料

工件材料的硬度和强度越高，韧性越大，热导率越小，磨削时的磨削热越多，相应的磨削区的温度越高。但工件材料的硬度过低，则砂轮易堵塞，磨削的效果也不好。

3）正确选择砂轮

砂轮硬度太高，磨粒磨钝后不易脱落，易引起烧伤。所以，选用粒度大的、较软的砂轮能提高砂轮的磨削性能，又不易塞屑，有利于防止发生烧伤。砂轮结合剂最好采用具有一定弹性的材料，如树脂、橡胶等。

4）改善冷却条件

由于砂轮高速旋转而使其表面上产生强大的气流层，使切削液很难进入磨削区内，不能有效降低磨削区的温度。因而通常用的冷却方法其效果较差。改善措施有：采用特殊喷嘴并增大流量；采用内冷却式冷却法，切削液通过砂轮的孔隙洒向砂轮四周边缘，直接进入磨削区，发挥其有效的冷却作用；采用开槽砂轮，在砂轮的圆周上开上一些横槽，将冷却液带入磨削区，防止工件烧伤。

5.2.3.4　提高和改善零件表层物理力学性能的措施

零件表面质量尤其是表面层的物理力学性能，对零件的使用性能与使用寿命有很大影响，提高和改善零件表面层的物理力学性能，主要可采用以下几个措施：

1. 选择适当的最终工序加工方法

零件表层的残余应力对零件或机器的工作性能有直接影响，而表层残余应力的性质主要取决于零件最终加工工序的加工方法。因此，零件最终工序加工方法的选择，应考虑该零件的具体工作条件及可能产生的破坏形式。

受交变应力作用的零件，从提高零件疲劳强度出发，应选择使零件产生残余压应力、避免产生残余拉应力的最终加工方法。

作相对滑动的两个零件，滑动面将逐渐产生磨损。引起滑动磨损有多方面原因，既有滑动磨损的机械作用，也有粘接、扩散与氧化磨损等物理化学因素综合作用。滑动磨损工作应力的分布，如图 5.34（a）所示。当表层所受压缩工作应力超过材料的许用应力时，将使表层金属磨损。为提高零件抵抗滑动摩擦的能力，最终加工工序应选择在零件表面产生残余拉应力的加工方法。

作相对滚动的两个零件，其相对运动面也存在机械或滚动摩擦作用，也存在粘接、扩散、氧化等物理化学方面的综合作用，滚动面同样将逐渐磨损。但引起滚动磨损的决定性因素是表层下深处 h 的最大拉应力，如图 5.34（b）所示。为提高零件抵抗滚动磨损的能力，最终加工工序应选择能在表层下深处 h 产生压应力的加工方法。

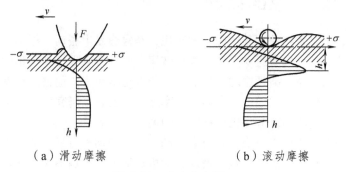

（a）滑动摩擦　　　　　　　　　　（b）滚动摩擦

图 5.34　应力分布图

各种加工方法在工件表层产生残余内应力的情况如表 5.3 所列，供选择时参考。

表 5.3　各种加工方法在工件表层产生残余内应力

加工方法	残余内应力分布	残余内应力值 σ/MPa	残余内应力深度 h/mm
车削	一般情况下，表面受拉，里层受压；磨削速度为 10 m/s，表面受压，里层受拉	200～800，刀具磨损后达 1 000	一般情况下，h 为 0.05～0.10；当用大负前角（$\gamma = -30°$）车刀、v_c 很大时，h 可达 0.65
磨削	一般，表面受压，里层受拉	200～1 000	0.05～0.30
铣削	同车削	600～1 500	—
碳钢淬硬	表面受压，里层受拉	400～750	—
钢珠滚压钢件	表面受压，里层受拉	700～800	—
喷丸强化钢件	表面受压，里层受拉	1 000～1 200	—
渗碳淬火	表面受压，里层受拉	1 000～1 100	—
镀铬	表面受拉，里层受压	400	—
镀钢	表面受拉，里层受压	200	—

2. 滚压加工

滚压加工是利用具有较高硬度的滚轮或滚珠，在常温状态下对工件表面进行挤压，使其产生塑性变形，经过滚压，使工件表面上原有的凸峰填充到相邻的凹谷中去，降低表面粗糙度，并且由于表层金属晶格发生畸变而产生冷硬层和残余压应力，提高了零件的承载能力和疲劳强度。

3. 喷丸强化

喷丸强化是利用大量高速运动的珠丸（直径为 0.4~4 mm）打击工件表面，使工件表面产生冷硬层和残余压应力，以提高零件的疲劳强度和使用寿命。喷丸强化所用的珠丸可以是铸铁的、砂石的，但钢丸更好。常用的设备是压缩空气喷丸装置。它们都能使珠丸以 35~50 m/s 的速度喷出。

喷丸强化主要用于形状复杂而不宜用其他方法强化的零件，如齿轮、连杆、弹簧、曲轴等。经喷丸强化后，零件硬化层深度可达 0.7 mm，表面粗糙度 R_a 减小到 0.4 μm，使用寿命可提高几倍到几十倍。

5.2.4　机械加工中的振动

机械加工中，工艺系统受到某些因素的干扰，经常会发生振动。振动是一种十分有害的现象，它使工艺系统的各种成型运动受到干扰和破坏。严重影响零件加工精度和表面质量；缩短机床、夹具和刀具的寿命；高频振动发生的噪声严重污染环境，危害操作者的身体健康。为减小振动，有时不得不减小切削用量，使切削效率降低。因此，研究机械加工过程中产生振动的原因及消振、减振的措施，以减小机械加工中的振动。

机械加工中的振动主要有三类，即自由振动、强迫振动和自激振动。其中自由振动是由于激振力传入引起的，是一种快速衰减的振动，对机械加工的影响不大。此处只讨论机械加工中的强迫振动和自激振动。

5.2.4.1　机械加工中的强迫振动

强迫振动是指由外界周期性激振力引起和维持的、工艺系统受迫产生的振动。它是影响精密加工质量和生产率的关键。

1. 强迫振动产生的原因

强迫振动的振源来自于机床外部和机床内部。引起强迫振动的原因有以下几个方面：

（1）高速旋转零件的质量不平衡引起的振动。如齿轮、带轮、砂轮、轴、联轴器、离合器、电动机转子等。由于形状不对称、材质不均匀以及加工装配误差等产生质心偏移，在高速旋转时产生的振动，转速越高，由质心偏移引起的周期性激振力幅值越大。

（2）往复运动件的惯性力引起的振动。如刨削运动、拉削运动等，往复运动部件在改变运动方向时所产生的惯性冲击往往是最强烈的振源。

（3）断续切削的周期性冲击引起的振动。在铣削、拉削等加工中，刀齿在切入或切出工件时，都会产生较大冲击而引起振动。

（4）传动机构的缺陷引起的振动。如平带接头连接不良、轴承滚动体大小不一、液压传动中的冲击现象都会引起强烈振动。

（5）系统外部的周期性激振力引起的振动。如附近机床的振动的影响。

2. 强迫振动的特性

机械加工中的强迫振动与一般机械振动中的强迫振动没有本质上的区别。简化工艺系统的强迫振动，使之成为一个单自由度振动系统，且不考虑很快衰减的自由阻尼振动部分，则进入稳定状态的强迫振动的运动方程式为

$$x = A \cdot \sin(\omega t - \varphi) \qquad (5.25)$$

式中　A——振动的幅值；

　　　φ——振动体位移相对于激振力的相位角；

　　　t——时间；

　　　ω——激振力的圆频率；

　　　x——振动体的位移。

可见强迫振动的特性是：

① 强迫振动是由周期性激振力引起的，不会被阻尼衰减掉。振动本身也不能改变激振力。

② 强迫振动的频率与激振力的频率相同。

③ 强迫振动的振幅不但与激振力的振幅有关，还与工艺系统的动态特性有关。设 ω_0 为系统的固有频率，比较 ω 与 ω_0，即 $\dfrac{\omega}{\omega_0}$，有：

当 $\dfrac{\omega}{\omega_0} \ll 1$（即激振力的频率很小）时，因激振频率很小，对系统的作用相当于把激振力作为静载荷加载在系统上，振动幅值很小。该现象发生在 $\dfrac{\omega}{\omega_0} < 0 \sim 0.7$ 的范围内。在该范围内只要增大系统静刚度就可消振。

当 $\dfrac{\omega}{\omega_0} \approx 1$（即激振频率接近于系统固有频率）时，强迫振动的振幅急剧增大，并达到最大值，即系统发生共振。共振的振幅值取决于阻尼的大小，若阻尼为零，则振幅无穷大。工程上常以 $\dfrac{\omega}{\omega_0} = 0.7 \sim 1.3$ 的区域作为共振区，是强迫振动的敏感区域。

$\dfrac{\omega}{\omega_0} \geqslant 1$（即激振频率远远大于固有频率）时，振幅也迅速下降而趋于消失，原因在于振动系统的惯性跟不上激振力的变化，以至无法振动。该现象发生在 $\dfrac{\omega}{\omega_0} > 1.3$ 的范围内。

④ 式（5.25）表明，强迫振动的位移总是较激振力滞后一定的相位角 φ，若 $\dfrac{\omega}{\omega_0} = 0$（或系统阻尼为零），则 $\varphi = 0$，此时位移与激振力同相；若 $\dfrac{\omega}{\omega_0} = 1$，则 $\varphi = 90°$，说明共振时位移较激振力滞后 90°；若 $\dfrac{\omega}{\omega_0} > 1$，则 φ 在 90° $\sim$ 180° 间变化。

3. 减小或消除强迫振动的措施

（1）消除或减小激振力。对高速转动的零件进行静、动平衡；提高齿轮传动、带传动等传动的平稳性；提高传动件的制造与装配精度都能减小激振力。

（2）调整振源频率。工艺系统中的旋转件转速选择时，应尽量远离工艺系统的固有频率，避开共振区。

（3）提高工艺系统刚度。提高机床各接触面的接触精度；车细长轴时采用中心架或跟刀架提高工件刚度；缩短刀具的伸出量等，都是提高工艺系统刚度的方法。

（4）隔振。将振源与工艺系统用隔振材料隔开，避免工艺系统的转动件受振源的影响，如电动机、液压泵与机床分离，在机床安装基础上装置隔振件等。

5.2.4.2　机械加工中的自激振动

1．自激振动的概念

机械加工中，在没有周期性外力作用下，由系统本身引起的交变力作用而产生的周期性振动称为自激振动，又称颤振。颤振的发生是由外界或系统某些瞬时的偶发干扰力引起的，如外圆车削时，毛坯余量不均匀或材质不均匀等，都会引起切削力变化，而可能引发系统的瞬时的微弱振动，在一定条件下就会发生颤振。但颤振的维持不是靠外界振源的激振力，而是由振动系统本身决定的。颤振的原理可用图5.35来说明：在切削过程中，工艺系统受某偶然性的外界干扰作用（如材质不均匀、余量不均匀等），使刀具与工件相对位置改变，引起切削力的波动，进而导致工艺系统的振动。由于工艺系统是一个闭合系统，自激振动也是一个闭合系统，它由振动系统（工艺系统）和调节系统（切削过程）组成。引起自激振动的交变力 $F(t)$ 由切削过程产生，而振动系统通过反馈振动量 $y(t)$ 控制调节系统。这样循环不止，就形成了稳定的自激振动。

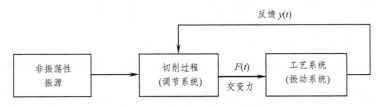

图5.35　自激振动原理框图

2．自激振动的特点

与强迫振动不同，自激振动具有以下特点：

（1）自激振动的频率接近或等于系统的固有频率，即完全取决于振动系统本身的参数，这是与强迫振动的本质区别。

（2）自激振动不因阻尼而衰减，是一种不衰减的振动。自激振动能通过振动过程获取能量补充，维持振动过程。如获得的能量大于消耗的能量，则振幅增大，振动加剧；如获得的能量小于消耗的能量，则不能够产生自激振动。

（3）自激振动的产生是由于切削过程中的偶然的干扰力诱发的，其维持是靠系统内交变力与反馈作用。当切削过程停止，动态交变力消失，自激振动也随之消失。

3．切削颤振原理

对于切削过程中产生颤振的原理，由于其机理复杂，虽然经过长期大量研究，也取得很多成果，但目前尚没有一种能涵盖各种情况的理论，现扼要介绍两种常用的学说。

1）再生颤振原理

金属切削过程中，为减小已加工表面的粗糙度，在确定刀具几何参数和切削用量后，当刀具开始切削第二圈时，刀刃必须与已切削过的第一圈表面接触而产生重叠切削，如图5.36所示。切削中，当前一圈因偶然因素（如材料硬度或加工余量不均匀），工艺系统就会产生一次自由振动，且在已加工表面上留下振纹，此振纹就成为继续切削时产生颤振的初始条件。

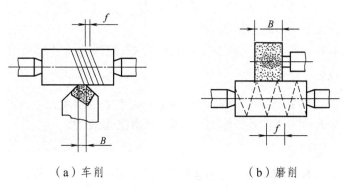

（a）车削　　　　　　　　　　（b）磨削

图 5.36　切削时的重叠现象

在切削第二圈时，由于重叠切削的影响，引起刀具在具有振纹 $y_0(t)$ 的表面上切削厚度的变化，进而引起切削力的周期性变化，使工艺系统产生振动，并在第二圈的已加工表面上产生新的振纹 $y(t)$。这个振纹在一定条件下，又在后续切削中重复再生，从而引起持续的振动，故叫做再生效应或再生颤振，如图 5.37（a）所示。

再生颤振产生和维持的条件：

首先，再生颤振的产生须以重叠切削为前提，即重叠系数 $\varepsilon = \dfrac{B-f}{B}(0 < \varepsilon \leqslant 1)$，$\varepsilon$ 越大，越容易产生再生颤振。其次，只有当后一圈切削加工的工件表面 $y(t)$〔图 5.37（b）中的虚线〕比前一圈切削后的已加工表面 $y_0(t)$〔图 5.37（b）的实线〕滞后一个相位角 φ 时，才能维持颤振。原理是，在一个振动周期内，刀具要跨越切入区（切削厚度逐渐增大的运动区间）和切出区（切削厚度逐渐减小的运动区间）两个区域。刀具切入时，切削力与刀具切入方向相反，对刀具做负功，即振动系统消耗能量 E^-；刀具切出时，切削力与刀具切出方向一致，对刀具做正功，即振动系统吸收能量 E^+。在一个振动周期中，只有系统吸收的能量大于对外释放的能量即 $E^+ > E^-$，颤振才能得以维持。此时两表面相位差 φ 在 0 与 $-\pi$ 之间。

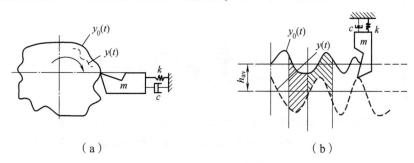

（a）　　　　　　　　　　　　　（b）

图 5.37　再生颤振的产生

2）振型耦合原理

某些切削加工（如用宽车刀车削矩形螺纹外圆）时，按再生颤振原理，没有重叠切削，不存在再生颤振的条件，但实际上当切削深度达到一定值时，仍会产生颤振。这种情况可用振型耦合原理来解释。

实际切削中的振动系统一般是多自由度系统，即切削中刀具可以沿多个方向振动，在连续切削过程中，刀尖的轨迹为一闭合椭圆形，以椭圆长轴将椭圆分为两半，即切入区与切出区。

切入区，切削力对刀具做负功；切出区，切削力对刀具做正功。当正功大于负功，则振动系统在振动循环中能获得能量，以维持颤振。

当然，颤振是否发生，跟刀具的结构、伸出量以及在切削过程中各自由度方向的刚度有关。

4. 自激振动的控制

自激振动与切削过程本身有关，更与工艺系统的结构特性有关，因而控制自激振动的措施主要是控制切削过程和改进工艺系统结构，以减小和消除激振力。

1）合理选择切削用量

生产实践表明，在较低或较高的切削速度范围内，切削的稳定性较好；而中速范围（20～70 m/min）内，容易产生颤振，且振幅较大；速度在 50～60 m/min 时，稳定性最差。因此，采用高速或低速切削，再配合以较大的进给量及较小背吃刀量，不但可以避免自激振动，而且可以保持一定的生产率。

2）合理选择刀具几何参数

增大刀具前角，切削变形减小，切削力减小，切削过程平稳，不易产生振动。增大主偏角，使背向力和切削宽度减小，也能够减小或避免振动。减小后角，刀具刚度提高，后刀面摩擦阻尼作用增强，振动减弱，当后角在 2°～3° 时，振动明显减小，但后角太小会加剧摩擦，反而容易引起振动。

3）提高工艺系统的抗振性

提高零部件结构刚度，提高接触面的接触刚度，提高刀具与工件的装夹刚度，都能提高工艺系统的抗振性。

4）采用减振装置

在采用各种消振措施后，若减振、消振效果不理想时，可使用减振器。它们是根据颤振原理，采用吸收振动能量或控制振动相位等方法。现已有许多专门的减振器和阻尼器，它们对强迫振动和自激振动都有效，可根据实际情况选用。

思考题

1. 什么是加工精度？加工误差？尺寸公差？试举例说明它们之间的区别。

2. 车床床身导轨在垂直平面内及水平面内的直线度对车削轴类零件的加工误差有什么影响？影响程度各有什么不同？

3. 试分析在车床上加工时产生下述误差的原因。

（1）在车床上镗孔时，引起被加工孔的圆度误差和圆柱度误差。

（2）在车床三爪自定心卡盘上镗孔时，引起内孔与外圆不同轴度，端面与外圆的不垂直度。

4. 在车床上用两顶尖装夹工件车削长轴时，出现如图 5.38（a）、（b）、（c）所示形状误差是什么原因？分别可采用什么办法来减小或消除？

5. 在车床上加工圆盘件端面，出现圆锥面（中凸或中凹）或端面呈螺旋面，如图 5.39 所示，试从机床几何误差的影响分析其原因是什么？

6. 在什么加工条件下容易出现误差复映现象？可采用哪些措施抑制这种现象的产生？

7. 设已知一工艺系统误差复映系数为 0.25，工件在本工序前有圆柱度（椭圆度）0.45 mm，若本工序形状精度规定公差 0.01 mm，问至少进给几次可以使工件合格？

8. 磨削外圆时，工件安装在死顶尖上的目的是什么？实际使用时应注意哪些问题？

9. 齿轮坯要加工 A、B、C、D、E 五个表面，内孔 F 已加工好，装在心轴上，如图 5.40 所示，现加工顺序如下：

先车 A、B、C 面，调头车 D、E 面（心轴调转 180°），设前顶尖相对于主轴回转中心有偏心量 e，且调头时前顶尖处于最上方偏移位置。试问 A、B、C、D、E 各面之间将出现何种相互位置误差？

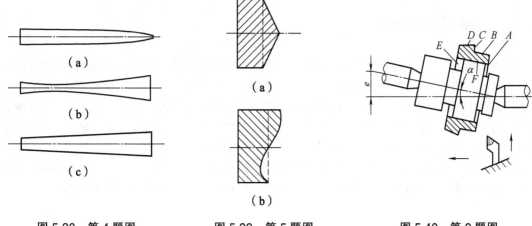

图 5.38　第 4 题图　　　　图 5.39　第 5 题图　　　　图 5.40　第 9 题图

10. 在车床上用两顶尖装夹一长度为 1 000 mm、直径为 450 mm 的 45 钢光轴。分析计算一次走刀后工件的形状误差。已知 $k_{tj} = 90\,000$ N/mm，$k_{wz} = 40\,000$ N/mm，$k_{dj} = 35\,000$ N/mm，切削力 $F_z = 600$ N，$F_y = 0.4 F_z$。

11. 磨削一批光轴，尺寸为 $\phi 30^{-0.02}_{-0.037}$ mm，加工后测量发现外圆尺寸按正态分布，$\sigma = 0.03$ mm，曲线顶峰位置向右偏离公差带中心 0.004 mm，试绘出其分布曲线图，并求出合格品率和废品率，分析废品能否修复及产生的原因。

12. 机械加工的表面质量包括哪些主要内容？加工表面质量对机器使用性能有哪些影响？举例说明。

13. 磨削烧伤的实质是什么？减少磨削烧伤的措施有哪些？

14. 什么是加工硬化？为什么在切削中一般都会产生加工硬化现象？加工硬化现象与哪些因素有关？

15. 什么是回火烧伤、淬火烧伤和退火烧伤？

16. 在高温下工作的零件，表层的加工硬化层和残余应力对使用性能会产生怎样的影响？

17. 什么是强迫振动？它有哪些主要特征？减小强迫振动有哪些基本途径？

18. 什么是自激振动？它与强迫振动相比，有哪些主要特征？

19. 车削外圆时，车刀安装高一点或低一点哪种抗振性较好？为什么？镗孔时，镗刀安装高一点或低一点哪种抗振性较好？为什么？

第6章 模具制造的其他新技术

6.1 精密铸造技术

6.1.1 陶瓷型铸造

陶瓷型铸造是在砂型铸造的基础上发展起来的一种铸造工艺。陶瓷型是用质地较纯、热稳定性较高的耐火材料制作而成，用这种铸型铸造出的铸件具有较高的尺寸精度（IT8～IT10），表面粗糙度 R_a 可达 10～1.25 μm。所以这种铸造方法亦称陶瓷型精密铸造。目前，陶瓷型铸造已成为铸造大型厚壁精密铸件的重要方法。在模具制造中常用于铸造形状特别复杂、图案花纹精致的模具，如塑料模、橡皮模、玻璃模、锻模、压铸模和冲模等。用这种工艺生产的模具，其使用寿命往往接近或超过机械加工生产的模具。但是由于陶瓷型铸造的精度和表面粗糙度还不能完全满足模具的设计要求，因此对要求较高的模具可与其他工艺结合起来应用。

6.1.1.1 陶瓷层材料

制陶瓷型所用的造型材料包括耐火材料、粘接剂、催化剂、脱模剂、透气剂等。

1. 耐火材料

陶瓷型所用耐火材料要求杂质少、熔点高、高温热膨胀系数小。可用作陶瓷型耐火材料的有：刚玉粉、铝钒土、碳化硅及锆砂（$ZrSiO_4$）等。

2. 粘接剂

陶瓷型常用的粘接剂是硅酸乙酯水解液。硅酸乙酯的分子式为 $(C_2H_5O)_4Si$，它不能起粘接剂的作用，只有水解后成为硅酸溶胶才能用作粘接剂。所以可将溶质硅酸乙酯和水在溶剂酒精中通过盐酸的催化作用发生水解反应，得到硅酸溶液（即硅酸乙酯水解液），以用作陶瓷型的粘接剂。为了防止陶瓷型在喷烧及焙烧阶段产生大的裂纹，水解时往往还要加入质量分数为 0.5%左右的醋酸或甘油。

3. 催化剂

硅酸乙酯水解液的 pH 值通常为 0.2～0.26，其稳定性较好，当与耐火粉料混合成浆料后，并不能在短时间内结胶，为了使陶瓷浆能在要求的时间内结胶，必须加入催化剂。所用的催化剂有氢氧化钙、氧化镁、氢氧化钠以及氧化钙等。

通常用氢氧化钙和氧化镁（化学纯）作催化剂，加入方法简单、易于控制。其中氢氧化钙的作用较强烈，氧化镁则较缓慢。加入量随铸型大小而定。对大型铸件，氢氧化钙的加入量为每 100 mL 硅酸乙酯水解液约 0.35 g，其结胶时间为 8 ~ 10 min，中小型铸件用量为 0.45 g，结胶时间为 3 ~ 5 min。

4. 脱模剂

硅酸乙酯水解液对模型的附着性能很强，因此在造型时为了防止粘模，影响型腔表面质量，需用脱模剂使模型与陶瓷型容易分离。常用的脱模剂有上光蜡、变压器油、机油、有机硅油及凡士林等。上光蜡与机油同时使用效果更佳，使用时应先将模型表面擦干净，用软布蘸上光蜡，在模型表面涂成均匀薄层，然后用干燥软布擦至均净光亮，再用布蘸上少许机油涂擦均匀，即可进行灌浆。

5. 透气剂

陶瓷型经喷烧后，表面能形成无数显微裂纹，这在一定程度上增进了铸件的透气性，但与砂型比较，它的透气性还是很差，故需往陶瓷浆料中加入透气剂以改善陶瓷型的透气性能。生产中常用的透气剂是双氧水。双氧水加入后会迅速分解放出氧气，形成微细的气泡，使陶瓷型的透气性提高。双氧水的加入量为耐火粉重量的 0.2% ~ 0.3%，其用量不可过多。否则，会使陶瓷型产生裂纹、变形及气孔等缺陷。使用双氧水时应注意安全，不可接触皮肤以防灼伤。

6.1.1.2　工艺过程及特点

1. 工艺过程

因为陶瓷型所用的材料一般为刚玉粉、硅酸乙酯等，这些材料都比较贵，所以只有小型陶瓷型才全部采用陶瓷浆料灌制。对于大型陶瓷型，如果也全部采用陶瓷浆造型则成本太高。为了节约陶瓷浆料、降低成本，常采用带底套的陶瓷型，即与液体金属直接接触的面层用陶瓷材料灌注，而其余部分采用砂底套（或金属底套）代替陶瓷材料。因浆料中所用耐火材料的粒度很细、透气性很差，而采用砂套可使这一情况得到改善，使铸件的尺寸精度提高，表面粗糙度减小。带砂底套陶瓷型铸造的工艺过程如图 6.1 所示。

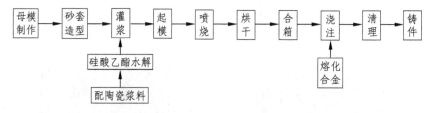

图 6.1　带水玻璃砂底套陶瓷型铸造的工艺过程

1）母模制作

用来制造陶瓷型的模型称为母模。因母模的表面粗糙度对铸件的表面粗糙度有直接影响，故母模的表面粗糙度应比铸件表面粗糙度小（一般铸件要求 $R_a = 10 ~ 2.5\ \mu m$，母模表面要求 $R_a = 2.5 ~ 0.63\ \mu m$。制造带水玻璃砂底套的陶瓷型需要粗、精两个母模，如图 6.2 所示。图 6.2（a）是用于制造砂底套用的粗母模，图 6.2（b）是用于灌制陶瓷浆料的精母模。粗母模轮廓尺寸应比精母模尺寸均匀增大或缩小，两者间相应尺寸之差就决定了陶瓷层的厚度（一般为 10 mm 左右）。为简单起见，也可在精母模与陶瓷浆接触的表面上贴一层橡皮泥或黏土后作为粗母模使用。

2）砂套造型

如图 6.2（b）所示，将粗母模置于平板上，外面套以砂箱，在母模上面竖两根圆棒后，填以水玻璃砂，击实后起模，并在砂套上打气眼，吹注二氧化碳使其硬化，即得到所需的水玻璃砂底套。砂底套顶面的两个孔，一个作灌注陶瓷浆的灌注孔，另一个是灌浆时的排气孔。

3）灌浆和喷烧

为了获得陶瓷层，在精母模外套上砂底套，使两者间的间隙均匀，将预先搅拌均匀的陶瓷材料从灌浆孔注入，充满间隙，如图 6.2（c）所示。待陶瓷浆料结胶、硬化后起模，如图 6.2（d）所示，再点火喷烧，并吹压缩空气助燃，使陶瓷型内残存的水分和少量的有机物质去除，并使陶瓷层强度增加，如图 6.2（e）所示。火焰熄灭后移入高温炉中焙烧，带水玻璃砂底套的陶瓷型焙烧温度为 300～600 ℃，升温速度约 100～300 ℃/h，保温 1～3 h 左右。出炉温度在250 ℃ 以下，以免产生裂纹。

对不同的耐火材料与硅酸乙酯水解液的配比可按表 6.1 选择。

最后将陶瓷型按图 6.2（f）所示合箱，经浇注、冷却、清理即得到所需要的铸件，如图 6.2（g）所示。

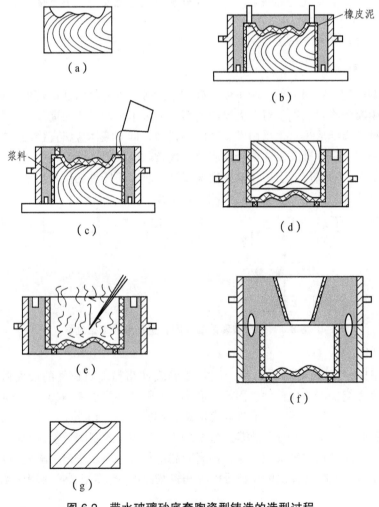

图 6.2　带水玻璃砂底套陶瓷型铸造的造型过程

表 6.1　耐火材料与水解液的配比

耐火材料种类	耐火材料（kg）：水解液（L）
刚玉粉或碳化硅粉	2：1
铝矾土粉	10：（3.5～4）
石英粉	5：2

2. 陶瓷型铸造的特点

1）铸件尺寸精度高、表面粗糙度小

由于陶瓷型采用热稳定性高，粒度细的耐火材料，灌浆层表面光滑，故能铸出表面粗糙度较小的铸件。其表面粗糙度 R_a 可达 $1.0 \sim 1.25~\mu m$。由于陶瓷型在高温下变形小，故铸件的尺寸精度也较高，可达 IT8～IT10。

2）投资少、生产准备周期短

陶瓷型铸造的生产准备工作比较简易，不需要复杂设备，一般铸造车间只要添置一些原材料及简单的辅助装备，很快即可投入生产。

3）可铸造大型精密铸件

熔模铸造虽也能铸出精密铸件，但由于自身工艺的限制，浇注的铸件一般比较小，最大件只有几十千克，而陶瓷型铸件最大件可达十几吨。

此外，由于陶瓷所用的耐火材料的热稳定性高，所以能浇铸高熔点且难于用机械加工的精密零件。但是硅酸乙酯、刚玉粉等原材料价格较贵，铸件精度还不能完全满足模具的要求。

6.1.2　消失模铸造

消失模铸造（又称实型铸造）是用泡沫塑料（EPS、STMMA 或 EPMMA）高分子材料制作成为与要生产铸造的零件结构、尺寸完全一样的实型模具，经过浸涂耐火涂料（起强化、光洁、透气作用）并烘干后，埋在干石英砂中经三维振动造型，浇铸造型砂箱在负压状态下浇入熔化的金属液，使高分子材料模型受热气化抽出，进而被液体金属取代冷却凝固后形成的一次性成型铸造新工艺生产铸件的新型铸造方法。

对于消失模铸造有多种不同的叫法，国内主要的叫法还有"干砂实型铸造""负压实型铸造"，简称 EPS 铸造。国外的叫法主要有：lost foam process（USA）、policast process（Italy）等。

与传统铸造技术相比，消失模铸造技术具有无与伦比的优势，被国内外铸造界称为"21 世纪的铸造技术"和"铸造工业的绿色革命"。

消失模铸造有下列特点：

（1）铸件质量好，成本低；

（2）材质不限，大小皆宜；

（3）精度高、表面光洁、减少清理、节省机加；

（4）内部缺陷大大减少，铸件组织致密；

（5）可实现大规模、大批量生产；

（6）适用于相同铸件的大批量生产铸造；

（7）适用于人工操作与自动化流水线生产运行控制；

（8）生产线的生产状态符合环保技术参数指标要求；

（9）可以大大改善铸造生产线的工作环境与生产条件、降低劳动强度、减少能源消耗。

6.2　模具挤压成型

6.2.1　概　述

型腔挤压法是利用金属塑性变形原理，实现模具型腔无切削加工的一种方法。加工时，把淬硬的钢制凸模在油压机的作用下缓慢挤入具有一定塑性的坯料中，得到与凸模形状相吻合的型腔表面。

挤压的模具型腔，其尺寸精度可达 IT7 级或更高，表面粗糙度 R_a 可小于 0.4 μm，金属材料的纤维不被切断，材料组织的强度和耐磨性高。

可以挤压形状复杂的型腔，一个挤压凸模可以多次使用，型腔的一致性好。适用于加工多型腔模具和有浮雕花纹及文字的型腔。

挤压的型腔材料应具有良好的塑性，在加工过程中不易产生加工硬化，如纯铜、锌合金、低碳钢。对塑性差的材料只能挤压形状简单，深度浅的模具型腔。

挤压时需要很大的挤压力和缓慢的挤压速度。

6.2.2　挤压方法

型腔挤压方式有开式挤压和闭式挤压两种。

1．开式挤压

开式挤压时，模具坯料四周未受限制，金属向四周自由流动而形成型腔。这种方法主要用于挤压深度较浅、精度要求不高、外形表面尚需加工的模具型腔。

2．闭式挤压

如图 6.3 所示，闭式挤压是将模具坯料约束在模套内，凸模挤压模具坯料时，金属径向流动受到限制，只能朝与挤压方向相反的方向流动，使挤压的型腔与凸模紧密贴合，型腔轮廓清晰。这种挤压方式主要用于精度高、表面粗糙度小、深度较大的模具型腔。

6.2.3　挤压工艺

1．模具坯料的准备

冷挤压用的坯料应选用退火状态下塑性好、硬度低，淬火后有较高硬度和耐磨性、变形小的材料。常用的材料有铝合金、铜合金、低碳钢、中碳钢及部分工具钢，如 10、20、20Cr、45、T8A、T10A、3Cr2W8V、Cr12MoV 等。具体选用应根据模具类型、生产数量、型腔复杂程度而定。

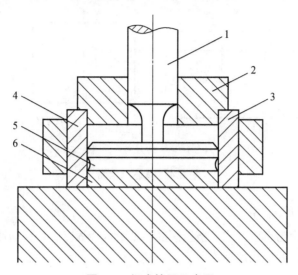

图 6.3　闭式挤压示意图

1—冲头；2—导套；3—钢圈；4—钢套；5—模坯；6—垫板

坯料挤压前应进行退火处理，低碳钢退火至 100～160 HB，中碳钢球化退火到 160～200 HB。对要求较高的模具型腔，挤压后要进行热处理，如渗碳淬火或氮化处理等，处理时要防止氧化脱碳。挤压后的型腔还应进行消除应力的处理，以防型腔工作时发生变形。

2. 坯料的形状尺寸

开式挤压的坯料形状一般不受限制，模块外径 D 与型腔内径 d 之比为：$D/d = 3～4$（见图 6.4）；而闭式挤压坯料要与模套配合好，其尺寸可按下式确定

$$D = (2.5～2)d \qquad (6.1)$$
$$H = (2.5～3)H \qquad (6.2)$$

式中　D——坯料直径；

　　　　d——型腔直径；

　　　　H——坯料高度；

　　　　h——型腔深度。

型腔底部有凸出文字图案时，为保证清晰，应将坯料做成凸起的端面或挤压时从下面用凸垫反顶，如图 6.4（a）所示。挤压较深型腔，为减少挤压力，可在坯料上开减荷穴，如图 6.4（b）所示，其直径为（0.6～0.7）d，高度取（0.6～0.7）h，使凹穴体积为型腔体积的 60% 左右。坯料顶面经挤压后要成为光洁的型腔表面，坯料顶面粗糙度 $R_a < 0.32\ \mu m$。

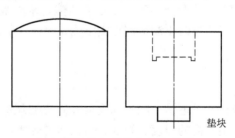

垫块

（a）型腔带有图案或文字的模坯

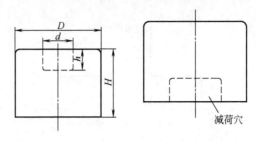

（b）模坯的尺寸和形状

图 6.4　模坯示意图

3. 型腔挤压力的计算

型腔所需的挤压力与挤压方式、挤压深度、型腔复杂程度、坯料的性质以及挤压过程中润滑情况有关，一般用经验公式计算，即

$$P = qA \times 10^{-3} \tag{6.3}$$

式中　　p——所需挤压力（kN）；

　　　　q——单位挤压力（MPa），与挤入深度有关，其值见表 6.2；

　　　　A——型腔投影面积（mm^2）。

表 6.2　挤入深度与单位挤压力

挤入深度/mm	单位挤压力/MPa
5	$(1.65\,HB - 35) \times 10$
10	$1.65\,HB \times 10$
15	$(1.65\,HB + 25) \times 10$

注：表中 HB 为布氏硬度值。

4. 挤压时的润滑

挤压过程中为防止凸模与坯料咬合，减少挤压力，提高凸模寿命，应在凸模与坯料之间进行必要的润滑。

简便的润滑方法是经过去油清洗的凸模和坯料在硫酸铜饱和溶液中浸泡 3～4 s，取出后涂以凡士林或机油稀释的二硫化钼作润滑剂。

另一方法是将凸模进行镀铜或镀锌处理，坯料进行磷酸盐表面处理。挤压时用二硫化钼作润滑剂，坯料在磷酸盐溶液中浸渍后表面形成一层不溶于水的多孔性磷酸盐薄膜。它能储存润滑剂，并能承受 600 ℃ 的高温，在挤压时可有效地使凸模与坯料隔离，提高润滑效果，防止凸模与坯料咬合。在涂润滑剂时，要防止润滑剂在文字或花纹处堆积，影响文字、图案的清晰。

5. 挤压工艺凸模与模套

1）工艺凸模

挤压工艺凸模的工作条件十分恶劣，除了承受极大的挤压力外，工作表面还要承受很大的摩擦力。因此工艺凸模应有足够高的强度、硬度、韧性和耐磨性。

挤压工艺凸模的材料见表 6.3，使用时应视其工艺条件和结构形状选取。凸模热处理后硬度应在 60 HRC 以上。

表 6.3 冷挤压工艺凸模材料

压头形状	选用材料	硬度/HRC	能承受的单位压力/MPa
简 单	T8A、T10A、T12A	$60 \sim 63$	$(2 \sim 2.5) \times 10^3$
中 等	CrWMn、9CrSi	$61 \sim 64$	$(2 \sim 2.5) \times 10^3$
复 杂	Cr12V、Cr12MoV		$(2.5 \sim 3.0) \times 10^3$

如图 6.5 所示，凸模结构分为三部分，成型工作部分、过渡部分及导向部分。成型工作部分（L_1 段）的型面尺寸与型腔尺寸一致，其精度比型腔精度高一级，表面粗糙度 $R_a = 0.32 \sim 0.08 \ \mu m$，端面圆角半径 $r \geq 0.2 \ mm$，工作部分的长度为型腔深度的 $1.1 \sim 1.3$ 倍，为便于脱模，在可能情况下，工作部分可作出 1：50 的脱模斜度。

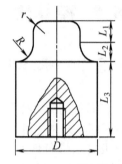

图 6.5 工艺凸模

导向部分（L_3 段）应与导向套的内孔配合，以保证工艺凸模垂直地挤入坯料，一般 $D = 1.5d$，$L_3 > (1 \sim 1.5)D$，外径 D 与导向套配合为 H8/f7，表面粗糙度 $R_a \leq 1.25 \ \mu m$，端面设有螺孔，以便取出工艺凸模。过渡部分（L_2 段）把工艺凸模工作部分与导向部分连接起来，为减少工艺凸模的应力集中，防止挤压时断裂，过渡部分应采用较大的圆弧半径平滑过渡，一般 $R \geq 5 \ mm$。

2）模 套

闭式挤压时，模套的作用是限制金属坯料的径向流动，使变形区金属处于三向压应力状态，防止坯料破裂。模套一般有单层模套和双层模套两种，如图 6.6 所示。

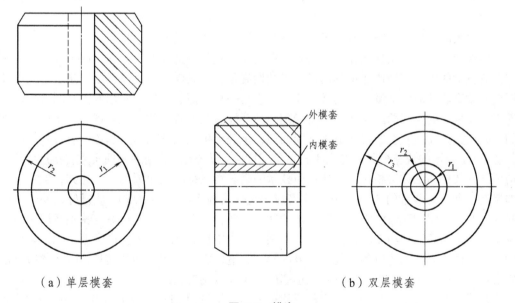

（a）单层模套　　　　　　　　　　（b）双层模套

图 6.6 模套

当单位挤压力 $q \leqslant 11 \times 10^8$ Pa 时，可采用单层模套，对单层模套，比值 r_2/r_1 越大，则模套所能承受的挤压力越大；但当 $r_2/r_1 > 4$ 后，增加模套壁厚，承受的挤压力增加已不明显，因此模套的径向尺寸常取 $r_2 = 4r_1$。

当单位挤压力 $q \geqslant 10^8$ Pa 时，可采用双层模套。有一定过盈量的内外层模套压合成一体后，内层模套受到外层模套的径向压力而形成一定的压应力，这样比同样尺寸的单层模套能承受更大的挤压力。双层模套的径向尺寸为：$r_3 = (3.5 \sim 4.0)r_1$，$r_2 = (1.7 \sim 1.8)r_1$。双层模套采用过盈配合，过盈量为配合直径的 0.008，配合表面粗糙度为 $R_a = 1.25 \sim 0.16$ μm。

单层模套和内层模套的材料一般用 45、40Cr 钢，硬度为 43 ~ 48 HRC，外层模套材料为 Q235 或 45 钢。

6.3 模具快速成型技术

6.3.1 基本原理

传统的制模技术大都是依据模样（母模）采用复制方式（如铸造、喷涂、电铸、复合材料浇注等）来制造模具的主要工作零件（凸凹模或模腔、模芯）。传统制模技术归纳起来大致有以下几种：① 低熔点（Bi-Sn）合金制模技术；② 锌基合金制模技术；③ 复合材料制模技术；④ 喷涂成型制模技术；⑤ 电铸成型制模技术；⑥ 铜基合金制模技术等。采用模具生产零件已成为当代工业生产的重要手段和工艺发展方向，然而，模具的设计与制造是一个多环节、多反复的复杂过程。由于在实际制造和检测前，很难保证产品在成型过程中每一个阶段的性能，所以长期以来模具设计都是凭经验或者是使用传统的 CAD 进行的。要设计和制造出一副适用的模具往往需要经过由设计、制造、试模和修模的多次反复，导致模具制造的周期长、成本高，甚至可能造成模具的报废，难以适应快速增长的市场需求。自进入 20 世纪 90 年代，随着规模经济概念的建立和发展，以及人们审美观的不断提高，人们对产品质量和开发阶段样品质量的概念已发生很大的变化，传统模具市场呈现逐步萎缩的态势，受到严重挑战。

应用快速成型方法快速制作模具的技术称为快速模具制造技术（Rapid Tooling，RT）。快速成型制造技术的出现，为快速模具制造技术的发展创造了条件，快速模具制造是从产品设计迅速形成高效率、低成本批量生产的必经途径，它是一种快捷、方便、实用的模具制造技术，是随着工业化生产的发展而产生的，一直受到产品开发商和模具界的广泛重视。关于快速模具制造的研究正如火如荼，新的技术成果不断涌现，呈现出生机勃勃的发展趋势，有着强大的生命力。基于 RT 技术的快速模具制造由于技术集成度高，从 CAD 数据到物理实体转换过程快，因而与传统的数控加工方法相比，快速制模技术的显著特点是：制模周期短（比如，加工一件模具的制造周期仅为前者的 3/1 ~ 1/10，生产成本也仅为前者的 1/3 ~ 1/5），质量好，易于推广，制模成本低，精度和寿命能满足某种特定的功能需要，综合经济效益良好，特别适用于新产品开发试制、工艺验证和功能验证。快速成型制造技术不仅能适应各种生产类型特别是单件小批量的模具生产，而且能适应各种复杂程度的模具制造，它既能制造塑料模具，也能制造压模等金属模具。因此，快速成型一问世，就迅速应用于模具制造上。

快速成型制造技术模具制造方面的应用可分为直接制模（Direct Rapid Tooling，DRT）和间接制模（Indirect Rapid Tooling，IRT）两种。

6.3.2　直接制模（DRT）

直接制模是用 SLS、FDM、LOM 等快速成型工艺方法直接制造出树脂模、陶瓷模和金属模等模具，其优点是制模工艺简单、精度较高、工期短，缺点是单件模具成本较高，适用于样机、样件试制。

1. SLA 工艺直接制模

利用 SLA 工艺制造的树脂件韧性较好，可作为小批量塑料零件的制造模具，这项技术已在实际生产中得到应用。杜邦（Dupont）公司开发出一种高温下工作的光固化树脂，用 SLA 工艺直接成型模具，用于注塑成型工艺，其寿命可达 22 件。

SLA 工艺制模的特点是：

（1）可以直接得到塑料模具；

（2）模具的表面粗糙度低，尺寸精度高；

（3）适于小型模具的生产；

（4）模型易发生翘曲，在成型过程中需设计支撑结构，尺寸精度不易保证；

（5）成型时间长，往往需要二次固化；

（6）紫外激光管寿命为 2 000 h，运行成本较高；

（7）材料有污染对皮肤有损害。

2. LOM 工艺直接制模

采用特殊的纸质，利用 LOM 工艺方法可直接制造出纸质模具。LOM 模具有与普通木模同等水平的强度，甚至有更优的耐磨能力，可与普通木模一样进行钻孔等机械加工，也可以进行刮腻子等修饰加工。因此，以此代替木模，不仅仅适用于单件铸造生产，而且也适用于小批量铸造生产。实践中已有使用 300 次仍可继续使用的实例（如用于铸造机枪子弹）。

此外，因具有优越的强度和造型精度，还可以用作大型木模。例如，大型卡车驱动机构外壳零件的铸模。

LOM 模具的特点是：

（1）模具翘曲变形小，成型过程无需设计和制作支撑结构；

（2）有较高的强度和良好的力学性能，能耐 200 ℃ 的高温；

（3）适用于制作大中型模具；

（4）薄壁件的抗拉强度和弹性不够好；

（5）材料利用率低；

（6）后续打磨处理时耗时费力，导致模具制作周期增加，成本提高。

目前，美国 Helisys 公司、日本 Kira 公司和新加坡的 Kinergy 公司都在努力开发这项技术。如果采用金属箔作为成型材料，LOM 工艺可以直接制造出铸造用的 EPS 消失模，批量生产金属铸件。东京技术研究所用金属板材叠层制造金属模具的系统已经问世，还有可用于三维打印的金属材料 ProMetal 和 RTS-300 等。

3. SLS 工艺直接制模

SLS 工艺可以采用树脂、陶瓷和金属粉等多种材料直接制造模具和铸件，这也是 SLS 技术的一大优势。DTM 公司提供了较宽的材料选择范围，其中 Nylon 和 Trueform 两种成型材料可以被用来制造树脂模。采用上述两种材料经 SLS 工艺制作成模具后，组合在注射模的模座上用于实际的注射成型。利用高功率激光（1 000 W 以上）对金属粉末进行扫描烧结，逐层叠加成型，成型件经过表面处理（打磨、精加工）即完成模具制作。制作的模具可作为压铸型、锻模使用。DMT 公司开发了一种在钢粉外表面包裹薄膜层聚脂 RapidSteel2.0 快速成型烧结材料，其金属粉末已由碳钢改变为不锈钢，所渗的合金由黄铜变为青铜，并且不像原来那样需要中间渗液态聚合物，其加工过程几乎缩短了一半。经 SLS 工艺快速烧结成型后可直接制作金属模具。Optomec 公司于 1998 年和 1999 年分别推出了 LENS-50、LENS-1 500 机型，以钢合金、铁镍合金和镍铝合金为原料，采用激光技术，将金属熔化沉积成型，其生产的金属模具强度可达到传统方法生产的金属零件强度，精度在 X-Y 平面可达 0.13 mm，Z 方向可达 0.4 mm，但表面粗糙度高，相当于砂型铸件的表面粗糙度，在使用前需进行精加工。

在金属和树脂混合粉末激光烧结成型法研究方面，美国 DTM 公司的 COPPER PA 材料（一种同 POLYAMIDE 的复合材料），经过 SLS 工艺制作中空的金属模具然后灌注金属树脂，强化其内部结构，并可在模具表面渗上一层树脂进行表面结构强化，即可承受注射成型的压力、温度。具体制作步骤如下：

（1）利用激光烧结快速成型机制作 COPPER PA 金属中空暂时模；

（2）利用高温树脂和硬化剂，依照一定比例调配耐高温金属树脂溶液；

（3）将调制完成之耐高温金属树脂，灌注入中空金属模具中以强化其强度；

（4）以高温振动机，将金属树脂内气泡清除，完成后，再用高温烤箱以一定规范使高温金属树脂加热硬化；

（5）取出金属树脂硬化后之金属暂时模，放于室温使整个模具完全硬化；

（6）以 CNC 加工及切除模具毛边，装置于模座上，完成暂时模的制作。

混合金属粉末激光烧结成型技术是另一个研究热点。所用的成型粉末为两种或两种以上的金属粉末混合体，其中一种熔点较低，起粘接剂的作用。德国 Electrolux RP 公司的 Eosint M 系统利用不同熔点的几种金属粉末，通过 SLS 工艺制作金属模具，由于各种金属收缩量不一致，故能相互补偿其体积变化，使制品的总收缩量小于 0.1%，而且烧结时不需要特殊气体环境，其粉末颗粒度在 50～100 um。比利时的 Schueren 等人选用 Fe-Sn、Fe-Cu 混合粉末，美国 Ausin 大学的 Agarwala 等人选用 Cu-Sn、Ni-Sn 混合粉末，Bourell 等人选用 Cu-（70Pb-30Sn）粉末材料，利用低功率激光快速成型机对混合粉末进行激光烧结即可直接制作金属模具，用于大批量的塑料零件和蜡模生产。

SLS 制模技术的特点是：

（1）制件的强度高在成型过程中无需设计、制作支撑结构；

（2）能直接成型塑料、陶瓷和金属制件；

（3）材料利用率高；

（4）适合中、小型模具的制作；

（5）成型件结构疏松、多孔，巨有内应力，制件易变形；

（6）生成陶瓷、金属制件的后处理较难，难以保证制件的尺寸精度；

（7）在成型过程中，需对整个截面进行扫描，所以成型时间较长。

4. FDM 工艺直接制模

熔融沉积制模法（FDM）采用热熔喷头，使处于半流动状态的材料按模型的 CAD 分层数据控制的路径挤压并沉积在指定的位置凝固成型，逐层沉积、凝固后形成整个模型这一技术又称为熔化堆积法、熔融挤出制模法等。

熔融沉积制模技术用液化器代替了激光器，其技术关键是得到一定黏度、易沉积、挤出尺度易调整的材料。但这种层叠技术依赖于用来作模型的成型材料的快速固化性能（大约 0.1 s）。熔融沉积快速制模技术是各种快速制模中发展速度最快的一种熔融沉积快速制模工艺同其他快速制模工艺一样，也是采用在成型平台上一层层堆积材料的方法来成型零件，但是该工艺是首先将材料通过加热或其他方式熔融成为熔体状态或半熔融状态，然后通过喷头的作用成为基本堆积单元逐步堆积成型。根据成型零件的形态一般可分为熔融喷射和熔融挤压两种成型方式。用熔融沉积制模技术可以制作多种材料的原型，如石蜡型、塑料原型、陶瓷零件等。石蜡型零件可以直接用于精密铸造，省去了石蜡模的制作过程。

FDM 快速制模技术的特点是：

（1）生成的制件强度较好，翘曲变形小；

（2）适合于中、小型制件的生成；

（3）在成型过程中需设计、制作支撑结构；

（4）在制件的表面有明显的条纹；

（5）在成型过程中需对整个截面进行扫描涂覆，故成型时间较长；

（6）所需原材料的价格比较昂贵。几乎所有的快速成型技术制作的原型都可以作为熔模铸造的消失模，各种快速成型件用于铸造模技术各有优缺点。

由于各种成型技术所采用的材料不同，所以各种快速成型件的性能也各具特色。有的快速成型件适合用作熔模铸造的消失模，如 FDM 法制作的制件受热膨胀小而且烧熔后残留物基本没有；而有的快速成型件则由于材料的缘故不适于作消失模，如用 LOM 法制作的制件，因其在烧熔后残留物较高而影响产品表面质量，但是由于其具有良好的力学性能，所以可以直接作塑料、蜂蜡和低温合金的注塑模。

所以我们在选择制模方法时，应该综合考虑各种制模方法的优缺点和制件的最终用途来决定选用哪一种直接制模法。

6.3.3 间接制模（IRT）

在直接制模法尚不成熟的情况下，具有竞争力的快速制模技术主要是快速成型与精密铸造、金属喷涂制模、电极研磨和粉末烧结等技术相结合的间接制模法。间接制模法是指利用快速成型技术首先制作模芯，然后用此模芯复制硬模具（如铸造模具），或者采用金属喷涂法获得轮廓形状，或者制作母模具复制软模具等对由快速成型技术得到的原型表面进行特殊处理后代替木模，直接制造石膏型或陶瓷型，或是由原型经硅橡胶过渡转换得到石膏型或陶瓷型，再由石膏型或陶瓷型浇注出金属模具。间接制模法能生产出表面质量、尺寸精度和力学性能较高的金属模具，国内外这方面的研究非常活跃。

随着原型制造精度的提高，各种间接制模工艺已基本成熟，其方法则根据零件生产批量大小而不同。常见的有：硅胶模（批量 50 件以下）、环氧树脂模（数百件以下）、金属冷喷涂模（3 000 件以下）、快速制作 EDM 电极加工钢模（5 000 件以上）等。

依据材质不同，间接制模法生产出来的模具一般分为软质模具和硬质模具两大类。

6.3.3.1　软质模具

软质模具因其所使用的软质材料（如硅橡胶环氧树脂、低熔点合金、锌合金、铝等）有别于传统的钢质材料而得名，由于其制造成本低和制作周期短，因而在新产品开发过程中作为产品功能检测和投入市场试运行以及国防、航空等领域。单件、小批量产品的生产方面受到高度重视，尤其适合于批量小、品种多、改型快的现代制造模式。目前，提出的软质模具主要有硅橡胶模、环氧树脂模、金属树脂模、金属喷涂模、电铸制模等。

1. 硅橡胶模

硅橡胶模以原型为样件，采用硫化的有机硅胶浇注制作硅橡胶模具，即软模（Soft Tooling）。由于硅橡胶有良好的柔险和弹性，对于结构复杂、花纹精细、无拔模斜度或具有倒拔模斜度及具有深凹槽的模具来说，制件浇注完成后均可直接取出，这是相对于其他材料制造模具的独特之处。

如发现模具有少数的缺陷，可用新调配的硅橡胶修补。采用硅胶制模较好的是美国的 3D System 公司。翻成硅橡胶模具后，向模中灌注双组分的聚氨酯，固化后即得到所需的零件。调整双组分聚氨酯的构成比例，可使所得到的聚氨酯零件力学性能接近 ABS 或 PP。也可利用 RPT 加工的模型及其他方法加工的制件作为母模来制作硅橡胶模，再通过硅橡胶模来生产金属零件。

硅橡胶模的优点：

（1）过程简单，不需要高压注射机等专用设备，制作周期短；

（2）成本低，材料选择范围较广适宜于蜡、树脂、石膏等浇注成型，广泛应用于精铸蜡模的制作、艺术品的仿制和生产样件的制作；

（3）弹胜好，工件易于脱模，复印胜能好；

（4）能在室温下浇注高性能的聚氨酯塑料件，特别适合新产品的试制。

硅橡胶模的主要缺点是制模速度慢。硅胶一般需要 24 h 才能固化，为缩短这个时间，可以预加热原材料，将时间缩短一半。聚氨酯的固化通常也需要 20 h 左右，采用预加热方法也只能缩短至 4 h 左右，也就是说白天只能制作 2 ~ 4 个零件。反注射模（RIM）就是针对硅胶模的缺点设计的。它采用自动化混合快速凝固材料的方法，用单一模具每天能造 20 ~ 40 件，若用多模具，产量还可大大地提高。

2. 环氧树脂模

硅橡胶模具仅仅适用于较少数量制品的生产，如果制品数量增大时，则可用快速成型翻制环氧树脂模具。它是将液态的环氧树脂与有机或无机材料复合为基体材料，以原型为母模浇注模具的一种制模方法，也称桥模（Bridge Tooling）制作法。

当凹模制造完成后，倒置，同样需要在原型表面及分型面上均匀涂脱模剂及胶衣树脂，分开模具。在常温下浇注的模具，一般 1 ~ 2 天基本固化定型，即能分模。取出原型，修模。刷脱模剂、胶衣树脂的目的是防止模具表面受摩擦、碰撞、大气老化和介质腐蚀等，使其在实际使用中安全可靠。采用环氧树脂浇注法制作模具工艺简单、周期短、成本低廉、树脂型模具传热性能好、强度高且型面不需再加工。环氧树脂模具寿命不及钢模，但比硅胶模寿命长，可达 1 000 ~ 5 000 件，可满足中小批量生产的需要，适用于注塑模、薄板拉伸模、吸塑模及聚氨酯发泡成型模等。瑞士的 Ciba 精细化工公司开发了树脂模具系列材料 Ciba Tool。

3. 金属树脂模（Metal Resin Mould）

金属树脂模实际生产中是用环氧树脂加金属粉（铁粉或铝粉）作为填充材料，也有的加水泥、石膏或加强纤维作填料。这种简易模具也是利用 RP 原型翻制而成，强度或耐温性比高温硅橡胶更好。国内最成功的例子是一汽模具制造有限公司设计制造了 12 套模具用于红旗轿车的改型试制。该套模具采用瑞士汽巴公司的高强度树脂浇注成型，凹凸间隙大小采用进口专用蜡片准确控制。该模具尺寸精度高，制造周期可缩短 1/2～2/3，12 套模具的制造费用共节省约 1 000 万元人民币，这种树脂冲压模具技术为我国新型轿车的试制和小批量生产开辟了一条新的途径。

4. 金属喷涂模（Metal-Spraying Mould）

金属喷涂法是以 RP & M 原件作基体样模，将低熔点金属或合金喷涂到样模表面上形成金属薄壳，然后背衬填充复合材料而快速制模的方法。金属喷涂法工艺简单、周期短、型腔和表面精细花纹可一次同时成型，耐磨性好、尺寸精度高。在制作过程中需要注意解决好涂层与原型表面的贴合和脱离间隙。金属喷涂制模具技术的应用领域非常广泛，包括注射模（塑料或蜡）、吹塑模、旋转模、塑模、反应注射模（RIM）、吸塑模、浇注模等金属喷涂模极其适用于低压成型过程，如反应注塑、吹塑、浇塑等。如用于聚氨酯制品生产时，件数能达到 10 万件以上。用金属喷涂模已生产出了尼龙、ABS、PVC 等塑料的注塑件。模具寿命视注射压力从几十到几千件，这对于小批量塑料件是一个极为经济有效的生产方法。

5. 电铸制模（Electroforming）

电铸制模的原理和过程与金属喷涂法比较类似。它是采用电化学原理，通过电解液使金属沉积在原型表面，背衬其他填充材料来制作模具的方法。电铸法首先将零件的三维 CAD 模型转化成负型模型，并用快速成型方法制造负型模型，经过导电处理后，放在铜电镀液中沉积一定厚度的铜金属（48 h，1 mm）。取出后用环氧树脂或锡填充铜壳层的底部，并连接固定一根导电铜棒，就完成了铜电极的制备。一般从 CAD 设计到完成铜。电极的制作需要 1 周时间。电铸制模制作的模具复制性好且尺寸精度高，适合于精度要求较高、形态均匀一致和形状花纹不规则的型腔模具，如人物造型模具、儿童玩具和鞋模等。

6.3.3.2　硬质模具

软质模具生产制品的数量一般为 50～5 000 件，对于上万件乃至几十万件的产品，仍然需要传统的钢质模具，硬质模具指的就是钢质模具，利用 RPM 原型制作钢质模具的主要方法有熔模铸造法、电火花加工法、陶瓷型精密铸造法等。

6.4　模具高速加工技术

6.4.1　概　述

高速加工（HSM）是指使用超硬材料刀具，在高转速、高进给量下提高加工效率和加工质量的现代加工技术。

高速切削加工是面向 21 世纪的一项高新技术，它以高效率、高精度和高表面质量为基本特征，在汽车工业、航空航天、模具制造和仪器仪表等行业中获得了越来越广泛的应用，并已取得了重大的技术经济效益，是当代先进制造技术的重要组成部分。

1. 高速加工的原理

1992 年，德国 Darmstadt 工业大学的 H.Schulz 教授在 CIRP 上提出了高速切削加工（High Speed Manu facturing，HSM）的概念及其涵盖的范围，如图 6.7 所示。认为对于不同的切削对象，图中所示的过渡区（Transition）即为通常所谓的高速切削范围，这也是金属切削工艺相关的技术人员所期待的或者可望实现的切削速度。

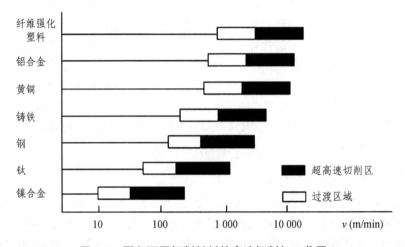

图 6.7　面向不同切削材料的高速切削加工范围

与传统加工相比，由于高速切削显著地提高了切削速度，从而导致工件与前刀面的摩擦增大并导致切屑和刀具接触面温度的提高。在该接触点，摩擦带来的高温能达到工件材料的熔点，使得切屑变软甚至液化，因而大大减小了对切削刀具的阻力，也就是减小了切削力，使得切削变得轻快，切屑的产生更加流畅。同时，由于加工产生的热量的 70%～80% 都集中在切屑上，而切屑的去除速度很快，所以传导到工件上的热量大大减少，提高了加工精度。高速切削加工技术的优点主要在于：提高生产效率；提高加工精度和表面质量；降低切削阻力。

2. 高速加工的技术特征

高速切削是实现高效率制造的核心技术，工序的集约化和设备的通用化使之具有很高的生产效率。可以说，高速切削加工是一种不增加设备数量而大幅度提高加工效率所必不可少的技术。其技术特征主要表现在以下几个方面：

（1）切削速度很高，通常认为其速度超过普通切削的 5～10 倍；

（2）机床主轴转速很高，一般将主轴转速在 10 000～20 000 r/min 以上；

（3）进给速度很高，通常达 15～50 m/min，最高可达 90 m/min；

（4）对于不同的切削材料和所采用的刀具材料，高速切削的含义也不尽相同；

（5）切削过程中，刀刃的通过频率（Tooth Passing Frequency）接近于"机床-刀具-工件"系统的主导自然频率（Dominant Natural Frequency）。

6.4.2　高速铣削技术

高速铣削加工时当今世界的先进制造技术之一,该技术的采用大约开始于 20 世纪 80 年代,20 世纪 90 年代中期开始越来越多地用于各种精密零件的加工。可加工各种金属材料及结构复杂、精度要求很高的零件。

6.4.2.1　模具高速铣削加工与传统铣削加工的比较

高速铣削加工与传统数控铣削加工方法的主要区别在于进给速度、切削速度和切削深度等工艺参数的不同。高速铣削加工采用高进给速度和小切削参数;而传统铣削加工则采用低进给速度和大切削参数。从切削用量的选择看,高速铣削加工的工艺特点体现在以下几个方面:

1. 主轴转速高

在高速铣削加工中,主轴转速能够达到 10 000 ~ 30 000 r/min,一般为 20 000 r/min。

2. 进给速度快

典型的高速铣削加工进给速度对于钢材在 5 m/min 以上。最近开发的高速铣床的切削加工进给速度远远超过这个值。

3. 切削深度小

高速铣削加工的切削深度一般在 0.3 ~ 0.6 mm,在特殊情况下切削深度也可达到 0.1 mm 以下。小的切削深度可以减小切削力,降低加工过程产生的切削热,延长刀具的使用寿命。

4. 切削行距小

高速铣削加工采用的刀具轨迹行距一般在 0.2 mm 以下。一般来说,刀具轨迹行距小可以降低加工过程中的表面粗糙度,提高加工质量,从而大量减少后续精加工过程。

6.4.2.2　模具高速铣削加工的优点

1. 加工质量好

与传统加工方法相比,用高速加工很容易生产和剪断切屑。当切屑厚度很小时,切屑温度上升,结果切屑温度更加细小。而当应力和切屑都减小时,刀具负载变小,工件变形也小,产生的摩擦热降低,同时大量的切削热量被切屑带走,所以模具和刀具的热变形很小,模具表面没有变质和微裂纹,从而大大改善工件的加工质量,并且有效的提高其加工精度。一般,高速加工的精度 IT 可达 10 μm 甚至更高,表面粗糙度 $R_a < 1$ μm,有效地减少了电加工和抛光工作量。

2. 刀具的使用寿命长

在高性能计算机数控系统的控制下,高速加工工艺能保证刀具在不同的速度下工作的负载恒定,再加上刀具每刃的切削量小,有利于延长刀具的使用寿命。

3. 工作效率高

模具制造中,采用高速铣削对模具进行高速精加工可改进模具的表面粗糙度和几何精度。除最后的油石打磨抛光工序外可免除所有的手工精整。虽然切削深度和厚度小,但由于主轴转速高，进给速度快，金属切除量反而增加了，加工效率得到提高。

4. 加工总成本低

计算模具制造工时时，尽管钳工作业的单位费用比高速铣削的单位费用低，但由于钳工作业时间占模具总加工时间的 25% ~ 38%，并且钳工精整的加工精度低，钳工造成的误差会使模具在试用阶段失效而需要更多的返修费用。所以从产量与质量而言，都应该免除或尽量减少钳工作业。采用高速铣削能加工得到很小的表面粗糙度及高的精度，加工总成本低。

5. 直接加工淬硬模具

高速加工可在高速度、大进给量的条件下完成淬硬钢的精加工，所加工的材料硬度可达 62 HRC。而传统的铣削加工只能在淬火前进行，因为淬火造成的变形必须经手工修整或采用电加工最终成型。下面则可以通过高速加工来完成，省去了电极材料、电极加工，同时避免了加工过程所导致的加工硬化。

6.5　模具零件表面强化技术

目前，我国模具的寿命还不高，模具消耗量很大，因此，提高我国的模具寿命是一个十分迫切的任务。模具热处理对使用寿命影响很大。我们经常接触到的模具损坏多半是热处理不当而引起。据统计，模具由于热处理不当，而造成模具失效的占总失效率的 50% 以上，所以国外模具的热处理，越来越多地使用真空炉、半真空炉和无氧化保护气氛炉。模具热处理工艺包括基体强韧化和表面强化处理。基体强韧化在于提高基体的强度和韧性，减少断裂和变形，故它的常规热处理必须严格按工艺进行。表面强化的主要目的是提高模具表面的耐磨性、耐蚀性和润滑性能。表面强化处理方法很多，主要有渗碳、渗氮、渗硫、渗硼、氮碳共渗、渗金属等。采用不同的表面强化处理工艺，可使模具使用寿命提高几倍甚至于几十倍，近几年又出现了一些新的表面强化工艺。

6.5.1　低温化学热处理

1. 离子渗氮

为了提高模具的抗蚀性、耐磨性、抗热疲劳和防黏附性能，可采用离子渗氮。离子渗氮的突出优点是显著地缩短了渗氮时间，可通过不同气体组分调节控制渗层组织，降低了渗氮层的表面脆性，变形小，渗层硬度分布曲线较平稳，不易产生剥落和热疲劳。可渗的基体材料比气体渗氮广，无毒，不会爆炸，生产安全，但对形状复杂模具，难以获得均匀的加热和均匀的渗层，且渗层较浅，过渡层较陡，温度测定及温度均匀性仍有待于解决。

离子渗氮温度以 450 ~ 520 ℃ 为宜，经处理 6 ~ 9 h 后，渗氮层深约 0.2 ~ 0.3 mm。温度过低，渗层太薄；温度过高，则表层易出现疏松层，降低抗粘模能力。离子渗氮其渗层厚度以 0.2 ~ 0.3 mm 为宜。磨损后的离子渗氮模具，经修复和再次离子渗氮后，可重新投入使用，从而可大大地提高模具的总使用寿命。

2. 氮碳共渗

氮碳共渗工艺温度较低（560～570℃），变形量小，经处理的模具钢表面硬度高达 900～1 000 HV，耐磨性好，耐蚀性强，有较高的高温硬度，可用于压铸模、冷镦模、冷挤模、热挤模、高速锻模及塑料模，分别可提高使用寿命 1～9 倍。但气体氮碳共渗后常发生变形，膨胀量占化合物厚度的 25% 左右，不宜用于精密模具。处理前必经去应力退火和消除残余应力。

例如：Cr12MoV 钢制钢板弹簧孔冲孔凹模，经气体氮碳共渗和盐浴渗钒处理后，可使模具寿命提高 3 倍。又如：60Si2 钢制冷镦螺钉冲头，采用预先渗氮、短时碳氮共渗、直接淬油、低温淬火及较高温度回火处理工艺，可改善芯部韧性，提高冷镦冲头寿命 2 倍以上。

3. 碳氮硼三元共渗

三元共渗可在渗氮炉中进行，渗剂为含硼有机渗剂和氨，其比例为 1∶7，共渗温度为 600 ℃，共渗时间 4 h，共渗层化合物层厚 3～4 μm，扩散层深度为 0.23 mm，表面硬度为 HV011050。经共渗处理后模具的寿命显著提高。

例如：3Cr2W8V 钢热挤压成型模，按图 6.2 所示工艺造型处理后，再经离子碳、氮、硼三元共渗处理，可使模具的使用寿命提高 4 倍以上。

6.5.2　气相沉积

气相沉积技术是一种获得薄膜（膜厚 0.1～5 μm）的技术。即在真空中产生待沉积的材料蒸气，该蒸气冷凝于基体上形成所需的膜。该项技术包括物理气相沉积（PVD）、化学气相沉积（CVD）、物理化学气相沉积（PCVD）。它是在钢、镍、钴基等合金及硬质合金表面建立碳化物等覆盖层的现代方法，覆盖层有碳化物、氮化物、硼化物和复合型化合物等。

1. 物理气相沉积

物理气相沉积技术，由于处理温度低，热畸变小，无公害，容易获得超硬层，涂层均匀等特点，应用于精密模具表面强化处理，显示出良好的应用效果。采用 PVD 处理获得的 TiN 层可保证将塑料模的使用寿命提高 3～9 倍，金属压力加工工具寿命提高 3～59 倍。螺钉头部凸模采用 TiN 层寿命不长，易发生脱落现象。

2. 化学气相沉积

化学气相沉积技术，沉积物由引入高温沉积区的气体离解所产生。CVD 处理的模具形状不受任何限制。CVD 可以在含碳量大于 0.8% 的工具钢、渗碳钢、高速钢、轴承钢、铸铁以及硬质合金等表面上进行。气相沉积 TiC、TiN 能应用于挤压模、落料模和弯曲模，也适用于粉末成型模和塑料模等。在金属模具上涂覆 TiC、TiN 覆层的工艺，其覆层硬度高达 3 000 HV，且耐磨性好、抗摩擦性能提高、冲模的使用寿命可提高 1～4 倍。

3. 物理化学气相沉积

由于 CVD 处理温度较高，气氛中含氯化氢多，如处理不当，易污染大气。为克服上述缺点，可用氩气作载体，发展中温 CVD 法，处理温度 750～850 ℃ 即可。此法在耐磨性、耐蚀性方面不亚于高温 CVD 法。PCVD 兼具 CVD 与 PVD 技术的特点，但要求精确监控，保证工艺参数稳定。

6.5.3 激光热处理

近几年来，激光热处理技术在汽车工业、工模具工业中得到了广泛的应用。它改善金属材料的耐蚀性，特别是在工模具工业中，经激光热处理的工模具的组织性能比常规热处理有很大的改善。

1. 激光淬火

由于激光处理时的冷速极快，因而可使奥氏体晶粒内部形成的亚结构在冷却时来不及回复及再结晶，从而可获得超细的隐针马氏体结构，可显著提高强韧性，延长模具使用寿命。现用于激光淬火的模具材料有 CrWMn、Cr12MoV、9CrSi、T10A、W6Mo5Cr4V2、W18Cr4V、GCr15等。这些钢种经激光淬火后，其组织性能均得到很大的改善。例如，GCr15 冲孔模，把其硬度由 HRC 58 ~ 62 降至 HRC 45 ~ 50，并用激光进行强化处理，白亮层硬度为 HV 849，基体硬度为 HV490，硬化层深度为 0.37 mm，模具使用寿命提高 2 倍以上。又如，CrWMn 钢加热时易在奥氏体晶界上形成网状的二次碳化物，显著增加脆性，降低冲击韧性，耐磨性也不能满足要求。采用激光淬火可获细马氏体和弥散分布的碳化物颗粒，消除了网状。在淬火回火态下，激光淬火可获得最大硬化层深度及最高硬度 HV1017.2。

2. 激光熔凝硬化

用高能激光照射工件表面，被照射区将以极高的速率熔化，一旦光源消除，熔区依靠金属基体自身冷却，冷却速度极快。5CrNiMo 渗硼层在激光熔凝处理后，与原始渗硼层相比，强化层深度增加，强化层硬度趋于平缓，渗硼层的脆性得到改善。

3. 激光合金化

激光表面合金化的合金元素为 W、Ti、Ni、Cr 等，以 Ni、Cr 为合金元素时，合金化层组织为以奥氏体为基体的胞状树枝晶，以 Ti 作为激光表面合金化元素时，具有组织变质作用，能使合金化层的网状碳化物变为继续网状或离散分布的碳化物。例如，T10A 以 Cr 为激光表面合金化元素时，合金化层硬度可达 HV 900 ~ 1 000。又如，CrWMn 复合粉末激光合金化，可获得综合技术指标优良的合金层，经测定，体积磨损量为淬火 CrWMn 的 1/10，其使用寿命提高 14 倍。

6.5.4 稀土元素表面强化

在模具表面强化中，稀土元素的加入对改善钢的表层组织结构、物理、化学及机械性能都有极大影响。稀土元素具有提高渗速（渗速可提高 25% ~ 30%，处理时间可缩短 1/3 以上），强化表面（稀土元素具有微合金化作用，能改善表层组织结构，强化模具表面），净化表面（稀土元素与钢中 P、S、As、Sn、Sb、Bi、Pb 等低熔点有害杂质发生作用，形成高熔点化合物，同时抑制这些杂质元素在晶界上的偏聚，降低渗层的脆性）等多种功能。

1. 稀土碳共渗

RE-C 共渗可使渗碳温度由 920 ~ 930 ℃ 降低至 860 ~ 880 ℃，减少模具变形及防止奥氏体晶粒长大；渗速可提高 25% ~ 30%（渗碳时间缩短 1 ~ 2 h）；改善渗层脆性，使冲击断口裂纹形成能量和裂纹扩展能量提高约 30%。

2. 稀土碳氮共渗

RE-C-N 共渗可提高渗速 25% ~ 32%，提高渗层显微硬度及有效硬化层深度；使模具的耐磨性及疲劳极限分别提高 1 倍及 12% 以上；模具耐蚀性提高 15% 以上。RE-C-N 共渗处理用于 5CrMnMo 钢制热锻模，其寿命提高 1 倍以上。

3. 稀土硼共渗

RE-B 共渗的耐磨性较单一渗硼提高 1.5 ~ 2 倍，与常规淬火态相比提高 3 ~ 4 倍，而韧性则较单一渗硼提高 6 ~ 7 倍；可使渗硼温度降低 100 ~ 150 ℃，处理时间缩短一半左右。采用 RE-B 共渗可使 Cr12 钢制拉深模寿命提高 5 ~ 10 倍，冲模寿命提高几倍至数十倍。

4. 稀土硼铝共渗

RE-B-Al 共渗所得共渗层，具有渗层较薄、硬度很高的特点，铝铁硼化合物具有较高的热硬性和抗高温氧化能力。H13 钢稀土硼铝共渗渗层致密，硬度高，相组成为 d 值发生变化（偏离标准值）的 FeB 和 Fe2B 相。经稀土硼铝共渗后，铝挤压模使用寿命提高 2 ~ 3 倍，铝材表面质量提高 1 ~ 2 级。

模具表面强化处理的方法还有很多，我们要结合各种模具的工作条件及其使用的经济性等因素综合考虑。因为通过扩散、浸渗、涂覆、溅射、硬化等方法，改变表面层的成分和组织，就可使零件具有内部韧、表面硬、耐磨、耐热、耐蚀、抗疲劳、抗粘接的优异性能，可几倍乃至几十倍地提高模具的使用寿命。

思考题

1. 简述陶瓷型铸造的工艺过程？
2. 冷挤压技术在模具制造中有哪些应用？
3. 快速制模技术有哪些？
4. 高速加工的优势是什么？
5. 模具表面强化的方法有哪些？

第7章 典型模具制造工艺

7.1 模架制造

7.1.1 冲压模架制造

7.1.1.1 概 述

1. 组 成

冷冲模模架一般由：上、下模座，导柱和导套所组成。

2. 作 用

具有连接和导向作用。

（1）连接作用：把冲模的工作零件及辅助零件连接起来，以构成一副完整的冲模结构。

（2）导向作用：通过导柱和导套的配合保证凸模和凹模相对运动时具有正确的位置。

3. 分 类

可分为标准模架和非标准模架。

（1）标准模架：专业模具厂按照模架国家标准（GB/T 2581.1—1990 ~ GB/T 2581.7—1990 为滑动导向模架，GB/T 2582.1—1990 ~ GB/T 2582.3—1990 为滚动导向模架）生产的模架。

（2）非标准模架：企业内部根据设计要求自己生产的模架。

4. 模架制造要点

上、下模座是平板类零件，其加工工艺主要是平面和孔的加工；导柱和导套是轴、套类零件，其主要是内、外圆柱面的加工。

7.1.1.2 冷冲模模座加工

1. 作用及性能要求

上模座通过模柄固定在压力机的滑块上，通过螺钉和销钉连接垫板、凸模固定板和凸模等零件，上模座与导套采用过盈配合或粘接方式连接。下模座主要是固定和安装凹模、凹模固定板和导柱等零件，并通过螺钉和压板固定在压力机的工作台面上。上、下模座工作时应具有足够承受冲击载荷的性能，下模座还必须有良好的抗弯性能。

2. 上、下模座的技术要求

（1）模座上下平面平行度要求，见表7.1。

（2）上、下模座，导柱、导套安装孔距应一致，导柱、导套安装孔的轴线与基准面的垂直度为：0.01/100。

（3）模座上、下平面及导柱、导套安装孔的表面粗糙度 R_a 为 1.60～0.40 μm，其余面为 6.3～3.2 μm；四周非安装面可按非加工面处理。

表 7.1　模座上下平面平行度要求

基本尺寸	模架制造精度等级		基本尺寸	模架制造精度等级	
	01、1 级	02、2 级		01、1 级	02、2 级
	平行度			平行度	
> 40～63	0.008	0.012	> 250～400	0.020	0.030
> 63～100	0.010	0.015	> 400～630	0.025	0.040
> 100～160	0.012	0.020	> 630～1 000	0.030	0.050
> 160～250	0.015	0.025	> 1 000～1 600	0.040	0.060

3. 模座的加工

首先，介绍一下模架制造工艺过程：

对于冷冲模，模座与导柱、导套组成模架；对于注塑模，合模导向机构与支承零部件组成注塑模架。冷冲模模架制造工艺过程如图 7.1 所示。注塑模模架制造工艺过程如图 7.2 所示。

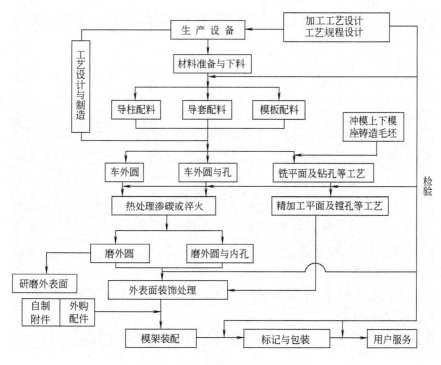

图 7.1　冷冲模模架制造工艺过程

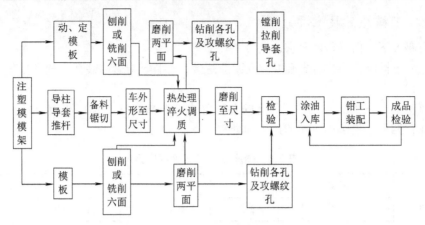

图 7.2　注塑模模架制造工艺过程

下面以冲压模模座为例介绍模座的加工。

如图 7.3 所示的冲压模模座，用来安装导柱、导套和凸、凹模等零件。

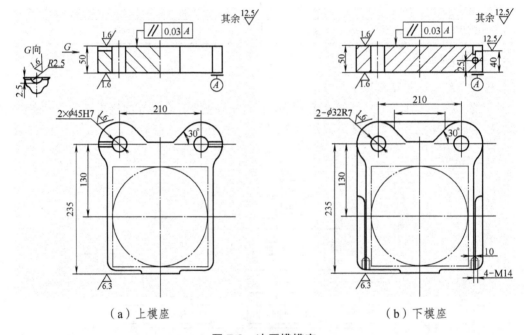

（a）上模座　　　　　　　　　　　　　（b）下模座

图 7.3　冲压模模座

该零件属于平板（块）类，主要加工内容为平面和孔系的加工。平面加工方法为刨、铣、磨；孔系加工方法为钻、镗，或扩、铰，或铣、磨等。

1）技术要求工艺性

① 主要表面：上、下平面 R_a 为 1.6 μm，4 个孔为 2-ϕ32R7（R_a 为 1.6 μm）和 2-ϕ45H7（R_a 为 1.6 μm），其加工方案为：

对于上、下平面为粗刨（或粗铣）—精刨（或精铣）—平磨。

对于孔 ϕ32R7，ϕ45H7 为钻—扩—粗铰—精铰；或钻—粗镗—半精镗—精镗。对于孔系应采用后一种，因要保证孔距间的位置精度。

② 定位基准：选择上（下）平面、相邻互相垂直的两侧面为定位基准面，即三基面体系定位，符合基准统一的原则。

③ 热处理：铸造毛坯进行时效处理。

④ 技术关键及其采取的措施：

a. 上、下平面间平行度公差等级高。

采取的措施：互为基准，磨削加工（平面磨削）。

b. 孔系中，上模座孔系对上平面、下模座孔系对下平面垂直度公差。

采取的措施：以相应的平面为定位基准加工孔系；采用坐标镗床镗孔或专用镗床（批量较大时）镗孔。

c. 上、下模座孔系同轴度及孔间距离保证一致。

采取的措施：上、下模座重叠在一起，一次装夹同时镗孔；或利用加工中心加工孔。

d. 孔系公差等级高。

采取的措施：由粗到精逐渐加工，达到加工精度要求，例如工艺路线为钻—扩—粗铰—精铰或钻—粗镗—半精镗—精镗。

2）机械加工顺序安排

机械加工顺序为先面后孔系。

3）加工阶段的划分

加工阶段划分为不明显，但有粗、半精、精加工之分。

4）一般工艺路线

铸造毛坯—时效处理—粗铣（或粗刨）上、下平面—粗铣（或粗刨）侧面（角尺面）—平磨上、下平面—钻、镗孔系或钻—扩—铰（在加工中心）。

5）上、下模座机械加工工艺规程

上、下模座机械加工工艺规程如表 7.2 所列。

表 7.2　模座机械加工工艺规程

工序号	工序名称	工艺内容	定位基准	加工设备	备 注
0	生产准备	领取毛坯、检查合格印，检查炉批号			铸 件
5	刨（铣）削	粗刨或粗铣上、下平面，留磨量 0.4～0.5 mm（单面）	上、下平面互为基准	牛头刨床（立式铣床）	
10	时 效				
15	平 磨	磨上、下平面	上、下平面互为基准	平面磨床	
20	铣 削	铣削相邻侧面，对角尺		立式铣床	
25	钳 工	① 去毛刺； ② 修锉侧面，圆弧过渡； ③ 划 2-φ45H7、2-φ32R7 孔位线			
30	镗 削	① 钻孔 φ15； ② 粗镗、半精镗、精镗孔 φ32R7； ③ 粗镗、半精镗、精镗孔 φ45H7	上、下平面，相邻侧面	在坐标镗床或专用镗床或加工中心	

续表 7.2

工序号	工序名称	工艺内容	定位基准	加工设备	备注
35	铣 削	按图铣削上模座半圆弧横槽 R2.5 深 2.5（2 处）	下平面，侧面	立式铣床	
40	钳 工	① 去毛刺； ② 划螺孔 4-M14 位置线； ③ 钻螺纹底孔 4-ϕ11.8； ④ 攻丝 4-M14			
45	检 验				
50	表面清理油封				

7.1.2　导柱导套加工

7.1.2.1　模具导柱的机械加工

1. 结构工艺性分析

如图 7.4 所示，导柱是模具结构中主要的典型的杆类零件，其主要加工方法为车、磨。

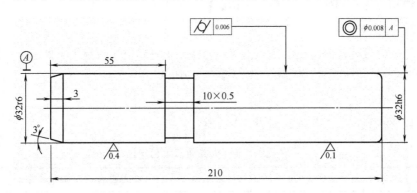

图 7.4　导柱

2. 技术要求分析

1）主要表面及其加工方案

主要表面为外圆柱 ϕ32h6 R_a0.1 μm，ϕ32r6 R_a0.4 μm，其加工方案：粗车—半精车—粗磨—精磨—研磨。

2）定位基准的选择

以两端的中心孔定位，符合基准重合、基准统一的原则。

3）热处理方法与工序的安排

如导柱材料为 20 钢渗碳，则热处理方法为渗碳，淬火、低温回火。其工序安排：粗加工—半精加工—渗碳—淬火、低温回火—精加工。如导柱材料为 T10A 钢，则热处理方法为淬火、低温回火。

4）技术关键及其采取的措施

① 主要表面外圆柱的尺寸公差等级高，圆柱度要求高，表面粗糙度值 R_a 小。

采取的措施：划分加工阶段，工艺路线采用粗车—半精车—粗磨—精磨—研磨；选择精密机床；控制切削用量；充分冷却；精磨后进行光磨。此外，热处理后精加工前修正中心孔，避免中心孔的圆度误差复映到外圆柱面上。

② 外圆柱 $\phi32h6$ 对 $\phi32r6$ 同轴度要求高。

采取措施：导柱两端打中心孔，用中心孔统一定位；热处理后修正中心孔，保证外圆柱面位置精度和使各磨削表面都有均匀的磨削余量。

3. 机械加工顺序的安排

先车端面，打中心孔，从粗加工到半精加工，直至精加工，光整加工。

4. 加工阶段划分

大致可划分成如下几个加工阶段：备料（获得一定尺寸的毛坯）阶段—粗加工和半精加工（去除毛坯的大部分余量，使其接近或达到零件的最终尺寸）阶段—热处理（达到需要硬度）—精加工阶段—光整加工阶段（使某些表面的尺寸精度及粗糙度达到设计要求）。

5. 机械加工工艺规程

冷冲模导柱机械加工工艺规程如表 7.3 所列。

表 7.3　冷冲模导柱机械加工工艺规程

工序号	工序名称	工序内容	定位基准	加工设备	备注
0	生产准备	领料，下料尺寸 $215 \times \phi35$，检查材料牌号			圆棒料
5	车　削	① 车端面，打中心孔； ② 粗车外圆 $\phi33$； ③ 切断； ④ 车另一端面，保持总长，打中心孔； ⑤ 粗车外圆 $\phi33h12$	棒料外圆	卧式车床	
10	车　削	① 半精车外圆 $\phi32h6$、$\phi32r6$，按 $\phi32h6$ $R_a 1.6\ \mu m$； ② 切槽 10×0.3； ③ 一端倒圆，另一端倒角 $3°$	中心孔定位	卧式车床	
15	热处理	淬火、低温回火 $58 \sim 62$ HRC			
20	车　工	修研中心孔			
25	磨　削	粗磨外圆按 $\phi32.3h86$ $R_a 0.8\ \mu m$	中心孔	万能外圆磨床	
30	磨　削	精磨外圆 $\phi32h6$，留研磨量 0.05 mm；精磨外圆 $\phi32r6$ $R_a 0.4\ \mu m$	中心孔	万能外圆磨床	
35	钳　工	研磨 $\phi32h6$ $R_a 0.1\ \mu m$			
40	检　验				

7.1.2.2　模具导套的机械加工

如图 7.5 所示的冷冲模导套，材料 20 钢，渗碳深 $t = (0.8 \sim 1.2)$ mm，淬火、低温回火 58 ~ 62 HRC。

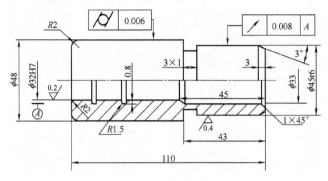

图 7.5　冷冲模导套

1．结构工艺性分析

该零件也是典型的套类零件，主要加工方法为钻、镗、车、磨。

2．技术要求工艺性

1）主要表面及其加工方案

主要表面为内圆柱面 $\phi32H7$ $R_a 0.2$ μm，外圆柱面 $\phi45r6$ $R_a 0.4$ μm，其加工方案如下：

对于内圆柱面：钻—粗镗（扩）—半精镗—粗磨—精磨。

对于外圆柱面：粗车—半精车—粗磨—精磨。

2）定位基准的选择

定位基准内、外圆柱面互为基准。

3）热处理方法的选择

如导套材料为 20 钢渗碳，则热处理为渗碳，淬火、低温回火；如导套材料为 T10A 钢，则热处理为淬火、低温回火。

4）技术关键及其采取的措施

① 主要表面内圆柱面的尺寸公差等级高，表面粗糙度值 R_a 小。

采取的措施：划分加工阶段，工艺路线采用钻—粗镗（扩）—半精镗（铰）—粗磨—精磨—研磨；选择精密机床；控制切削用量；充分冷却。

② 主要表面外圆柱面的尺寸公差等级高，表面粗糙度值 R_a 小。

采取的措施：在加工阶段划分、机床选用、切削用量的控制方面的要求与内圆柱面加工相同。此外，工艺路线为粗车—半精车—粗磨—精磨。

③ 外圆柱面 $\phi45r6$ 对内孔 $\phi32H7$ 径向跳动要求高。

采取的措施之一：以非配合外圆柱面定位夹紧，一次装夹磨削内孔 $\phi32H7$、外圆柱 $\phi45r6$，即"一刀下"的方法。但此法调整机床频繁，辅助时间长，生产效率低，仅适用于单件生产。

采取的措施之二：利用内圆柱面采用锥度心轴限位，以心轴两端中心孔定位磨削外圆柱面。此方法操作简便，生产效率高，质量稳定可靠，但需要制造专用机床夹具，因此，适用于成批生产。

3. 机械加工顺序安排

先车端面，先车作为定位基准的非配合的外圆柱面，然后钻孔，镗孔，再磨孔。其中，内孔的精加工应在外圆柱面精加工之后进行。

4. 加工阶段的划分

热处理前为粗加工、半精加工，热处理后为精加工。

5. 机械加工工艺规程

冷冲模导套机械加工工艺规程如表 7.4 所列。

表 7.4　冷冲模导套机械加工工艺规程

工序号	工序名称	工序内容	定位基准	加工设备	备注
0	生产准备	领料，下料尺寸 $\phi52\times118$，检查材料牌号		卧式车床	圆棒料 20 钢
5	车削	① 车端面； ② 车外圆 $\phi48$ 按 $\phi50.5$，$\phi45$ 按 $\phi48$； ③ 钻孔 $\phi15$ $R_a12.5\ \mu m$； ④ 切断，总长按 113.5	外圆	卧式车床	
10	车削	① 车另一端端面，总长按 113； ② 车内孔 $\phi30H10$ $R_a3.2\ \mu m$； ③ 半精车内孔 $\phi32H7$，按 $\phi31.3H9$ $R_a1.6\ \mu m$	外圆	卧式车床	
15	渗碳	渗碳层深 $t=1.15\sim1.55$ mm			
20	车削	① 车端面，去除渗层长 1.5 mm； ② 车外圆 $\phi48$； ③ 车内槽 $R1.5\times0.8$（2 处）； ④ 倒圆 $R2$（内、外各一处）	外圆	卧式车床	
25	车削	① 车去另一端渗碳层，总长保持 110 mm； ② 粗车、半精车 $\phi45r6$，按 $\phi45.7h9$ $R_a1.6\ \mu m$； ③ 切槽 3×1； ④ 倒角 30； ⑤ 车内孔 $\phi33$； ⑥ 倒内角 $1\times45°$	外圆	卧式车床	
30	热处理	淬火、低温回火 $58\sim62$ HRC			
35	磨削	粗磨内孔 $\phi31.7H8$ $R_a0.4\ \mu m$	外圆	万能外圆磨床	
40	磨削	精磨内孔 $\phi32H7$ $R_a0.2\ \mu m$	外圆	万能外圆磨床	
45	磨削	粗磨外圆 $\phi45.3$ $R_a0.8\ \mu m$	内孔	万能外圆磨床（配专用心轴）	
50	磨削	精磨外圆 $\phi45r6$ $R_a0.4\ \mu m$	内孔	万能外圆磨床（配专用心轴）	
55	钳工	① 研磨内孔 $\phi32H7$ $R_a0.2\ \mu m$； ② 研磨内槽 $R1.5\times0.8$（2 处）			
60	检验				

7.1.3　注塑模模架制造

1. 注射模的结构组成

图 7.6 所示为注射模模架的结构形式。注射模的结构有多种形式，其组成零件也不完全相同，但根据模具各零（部）件与塑料的接触情况，可以将模具的组成分为成型零件和结构零件两大类。

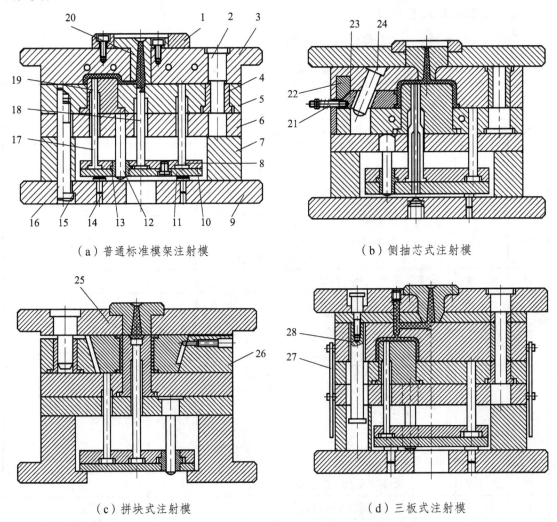

（a）普通标准模架注射模　　　　（b）侧抽芯式注射模

（c）拼块式注射模　　　　（d）三板式注射模

图 7.6　注射模模架的结构形式

1—浇口套；2—导柱；3—定模座板；4—导套；5—定模板；6—垫板；7—支撑板；8—复位杆；9—动模座板；
10—推杆固定板；11—推板；12—导柱；13—导套；14—支撑钉；15—定位销；16—螺钉；17—顶杆；
18—拉料杆；19—型芯；20—凝料；21—弹簧；22—锁紧块；23—滑块；24—斜导柱；
25—哈夫块；26—限位钉；27—限位杆；28—限位拉杆

1）成型零件

与塑料接触并构成模腔的那些零件，它们决定着塑料制品的几何形状和尺寸，如型腔、型芯等。

2）结构零件

除成型零件以外的模具零件，这些零件具有支撑、导向、排气、顶出制品、侧向抽芯、侧向分型、温度调节、引导塑料熔体向模腔流动等功能运动。

在结构零件中，合模导向装置与支撑零部件的组成构成注射模模架，如图 7.7 所示。

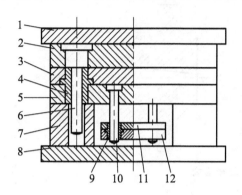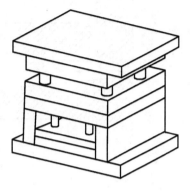

图 7.7　注射模模架

1—定模座板；2—定模板；3—动模板；4—导套；5—支撑板；6—导柱；7—垫块；8—动模座板；
9—推板导套；10—导柱；11—推杆固定板；12—推板

2. 模架的技术要求（GB/T 12555.1—1990，GB/T 12556.1—1990）

模架组合后其安装基准面应保持平行，其平行度公差等级与中小型注射模模架（$100 \times 100 \sim 560 \times 900$）分级指标，见表 7.5。

表 7.5　中小型注射模模架（$100 \times 100 \sim 560 \times 900$）分级指标

项目序号	检查项目	主参数/mm		精度分级		
				I	II	III
				公差等级		
1	定模座板的上平面对动模座板的下平面的平行度	周界	≤400	5	6	7
			400~900	6	7	8
2	模板导柱孔的垂直度	厚度	≤200	4	5	6

导柱、导套和复位杆等零件装配后要运动灵活、无阻滞现象。

模具主要分型面闭合时的贴合间隙值应符合模架精度要求。I 级精度模架为 0.02 mm、II 级精度模架为 0.03 mm、III 级精度模架为 0.04 mm。

3. 模架零件的加工

模架的基本组成零件有：导柱、导套及各种模板（平板状零件）。

导柱、导套的加工主要是内、外圆柱面加工，在冷冲模架的加工中已经讲到。

支撑零件（各种模板、支撑板）都是平板状零件，在制造过程中主要进行平面加工和孔系加工。对模板进行镗孔加工时，应在模板平面精加工后以模板的大平面及两相邻侧面作定位基准，将模板放置在机床工作台的等高垫铁上。

4. 其他结构零件的加工

1）浇口套的加工

（1）结构：如图7.8所示。

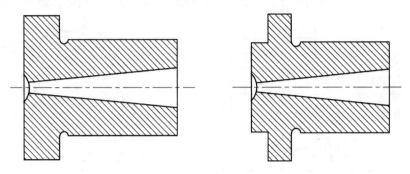

图7.8　浇口套结构

（2）材料：T8A。

（3）热处理：57 HRC。

（4）加工工艺路线，见表7.6。

表7.6　浇口套加工工艺路线

工序号	工序名称	工序说明
1	备　料	按零件结构及尺寸大小选用热轧圆钢或锻件作毛坯； 保证直径和长度方向有足够的加工余量； 若浇口套凸肩部分长度不能夹持，应将毛坯长度适当加长
2	车削加工	车外圆 d 及断面留磨削余量； 车退刀槽达设计要求； 钻孔； 加工锥孔达设计要求； 调头车 D_1 外圆达设计要求； 车外圆 D 留磨量； 车断面保证尺寸 L_5； 车球面凹坑达设计要求
3	检　验	
4	热处理	
5	磨削加工	以锥孔定位磨外圆 d 及 D 达设计要求
6	检　验	

2）侧型芯滑块的加工

（1）侧型芯滑块结构：如图7.9所示。

（2）滑块与滑槽配合：H8/g7 或 H8/h8。

（3）滑块材料：45 钢或碳素工具钢。

（4）热处理：40～45 HRC。

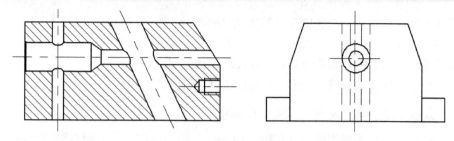

图 7.9 侧型芯滑块结构

（5）侧型芯滑块的加工路线，见表 7.7。

表 7.7 加工侧型芯滑块的工艺路线

工序号	工序名称	工艺路线
1	备料	将毛坯锻成平行六面体，保证各面有足够加工余量
2	铣削加工	铣六面
3	钳工划线	
4	铣削加工	铣滑块导部，留磨削余量； 铣各斜面达设计要求
5	钳工划线	去毛刺，导钝锐边； 加工螺纹孔
6	热处理	
7	磨削加工	磨滑块导滑面达设计要求
8	镗型芯固定孔	将滑块装入滑槽内； 按型腔侧型芯孔的位置确定侧滑块上型芯固定孔的位置尺寸； 按上述位置尺寸镗滑块上的型芯固定孔
9	镗斜导柱孔	动模板、定模板组成，楔紧块将侧型芯滑块锁紧； 将组成的动、定模板装夹在卧式镗床的工作台上； 按斜导柱孔的斜角偏转工作台，镗孔

7.2 冲压模制造工艺

7.2.1 冲裁模加工要点

1. 冲裁模制造的技术要求（见 GB/T 14662—1993）

组成模具的各零件的材料、尺寸公差、形位公差、表面粗糙度和热处理等均应符合相应的图样要求。

模架的三项技术指标：上模座上平面对下模座下平面的平行度，导柱轴心线对下模座下平面的垂直度，导套孔轴心线对上模座上平面的垂直度均应达到规定精度等级的要求。

模架的上模沿导柱上、下移动应平稳，无阻滞现象。

装配好的冲裁模其封闭高度应符合图样规定的要求。

模柄的轴心线对上模座上平面的垂直度公差，在全长范围内不大于 0.05 mm。

凸模和凹模之间的配合间隙应符合图样要求，周围间隙应均匀一致。

模具应在生产的条件下进行实验，冲出的零件应符合图样要求。

2. 冲裁模凸模和凹模的主要技术要求

（1）凸、凹模刃口表面粗糙度 R_a 0.80~0.4 μm，非工作部分的表面粗糙度允许适当增加，同时刃口要求锋利，以确保制件质量。

（2）凸模工作部分的硬度一般为 HRC 58~62，凹模硬度为 HRC 60~64，并还应具有一定的耐磨性和韧性。

（3）表面形状要求：工作刃口应尖锐、锋利、无倒链、无裂纹和黑斑等缺陷；侧壁应平行或稍有斜度。

（4）凸、凹模配合间隙的控制：制造和初次装配时采用最小合理间隙，并力求保证各方向间隙均匀一致。

3. 冲裁模凸、凹模精加工方案及顺序

1）精加工方案

冲裁模凸、凹模精加工方案，见表7.8。

表 7.8　冲裁模凸、凹模精加工方案

方　案	具体内容	适用场合
1	据设计及技术要求，凸、凹模分别加工并保证各自的加工精度	现有加工设备和采用的加工方法能保证凸、凹模的精度要求
2	先加工好凸模，再以凸模配作凹模，并保证两者的配合间隙	常用于冲孔模的制造，以保证冲孔件孔的尺寸精度
3	先加工好凹模，再以凹模配作凸模，并保证两者的配合间隙	常用于落料模的制造，以保证落料件的尺寸精度

2）配作法加工的顺序选择

冲裁模凸、凹模精加工顺序的选择，见表7.9。

表 7.9　冲裁模凸、凹模精加工顺序

冲模类型	结构特点	精加工顺序及方案
有间隙冲孔模	冲裁件中孔的基本尺寸等于凸模刃口尺寸，间隙取在凹模上	先加工凸模并达到尺寸精度，据凸模配作凹模并满足配合间隙
有间隙落料模	落料件的基本尺寸等于凹模刃口尺寸，间隙取在凸模上	先加工凹模并达到尺寸精度，据凹模配作凸模并满足配合间隙
有间隙复合模	冲裁件的外形基本尺寸等于落料凹模刃口尺寸，内孔基本尺寸等于冲孔凸模刃口尺寸，间隙取在相应的凸、凹模上	凸、凹模分别加工，达到各自的尺寸精度，并满足凸、凹模的配合间隙
无间隙冲裁模	冲裁件的外形及孔的基本尺寸等于凸、凹模刃口尺寸	凸、凹模分别加工，达到各自的尺寸精度

4. 冲裁模主要零件的加工方法

1）凸模的常用加工方法

冲裁模凸模的常用加工方法，见表 7.10。

表 7.10　冲裁模凸模的常用加工方法

凸模结构		加工方法	应用场合
圆形凸模		利用车削进行粗加工、半精加工；淬火后磨削达到尺寸精度及表面粗糙度；刃磨刃口	适合各种圆形凸模
异形凸模	带安装台阶结构	压印锉修法：利用车、铣或刨削加工毛坯，再磨削安装面和基准面，划线并铣削轮廓，留 0.2～0.3 mm 单边余量，凹模压印后锉修轮廓淬硬后抛光，刃磨刃口	无间隙冲裁模或不具备设备条件的工厂
		仿形刨削法：粗加工轮廓，留 0.2～0.3 mm 余量，凹模压印后仿形精刨，最后淬火、抛光，磨刃口	一般精度要求的凸模
	直通式结构	线切割：加工长方形坯料，磨安装面和基准面，划线加工安装孔和钼丝孔，淬硬后精磨安装面和基准面，切割成型，抛光，磨刃口	精度要求较高且形状较复杂的凸模
		成型磨削：坯料加工后，磨削安装面和基准面，划线加工安装孔，粗加工凸模轮廓，留 0.2～0.3 mm 余量，淬硬后磨安装面，最后成型磨削轮廓表面	精度要求较高但形状不太复杂的凸模

2）凹模的常用加工方法

凹模加工实际主要是凹模型孔的加工，凹模型孔的加工方法，见表 7.11。

表 7.11　凹模型孔的加工方法

型孔形式	常用加工方法	适用场合
圆形孔	钻铰法：坯料处理后，车削上下端面和外圆面；钻、铰凹模型孔；淬硬后磨削上下端面；研磨、抛光凹模型孔	直径小于 5 mm 圆形孔的加工
	磨削法：坯料处理后，车削上下底面和外圆面；钻、镗圆形孔；划线加工凹模安装孔；淬硬后上下底面和圆形孔；抛光圆形孔	直径较大的圆形孔的加工
圆形孔系	坐标镗削：毛坯处理后，粗、精加工上下底面和外形表面；磨上下底面和定位基准面；划线并坐标镗削孔系；加工凹模固定孔；淬硬后研磨抛光	型孔间位置精度要求高
	立铣法：在立铣床上用坐标法加工孔系；其他表面的工艺处理与坐标镗削法相同	孔间位置精度一般的孔系加工
异形型孔	锉削法：坯料粗加工后，按样板划出轮廓线；去除中心余量后按样板进行锉修；淬硬后研磨抛光	形状简单且精度低；设备条件较差
	仿形铣：型孔精加工在仿形铣床上加工或在立铣床上利用靠模加工；淬硬后研磨抛光	形状不太复杂且精度较低；轮廓过渡圆角较大

续表 7.11

型孔形式	常用加工方法	适用场合
异形型孔	压印锉修法：用加工好的凸模或样冲压印后进行锉修；淬硬后研磨抛光	型孔尺寸不大，形状也不太复杂
	电火花线切割：外形加工好后，划线加工凹模安装孔；淬火并磨削安装基准面；切割型孔	精度较高的各种型孔
	成型磨削：按镶拼结构加工好毛坯，划线粗加工型孔轮廓，淬火后磨削安装面；成型磨削型孔轮廓；最后研磨抛光	镶拼结构凹模型孔
	电火花加工：外形加工好，划线加工凹模安装孔，淬火后磨削安装基准面；制作电极或用凸模进行电火花加工型孔；最后研磨抛光	形状复杂且精度较高的整体式凹模

【例 7.1】 圆形凸模的机械加工工艺过程。

标准圆形凸模，如图 7.10 所示，其机械加工工艺规程见表 7.12。

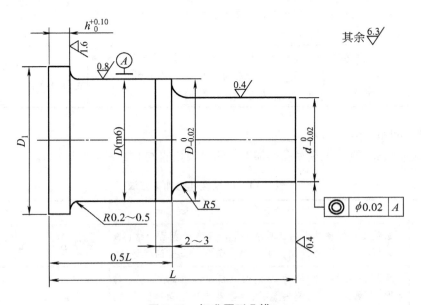

图 7.10　标准圆形凸模

表 7.12　圆形凸模的机械加工工艺规程

工序号	工序名称	工序内容	定位基准	加工设备	备注
0	生产准备	领料，下料尺寸为：$(D_1+2) \times (L+8)$，检查材料牌号			圆棒料 T10A
5	车　削	① 车两端面，打中心孔；② 切断	棒料外圆	卧式车床	
10	车　削	粗车、半精车外圆，留磨量 0.3 mm（单面）	中心孔	卧式车床	
15	热处理	淬火、低温回火 62～65 HRC			

续表 7.12

工序号	工序名称	工序内容	定位基准	加工设备	备注
20	车　削	修研中心孔，$60°$ 圆锥面 R_a 为 $0.8\ \mu m$	外　圆	卧式车床	
25	磨　削	磨削 D 及（$D_{-0.02}^{0}$）外圆 R_a 为 $0.8 \sim 0.5\ \mu m$，圆滑过渡	中心孔	万能外圆磨床	
30	磨　削	粗磨、半精磨 d，$R5$ 圆滑过渡	中心孔	万能外圆磨床	
35	线切割	切去小端中心孔，保持总长 L		线切割机	
40	钳　工	① 去毛刺； ② 研磨刃口			
45	检　验				

【例 7.2】　非圆凸模的机械加工工艺过程。

一般加工过程为：

下料—锻造—退火—粗加工—粗磨基准面—划线—工作型面半精加工—淬火、低温回火—磨削—修研。

非圆凸模，如图 7.11 所示，其机械加工工艺规程见表 7.13。模具材料为 CrWMn，硬度要求为 $58 \sim 62\ HRC$。

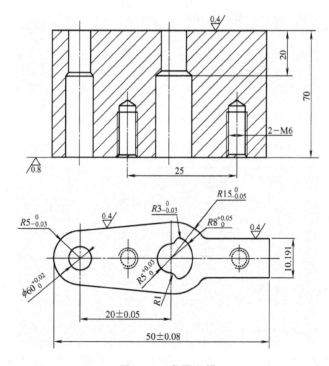

图 7.11　非圆凸模

3）卸料板及凸模固定板的加工方法

卸料板及凸模固定板上的平面加工可根据技术要求来选择合理的加工方法，对于与凸、凹模相应的型孔加工可参考上述凹模型孔的加工方法。

表 7.13　非圆凸的模机械加工工艺规程

工序号	工序名称	工序内容	定位基准	加工设备	备注
0	生产准备	领取毛坯，检查合格印			自由锻件
5	刨削	① 刨六个面，对角尺； ② 去毛刺	上、下平面，相邻侧面	牛头刨床	
10	平磨	① 磨上、下两平面，留磨量； ② 磨角尺面，对角尺	上、下平面、相邻侧面	平面磨床	
15	钳工	① 去毛刺； ② 划两个螺孔位置线、钻螺纹底孔、攻丝； ③ 划型孔和非圆孔预制孔的位置线	平面、侧面		
20	镗削	按线钻、镗型孔和非圆孔的预制孔	平面、侧面	坐标镗床	
25	钳工	① 去毛刺； ② 划凸模外轮廓线			
30	铣削	铣削外形，放磨量 0.3～0.5 mm		立式铣床	
35	钳工	① 去毛刺； ② 锉修非圆孔，留研磨量 0.03～0.05 mm			
40	热处理	淬火、低温回火 58～62 HRC			
45	平磨	磨削上、下平面	上、下平面互为基准	平面磨床	
50	钳工	① 去毛刺； ② 研磨内孔			
55	成型磨削	按一定的磨削程序磨削凸模外形	平面、凸模外轮廓	磨床（配夹具）	
60	钳工	① 精修内形孔，按冲孔凸模，修出间隙； ② 在冲孔凸模头部修出间隙，凸模外形与凹模配间隙			
65	检验				

7.2.2　弯曲模加工要点

1. 弯曲模加工的技术要求特点

（1）由于材料的回弹量很难确定和计算，所以一般是在制造弯曲模时通过试验获得合格弯曲件，在模具的凸、凹模修整后再淬火。

（2）弯曲模的几何形状及尺寸精度要求较高，而且形状大都较复杂，故一般是利用样板或样件修整凸、凹模。

（3）弯曲模的凸、凹模应圆角过渡，圆角半径和间隙应制造均匀，淬火后进行精修和抛光。

2. 弯曲模加工方案

加工方案一般按弯曲件的要求来确定，总体方案见表 7.14。

表 7.14　弯曲模加工方案

弯曲件要求	加工方案及顺序
要求有精确的内形尺寸	先加工凸模，再按凸修配作凹模，同时保证配合间隙
要求有精确的外形尺寸	先加工凹模，再按凹模修配凸模，同时保证配合间隙

3. 弯曲模凸、凹模的加工方法

弯曲模凸、凹模的加工方法，见表 7.15。

表 7.15　弯曲模凸、凹模的加工方法

结构类型	加工方法	应用场合
圆形结构	磨削加工：毛坯经过车削粗、半精加工，淬硬后进行磨削	圆形弯曲凸、凹模
非圆形结构	刨削加工：毛坯粗加工后，磨削安装面和基准面；划线，进行粗、精刨后淬火；研磨抛光	大中型弯曲凸、凹模且型面较简单
	铣削加工：毛坯粗加工后，磨削基准面；划线，粗、精铣加工，钳工精修后淬火，研磨抛光	中小型弯曲凸、凹模
	成型磨削加工：毛坯加工后磨基准面，划线粗加工型面，加工安装孔；淬火后磨型面，抛光	形状较简单但精度要求较高的弯曲模
	电火花线切割加工：毛坯加工后淬火，磨削安装面和基准面，线切割加工型面，抛光	形状复杂的小型弯曲模

7.2.3　拉深（延）模加工要点

1. 拉深模加工的技术要求特点

（1）拉深凸、凹模热处理一般在试模后进行，制件若有质量问题，以便钳工修整。

（2）拉深模凸、凹模工作部分应为圆角，工作表面的粗糙度要求很小，一般要经过抛光、研磨或作表面镀铬处理。

（3）拉深凸、凹模配合间隙要均匀，一般可按图纸制作样板，供加工时修配；修配时，对外缘尺寸要求较高时以凹模为基准，对内接尺寸要求较高时以凸模为基准。

2. 拉深模凸模的加工方法

拉深模凸模的加工方法，见表 7.16。

3. 拉深模凹模的加工方法

拉深模凹模的加工方法，见表 7.17。

表 7.16　拉深凸模常用加工方法表

凸模结构类型		常用加工方法	适用场合
回转体表面	圆筒形或锥形	毛坯锻造后退火，粗车、精车外形及圆角，淬火后磨削装配处成型面，修磨成型端面和圆角，抛光	筒形或锥形零件的拉深凸模
	曲线回转体	成型车削：毛坯加工后粗车，用成型车刀或用靠模车削成型曲面及过渡圆角，淬火后研磨、抛光	凸模精度较低，设备落后
		成型磨削：毛坯加工后粗车、半精车成型面，淬火后磨安装面，成型磨曲面及过渡圆角，抛光	凸模精度要求较高
盒形零件拉深凸模		锉修法：毛坯加工后，留一定余量进行锉修，淬火后研磨、抛光凸模表面及圆角	精度要求低的小型凸模
		铣削加工：毛坯加工后划线铣成型面，锉修圆角后淬火，研磨、抛光	精度一般凸模的常选方法
		成型刨：毛坯加工后划线，粗、精刨成型面及过渡圆角，淬火后研磨、抛光	精度要求较高的凸模
		成型磨：毛坯加工后划线，粗加工型面，淬火后成型磨削型面，抛光	精度要求较高的凸模
非回转体曲面		铣削加工：毛坯加工后划线，铣型面，修锉过渡圆角，淬火后研磨抛光	精度较低且形状不太复杂
		仿形刨：毛坯加工后划线，粗加工型面，仿形刨削型面，淬火后研磨抛光	精度较高且形状教复杂
		成型磨：毛坯加工后划线，粗加工型面，淬火后成型磨削型面，抛光	形状不太复杂且精度较高

表 7.17　拉深凹模常用加工方法

凹模结构类型			常用加工方法	应用场合
回转体类表面	圆筒形或锥形		毛坯加工后粗、精车型孔，划线加工安装孔，淬火后磨型孔、抛光	圆形凹模
	曲线回转体	无底模	与筒形凹模加工方法相同	无底中间拉深模
		有底模	毛坯加工后粗、精车型孔，精车可用靠模、仿形或数控等方法，也可用样板精修，淬火后抛光	需整形的凹模
盒形零件拉深凹模			铣削加工：毛坯加工后，划线铣削凹模型孔，再钳工锉修，淬火后研磨、抛光	精度无底要求一般的凹模
			插削加工：毛坯加工后，划线插削凹模型孔，代钳工锉修，淬火后研磨、抛光	
			线切割：毛坯加工后，划线加工安装孔，淬火后磨削安装基准面，线切割型孔，抛光	精度要求较高的无底凹模
			电火花加工：毛坯加工后，划线加工安装孔，淬火后磨基准面，电火花加工型腔，抛光	精度要求较高，须整形的凹模
非回转体曲面零件拉深凹模			仿形铣：毛坯加工后，划线仿形铣型腔，钳工精修后研磨、抛光	精度较低的有底凹模
			插削加工：毛坯加工后，划线插削型孔，钳工锉修后淬火、研磨、抛光	精度较低的无底模
			线切割：毛坯加工后，划线加工安装孔，淬火后磨削基准面，线切割型孔，抛光	精度要求较高的无底模
			电火花加工：毛坯加工后，划线加工安装孔，淬火后电火花加工型腔，抛光	高精度较小型腔的整形模

7.3　锻模制造工艺

7.3.1　锻模制造技术要求与特点

锻模是热模锻的工具。锻模模腔制成与所需锻件凹凸相反的相应形状，并作合适的分型。将锻件坯料加热到金属的再结晶温度上的锻造温度范围内，放在锻模上，再利用锻造设备的压力将坯料锻造成带有飞边或极小飞边的锻件。

根据使用设备的不同，锻模分锤锻模、机械压力机锻模、螺旋压力机锻模、平锻模等。

锻模对高温状态下的金属进行加工，工作条件较差，需承受反复冲击载荷和冷热交变作用，产生很高的应力。金属流动时还会长生摩擦效应。因此，模具在作业条件下应具有高的强度、硬度、耐磨性、韧性、耐氧化性、热传导性和抗热裂性。

7.3.2　锻模样板的设计及制造

样板是与模具某一切面或某一表面相吻合的板状检测工具，其主要作用是对模具几何形状和尺寸进行检测和调整。

1. 锻模样板的基本要求

（1）制造公差：一般取模腔尺寸偏差的 2/5 ~ 1/5，且凹模面的偏差取负值，凸模面的偏差取正值。

（2）表面粗糙度：制坯模腔和自由锻、胎模模腔样板 R_a 为 2.5 ~ 1.6 mm；普通锻模样板 R_a 为 1.25 ~ 0.4 mm；精锻模样板 R_a 为 0.63 ~ 0.2 mm。

（3）材料要求：样板一般不需要热处理。中小样板料厚 1 ~ 2 mm，大型样板料厚 2 ~ 5 mm。批量生产模具样板需进行热处理，料厚分别为：中小型样板 3 ~ 5 mm，大型样板 5 ~ 8 mm。样板表面可进行适当的防锈处理。

2. 样板设计的基本原则

在能测量模具的全部尺寸和能满足制模过程中各工序需要的前提下，样板的数量尽可能少。

3. 样板的分类和用途

样板的分类和用途见表 7.18。

表 7.18　样板的分类和用途

分　类		具体说明	用　途
通用样板		如燕尾、锁扣、键槽等锻模的典型结构，不同模具通用样板	用于不同模具相同结构要素的检测和控制
专用样板	全形样板	模具呈工作位置时，按锻件在分模面上的垂直投影形状所制的样板	主要用于分模面为平面的锻模的划线和修型；切边模的粗加工

续表 7.18

分　类		具体说明	用　途
专用样板	截面样板	反映某一截面形状或某一局部形状的样板	一般供钳工修整、靠模加工和检验某截面的形状
	立体样板	按锻件图制造的，具有主体型面且又符合样板要求的样板；可以是整体的，也可以是局部的	测量模膛立体型面，翻制截面样板或加工样板
	检验样板	形状与样板反切，精度比一般样板的高 1～2 级	用于批量生产或精度较高的模具

4. 样板的加工

样板的加工方法见表 7.19。

表 7.19　样板的加工方法

加工方法	加工工艺过程	应用场合
按图板对线法	材料磨平后划图板线及样板线，按线加工、印记、修形，修形采用与图板对比的方法，最后按要求可进行热处理或表面处理	精度不高的锻模，料厚不大于 3 mm
按放大图加工法	材料磨平后划样板线，同时划放大图板线，按线加工、印记、修形，修形采用投影放大对线法，其余与上相同	精度要求较高的锻模样板且料厚不大于 3 mm
数控线切割加工法	材料扳平后，淬火或不进行热处理，磨平，线切割加工样板，留 0.01～0.05 mm 的研磨余量，最后由钳工研磨	精密样板的加工
光学曲线磨加工法	材料磨平后划线粗加工，钳工修整后留 0.1～0.3 mm 余量，打印、钻孔，需要时进行热处理，校平，磨平面后符合工艺要求	较厚的精密样板加工

7.3.3　锻模模膛的加工

常用模膛加工方法见表 7.20。

表 7.20　常用模膛加工方法

加工方法	具体说明	应用场合
立铣加工	划线粗铣大部分余量，再用圆形球头铣刀沿划线粗铣，最后再精铣，小型模具留修磨余量，大型模具留精铣余量，热处理后再精铣修正。铣削顺序：先深后浅；尺寸控制：水平靠线，垂直深度靠样板	形状不太复杂，精度要求较低的模膛；设备条件较差的工厂
仿形铣削加工	划线，制作靠模，中小型模具精铣留修光余量，大型模具留精铣余量，热处理后精铣、修磨。粗铣用大直径球头刀精铣用圆头刀。铣刀直径小于模膛底面圆角尺寸，斜度小于出模角	用于无窄槽但结构较复杂的模膛加工

续表 7.20

加工方法	具体说明	应用场合
电火花加工	采用损耗小的电极及蚀除量大的条件进行电火花加工模膛，加工后进行一次回火处理，以便钳工精修。对大型模具加工时，可用切削加工切除大部分余量，以提高加工效率	分模面为平面精度要求较高且形状较复杂的模膛加工
电解加工	用钢电极及合适的工艺参数进行电解加工；利用废旧模具反拷电解加工后再钳工修整制成	加工变化曲率不大且较陡的模膛
冷挤压	敞开式冷挤压：冲头直接挤压坯料，坯料四周不受限制，挤压后型面需再加工	精度不高且深度较浅的多型模膛
冷挤压	封闭式冷挤压：挤压时坯料外加钢套限制金属流向，保证模块金属与冲头表面贴合，以使模膛表面轮廓清晰	用于精度要求较高的单模膛的加工
精密铸造	可制造难加工材料模膛，具有周期短，材料利用率高，便于模具复制，精度较高等优点	大型精密模具批量生产或难加工材料锻模的制造

7.3.4　锻模的维修与翻新

1. 模具的失效形式

在锻模工作过程中，模具的工作条件非常恶劣。除了承受巨大的冲击载荷外，加热的金属毛坯与型槽表面流动与模壁发生强烈的摩擦。同时，锻模承击面和型槽表面还反复受热和冷却。因此，即使在正常条件下，锻模也是容易损坏的。此外，锻模材料选择不当；锻模结构设计不合理；制造质量不高；热处理工艺不恰当；锻模安装、使用、维护不合理，都会影响模具的寿命，甚至导致锻模的损坏。

在正常的工作条件下，锻模损坏的原因有以下几种：

1) 磨　损

毛坯在型槽内流动与型槽壁承受激烈的摩擦，造成型槽表面的磨损，以致引起尺寸的变化，特别是毛边槽桥部的磨损最快，因为金属变形填满型槽后流入毛边槽时，桥部厚度薄，冷却快，金属与桥壁摩擦特别剧烈。如果锻模回火温度太高，硬度不够，或者毛坯氧化皮未除干净，型槽表面粗糙，润滑不良等，都将加剧锻模的磨损。

2) 裂　纹

锻模在反复受热和冷却的条件下工作，使材料内部受到交变的拉伸、压缩应力，逐步产生网状细小的裂纹，即所谓龟裂。在热应力和机械应力同时作用下，锻模受力较大的部位，如尖角、沟槽等处，可能引起微裂纹的扩展而导致锻模开裂。此外，由于锻模材料组织部均匀，内部存在缺陷，热处理不当，韧性较差，锻造前锻模预热不够，终锻温度过低，型槽布置不合理，锤击过猛，锻锤的锤头与锻模的燕尾接触不良等原因，都会引起裂纹的产生。

3) 变　形

由于外载过大或锻模局部温度过高，使得锻模生产塑性变形而造成局部的压塌或压堆的现象。锻模材料红硬性不好或因回火温度过高而导致硬度太低，也是造成锻模局部变形的原因。

4）焊 合

在锻打的过程中，由于型槽表面损坏，在型槽表层会出现非氧化、非润滑表面，这种表面很容易和坯料表面粘合在一起，发生粘模现象，从而造成锻件出模困难，加剧型槽表面的剥落。

2. 维修方法

锻模在使用过程中发现有局部的损坏时，应及时进行维修，以防止其扩大。例如，型槽表面出现毛刺、裂纹、圆角处隆起、局部塌陷或开裂、磨损及变形等情况时，可在车间或工位上，用风动砂轮、凿、扁铲等工具及时处理。

锻模发生局部断裂时，可用焊补的方法进行修复，如果模具比较长，由于预热不好或底座不平等原因，使得锻模从中间打断，这时可以在其两侧加夹板，然后焊接起来。锻模局部缺陷还可以采用堆焊的方法进行修复。堆焊前应将需要焊补的部位彻底清洗干净，不允许有油污或其他脏污，堆焊部位若是尖角应加工成圆角，垂直面应加工成斜面，若有裂纹应应清洗后加工成 V 形坡口。焊后用砂轮打磨修复，模具即可继续使用。

3. 模具的翻新

锻模使用一段时间后，当出现有严重的磨损，型槽边沿或突起部分塌陷，出现大量热疲劳裂纹或型槽尺寸胀大，以致不能保证锻件形状尺寸合格时，应停止使用进行翻新。锻模的翻新一般在模具加工车间进行，翻新方法有两种：

（1）将模具退火后从分模面切除一层金属，同制造新模具一样用机械加工或电加工方法将型槽加工达到要求，经检验合格后便可继续使用。

一副锻模翻新后，上下模的总高度不得小于锻锤所允许的最小高度，型槽最深处至燕尾肩部平面的最小壁厚不得小于锻锤的最小壁厚。

（2）当锻模削去一层金属后，或模具出现裂纹大的磨损，可采用气体保护焊、电渣焊或手工电弧焊进行堆焊的方法进行翻新。

堆焊时需将锻模退火，彻底清洗其损坏部位，对裂纹部位必须去掉足够的深度，下塌及龟裂部位必须铲除 5 mm 以上的疲劳层厚度。焊前需要预热锻模，并根据模具大小，预热温度为350～450 ℃，若工作量大，堆焊时间过长，温度降低到 200～250 ℃ 以下时，还应重新预热。采用手工电弧堆焊时，焊条成分与模块相近，烘干会才能使用。若用直流电弧焊机则应用反接法。堆焊时电弧应尽量短，以免焊缝中出现气孔。堆焊完后应立即退火，若不退火则在堆焊时应用干石棉粉把堆焊层及其附近表面覆盖好，使其缓慢冷却，以免产生裂纹，以后再进行加工。堆焊翻新的锻模寿命可同原来相近，也可多次进行堆焊反复翻新。

7.4 塑料模制造工艺

7.4.1 塑料模制造技术要求与特点

注射模加工的技术要求特点：

（1）注射模成型零件的加工顺序：一般先做型芯，然后按型芯配作型腔，最后进行抛光或电镀；采用镶块结构时，镶块与型腔连接不得有间隙及裂缝。这类零件要加工出模斜度。

（2）顶出机构动作要求灵活可靠且要密闭。

（3）注射模的动、定模合模接触面要严密，故加工时要保证两接触面平滑，表面粗糙度 R_a 在 0.8 μm 以下。

（4）不同种类塑料的性能和成型工艺差别较大，因此模具可能要经过反复试模和修整才能最终定型。

（5）注射模的很多配合需在装配中修磨、修配和位置调整，最终消除配合间隙。

（6）注射模成型零件结构复杂，加工较困难；一般还有复杂的浇注系统相对应。

7.4.2　塑料模型芯与型腔的加工

1. 型腔加工

注射模型腔包括整体式型腔和组合式型腔两类，整体式型腔的加工方法见表 7.21。

表 7.21　整体式型腔的加工方法

加工方法	具体说明	应用范围
切削加工	模板粗加工后磨削定位面、安装面和分型面，划线并找正，车削或铣削加工型腔，再钳工修整、抛光	精度低，形状简单的型腔
电火花成型加工	模板粗加工后，划线并找正，用电火花成型法加工型腔，最后进行抛光	精度要求高且型面复杂型腔
铸造成型	低压铸造：铸造工艺过程中要严格控制充型压力、充型时间、结晶压力和保压时间等因素；型腔铸件最后进行机械加工，达到精度要求	复杂薄壁铝合金型腔
	熔模铸造和壳型铸造：铸造获得型腔毛坯，最后进行机械加工，达到精度要求	精度高、结构复杂的型腔
	陶瓷型铸造：可以直接获得型腔零件	精度高、表面质量要求好的型腔

组合式型腔加工时，对于整体型腔嵌入式的加工可据型腔的技术要求及结构特点选择切削加工、电火花成型加工、冷挤压或电铸加工等工艺方法进行加工，再将型腔与型腔固定板用螺钉连接起来；对于拼块式型腔的加工一般先用切削加工方法拼块和固定结构的尺寸加工出来，拼块安装后切削精修或电火花精修型腔孔后抛光。

2. 型芯加工

型芯包括整体式型芯和组合式型芯。整体型芯的加工较简单，常可采用切削加工或精密铸造等工艺方法来获得，即可达到精度要求；对于组合式型芯可视其技术要求及结构特点来选择切削加工、电火花加工或线切割等工艺方法来加工。

3. 图形文字的加工

制件表面的图形文字的成型一般要在型腔表面上加工。

制件上凸起的图形文字可直接在型腔表面上加工，常用的方法有：雕刻加工、电火花成型加工或化学腐蚀法。

制件上图形文字为凹形时，型腔表面的相应图形为凸形。可选的加工方法有：电火花成型加工、镶嵌法或陶瓷铸造成型。

4. 浇注系统的加工

主浇道的结构有相应的标准，且大部分为回转体零件，如图7.12所示，可采用车削加工的方法直接加工。

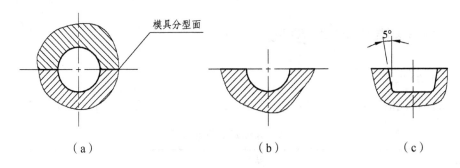

（a）　　　　　　　　　（b）　　　　　　　　　（c）

图7.12　主浇道结构类型

7.4.3　塑料模型芯与型腔的光整加工

7.4.3.1　概　述

模具表面的精度和粗糙度对模具寿命和制件质量有很大的影响，电火花加工留下的变质层、磨削加工留下的微裂纹等都会影响模具的寿命。光整加工是指降低零件的表面粗糙度，提高表面形状精度和增加表面光泽为主要目的的研磨和抛光加工。

7.4.3.2　研磨与抛光加工

1. 研磨与抛光机理

1）研磨的机理

研磨是使用研具、游离磨料对被加工表面进行微量精加工的精密加工方法。它是在工件表面和研具之间放入游离磨料和润滑剂，使两者产生相对运动，并使其有一定的压力，磨料的棱角产生切削作用去除表面凸起部分，从而提高表面精度，降低表面粗糙度。

研磨的过程中，不但有物理作用还有化学作用：

（1）微切削作用。磨料在压力的作用下，在研具和工件表面之间滚动，以锋利的棱角进行微切削加工。

（2）挤压塑性变形的作用。钝化的磨粒对加工表面进行滚压运动，挤压表面粗糙的凸峰，使其平坦、光滑，对表面产生挤压的塑性变形，还有加工硬化使表面强化的作用。

（3）化学作用。研磨剂与表面产生化学作用，生成氧化膜，又不断被磨削。从而提高研磨的效率。

2）抛光的机理

抛光是一种比研磨更微小的切削加工。研磨的研具较硬，微切削和挤压作用较大，尺寸和粗糙度有明显的变化；抛光的研具使用软材料，只能降低粗糙度而不能改变尺寸和形状的精度。粗糙度可达 $0.4 \mu m$ 以下。

2．研磨抛光的分类

（1）按操作方式分：手工研磨抛光；机械研磨抛光。

（2）按磨料的运动轨迹分：游离磨料研磨抛光；固定磨料研磨抛光。

（3）按研磨抛光的机理分：机械作用研磨抛光；非机械作用研磨抛光-电能化学能。

（4）按研磨抛光剂使用的条件分：湿研磨是磨料和研磨液组成的研磨抛光剂，用于粗研和半精研；干研磨是将磨料均匀压入研具表面中，一定压力研磨，一般用于精研加工；半干研磨是糊状研磨膏，用于粗、精研磨都可以。

3．研磨抛光的加工要素

研磨抛光的加工要素见表 7.22。

表 7.22　研磨抛光的加工要素

加工要素		内　　容
加工方式	驱动方式	手动、机动、数字控制
	运动形式	回转、往复
	加工面数	单面、双面
研　具	材　料	硬质（淬火钢、铸铁）、软质（木料、塑料）
	表面状态	平滑、沟槽、孔穴
	形　状	平面、圆柱面、球面、成型面
模　料	材　料	金属氧化物、金属碳化物、氮化物、硼化物
	粒　度	$0.01 \mu m \sim$ 数十 μm
	材　质	硬度、韧性
研磨液	种　类	油性、水性
	作　用	冷却、润滑、活性化学作用
加工参数	相对运动	$1 \sim 100 \ m/min$
	压　力	$0.001 \sim 3 \ MPa$
	时　间	视加工条件而定
环　境	温　度	视加工要求而定，超精密型为（20±1）℃
	净　化	视加工要求而定，超精密型为净化间 1 000 ~ 100 级

4．研磨抛光剂

研磨抛光剂是由磨料和研磨抛光液均匀混合而成。

1）磨　料

在机械式研磨抛光中，磨料对工件表面进行微切削和挤压作用，决定了加工的质量。根据工件表面的软硬、表面粗糙度要求，选择合适的磨料是必须做的工作。磨料种类很多，常用的磨料和适用范围见表 7.23。磨料的粒度选择要根据工件研磨抛光前的粗糙度和研磨抛光后的质量要求来确定，一般粗加工选较大粒度，精加工选较小粒度。

表 7.23　磨料种类

磨料		适用范围
系　列	名　称	
刚玉系（氧化铝系）	棕刚玉	粗、精研磨钢、铸铁和硬青铜
	白刚玉	粗研淬火钢、高速钢和有色金属
	铬刚玉	研磨低粗糙度表面、钢件
	单晶刚玉	研磨不锈钢等强度高、韧性大的工件
碳化物系	黑碳化硅	研磨铸铁、黄铜、铝
	绿碳化硅	研磨硬质合金、硬铬、玻璃、陶瓷、石料
	碳化硼	研磨抛光硬质合金、陶瓷、人造宝石等高硬度材料，为金刚石的代用品
超硬磨料系	天然金刚石	研磨硬质合金、人造宝石、玻璃、陶瓷、半导体材料等高硬难切材料
	人造金刚石	
	立体氮化硼	研磨高硬度淬火钢、高矾高钼钢、高速钢、镍基合金
软磨料系	氧化铁	精细研磨和抛光钢、淬硬钢、铸铁、光学玻璃和单晶硅
	氧化铬	

　　磨料的粒度常用筛分法和显微镜分析法来确定。

　　筛分法：筛网相邻孔距表示，称为号数，适用于 4 号 ~ 240 号，号数越大表示颗粒越小。
显微镜分析法：测量颗粒大小，用 W × 表示，号数越大表示颗粒越大。一般我们把粒度小于 100
的称为磨粒，100 ~ 240 的称为磨粉，粒度在 W40 以下的称为微粉。不同粒度可达到的表面粗
糙度，见表 7.24。

表 7.24　不同粒度可达到的表面粗糙度

研磨方法	研磨粒度	能达到的表面粗糙度 R_a/μm
粗研磨	$100^{\#} \sim 120^{\#}$	0.63 ~ 1.25
	$150^{\#} \sim 280^{\#}$	0.16 ~ 1.25
精研磨	W40 ~ W14	0.08 ~ 0.32
精密件粗研磨	W14 ~ W10	< 0.08
精密件半精研磨	W7 ~ W5	0.08 ~ 0.04
精密件精研磨	W5 ~ W0.5	0.04 ~ 0.01

2）研磨抛光液

　　研磨抛光液在研磨抛光中起着调和磨料、使其均匀分布和冷却润滑的作用。常用的研磨抛
光液有矿物油、动物油、植物油三类。

　　其中 10 号机油最为广泛，煤油在粗、精加工都可以使用，猪油也是很好的研磨抛光液，

由于含有活性油酸物质，能起化学反应，抛光效果更好。常用的抛光液见表 7.25。

表 7.25　常用的抛光液

工件材料		研磨抛光液
钢	粗　研	煤油 3 份，全损耗系统用油 1 份，透平油或锭子油少量，轻质矿物油适量
	精　研	全损耗系统用油
铸　铁		煤　油
铜		动物油（熟猪油与磨料拌成糊状，再加 30 倍煤油），适量锭子油和植物油
淬火钢、不锈钢		植物油、透平油或乳化油
硬质合金		航空汽油

3）研磨抛光膏

研磨抛光膏是磨料和研磨抛光液的混合物，一般分为硬和软两种。在硬的研磨膏中磨料主要是氧化铝、碳化硅和金刚石等，粒度微 200、240、W40 等磨粉或微粉，磨粒的硬度大于工件的硬度。软的研磨膏中主要含有氧化铝、氧化铁和氧化铬等粒度微 W20 以下的微粉。研磨膏一般可用煤油和汽油稀释。

5. 研磨抛光工具

1）研具材料

研磨抛光中直接于工件表面接触的研磨抛光工具称为研具。

一般情况下，研具的硬度稍为比工件要软一些。研具材料很多，有低碳钢、灰口铸铁、黄铜、紫铜、硬木、塑料、皮革和毛毡等。灰口铸铁中含有石墨，耐磨性和润滑性很好，研磨的效果很好常用于淬火钢、硬质合金和铸铁材料的研磨，特别是精研磨；低碳钢一般用于小孔的研磨；铜用于研磨余量较大的情况，效率高但光泽差，这能适合粗研磨的加工。其他软性材料的研具主要用于抛光为主的精研磨。

2）研　具

（1）油石：常用于粗研磨，是磨料压制烧结而成，分粗、中、细。根据表面粗糙度要求选择。

（2）研磨平板：灰口铸铁制成。

（3）研磨环：用于车床上对外圆的研磨，分固定式和可调式。

（4）研磨芯棒：固定式外圆有螺旋槽容纳研磨剂（膏），可调式外径根据孔径大小调节，如图 7.13 所示的研磨环，图 7.14 所示的研磨芯棒。

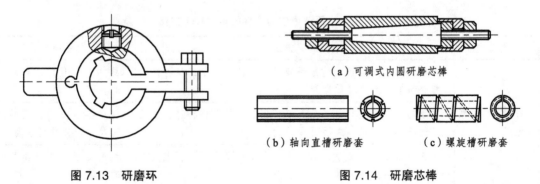

<table>
<tr><td>图 7.13　研磨环</td><td>图 7.14　研磨芯棒</td></tr>
</table>

（5）研磨抛光的辅助工具。主要有电动机械式手持抛光机，超声波-电火花研磨抛光工具等，如图 7.15 和图 7.16 所示。

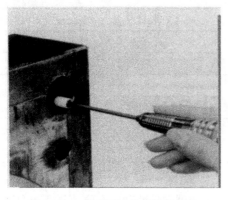

图 7.15　电动机械式手持抛光机

图 7.16　超声波-电火花研磨抛光工具

7.5　压铸模制造工艺

7.5.1　压铸模制造技术要求与特点

（1）型腔表面不得有裂缝、锐角、凹坑等表面不平整现象，并要避免热金属对型腔壁或型芯的直接冲击。

（2）为提高制件表面质量，压铸模工作表面粗糙度 R_a 应小于 0.2 μm。

（3）压铸模一般用耐热钢制造，型腔表面应有较高硬度，加工后要进行热处理及表面化学处理。

（4）模具制造合模后，分型面不允许有间隙，局部间隙不得超过 0.05 mm，分型面一般在磨削后研磨修配。

7.5.2　压铸模型芯与型腔的加工

压铸模成型零件的常用加工方法见表 7.26。

表 7.26　压铸模成型零件的常用加工方法

成型零件	加工方法	应用场合
整体镶块结构型腔	切削加工：用立铣、仿形铣或数控铣的方法加工型腔，钳工修整研磨，热处理后抛光	结构简单且精度要求不高的型腔
	冷挤压加工：毛坯加工后，冷挤压加工型腔，再进行表面化学处理和热处理，最后研磨抛光	精度要求高，多型腔加工时尺寸一致性要求高
	电火花加工：毛坯加工后淬火，利用成型电极进行电火花加工，成型后低温处理，再研磨抛光	精度要求较高且结构复杂的型腔

续表 7.26

成型零件	加工方法	应用场合
组合镶块镶孔及型孔镶块	切削加工：铣削加工型腔后钳工修整研磨；精度较高的型腔可采用成型磨削加工	结构简单且精度要求较高的型孔件
	线切割加工：毛坯加工后淬火，磨削定位面、安装面，线切割加工直通镶孔或镶块	组合结构较复杂，精度要求高
型 芯	切削加工：车削后淬火，磨削成型	圆形型芯
	参照组合镶块的加工	异形型芯

思考题

1. 冲压模模架由哪几部分组成？各自的作用是什么？

2. 模座制造有哪些技术要求？加工时要注意哪些要点？

3. 导柱和导套主要技术要求有哪些？加工时要注意哪些要点？

4. 如何确定冲裁模、弯曲模和拉深模的凸、凹模加工方案和加工顺序？

5. 冲裁模的凸、凹模有哪几种结构类型？各自应选择什么方法加工？

6. 注塑模制造有哪些技术要求？

7. 如何处理型腔（芯）表面上的图案或文字的加工？

8. 塑料模型腔光整加工的方法有哪些？

9. 锻模的样板有哪几类？各自的作用是什么？

10. 锻模的维修和翻新方法有哪些？

11. 压铸模制造的主要技术要求是什么？

第8章　模具装配工艺及调试

机械产品的装配是整个机械制造过程中的最后一个阶段，它包括装配、调整、检验和试运转等工作。机械产品的工作性能、使用效果和寿命等综合指标用来评定产品的质量，产品质量最终是通过装配来保证的。因此，研究装配工艺过程和装配精度，采用有效的装配方法，制订出合理的装配工艺规程，对保证产品质量有着十分重要的意义。

8.1　模具装配概述

8.1.1　装配概念

任何机械产品都是由若干零件和部件所组成，根据规定的技术要求将零件结合成组件和部件，并进一步将零件、组件和部件结合成产品的过程称为装配。将零件与零件的组合过程称为组装，其成品称为组件；将零件与组件的结合过程称为部装，其成品称为部件；而将零件、组件和部件的结合过程称为总装，其成品称为产品。

机械产品的质量除了和产品结构设计的正确性有关外，还取决于零件的制造质量和产品的装配工艺和装配精度。如装配不当，即使零件的制造质量合格，也不一定能装配出合格的产品；反之，当零件质量不良好时，只要在装配中采用合适的装配工艺措施，也能使产品达到规定的要求。因此，装配工艺和装配精度对保证产品的质量起到十分重要的作用。

目前，大多数工厂，装配工作主要靠手工劳动完成，自动化程度和劳动生产率都不高。所以，产品结构设计的工艺性、零件加工质量管理及装配中手工刮研、修锉工作量的多少将直接影响产量、质量和成本。

8.1.2　装配工作的基本内容

1. 清　洗

清洗的目的是去除零件表面的油污和机械杂质。轴承、密封件、配偶件等就更为必要。清洗的方法有擦、浸、喷等。常用清洗液有煤油、汽油和各种化学清洗剂。

2. 连　接

连接的方式有两种：可拆卸连接和不可拆卸连接。

可拆卸连接是相互连接的零件拆卸时不损坏任何零件，且拆卸后还能重新装在一起，如螺纹连接、键连接和销连接。

不可拆卸连接是连接后的零件是不可拆卸的，如要拆卸会损坏某些零件。常见的不可拆卸有焊接、铆接和过盈连接。其中过盈连接多用于轴与孔的配合，过盈连接有压入配合、热胀配合和冷缩配合。一般机械常用压入式配合。

3. 校正、调整与配作

校正指产品中相关零部件相互位置的找正、找平及相应的调整工作。校正在产品总装和大型设备的基体件装配中应用较多。

调整是指相关零件相互位置的具体调节工作，它除了配合校正工作去调节零部件的位置精度外，还用来调节运动副的间隙。

对转速较高、运动平稳性能要求高的产品，为了防止运行中出现振动，对其旋转零部件还要进行平衡工作（动平衡、静平衡或整机平衡）。

配作是指配钻、配铰、配刮及配研等。配钻、配铰多用于固定连接，它是以连接件中一个零件上的孔为基准去加工另一零件上相应的孔。配钻用于螺纹连接；配铰用于定位销孔的加工。配研用于运动副表面的精加工。

配作应与校正、调整工作结合进行，只有在校正、调整之后才能进行配作。在单件或小批量模具装配中广泛使用。

4. 验收、试验

产品装配后应根据有关技术标准对其进行全面检验，合格才准出厂。若试验中出现问题，应进行仔细分析，重新调试或更换零部件后再作试验，直到合格为止。

8.1.3　装配的组织形式

装配的组织形式有固定式装配和移动式装配，根据产品的结构特点和生产批量的不同而采用不同的装配组织形式。

1. 固定式装配

它是将产品或部件的全部装配工作安排在一个固定的地点进行。装配所需的零、部件都集中于工作地点附近。装配过程中，产品的位置不变，根据零件结构特点又可分为以下三种形式：

（1）集中固定式装配。全部装配工作由一组工人在一个固定地点集中完成。

（2）分散固定式装配。装配过程分解为部装和总装，由几组工人在不同工作地点平行地进行，也称为多组固定式装配。

（3）产品固定式流水装配。装配工作分为若干独立的装配工序，分别由几组工人负责，各组工人按工序顺序依次到各装配地点对固定不动的产品进行本组所担负的装配工作。这是固定式装配的高级形式，专业化程度高，产品质量稳定。适合生产批量较大的、笨重的产品。

2. 移动式装配

产品按一定顺序从一个工作位置移动到另一个工作位置，每一工作位置上的工人只完成一个或几个工序的装配工作。根据对移动速度的限制又可分为：

（1）自由移动式装配。对移动速度无严格限制，其装配进度可自由调节。适合于修配、调整工作量较多的装配。

（2）强制移动式装配。用传送带将产品连续或间歇地从一个工作地移向下一个工作地，对移动速度有严格限制，每一道工序完成的时间有严格要求。适合于大批量生产单一产品的装配作业。特点是生产率高，对工人技术水平要求不高。

8.1.4　装配精度

装配精度是装配工艺的质量指标，是制订装配工艺规程的主要依据，也是合理地选择装配方法和确定零件加工精度的依据。它不仅关系到产品的质量，也影响产品制造的经济性，所以应正确规定产品的装配精度。

对标准化、通用化和系列化的产品，如通用机床或减速器等，它们的装配精度可根据国家标准、部颁标准或行业标准制订。

对没有标准可循的产品，可根据用户的使用要求，参照类似产品的数据，采用类比法确定。对一些重要产品，其装配精度要经过分析计算和试验研究后才能确定。装配精度一般包括几何精度和运动精度两大部分。

1. 几何精度

几何精度指尺寸精度和相对位置精度。

尺寸精度反映了装配中有关零件的尺寸和装配精度的关系，尺寸精度包括配合精度和距离精度。配合精度是配合面之间达到规定的间隙或过盈的要求，如轴和孔的配合间隙或过盈的变化范围。距离精度是指零部件间的轴向间隙、轴向距离和轴线距离。如图 8.1 中尾架顶尖比前顶高 0.06 mm，即属此项精度。

相对位置精度反映了装配中有关零件的相对位置和装配精度的关系，如平行度、垂直度、同轴度和各种跳动等。如图 8.2 中装配相对位置精度要求活塞外圆中心与缸体孔中心平行。

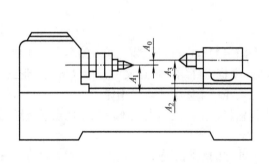

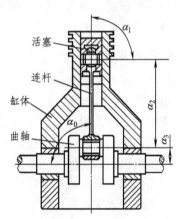

图 8.1　普通卧式车床装配尺寸精度　　　　图 8.2　单缸发动机装配相对位置精度

2. 运动精度

运动精度是指回转精度和传动精度。

回转精度指机器回转部件的径向跳动和轴向窜动，例如主轴、回转工作台的回转精度通常都是重要的装配精度。回转精度主要与轴类零件轴颈处的精度、轴承精度、箱体轴孔的精度有关。

传动精度是指机器传动件之间的运动关系。例如转台的分度精度、滚齿时滚刀与工件间的运动比例、车削螺纹时车刀与工件间的运动关系都反映了传动精度。影响传动精度的主要因素是传动元件本身的制造精度和它们之间的配合精度，传动元件越多，传动链越长，影响也就越大。因此，传动元件应力求最少。典型的传动元件有齿轮、丝杠、螺母及蜗轮、蜗杆等。

3. 装配精度与零件精度的关系

零件的加工精度对装配精度影响很大，如车床尾座移动与溜板移动的平行度要求，此装配精度主要取决于床身上使尾座和溜板移动的导轨间的平行度以及尾座、溜板与导轨面接触的精度。可见，这些精度基本上都是由床身这个基础件来保证的。床身上相应精度要求就是根据总装精度检验项目的技术要求来确定的。

装配精度和与它相关的若干个零部件的加工精度有关，这些零件加工误差的积累将影响装配精度。合理规定有关零件的制造误差，使它们的累积误差不超过装配精度所要求的范围，从而简化装配工作，这对大批量生产是十分重要的。

但是，当要求装配精度较高时，如果完全依靠零件的加工精度来直接保证，则零件的加工精度就会很高，给加工带来困难，经济上也不合理。生产中常用加工的经济精度来确定零件的精度要求，使之容易加工，并在装配时采用一定的工艺措施（修配、调整等）来保证，如图 8.1 中采用修配尾座底板的工艺措施就可以保证装配精度。这虽然增加了装配工作量和装配成本，但从整个产品制造来说，仍是经济可行的。

因此，产品的装配精度和零件的加工精度有密切关系，零件加工精度是保证装配精度的基础，但装配精度并不完全取决于加工精度。装配精度的合理保证，应从产品结构、机械加工和装配工艺等方面综合考虑。而装配尺寸链的分析，是进行综合分析的有效手段，从组装、部装到总装，有很多装配精度要求项目，通常都可以用尺寸链的方法予以解决。

装配工艺规程是指导装配生产的主要技术文件，合理地制订装配工艺规程对于保证装配质量，提高装配生产率，降低生产成本有重要作用。制订装配工艺的主要依据是产品的总装配图和部件装配图、零件图，产品的验收标准与技术条件，产品的生产纲领和现有的生产条件和标准资料等。

8.1.5　制订装配工艺规程的步骤与主要工作内容

1. 研究产品装配图和验收技术条件

（1）审查图纸的完整性和正确性，分析产品的结构工艺性能，明确各零、部件间的装配关系。

（2）审查产品装配技术要求和检查验收的方法，掌握装配技术的关键问题，制订相应的技术措施。

（3）对确定的保证产品装配精度的方法，进行必要的装配尺寸链的分析与计算。

2. 确定装配方法和装配的组织形式

（1）为保证装配精度，应结合具体的生产条件，综合考虑选择合适的装配方法。

（2）根据产品的结构特点（重量、尺寸和复杂程度）、生产纲领和现有的生产条件确定装配的组织形式。

3. 划分装配单元，确定装配顺序

1）划分装配单元

产品是由零件、组件、部件等独立的装配单元经过总装而成。只有划分装配单元，才能合理安排装配顺序和划分装配工序，组织装配工作的平行、流水作业。

2）选择装配基准

无论哪一级装配单元，都要选定一个零件或比它低一级的装配单元作为装配基准件。装配基准件应是产品的基体或主干零部件。基准件应有较大的体积、足够的支承面，以满足陆续装入零、部件时的稳定性要求。基准件的选择应有利于装配过程的检测、工序间的传递运输等作业。

3）确定装配顺序并绘制装配系统图

装配单元划分以后，可根据产品结构及装配方法从基准件入手，依零件—组件—部件—总装的连接关系按层次装配上去，并画出装配系统图，如图 8.3 所示。对结构复杂的产品，除绘制装配系统图外，还要绘制各装配单元的装配系统合成图。

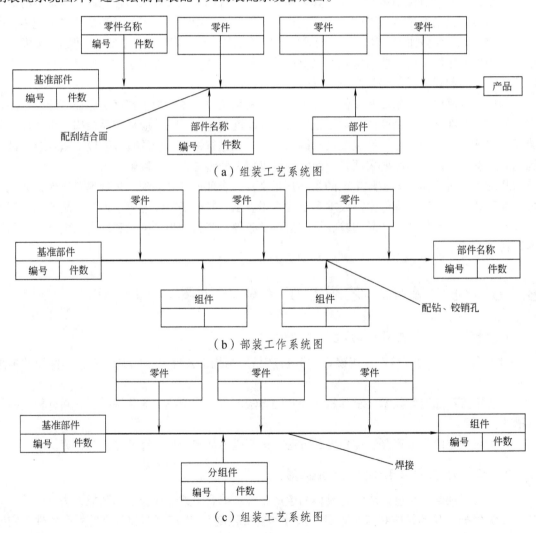

图 8.3　装配工艺

　4）划分装配工序

　将装配工艺过程划分为若干工序，其主要内容是：

　（1）划分装配工序，确定各工序的具体内容。

　（2）制订工序的操作规范，如过盈配合所需的压力、变温装配的温度值、紧固螺钉连接的预紧扭矩，以及装配环境要求等。

　（3）选择装配设备和工艺装备。

　（4）制订各工序装配质量要求和检测项目。

　（5）确定工时定额，并协调各工序内容。在大批大量生产时，要平衡工序的节拍，均衡生产，实现流水装配。

4. 填写工艺文件

　单件小批量生产通常不用制订装配工艺过程卡，而用装配系统图来代替。装配时按产品装配图及装配系统图进行装配。

　成批生产时，通常制订部件及总装的装配工艺过程卡；对复杂产品还要填写装配工序卡。在工艺过程卡上写明工序次序、工序内容、所需设备、工夹具名称及编号、工人技术等级及时间定额。在大批大量生产中，不仅要求填写装配工艺过程卡，还要填写装配工序卡，以便指导工人进行装配。

　装配工艺过程卡和装配工序卡与机械加工工艺卡类似。也可参考有关部门的指导性技术文件制订。

5. 制订产品检测和试验规范

　产品装配完毕，应按产品的技术性能和验收技术条件制订检测和试验规范。它包括检测和试验的项目、方法、条件、所需的工艺装备以及对质量问题的分析和处理方法。

8.1.6　确定装配顺序的原则

　确定装配顺序时应注意如下原则：

　（1）预处理工序在前，如零件的倒角、去毛刺、清洗、防锈、防腐处理等应安排在装配前。

　（2）先下后上，使机器装配过程中的重心处于最稳定的状态。

　（3）先内后外，先装配产品内部的零部件，使先装部分不妨碍后续的装配。

　（4）先难后易，在开始装配时，基准件上有较开阔的安装、调整和检测空间，较难的装配的零部件应安排在先。

　（5）可能损坏前面装配质量的工序应安排在先，如装配中的压力装配、加热装配、补充加工工序等，应安排在装配初期。

　（6）及时安排检测工序，在完成对装配质量有较大影响的工序后，应及时进行检测，检测合格后方可进行后续工序的装配。

　（7）使用相同设备、工艺装备及具有特殊环境的工序，应集中安排，这样可减少产品在装配地的迂回。

　（8）处于基准件同一方位的装配工序应尽可能集中连续安排。

　（9）电线、油、气管路的安装应与相应工序同时进行，以防零、部件反复拆装。

（10）易碎、易爆、易燃、有毒物质或零部件的安装，尽可能放在最后，以减少安全防护工作量。

8.2 模具装配工艺方法

装配方法与装配尺寸链密切相关，在装配尺寸链建立后，就需要确定用什么方法来保证装配精度，即解尺寸链。既然装配尺寸链的封闭环为装配质量，所以解装配尺寸链多为反计算问题，即已知封闭环的尺寸和公差，要根据相应的装配方法合理地确定各组成环的尺寸和偏差。

通常保证装配精度的装配方法有互换法、分组法、修配法和调整法。

8.2.1 互换装配法

零件加工经检验合格后，在装配时不经任何修配和调整就可达到装配精度要求。这种装配方法就是互换法。互换法的实质就是控制零件的加工误差来保证产品的装配精度。根据零件互换程度不同，互换法又分为完全互换法和大数互换法。

1. 完全互换法

装配时各组成环零件不经任何选择、调整和修配就可达到装配精度的要求，这种装配方法称为完全互换法。

完全互换法的特点是：装配质量稳定可靠，对装配工人技术要求低，装配生产率高，便于组织流水生产、专业化生产和协作生产，又可保证零件间的互换性。在大批大量生产汽车、拖拉机、缝纫机、自行车等产品时，大多采用完全互换装配法。

由于完全互换法装配是用极值法来计算尺寸链，其封闭环公差要大于或等于各组成环公差之和，即

$$T_0 \geqslant \sum_{i=1}^{m} T_i \tag{8.1}$$

若已知封闭环的公差 T_0，组成环数为 m 及分配到各组成环的公差为 T_i 时，可按"等公差"确定它们的平均极限公差 T_{avL}，即

$$T_{avL} = \frac{T_0}{m} \tag{8.2}$$

因此，当环数多时，组成环的公差就小，零件精度提高，加工发生困难，甚至不可能达到。所以这种装配方法多用于精度不是太高的短环装配尺寸链。

【例 8.1】 如图 8.4（a）所示的装配关系，轴是不动的，齿轮在轴上回转，要求保证齿轮与挡圈之间的轴向间隙为 0.1 ～ 0.35 mm，已知 $A_1 = 30$ mm， $A_2 = 5$ mm， $A_3 = 43$ mm， $A_4 = 3_{-0.05}^{\ 0}$ mm（标准件）， $A_5 = 5$ mm，现采用完全互换装配，试确定各组成环公差和极限偏差。

【解】 （1）画装配尺寸链图，校验各环基本尺寸。本尺寸链共有 5 个组成环，其中 A_3 为增环，其余为减环，装配尺寸链如图 8.4（b）所示。

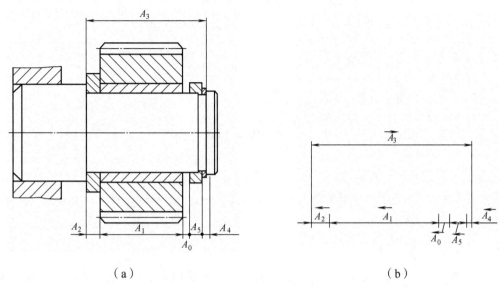

（a）　　　　　　　　　　　　　　　　　（b）

图 8.4　例 8.1 的装配关系及尺寸链

封闭环基本尺寸为

$$A_0 = \sum_{i=1}^{m} A_i = A_3 - (A_1 + A_2 + A_4 + A_5) = 43 - (30 + 5 + 3 + 5) = 0 \ （\text{mm}）$$

由上述计算可知，各组成环基本尺寸的已定数值无误。

依题意，轴向间隙为 0.1 ~ 0.35 mm，则封闭环 $A_0 = 0_{+0.10}^{+0.35}$ mm，封闭环公差 $T_0 = 0.25$ mm。

（2）确定各组成环公差和极限偏差。决定各组成环平均极值公差为

$$T_{\text{avL}} = \frac{T_0}{m} = \frac{0.25}{5} = 0.05 \ （\text{mm}）$$

根据各组成环基本尺寸大小与零件加工难易程度，以平均极值公差为基础，确定各组成环极值公差。取 $T_1 = 0.06$ mm，$T_2 = 0.04$ mm，$T_5 = 0.04$ mm，由于 A_4 为标准件，其公差与极限偏差为已定值，即 $A_4 = 3_{-0.05}^{0}$ mm，$T_4 = 0.05$ mm，组成环 A_3 为协调环，其加工、测量都较方便。其余各环属外尺寸时按 h（基轴制）、内尺寸时按 H（基孔制）决定其极限偏差，即

$$A_1 = 30_{-0.06}^{0} \ \text{mm}, \quad A_2 = 5_{-0.04}^{0} \ \text{mm}, \quad A_4 = 3_{-0.05}^{0} \ \text{mm}, \quad A_5 = 5_{-0.04}^{0} \ \text{mm}$$

封闭环的中间偏差为

$$\Delta_0 = \frac{\text{ES}A_0 + \text{EI}A_0}{2} = \frac{1}{2}(0.35 + 0.10) = 0.225 \ （\text{mm}）$$

各组成环的中间偏差为：$\Delta_1 = 0.03$ mm，$\Delta_2 = 0.02$ mm，$\Delta_4 = 0.025$ mm，$\Delta_5 = 0.02$ mm。

（3）计算协调环极值公差和极限偏差。协调环 A_3 的极值公差为

$$T_3 = T_0 - (T_1 + T_2 + T_4 + T_5) = 0.25 - (0.06 + 0.04 + 0.05 + 0.04) = 0.06 \ （\text{mm}）$$

协调环 A_3 的中间偏差为

$$\Delta_3 = \Delta_0 - (\Delta_1 + \Delta_2 + \Delta_4 + \Delta_5)$$
$$= 0.225 - (0.03 + 0.02 + 0.025 + 0.02) = 0.13 \text{（mm）}$$

协调环 A_3 的极限偏差 ESA_3 和 EIA_3 分别为

$$ESA_3 = \Delta_3 + \frac{T_3}{2} = 0.13 + \frac{0.06}{2} = 0.16 \text{（mm）}$$

$$EIA_3 = \Delta_3 - \frac{T_3}{2} = 0.13 - \frac{0.06}{2} = 0.10 \text{（mm）}$$

所以协调环 A_3 的尺寸和极限偏差为：$A_3 = 43^{+0.16}_{+0.10}$ mm。

最后各组成环的尺寸和极限偏差为：$A_1 = 30^{0}_{-0.06}$ mm，$A_2 = 5^{0}_{-0.04}$ mm，$A_3 = 43^{+0.16}_{+0.10}$ mm，$A_4 = 3^{0}_{-0.05}$ mm，$A_5 = 5^{0}_{-0.04}$ mm。

2. 大数互换装配法

当装配精度要求较高，尺寸链的组成环数较多时，如采用完全互换法，将使各组成环的公差很小，造成加工困难，甚至不能加工。用极值法来分析，装配时所有零件同时出现极值的几率是很小的，为了这种极少出现的情况而提高对工件加工精度的要求，是既不经济又不合理的。这时采用大数互换法将组成环的公差加大，使零件容易加工，成本降低，这时可能出现很少（<0.27%）不合格产品，装配时可采取适当措施，排除个别产品因超出公差而产生废品的可能。所以这种方法也称为部分互换法或不完全互换法。

大数互换法常用于生产节拍不是很严格的大批量生产中，例如机床制造业及仪器、仪表制造业等产品中封闭环要求较宽的多环尺寸链。

大数互换装配法，装配尺寸链采用统计公差公式计算，为保证绝大多数产品的装配精度要求，尺寸链封闭环的统计公差应小于或等于封闭环的公差要求值。

为了便于比较，仍用图 8.4 所示装配关系为例加以说明。

【例 8.2】 已知 $A_1 = 30$ mm，$A_2 = 5$ mm，$A_3 = 43$ mm，$A_4 = 3^{0}_{-0.05}$ mm（标准件），$A_5 = 5$ mm，装配后齿轮与挡圈的轴向间隙为 0.1~0.35 mm，采用大数互换装配法，试确定各组成环公差和极限偏差。

【解】 （1）画装配尺寸链图，检验各环基本尺寸（同例 8.1）。

（2）确定各组成环公差和极限偏差。认为该产品在大批大量生产条件下，工艺过程稳定，各组成环尺寸趋近正态分布，则各组成环平均平方公差为

$$T_{avQ} = \frac{T_0}{\sqrt{m}} = \frac{0.25}{\sqrt{5}} = 0.11 \text{（mm）}$$

根据各组成环基本尺寸大小与零件加工难易程度，以平均平方公差为基础，选取各组成环公差：$T_1 = 0.14$ mm，$T_2 = T_5 = 0.07$ mm，$T_4 = 0.05$ mm。A_1、A_2、A_5 均为外尺寸，其极限偏差为：$A_1 = 30^{0}_{-0.14}$ mm，$A_2 = A_5 = 5^{0}_{-0.07}$ mm。

各环的中间偏差为：$\Delta_0 = 0.225$ mm，$\Delta_1 = 0.07$ mm，$\Delta_2 = 0.035$ mm，$\Delta_4 = 0.025$ mm，$\Delta_5 = 0.035$ mm。

（3）计算协调环公差和极限偏差。协调环 A_3 的公差为

$$T_3 = \sqrt{T_0^2 - (T_1^2 + T_2^2 + T_4^2 + T_5^2)}$$

$$= \sqrt{0.25^2 - (0.14^2 + 0.07^2 + 0.05^2 + 0.07^2)} = 0.17 \text{（mm）}$$

协调环 A_3 的中间偏差为

$$\Delta_3 = \Delta_0 - (\Delta_1 + \Delta_2 + \Delta_4 + \Delta_5) = 0.225 - (0.07 + 0.035 + 0.025 + 0.035) = 0.06 \text{（mm）}$$

协调环 A_3 的极限偏差 ESA_3 和 EIA_3 分别为

$$ESA_3 = \Delta_3 + \frac{T_3}{2} = 0.06 + \frac{0.17}{2} = 0.145 \text{（mm）}$$

$$EIA_3 = \Delta_3 - \frac{T_3}{2} = 0.06 - \frac{0.17}{2} = -0.025 \text{（mm）}$$

所以协调环 A_3 的尺寸和极限偏差为：$A_3 = 43^{+0.145}_{-0.025}$ mm 。

最后可得各组成环尺寸为：$A_1 = 30^{\ 0}_{-0.14}$ mm，$A_2 = 5^{\ 0}_{-0.07}$ mm，$A_3 = 43^{+0.145}_{-0.025}$ mm，$A_4 = 3^{\ 0}_{-0.05}$ mm，$A_5 = 5^{\ 0}_{-0.07}$ mm。

由计算可知，采用大数互换装配时各组成环公差大于完全互换装配时各组成环公差，其组成环平均公差扩大 $\sqrt{m}$ 倍，即 $\dfrac{T_{avQ}}{T_{avL}} = \dfrac{0.11}{0.05} = \sqrt{5}$，各加工零件精度下降，加工成本降低。

8.2.2　分组装配法

当装配精度要求很高时，组成环的公差就非常小，致使加工困难而又不经济，这时可将组成环公差扩大几倍（一般 3~6 倍）到经济精度加工。然后，将各组成环的实际尺寸按公差大小分成若干组，并按相应组进行装配，以达到装配精度的要求。由于同组零件具有互换性，因此分组装配法又称为分组互换法。这种方法既能扩大组成环公差，又不降低部件装配，如滚动轴承的装配、活塞与活塞销的装配以及精密机床中某些精密部件的装配等。

图 8.5 所示为某汽车发动机中活塞销与销孔的装配关系，活塞销与销孔的装配过盈量为 0.002 5 ~ 0.007 5 mm，若采用完全互换装配法，销轴尺寸为 $\phi 28^{-0.007\ 5}_{-0.010\ 0}$ mm，销孔尺寸为 $\phi 28^{-0.012\ 5}_{-0.015\ 0}$ mm，销轴与销孔的平均极值公差为 0.002 5 mm。显然这样的制造精度使加工困难，又不经济，不适合于大批量生产。

现将销与销孔的公差在同方向放大 4 倍，由 0.002 5 mm 放大到 0.01 mm，即销轴尺寸为 $\phi 28^{\ 0}_{-0.010\ 0}$ mm，销孔尺寸为 $\phi 28^{-0.005}_{-0.015}$ mm，加工后测量尺寸，分成公差带相同的四组，并标以不同记号，然后将同一组的零件互相配合即可。具体分组情况见图 8.5（b）和表 8.1。

分组装配法的关键是保证分组后各对应组的配合性质和配合公差应满足装配精度要求。为此应注意：

（1）互配零件公差最好相等，这样装配后的配合性质和配合精度不变。

（2）分组数应与公差放大倍数相等，互配件的公差放大方向一致，分组不宜过多，以 2~4 为好。否则会因零件测量、分组、保管工作量增加而使生产组织工作复杂。

（3）互配零件公差放大后的尺寸分布规律应当协调，否则会有较多的"剩余零件"无法装配。

（4）此方法只适用于少环（2~3环）精度要求很高的零件，在尺寸公差放大时绝不能将形位公差和表面质量也"放大"。

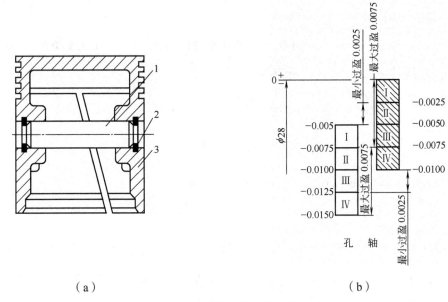

（a）　　　　　　　　　　　　　　（b）

图 8.5　活塞销与销孔的连接

1—活塞销；2—挡圈；3—活塞

表 8.1　活塞销和销孔的分组尺寸　　　　　　　　单位：mm

组　别	活塞销直径	销孔直径	配合情况		标志颜色
	$\phi 28^{\ 0}_{-0.010}$	$\phi 28^{-0.005}_{-0.015}$	最小过盈	最大过盈	
1	$\phi 28^{\ 0}_{-0.002\ 5}$	$\phi 28^{-0.005\ 0}_{-0.007\ 5}$			红
2	$\phi 28^{-0.002\ 5}_{-0.005\ 0}$	$\phi 28^{-0.007\ 5}_{-0.010\ 0}$	−0.002 5	−0.007 5	白
3	$\phi 28^{-0.005\ 0}_{-0.007\ 5}$	$\phi 28^{-0.010\ 0}_{-0.012\ 5}$			黄
4	$\phi 28^{-0.007\ 5}_{-0.010\ 0}$	$\phi 28^{-0.012\ 5}_{-0.015\ 0}$			蓝

8.2.3　修配装配法

1. 基本概念

修配装配法是将尺寸链各组成环的公差放大，使之能以经济精度制造，这样封闭环上所累积的误差必将超过规定值。因此，要预先选定一个组成环，在装配时，对该环进行修配、补充加工以使封闭环达到其公差与极限偏差的要求，满足装配精度，该选定的组成环称为补偿环或修配环。由于修配环在装配时要进行修配，零件不能互换。

修配法的技术关键是确定补偿环的尺寸及极限偏差，目的是保证修配时的修配量足够和最小。此外要选择合适的零件作补偿环。补偿环应结构简单，重量轻，修配面积小，容易加工，便于装拆。补偿环是只与一个装配精度有关的环，因此，尽量不选公共环作补偿环，因为公共环难以同时满足两个以上尺寸链的共同装配要求。

2. 修配尺寸的确定

下面以图 8.1 为例，说明修配法修配尺寸的确定。

【例 8.3】　图 8.1 所示车床装配时要求尾座中心线比主轴中心高 0.06 mm，已知 $A_1 = 160$ mm，$A_2 = 30$ mm，$A_3 = 130$ mm，现用修配法确定补偿环的尺寸及极限偏差。

【解】　（1）建立尺寸链。尺寸链如图 8.6 所示。其中 A_1 为减环，A_2、A_3 为增环，校核封闭环尺寸，$A_0 = (A_2 + A_3) - A_1 = (30 + 130) - 160 = 0$（mm）。

修配装配法通常按极值法计算各组成环的平均公差为

$$T_{avL} = \frac{T_0}{m} = \frac{0.06}{3} = 0.02 \text{（mm）}$$

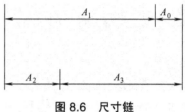

图 8.6　尺寸链

由计算可知，各组成环公差太小，难以加工，现采用修配法来确定各组成环的公差及极限偏差。

（2）选择补偿环。组成环 A_2（增环）为尾座底板，其表面积不大，形状简单，便于修配，故选 A_2 为补偿环。

（3）确定各组成环公差。根据各组成环的加工方法，按经济精度确定各组成环公差，$T_1 = T_3 = 0.10$ mm，$T_2 = 0.15$ mm。

（4）计算补偿环 A_2 的最大补偿量。各组成环与封闭环公差的差值为

$$T'_{oL} = T_1 + T_2 + T_3 = 0.1 + 0.15 + 0.10 = 0.35 \text{（mm）}$$
$$F_{max} = T'_{oL} - T_0 = 0.35 - 0.06 = 0.29 \text{（mm）}$$

（5）确定各组成环的极限偏差。A_1、A_3 都表示孔的位置，公差采用对称分布。

$A_1 = (160 \pm 0.05)$ mm，$A_3 = (130 \pm 0.05)$ mm，各组成环和封闭环的中间偏差为

$$\Delta_1 = 0, \quad \Delta_3 = 0, \quad \Delta_0 = 0.03 \text{（mm）}$$

（6）计算补偿环的极限偏差。补偿环 A_2 的中间偏差为

$$\Delta_0 = \Delta_2 + \Delta_3 - \Delta_1 \quad \Delta_2 = \Delta_0 - \Delta_3 + \Delta_1 = 0.03 \text{（mm）}$$

补偿环 A_2 的极限偏差为

$$ESA_2 = \Delta_2 + \frac{T_2}{2} = 0.03 + \frac{0.15}{2} = 0.105 \text{（mm）}$$

$$EIA_2 = \Delta_2 - \frac{T_2}{2} = 0.03 - \frac{0.15}{2} = -0.045 \text{（mm）}$$

所以补偿环尺寸为 $A_2 = 30^{+0.105}_{-0.045}$ mm。

验算装配后封闭环的极限偏差，即

$$ESA'_0 = \Delta_0 + \frac{1}{2}T'_{oL} = 0.03 + \frac{0.35}{2} = 0.205 \text{（mm）}$$

$$EIA'_0 = \Delta_0 - \frac{1}{2}T'_{oL} = 0.03 - \frac{0.35}{2} = -0.145 \text{（mm）}$$

封闭环要求的极限偏差为：$ESA_0 = 0.06$ mm，$EIA_0 = 0$，则

$$ESA'_0 - ESA_0 = 0.205 - 0.06 = 0.145 \text{（mm）}$$
$$EIA'_0 - EIA_0 = -0.145 - 0 = -0.145 \text{（mm）}$$

故补偿环需改变 ±0.145 mm 才能保证原装配精度不变。补偿环尾座底板 A_2（增环）修配后，底板尺寸减小，尾座中心线降低，所以装配后封闭环的实际最小尺寸（$A'_{0\min} = A_0 + EIA'_0$）大于封闭环要求的最小尺寸（$A_{0\min} = A_0 + EIA_0$）时，才可以装配，故应满足

$$A'_{0\min} \geqslant A_{0\min}, \quad \text{即 } EIA'_0 \geqslant EIA_0$$

根据修配量足够且最小的原则，应为

$$A'_{0\min} = A_{0\min}, \quad EIA'_0 = EIA_0$$

为了满足上述等式，补偿环 A_2 应增加 0.145 mm，封闭环最小尺寸（$A'_{0\min}$）才能从 –0.145 mm 增加至 0 mm，以保证具有足够补偿量。

所以补偿环的最终尺寸为：$A'_2 = (30 + 0.145)^{+0.105}_{-0.045} = 30^{+0.25}_{+0.10}$（mm）。由于底板底面装配时，应有一定的刮研量，且上述计算是按 $A'_{0\min} = A_{0\min}$ 条件求出 A'_2 尺寸，此时最大刮研量为 0.29 mm，最小刮研量为 0，这不符合总装要求，故必须将 A_2 尺寸再放大一些，以保证必需的刮研量。对于底板最小刮研量取 0.15 mm，所以修正后的实际尺寸为

$$A''_2 = 30^{+0.25}_{+0.10} + 0.15 = 30^{+0.40}_{+0.25} \text{（mm）}$$

由此算出此时封闭环的尺寸为 $A''_0 = 0^{+0.50}_{+0.15}$ mm。

最大修配量

$$\delta_{c\max} = 0.5 - 0.06 = 0.44 \text{（mm）}$$

最小修配量

$$\delta_{c\min} = 0.15 - 0 = 0.15 \text{（mm）}$$

3. 修配方法

（1）按件修配。选择某一固定零件（补偿环）进行修配，去除多余材料以满足装配精度。

（2）合并加工修配。将尺寸链中两个或多个零件合并在一起后再进行修配，这样可减少组成环数，扩大它的公差，减少修配量。如上例中将尾座和底板装配成一体后，再进行修配。

（3）自身加工修配。将机床上与主轴或主运动有相对位置精度要求的零件留一定的精加工余量，待装配后用机床的主轴或主运动刀具来加工。如牛头刨床总装后，用自刨方法加工工作台面，可以较容易保证滑枕运动方向与工作台面的平行度要求。转塔车床在车床主轴上安装镗刀依次镗削转塔上的六个孔（转塔作纵向进给），平面磨床用砂轮磨削工作台面也属于这种修配方法。

8.2.4　调整装配法

调整法与修配法在原理上是相同的，也是将组成环零件按经济精度加工，装配时，通过加

入调整件（补偿件），改变它的实际尺寸或位置，补偿其他组成环由于公差加大而产生的累积误差，达到装配精度的要求。

常见的调整方法有可动调整法、固定调整法和误差调整法三种。

1. 可动调整法

采用调整的方法改变调整件的位置，达到装配精度的要求。

在机械制造中，可动调整的方法很多，图 8.7（a）是用调节螺钉来调节轴承的间隙，调整后用螺母固紧。图 8.7（b）是用中间楔块的上、下移动来调整左螺母和丝杠之间的间隙。

可动调整法调整简单，能获得较高精度，而且可以补偿由于磨损和变形等引起的误差，使设备获得原有精度。所以在一些传动机械和易磨损机构中，使用较多。

2. 固定调整法

固定调整法是预先按一定尺寸要求，制成几组不同尺寸的调整件；装配时，装入一个或一组这样的专用调整件，用以改变调整环的实际尺寸，达到装配精度要求。

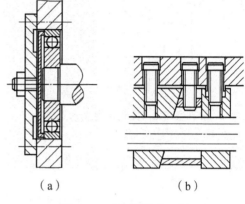

（a）　　　　　（b）

图 8.7　可动调整法示例

调整件一般为斜楔、挡块和垫片等。

采用固定调整法装配时，需要确定调整件的分级数，计算各组调整件的尺寸。下面举例予以说明。

【例 8.4】　如图 8.8 所示的齿轮，其轴向间隙要求是 0.05～0.15 mm，采用调整法进行装配，在结构中设置一调节环 A_k（垫片），其中 $A_1 = 50^{+0.15}_{0}$ mm，$A_2 = 45^{0}_{-0.1}$ mm，试确定调整垫片的分级数和垫片厚度。

【解】　（1）画出尺寸链（见图 8.9），检验各组成环基本尺寸。

（2）选择调整件。确定 A_k（垫片）为调整件，因为装拆比较方便，加工比较容易。

（3）确定空位尺寸 A_s 的公差和调整件的分级数。

由于 $A_1 = 50^{+0.15}_{0}$ mm，$A_2 = 45^{0}_{-0.10}$ mm，对图 8.9（b）中的尺寸链进行计算得到：$A_s = 5^{+0.25}_{0}$ mm。

相对图 8.9（c）而言，A_s 为组成环，A_k 为未知的组成环，A_0 为封闭环，按题意 $A_0 = 0^{+0.15}_{+0.05}$ mm，$A_s = 5^{+0.25}_{0}$ mm，由于 $T_0 = 0.1$ mm，$T_s = 0.25$ mm，$T_0 < T_s$，因此，不管 T_k 为何值，均无法满足尺寸链公差公式。为使 A_0 能获得规定的公差值，可将 A_s 分为若干级。

取封闭环公差 T_0 与调整环公差 T_k 的差作为调整件各级之间的尺寸差（即为一级补偿环的补偿能力），由此可确定调整件的分级数，即

$$n = \frac{T_s}{T_0 - T_k} \tag{8.3}$$

题中 $T_0 = 0.1$ mm，$T_s = 0.25$ mm，并假设调整件本身的加工误差为 $T_k = 0.03$ mm，代入式（8.3），有

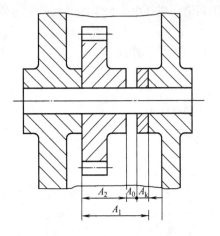

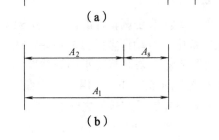

图 8.8　固定调整法示例　　　　　　图 8.9　固定调整法尺寸链

$$n = \frac{0.25}{0.1 - 0.03} \approx 3.6，取 \ n = 4$$

将空位尺寸 $A_s = 5^{+0.25}_0$ mm 分为 4 级，第一级级差为 0.07 mm，第二级后为 0.06 mm，各级尺寸为

$$A_{s1} = 5^{+0.25}_{+0.18} \ \text{mm}，\quad A_{s2} = 5^{+0.18}_{+0.12} \ \text{mm}，\quad A_{s3} = 5^{+0.12}_{+0.06} \ \text{mm}，\quad A_{s4} = 5^{+0.06}_0 \ \text{mm}$$

根据尺寸链计算公式，可求出各级调整垫片厚度尺寸分别为

$$A_{k1} = 5^{+0.13}_{+0.1} \ \text{mm}，\quad A_{k2} = 5^{+0.07}_{+0.03} \ \text{mm}，\quad A_{k3} = 5^{+0.01}_{-0.03} \ \text{mm}，\quad A_{k4} = 5^{-0.05}_{-0.09} \ \text{mm}$$

调整环装拆和调整比较费时，设计时要选择装拆比较方便的结构；另外，要预先做好若干组不同尺寸的调整件，这给生产带来不便。为了简化补偿件的规格，可把调整件做成几种规格，如厚度分别为 0.1 mm、0.2 mm、0.5 mm 和 1 mm 等，装配时，把不同厚度的垫片组合成各种不同尺寸，以满足装配精度要求。

3. 误差抵消调整法

误差抵消调整法是通过调整某些组成环（补偿环）的误差方向，使其加工误差相互抵消一部分来提高装配精度的方法。误差抵消调整法和可动调整法相似，所不同的是补偿环是矢量，且多于一个。常见的补偿环是轴承的跳动量、偏心量和同轴度等。

下面以图 8.10 所示的车床主轴锥孔轴线的径向跳动为例，说明抵消调整法的原理。检测径向跳动的方法是将检测棒插入主轴锥孔中，检验径向圆跳动：A 处允差 0.01 mm，B 处允差 0.02 mm（最大工件回转直径 $D < 800$ mm）。

现分析 B 处的跳动误差，如下：

引起 B 处径向圆跳动误差的主要因素有：后轴承、前轴承内环孔轴线对外环内滚道轴线的偏心量为 e_3、e_2，主轴锥孔轴线对其轴颈轴线的偏心量 e_1。e_1、e_2、e_3 都是向量。为方便，仅讨论三个 e 值都在一个平面内的情形。从图 8.10 可以得出 e_1、e_2、e_3 对 B 处径向圆跳动的影响规律：

（1）图 8.10（b）表示前轴承的误差 e_2 传递到点 B 的误差为 e_2'，图 8.10（c）表示后轴承的

误差 e_3 传递到 B 点的误差为 e_3'，这说明前轴承的偏心量对 B 处跳动的影响比后轴承大。因此，机床上选用前轴承的精度等级比后轴承高。

（2）图 8.10（d）表示前、后轴承的偏心量 e_2、e_3 异向，图 8.10（e）表示前后轴承偏心量同向，由图可知，前后轴承偏心量异向时，比同向时对 B 处的径向跳动影响大。所以调整时，应使 e_2、e_3 同向。

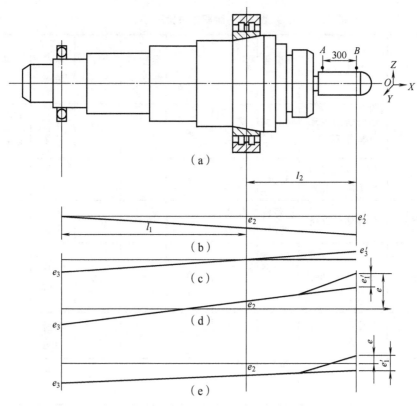

图 8.10　误差抵消调整装配法

实际生产中，装配前应先测出 e_1、e_2、e_3 的偏心方向和大小，根据上述规律仔细调整三个形位公差环，就能抵消加工误差，提高装配精度。

误差抵消装配法，可在不提高轴承和主轴加工精度的条件下，提高装配精度。它和其他调整法一样，常用于机床制造，且封闭环要求较严的多环装配中。装配时，技术要求高，多用于批量不大的中小批生产和单件生产。

8.2.5　装配方法的选择

上述各种装配方法各有其特点，对组成环加工要求严格，装配就容易；对组成环加工要求较松，装配就较困难。因此，选择装配方法应考虑封闭环公差要求、结构特点、生产类型及具体生产条件。

一般说来，只要组成环加工比较经济可行，就要求优先考虑完全互换装配法。成批生产，组成环较多时，可考虑大数互换装配法。

当封闭环公差要求较严，大量生产时，环数少的尺寸链采用分组装配法，环数多的尺寸链采用调整装配法。单件小批量生产时常用修配法。成批生产时可灵活用调整法、修配法和分组装配法，各种装配方法比较见表 8.2。

一种产品究竟采用什么方法装配，通常在设计阶段就应确定，因为只有在装配方法确定后，才能通过尺寸链的解算，合理地确定各个零、部件在加工和装配中的技术要求。

表 8.2　装配方法比较

序号	装配方法		工艺措施	被装件精度	互换性	装配技术水平要求	装配组织工作	生产效率	生产类型	对环数要求	装配精度
1	互换装配法	完全	按极值法确定零件公差	较高或一般	完全互换	低	—	高	各种类型	环数少	较高
										环数多	低
		不完全	利用概率论原理确定零件公差	较低	多数互换	低	—	高	大批大量	较多	较高
2	分组装配法		零件测量分组	按经济精度	组内互换	较高	复杂	较高	大批大量	少	高
3	修配装配法	按件加工	修配一个零件	按经济精度	无	高	—	低	单件成批	—	高
		合并加工									
4	调整装配法	可动	调整一个零件位置	按经济精度	无	高	—	较低	各种类型	—	高
		固定	增加一个定尺寸零件				较复杂	较高	大批大量		

注：表中"—"表示无明显特征或无明显要求。

8.3　模具零件的连接固定方法

8.3.1　机械固定法

1. 紧固件法

紧固件法包括螺栓紧固式、斜压板紧固式、钢丝固定式。

如图 8.11 所示，通常是用定位销和螺钉将零件连接固定。图 8.11（a）即采用螺钉和销钉连接固定。要求圆柱销的最小配合长度为 $H_2 \geqslant 2d_2$，螺纹拧入长度为（1~1.5）d 以上，定位部分与固定板采用 H7/n6 或 H7/m6，有时也可用 H7/h6。螺钉直径大小根据卸料力的大小来确定。图 8.11（c）、图 8.11（d）所示的紧固方法适合于截面形状比较复杂的直通式凸模和壁厚较小的凸、凹模零件，其定位部分配合长度应保持在固定板厚度的 2/3 以上，并用圆柱销挤紧。

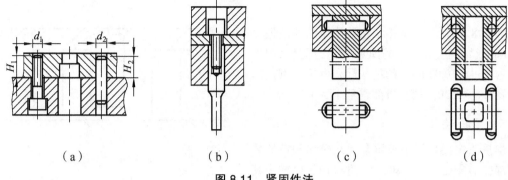

（a）　　　　　（b）　　　　　（c）　　　　　（d）

图 8.11　紧固件法

2. 压入法

如图 8.12 所示，压入法主要用于规则形状凸模的连接，压入配合部分一般采用 H7/m6、H7/n6、H7/r6 的配合，适合于冲裁料厚为 6 mm 以下的凸模和各种模具零件。采用台阶结构形式，以限制凸模的轴向移动，台阶边宽为 1.5～2.5 mm，厚为 3～5 mm，一般要高出固定板沉孔。压好后背面磨平。

压入法的特点是连接牢固可靠，适用于卸料力较大的凸模装配。需要注意的是：要有引导部分，压入时要边压边检查垂直度。

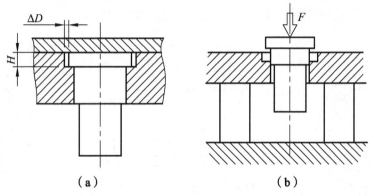

（a）　　　　　　　　　　　（b）

图 8.12　压入法

3. 挤压法

常用于直通式凸模结构的连接与固定。还可以用此方法调整和控制冲裁间隙，方法是：先过渡配合压入，钳工挤压（见图 8.13），检查间隙，钳工修挤。装配时应先装大凸模或相距较远的凸模。

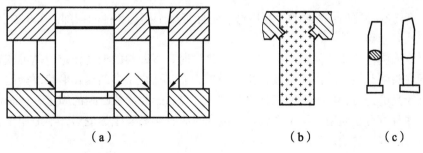

（a）　　　　　　　　（b）　　　（c）

图 8.13　挤压法

4. 铆接法

如图 8.14 所示，铆接法主要适用于冲裁板厚
≤2 mm 或轴向受力较小的模具，配合部分采用过
盈量为 0.01 ~ 0.03 mm 的过盈配合方法。铆接部
分硬度≤HRC 30。型孔口部倒角 1° ~ 1.5°。

5. 焊接法

焊接法主要是用于硬质合金凸模和凹模的装
配，焊接前要在 700 ~ 800 ℃ 进行预热以减小其

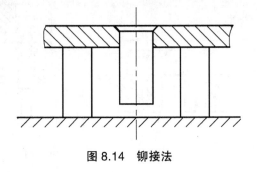

图 8.14　铆接法

热应力。焊接时采用火焰钎焊或高频钎焊，在 1 000 ℃ 左右焊接，焊料采用黄铜，焊缝为 0.2 ~
0.3 mm。

8.3.2　物理固定法

1. 热套固定法

如图 8.15 所示，热套法主要用于固定凸模、凹模拼块、硬质合金模块。过盈量一般控制在
$(0.001 ~ 0.002)D$ 范围内，模套加热到 400 ~ 450 ℃，保温 1 h 热套。热套后可以对型孔进行精
加工，对于硬质合金模块应预热防止开裂，预热温度 200 ~ 250 ℃。

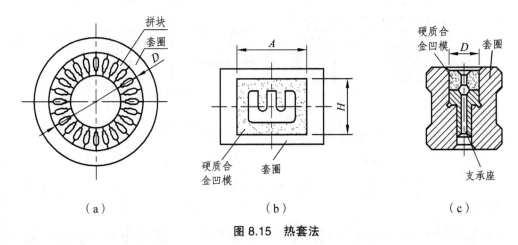

（a）　　　　　　　　　（b）　　　　　　　　　（c）

图 8.15　热套法

2. 低熔点合金浇注法

低熔点合金在冷凝时体积膨胀，利用这一特性可用于模具零件的装配。该方法常用于凸模、
凹模、导柱及导套等零件。

低熔点合金浇注法工艺简单，操作方便。浇注时，以凹模的型孔作定位基准安装凸模，用
螺钉和平行夹头将凸模、凸模固定板和托板固定。尤其适合于多凸模及形状复杂的小凸模的固
定；而且有较高的连接强度，可用于冲裁板厚小于 2 mm 的冲裁凸模的固定；合金的熔点和浇
注温度低，并且可重复使用。不足之处在于浇注时模具容易发生热变形，不适用于轴向抽拔力
大和受侧向力的零件的固定。

低熔点合金常用配方有两种，具体配方见表 8.3。

表 8.3　低熔点合金常用配方

配方 ＼ 成分	Sb（%）	Pb（%）	Bi（%）	Sn（%）
1 号：合金熔点 120 ℃，浇注温度 150～200 ℃	9	28.5	48	14.5
2 号：合金熔点 100 ℃，浇注温度 120～150 ℃	5	32		15

8.3.3　化学固定法

1. 环氧树脂粘接固定法

环氧树脂粘接法就是利用环氧树脂为粘接剂来固定零件的方法。

环氧树脂是一种有机合成树脂，其硬化后对金属盒非金属材料有很强的粘接力，连接强度高，化学稳定性好，收缩率小，粘接方法简单。但环氧树脂硬度低，不耐高温，其使用温度一般低于 100 ℃。

环氧树脂粘接法常用于固定凸模、导柱、导套和浇注成型卸料板等。该方法适用于冲裁料厚不大于 0.8 mm 凸模的固定。这种方法可以降低凸模固定板于凸模连接孔的制造精度。适合于多凸模和形状复杂凸模的固定。其缺点是不能用于承受侧向力凸模的固定以及下一次固定时环氧树脂不易清理。

环氧树脂粘接剂中需加入固化剂、增塑剂、填充剂和其他填料。常用于模具零件固定的环氧树脂粘接剂的配方有两种，见表 8.4。

表 8.4　环氧树脂粘接剂常用配方

配方	材料名称及牌号	配比	配方	材料名称及牌号	配比
1	环氧树脂 634 号或 6101 号	100	2	环氧树脂 618 号	100
	增塑剂：邻苯二甲酸二丁苯	10～15		增塑剂：邻苯二甲酸二丁苯	10
	固化剂：乙二胺	6～8		固化剂：乙二胺	10
	填料：石英粉（氧化铝粉）	40～50		填料：水泥 400 号（铁粉）	40

环氧树脂粘接固定凸模时，应将凸模固定板上的孔制作大一些，被粘接零件的表面应该粗糙。

环氧树脂粘接凸模的工艺过程与低熔点合金浇注法相似。首先对粘接部位进行清洗去油；然后将凸模固定板倒置于等高垫铁上，将凸模与凹模放在凸模固定板上；调整凸、凹模间隙至均匀后开始粘接；经 4～6 h 环氧树脂凝固硬化，12 h 后模具即可使用。

2. 无机粘接固定法

（1）与环氧树脂粘接法相类似，但采用氢氧化铝的磷酸溶液与氧化铜粉末混合作为粘接剂。它的粘接强度高，具有良好的耐热性，但承受冲击能力差。无机适用于凸模、导柱、导套的固定以及硬质合金与钢料、电铸型腔与加固模套的粘接。其配方见表 8.5。

表 8.5 无机粘接剂常用配方

配方	材料名称及规格	质量比	配置方法
1	氧化铜（200～300目）	3～3.5	① 将 6～8 g 氢氧化铝与 10 mL 磷酸混合，搅拌均匀；
	磷酸	1	② 倒入 90 mL 磷酸并加热至 100～120 °C，不断搅拌至呈甘油状，取下冷却。
	氢氧化铝	1	
2	氧化铜（280～320目）	适量	③ 在 1 mL 氢氧化铝的磷酸溶液中加入 5 g 左右的氧化铜粉末，搅拌呈棕黑色胶体即可
	磷酸	100	
	氢氧化铝	8	

（2）无机粘接工艺。其基本过程为：清洗粘接部位—安装定位—调粘接剂—粘接剂固定。

与环氧树脂粘接法不同的是，要求粘接缝隙更小一些。对于小尺寸零件其单边缝隙取 0.1～0.3 mm，对于大尺寸可取 1～1.25 mm。另外，无机粘接的表面应更粗糙些，以便增大粘接强度。

（3）无机粘接的特点。操作简便，粘接部位耐高温、抗剪强度高，但抗冲击的能力差、不耐酸、碱腐蚀。

8.4 冷冲模的装配

模具装配就是把已加工的模具零件，按装配图和技术要求经修整后连接起来，使之成为合格模具。模具装配是模具制造过程的重要环节，装配的好坏将直接影响模具的质量和使用寿命。

8.4.1 冷冲模装配的技术要求

冷冲模装配的主要有以下一些技术要求：

1. 模具外观和安装尺寸

（1）模具外露部分的锐角应倒钝，小型模具倒角为 2 mm×45°，大、中型模具倒角为（3～5）mm×45°。安装面应光滑平整，螺钉、销钉头部不能高出安装基面，并无明显毛刺及击伤等痕迹。

（2）模具的闭合高度、各安装配合部位的尺寸，应符合所选设备的规格。

（3）模具上应打上模具的编号和产品零件图号，大中型模具应设有起吊孔。

2. 模具的装配精度

（1）模具各零件的材料、几何形状、尺寸精度、表面粗糙度和热处理硬度等均需符合图纸要求。

（2）模具的三项技术指标：上模座上平面对下模座下平面的平行度，导柱轴心线对下模座下平面的垂直度和导套孔轴心线对上模座上平面的垂直度均应达到规定的精度等级要求，见表 8.6。

表 8.6　模架分级技术指标

项　目	检查项目	被测尺寸/mm	滚动导向模架		滑动导向模架		
			精度等级				
			0 级	01 级	Ⅰ 级	Ⅱ 级	Ⅲ 级
			公差等级				
A	上模座上平面对下模座下平面的平行度	≤400	4	5	6	7	8
		>400	5	6	7	8	9
B	导柱轴心线对下模座下平面的垂直度	≤160	3	4	4	5	6
		>160	4	5	5	6	7
C	导套孔轴心线对上模座上平面的垂直度	≤160	3	4	4	5	6
		>160	4	5	5	6	7

注：① 被测尺寸是指：A 为上模座的最大长度尺寸或最大宽度尺寸；B 为下模座上平面的导柱高度；C 为导套孔延长芯棒的高度。

② 公差等级：按 GB 1184—80《形状和位置公差未注公差的规定》。

（3）将加工好的导柱、导套进行配对选配，使其配合精度及配合间隙符合表 8.7 的要求。

（4）压入上、下模座的导柱和导套，离其安装表面应有 1~2 mm 的距离，压入后应牢固，不能松动。

（5）凸模与凹模间的配合间隙应符合图纸要求，且整个轮廓上的间隙应均匀一致。

（6）装配后必须保证各零件相对位置精度，模具所有活动部分应动作可靠，运动平稳。

（7）模柄与模座上平面的垂直度公差为 0.05∶100。

（8）装配完工后模具试模时，制件应符合零件图的一切要求。

表 8.7　导柱和导套的配合要求　　　　　　　　　　　　单位：mm

配合形式	导柱直径	配合精度		配合后的过盈
		H6/h5	H7/h6	
		配合后的间隙值		
滑动配合	≤18	0.003~0.01	0.005~0.015	—
	>18~28	0.004~0.011	0.006~0.018	
	>28~50	0.005~0.013	0.007~0.022	
	>50~80	0.005~0.015	0.008~0.025	
	>80~100	0.006~0.018	0.009~0.028	
滚动配合	>18~35	—	—	0.01~0.02

8.4.2　模架的装配

8.4.2.1　模架的作用及结构

　　模架是模具的主体结构，冷冲模的主要零件都是通过螺钉、销钉与模架连接，以构成一副完整的冲模。模架在起连接作用的同时，还起导向作用，以保证凸模和凹模具有正确的位置。

模架结构如图 8.16 所示。

8.4.2.2 模架的装配

模架装配主要是指导柱、导套与上、下模座的装配，目前大都采用压入式 H7/r6 过盈配合（也可采用粘接工艺来固定导柱和导套）。为了便于装配，一般在装配前将上、下模座孔口倒角，擦清配合表面，并涂上润滑油，根据导柱、导套压入的先后，其装配工艺有两种：先压入导柱装配法和先压入导套装配法。

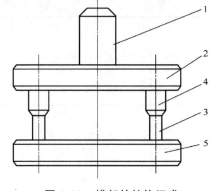

图 8.16 模架的结构组成

1—模柄；2—上模板；3—导柱；
4—导套；5—下模板

1. 先压入导柱装配法

1）选配好导柱、导套

按模架精度等级要求选配导柱、导套，使其配合间隙符合技术要求。

2）压入导柱

把下模座底面向上放在专用工具上，把与导套配合部分的导柱插入下模座孔内，专用压块放在导柱上端面，在压力机上进行预压配合，压入过程应测量与校正导柱的垂直度，直到导柱全部压入，如图 8.17（a）所示。

3）压入导套

将已压好导柱的下模座放在压力机的工作台上，垫上专用工具，将上模座反置套在导柱上，套上导套。用帽形垫板放在导套上，在压力机作用下将导套预压在模座内，并检查导套与上模座是否垂直及导套与导柱的配合是否良好，最后将导套全部压入且端面低于上模座 1～2 mm，如图 8.17（b）所示。

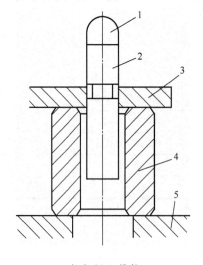
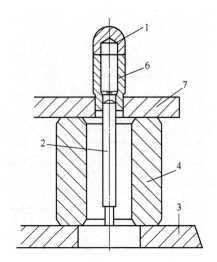

（a）压入导柱　　　　　　　　　　　　（b）压入导套

图 8.17 压入导柱、导套

1—压块；2—导柱；3—下模座；4—专用支承圈；5—压力机工作台；6—导套；7—上模座

2. 先压入导套装配法

1）压入导套

将上模座放在专用工具上（此工具的两圆柱与底面垂直，圆柱直径与导柱直径相同），两个已选好的导套分别套在圆柱上，并用两个等高垫铁垫在导套上，在压力机上将导套压入上模座。

2）压入导柱

在上、下模座之间垫入等高垫铁，将导柱插入安装好的导套内，在压力机上将导柱压入模座约 5 mm，再将上模座升到（用手提到）不脱离导柱的最高位置，然后放下，检查上模座与两垫板接触松紧是否均匀，否则应调整导柱至均匀为止，调整均匀后，再用压力机将导柱压入下模座。

3. 检　验

模架装配过程中和装配后要进行检验，检验内容包括导柱轴心线对下模座下平面的垂直度，导套轴心线对上模座上平面的垂直度，上模座上平面对下模座下平面的平行度。

1）导柱垂直度检测

导柱轴心线对下模座下平面垂直度的检测方法如图 8.18（a）所示，将装有导柱的下模座放在检测用的精密平板上，用百分表测量器对导柱进行垂直度测量，测到的读数差 $\varDelta_x$、$\varDelta_y$，即为导柱在图示两个方向的垂直度误差，将 $\varDelta_x$、$\varDelta_y$ 换算，求得导柱的垂直度误差，即

$$\varDelta_{\max} = \sqrt{\varDelta_x^2 + \varDelta_y^2} \qquad (8.4)$$

2）导套垂直度检测

导套孔轴心线对上模座上平面垂直度的检测方法，如图 8.18（b）所示。

将装有导套的上模座上平面放在检验平板上，在导套孔中插入带 0.015∶200 锥度的芯棒，以测量芯棒轴心线的垂直度作为导套孔轴心线垂直度的偏差值。测量方法与测量导柱相同，求出 $\varDelta_x'$、$\varDelta_y'$。在测量时，由于引入芯棒作为测量工具，所测读数必须扣除或加上 H 范围内芯棒锥度因素，求出导套孔在图示两个方向上的实际垂直度误差 $\varDelta_x$ 和 $\varDelta_y$ 后，再计算出 $\varDelta_{\max}$。

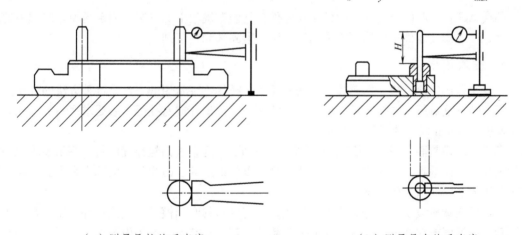

（a）测量导柱的垂直度　　　　　　　　（b）测量导套的垂直度

图 8.18　垂直度的测量

3）上、下模座平行度检测

上模座上平面对下模座下平面的平行度检测方法，如图 8.19 所示。将装配好的被测模架放在检验用的精密平板上。在上、下模座的中心位置上，用球面支撑杆将上模座支起。然后用百分表测量被测表面对角线，取最大与最小读数差即为模架的平行度偏差。

4. 模柄的装配

模柄是用来连接上模部分和压力机滑块的。模柄的结构有压入式、凸缘式、螺纹旋入式和浮动式等。但压入式最为常用，模柄与上模座的配合采用 H7/m6。在装配凸模固定板和垫板之前应先将模柄压入模座内。

压入时，将等高垫铁放在平台上，如图 8.20（a）所示，用压力机将模柄压入上模座 1/3 配合面，检验、校正其对上模座的垂直度后，全部压入模座内，最后检查模柄圆柱面与上模座上平面的垂直度，其误差不大于 0.05 mm。模柄垂直度经检查合格后再打入骑缝销钉（或螺钉），然后，将端面在平面磨床上磨平，如图 8.20（b）所示。

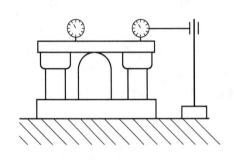

图 8.19　模架平行度的检测

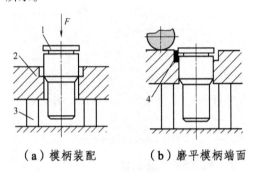

（a）模柄装配　　　（b）磨平模柄端面

图 8.20　模柄的装配与磨平

1—模柄；2—上模座；3—等高垫铁；4—骑缝销钉

8.4.3　凸、凹模装配

凸模、凹模、凸凹模是冷冲模的工作零件。它们在模板上的安装与固定是模具装配中的关键工序之一。模具零件按结构可以采用压入法、紧固法和粘接剂法。

1. 压入固定法

压入法是固定冷冲模、塑料模、压铸模等主要模具零件常用的方法。这种方法的优点是牢固可靠，缺点是对压入的型孔精度要求高，特别是复杂型孔或对孔距中心要求严格的型孔。常用于厚度为 6 mm 以下冲压件的冷冲模。

凸模、凹模与固定板的配合采用 H7/n6 或 H7/m6，配合表面粗糙度应符合图纸要求，固定板的型孔与端面垂直，不允许有锥度或成鞍形，以保证组装后凸模与端面垂直和牢固可靠，图 8.21 是压入法固定凸模的装配。

凸模压入端应设引导部分，为便于压入，对有台肩的圆凸模，凸模固定部分压入端应采用小圆角、小锥度或在 3 mm 长度范围将直径磨小 0.03～0.05 mm 作为引导部分。无台肩的异形凸模，压入端（非刃口端）四周应修出斜度或小圆角；当凸模不允许设引导部分时，应在固定板型孔的凸模压入处修出斜度小于 1°、高度小于 5 mm 的引导部分或倒成圆角。

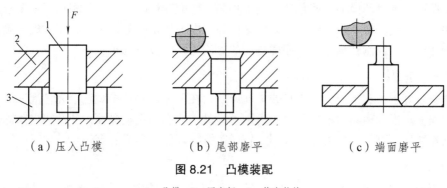

（a）压入凸模　　　（b）尾部磨平　　　（c）端面磨平

图 8.21　凸模装配

1—凸模；2—固定板；3—等高垫块

用手提压机或油压机压入凸模（不能用锤击），压入时应将凸模置于压力机的中心，压入要平稳。当凸模压入固定板型孔装合部分 1/3 时，应利用角度尺进行垂直度检查，校正垂直度后，再将其全部压入。

凸模压入固定板后，应将固定板与凸模底面磨平。最后，以固定板底面为基准磨凸模刃口面。刃磨小凸模时，采用小吃刀量或保护措施进行磨削，以防其变形。

2. 紧固件固定法

紧固件固定法常采用螺钉紧固和固定板紧固两种方法。螺钉紧固凸模的方法，常用于大、中型凸模的紧固。在紧固时，首先把凸模放入固定板型孔内，调好位置，使其与固定端面垂直，并用螺钉固紧，不得松动。图 8.22所示为利用斜压块及螺钉紧固，常用于复合模的凸凹模紧固。在固定时，首先将凸凹模放入固定板的型孔中，调好位置，压入斜压块 3 后再拧紧螺钉 2 即可。

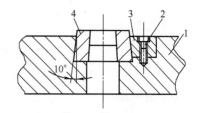

图 8.22　斜压块及螺钉紧固法

1—模座；2—螺钉；3—斜压块；4—凸凹模

3. 粘接剂固定法

对形状复杂的零件和多凸模冲模，广泛采用低熔点合金或环氧树脂的粘接方法，使模具结构和装配大为简化。这种方法是在固定板和凸模连接处留有空槽，如图 8.23 所示，装配时将凸模与凹模的间隙调整好，然后在空槽内侧浇上低熔点合金，当合金冷却后，体积膨胀即把凸模固紧。

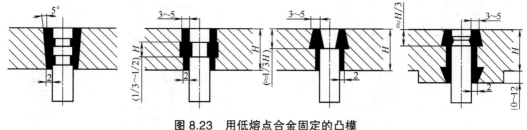

图 8.23　用低熔点合金固定的凸模

4. 凸、凹模间隙的调整

冷冲模凸、凹模之间间隙的均匀性是直接影响冲件质量和冲模使用寿命的重要因素之一。因此，在冲模装配时，必须保证凸、凹模间隙大小及均匀一致性。

为了保证凸模与凹模的正确位置和间隙均匀，装配冲模时，一般是根据图纸要求，先确定其中一件（凸模或凹模）的位置，然后以该件为基准，找正间隙，确定另一件的准确位置。

装配冲模时，控制凸模与凹模间隙均匀的方法主要有以下几种：

1）透光法

放置安装好上模和下模，用手灯或电筒照射，在下模落料孔中观察透光情况来确定间隙大小和均匀程度。当发现间隙不均匀时，可用手锤敲击凸模固定板侧面，使凸模向间隙偏大方向移动，反复观察，直到均匀为止。并用螺钉、销钉将其位置固紧、定位。

2）垫片法

在凹模刃口四周垫入厚薄均匀，厚度等于凸、凹模单边间隙的铜片或纸片，如图 8.24 所示。将凸模插入相应的凹模型孔内，观察凸模与垫片的松紧程度，并用手锤轻轻敲打固定板，使凸模与垫片松紧程度一致为止，调整合适后，紧固上模。

这种方法适用于间隙较大的冲裁模，也适用于拉深模、弯曲模、成型模的凸、凹模间隙控制。

3）测量法

使上、下模合模，并使凸模进入凹模型孔内，用块规（或塞尺），测量凸、凹模间隙。根据测量结果对间隙进行调整，然后固定上模。

4）工艺尺寸法

将凸模工作部分加长 0.5～1 mm，并将该部分截面尺寸加大到与凹模间隙配合（H7/h6），装配完后，再将凸模加长部分磨去。此法适用于圆形模具。

5）镀铜法

将凸模工作表面镀铜（或镀锌），使其厚度等于凸、凹模单边间隙，装配时，将凸模插入凹模孔内即可。铜层在使用时，可自行脱落，装配时不必除去。此法适用于形状复杂、找正困难或间隙小的冲模。

6）工艺定位器法

利用工艺定位器保证上、下模同轴，定位器尺寸如图 8.25（b）所示，其中 d_1 与凸模间隙配合，d_2 与凹模间隙配合，d_3 与凸凹模的孔间隙配合，d_1、d_2、d_3 应在车床上一次装夹车出，确保三直径同轴，此法适合于复合模。

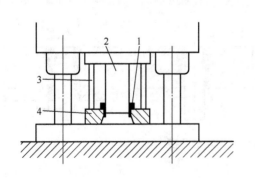

图 8.24　用垫片法调整凸、凹模配合间隙

1—垫片；2—凸模；3—等高垫铁；4—凹模

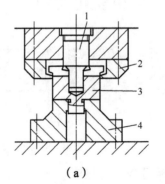 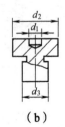

（a）　　　　　（b）

图 8.25　工艺定位器的应用

1—凸模；2—凹模；3—工艺定位器；4—凸凹模

7）涂层法

在凸模上涂上一层涂料，涂层厚度等于凸、凹配合间隙。涂料一般采用绝缘漆。不同间隙可用不同黏度的漆或不同涂抹次数来达到，此法适用于圆形或形状简单的模具。

间隙调整后，以冲件厚度相同的纸作为冲压材料，用锤敲击模柄进行试冲，观察到纸样轮廓齐整，没有毛刺或毛刺均匀，说明间隙均匀，如果纸片局部毛刺很大，或未被切断，说明间隙较大，且不均匀，尚需进一步调整。

8.4.4　冲模装配的顺序

冲模装配要保证凸、凹模对中，使其间隙均匀。为此，应注意上、下模的装配顺序，否则可能出现不能调整间隙的情况。

上、下模装配顺序通常看上、下模主要零件中哪一个位置受到的限制大，就先装哪一个，再以它去调整另一个的位置。根据此道理，一般冲裁模装配顺序如下：

（1）无导向装置的模具。这类模具由于凸、凹模的间隙是在模具安装到机床上时进行调整的，上、下模的装配次序无严格要求，可分别进行装配。

（2）有导向装置的模具。装配时先要选择基准件，如导板、凸模、凹模或凸凹模等，先装基准件，再以基准件配装有关零件，调整凸、凹模间隙后再安装其他辅助零件。如果凹模安装在下模，一般先装下模，再以下模为基准安装上模，较为方便。

（3）有导柱的复合模。有导向装置的复合模，一般先装上模，再借助上模的冲孔凸模及落料凹模孔，找正下模的凸凹模位置及调整间隙，固紧下模。

（4）凸、凹模分别配入上、下模板窝座的导柱模。把凸、凹模配入上、下模板窝座内，将组装的上、下模合模，调整凸、凹模间隙，紧固后镗导套及导柱孔。

8.4.5　冲裁模装配实例

图 8.26 所示为电度表固定板的冲孔模，冲件材料为 2 mm 厚的黄铜板，装配过程为：

1. 装配前的准备

（1）读懂和研究装配图。装配图是进行装配工作的依据。因此，装配前必须读懂和熟悉模具装配图，掌握模具的结构特点和主要技术要求以及各零部件的安装部位，了解有关零件的连接方式和配合性质，从而确定合理的装配基准、装配方法和装配顺序。

（2）根据装配图上的零件明细表，清点和清洗零件，检查主要工作零件的尺寸和形状精度，查明各配合面的间隙以及有无变形和裂纹缺陷。

2. 组件装配

根据模具装配顺序分析，该模具应先装下模，然后以下模为基础，装配上模。在完成模架、凸模、凹模组装后进行总装。

1）模架装配

（1）装配模柄。在手提压力机或油压机上将模柄 12 压入上模座 6，并加工出骑缝销钉孔，将销钉 11 装入后，再把模柄端面与上模座 6 的底面在平面磨床上磨平。

在模柄安装过程中，应检查模柄与上模座上平面的垂直度，若发现偏斜应进行调整，直到合格为止才加工骑缝销孔，打上骑缝销钉。

（2）导柱和导套装配。在上模座和下模座上分别压入导套和导柱，注意安装后导柱与下模座下平面的垂直度和导套与上模座上平面的垂直度。并注意导套与导柱配合间隙要均匀，上、下滑动平稳无阻滞现象。

2）装配凸模

将凸模 10 压入凸模固定板上，装配后，应将固定板 7 的上平面与凸模安装尾部一起在平面磨床上磨平。为了保持刃口锋利，还应将凸模工作端面刃磨。

3）装配卸料板

将卸料板 4 套在已装入固定板 7 的凸模 10 上，在固定板与卸料板 4 之间垫上垫铁，并用平行轧头将它们夹紧，然后按卸料板上的螺孔在固定板相应位置钻出锥坑。拆开后钻固定板 7 上的螺钉过孔。

4）装凹模

把凹模 2 压入固定板 18 中，固紧后，将固定板 18 和凹模 2 上、下平面一起磨平，上平面磨平是使凹模刃口锋利。

3. 总 装

1）安装下模

将凹模与固定板组件按中心线找正位置，安装在下模座 1 上，调节好位置后，在下模座上加工螺孔用螺钉紧固，钻铰销钉孔，装入销钉，并以凹模刃口为基准安装定位板 3。

2）配装上模

将已装入固定板的凸模插入已放有垫片的凹模型孔中，在固定板 7 与凹模之间垫入等高垫铁，将垫板 8 放在固定板上面，再放上模座。用平行轧头将上模座 6 和固定板 7 夹紧，通过固定板 7 投卸料板的螺孔窝，以固定螺孔配钻上模座螺钉过孔，拆开后钻孔，然后用螺钉 13 将上模座、垫板、固定板初步固定。

3）调整间隙

取出凹模型孔垫片，将模具合模反转过来倒置，用透光法从下模座 1 的落料孔中观察凸、凹模配合间隙，用手锤轻轻敲击固定板 7 的侧面，而使配合间隙均匀，以纸作试冲材料试冲。

调整好间隙后锁紧螺钉 13，取下上模座，钻、铰销钉孔后打入销钉 9。

用卸料螺钉 14 把卸料板、弹簧装在上模座上，在卸料板最低位置时，凸模刃口应缩在卸料板孔内约 0.5 mm，检查卸料板运动是否灵活、平稳。

4）试冲与调整

将冲模的其他零件安装好，用纸作试冲材料试冲，再用规定材料试冲若干件，调整到冲件合格，打印标记交付使用。

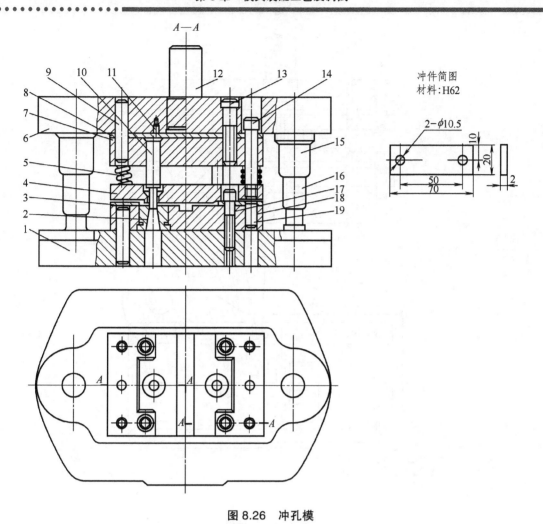

图 8.26 冲孔模

1—下模座；2—凹模；3—定位板；4—弹压卸料板；5—弹簧；6—上模座；7、18—固定板；8—垫板；
9、11、19—销钉；10—凸模；12—模柄；13、17—螺钉；
14—卸料螺钉；15—导套；16—导柱

4. 试模调整

模具装配完成后，应在生产条件下进行试冲，若试冲的制件不符合图纸要求，或试冲中发现模具设计、制造存在问题等，均应进行认真分析，找出问题原因，然后对模具进行调整和修理，直到问题解决，投入正常使用。

8.4.6 级进模装配实例

级进模又称为连续模、多工序模，是在送料方向上具有两个或两个以上工位的模具。其加工与装配精度要求较高，难度较大。装配时凹模各型孔的相对位置及步距要准确。凸模固定板、凹模型孔和卸料板导向孔三者位置必须保持一致，以及各组凸、凹模间隙应均匀。因此，级进模凹模型孔是装配基准，应先装配，再以其定位装配凸模。现以图 8.27 所示的级进模为例说明其装配过程。

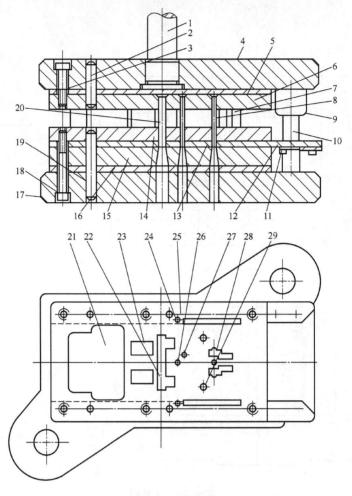

图 8.27　级进模

1—模柄；2、19、24—销钉；3、11、18—螺钉；4—上模座；5、16—垫板；6—凸模固定板；7—侧刃凸模；
8、20、22、23、26、27、28、29—冲孔凸模；9—导套；10—导柱；12—托料板；13—导料板；
14—卸料板；15—凹模；17—下模座；21—落料凸模；25—挡板

1. 装配凸、凹模

装配前应检查各凸、凹模的形状和尺寸是否符合图纸要求，将凸模逐个插入相应凹模型孔内，检查凸模与凹模型孔的配合情况，目测其间隙均匀程度，若有不妥应进行更换。

将各凸模依次压入（浇注或粘接）凸模固定板，固定后磨平装配面。

2. 装下模

（1）以凹模刃口定位，凹模上已加工的孔配作导料板 13、卸料板 14 上的螺孔、销孔（留余量）。

（2）在下模座 17 上画中心线，按中心线将凹模 15、垫板 16 放在下模座上，以凹模上已加工的孔配作垫板、下模座上的螺钉孔、销孔（留余量）和落料孔。

（3）用螺钉 18 将下模座、垫板、凹模和卸料板连接起来，调整位置后紧固螺钉，精铰销孔后打入销钉 19。

3. 装上模

（1）将装在固定板 6 上的凸模通过卸料板导向，插入有垫片的凹模型孔内，装上模座，以固定板上已加工的螺孔配作上模座螺钉孔，装螺钉 3 并初步紧固。

（2）取出凹模上的垫片，用透光法检验凸、凹模配合间隙后用切纸法试冲，调整后锁紧螺钉 3。

（3）用规定材料试冲，调整后将上模座、凸模固定板、上垫板同钻、铰销孔，并打入销钉 2。

（4）装配辅助零件并试冲，调整后打印标记，交付使用。

4. 试模调整

按要求进行试模调整。

8.4.7　复合模装配实例

图 8.28 所示为冲制垫圈的复合模。复合模结构的特点是既有落料凸模又有冲孔凹模的所谓凸凹模。利用复合模能够在模具同一部位上同时完成制件的落料和冲孔工序，从而保证冲裁件的内孔与外径的相对位置精度和平整性。

在制造复合模时，上、下模的配合精度要求高，配合稍有不准，就会损坏整副模具。因此要求复合模的凸模、凹模和凸凹模及相关零件必须保证加工精度。装配时，冲孔和落料的冲裁间隙均匀一致。推件装置推力的合力中心应与模柄中心重合，否则会使推件板歪斜与凸模卡紧，出现推件不正常或推不下来，有时甚至使细小凸模折断。

对于复合模一般先装上模，然后找正下模的凸凹模位置，按照冲孔凹模加工出排料孔，这样既可保证推件装置与模柄中心对正，又可避免排料孔错位。而后以凸凹模为基准分别调整冲孔与落料的冲裁间隙，并使之均匀，最后再安排其他辅助零件。现在介绍它的装配过程。

1. 组件装配

模具总装前，将主要零件如模架、模柄、凸模等进行组装。

2. 总装配

（1）装上模。首先翻转上模座 5，找出模柄 6 的孔中心，画中心线和安装用的轮廓周边线。然后，再按外轮廓线，放正凸模固定板 3 及落料凹模 2，初步找正冲孔凸模 1 和落料凹模 2 之间的位置，用平行轧头夹住凸模部分，按照凹模螺孔配钻凸模固定板和上模座的螺钉孔。再装入垫板 4 和全部推件装置，用螺钉将上模部分全部连接起来，并检查推件装置的灵活性。

（2）装配下模。首先将凸凹模 14 压入凸凹模固定板 15，保证凸凹模与固定板垂直，并磨平底面。将卸料板 13 套在凸凹模 14 上，配钻固定板上的卸料弹簧 19 的安装孔，然后把装入固定板 15 内的凸凹模 14，放在下模座 17 上，合上上模，根据上模找正凸凹模在下模座上的位置，夹紧下模部分后移去上模，在下模座画出排料孔线，并配钻安装螺钉和卸料螺钉的螺钉孔，加工下模座上的排料孔，并按凸凹模孔每边加大 1～1.5 mm，再用螺钉连接凸凹模固定板 15、下垫板 16 和下模座 17，并钻、铰销钉孔，打入销钉。

（3）调整凸、凹模间隙。合上上、下模，以凸凹模为基准，用切纸法精确找正冲孔凸模的位置。如果凸模与凸凹模的孔不对正，可轻轻敲打凸模固定板，利用螺钉孔的间隙进行调整，直到间隙均匀后，再钻铰销钉孔，打入销钉。

（4）安装其他辅助零件。安装调整卸料板、挡料销等。然后可试切打样，进行检查。

3．试模调整

按要求进行试模调整。

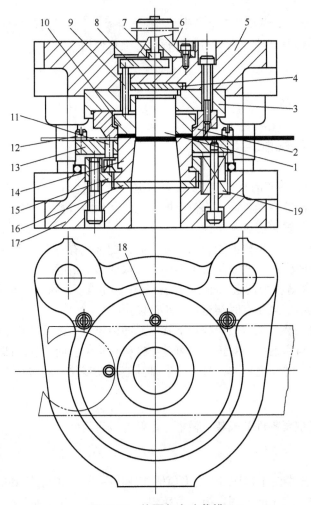

图 8.28　垫圈复合冲裁模

1—冲孔凸模；2—落料凹模；3—上模固定板；4、16—垫板；5—上模座；6—模柄；7—推杆；8—推块；
9—推销；10—顶件块；11、18—活动挡料销；12—固定挡料销；13—卸料板；
14—凸凹模；15—凸凹模固定板；17—下模座；19—卸料弹簧

8.4.8　环氧树脂等粘接技术在模具装配中的应用

在冷冲模装配中，导柱、导套与模座，凸模与固定板等零件的连接，除以上介绍的固定方式外，还可以采用环氧树脂、无机粘接剂、低熔点合金等技术，把这些零件相互固定连接起来。这样，既能保证各零件的相互位置精度又能使加工过程简化，对形状复杂的以及多孔冲模，其优点更加明显。

1．环氧树脂在模具装配中的应用

环氧树脂在硬化状态对各种金属和非金属表面有非常强的结合力，而且在硬化时收缩率较小，粘接时不需要附加压力。因此，在冷冲模制造中得到了广泛的应用。

1）用环氧树脂固定凸模

用环氧树脂固定凸模时，凸模固定板的型孔比凸模大 1 mm 左右（单边），此间隙不宜过大，否则会使粘接处的强度降低。而孔壁则应粗糙一些（ $R_a \geqslant 6.3\ \mu m$ ），以便粘接。用环氧树脂固定凸模形式如图 8.29 所示，其中图（a）、（b）所示的固定方式适用于冲制厚度小于 0.8 mm 的材料；图（c）所示的固定方式适用于冲制厚度大于 0.8 mm 的材料。

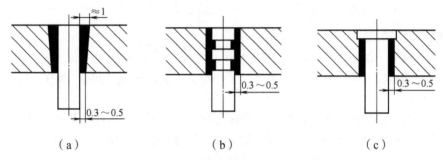

图 8.29　用环氧树脂固定凸模的形式

2）浇注工艺

用环氧树脂固定凸模时，先用丙酮将凸模和固定板上需要浇注环氧树脂的表面清洗干净，然后把凸模插入凹模型孔内，并调整好间隙（利用凸模镀铜/涂漆或垫片）使之均匀，保证凸模与凹模基面的垂直度，调整间隙后，把凸模与凹模一起翻转过来，如图 8.30 所示。凸模放在固定板的孔内，使其端面与平面贴平，在凹模与固定板之间垫入等高的垫板，最后浇注环氧树脂。

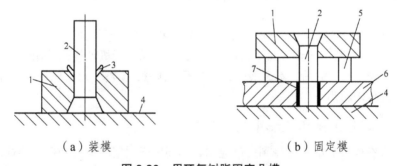

（a）装模　　　　　　　（b）固定模

图 8.30　用环氧树脂固定凸模

1—凹模；2—凸模；3—纸垫；4—平板；5—等高垫块；6—固定板；7—环氧树脂

3）环氧树脂粘接的适用范围

① 凸模与固定板的粘接；

② 导套、导柱与模板的粘接；

③ 卸料板或导向板导向部分的粘接。

下列情况不宜采用或只能局部采用环氧树脂粘接：

① 对于多工序连续拉深落料模，必须经常将凸模敲出来刃磨，故不宜采用。

② 多孔冲模中个别小凸模容易折断，应考虑用压入法，其余冲头则可采用环氧树脂固定。

③ 冲件厚度大于 2 mm 的冲模不宜采用。

2. 无机粘接剂在模具装配中的应用

无机粘接剂在模具中使用较多的是磷酸盐，其中最普遍的是磷酸氧化铜粘接剂。

使用无机粘接剂工艺简单，操作方便，不需要专用设备，并可适当降低有关模具零件型孔加工的要求。

粘接后有足够强度，且以套接结构的强度为最好，套接抗剪强度可高达 80～100 MPa。耐高温，一般可达 600 ℃ 左右（在 700 ℃ 左右软化），当在氧化铜中加入适量硅铁或氧化钴时，耐温可高达 1 000 ℃ 左右。

1）粘接剂的配制

先将少许磷酸（例如 10 mL），置于烧杯中，将 5～8 g 氢氧化铝缓缓加入，用玻璃搅拌均匀后再加入其余磷酸（90 mL），调成浓乳状，边搅拌、边加热到 220～240 ℃，使呈淡茶色，自然冷却后使用。

将氧化铜粉（按配比）置于铜板上，用滴管倒入磷酸溶液，用竹片缓缓调匀，约 2～3 min 后呈现胶状，可拉出 10～20 mm 的长丝，即可进行粘接。铜板特别适宜于夏天，以利于反应热迅速散失；在冬天室温低时宜用玻璃板，以利于反应热的保持。

2）粘接工艺

用丙酮或甲苯等化学试剂清洗被粘接表面，去除油污和锈斑，将冲模各有关零件按装配要求进行安装定位。将调好的粘接剂均匀涂于各粘接表面。粘接时，可将凸模上、下移动，以排除气体，最后确定固定位置粘接。粘接固化后，经钳工修整，消除多余溢料，修整后即可使用。

采用无机粘接剂固定凸模，一定要防止粘接剂受潮，一般在使用前，应将氧化铜在 200 ℃ 恒温箱内烘烤 0.5～1 h，排出潮气后再使用。在粘接后固化时，应先在室温固化 2 h，再放在恒温箱内加热 60～80 ℃ 保温 2～3 h 即可使用。

无机粘接剂一般容易干燥，一次调剂量不能太多，否则干燥过快，来不及操作。用密度 1.72 g/cm³ 的磷酸，一般一次调剂量不宜超过 20 g 氧化铜。无机粘接剂使用时脆性较大，不宜对接，不宜承受较大冲击载荷，不耐酸碱，主要不耐盐酸，微溶于水。此外，粘接间隙较小时，对型孔加工精度要求较高。

3. 低熔点合金在模具装配中的应用

低熔点合金在模具装配中已得到广泛应用，主要用于固定凸模、凹模、导柱、导套和浇注导向板及卸料板型孔等。其工艺简单、操作方便。浇注固定后有足够的强度，冲裁 2 mm 以下板料相当可靠。而且合金还能重复使用，便于调整和维修。被浇注的型孔及零件，加工精度要求较低，利用这种方法固定凸模，凸模固定板不需加工精确的型孔，只要加工与凸模相似的通孔，大大简化了型孔的加工，且减轻了模具装配中凸、凹模间隙均匀性的调整工作。

1）低熔点合金的配制

将合金中 Sb9%、Pb28.5%、Bi48%、Sn14.5%按配比称好，按熔点高低依次先后放入坩埚中熔化，待金属熔化后，适当降低温度浇入锭模内，急冷成条状，以细化晶粒，并防止铅偏析。使用时再按重量加以熔化。

2）浇注工艺过程

（1）按凸、凹模间隙要求，在凸模工作表面镀铜或均匀涂漆，使之厚度恰好为间隙值。

（2）将凸模待浇注部位和固定板型孔清洗干净后，将凸模轻轻敲入凹模型孔中（间隙较大时，可垫入垫片来控制间隙）并校正凸模与凹模，使凸模垂直于凹模基面。

将已插入凸模的凹模倒置，把凸模固定端插入固定板型孔中心，同时在凸模和固定板之间垫上等高垫铁，使凸模端面与平台平面贴合。

安装定位后，熔化合金，即可浇注。冷却后用平面磨床磨平即可安装使用。

用低熔点合金浇注固定模具零件和浇注卸料板导向孔时，有关模具零件需要预热，由于预热会引起模具零件变形，这对于大型拼块结构的冲模装配，不易控制间隙均匀。

8.5 塑料模装配

8.5.1 塑料模装配的技术要求

1. 模具外观

（1）模具外露非工作部分棱边应倒角。

（2）大中型模具均应设起吊孔、起吊环，以供搬运和安装时用。

（3）模具的闭合高度应符合设备配合部位的尺寸，模具顶出形式、开模距离均应符合总装及有关技术要求。

2. 模具装配精度

（1）组成模具零件的材料、加工精度、热处理要求均应符合相应图纸要求。

（2）模具闭合后各承压面（或分型面）之间要闭合严密，无缝隙。

（3）动、定模座安装面对分型面的平行度不大于 0.05：300，导柱、导套对模板的垂直度不大于 0.02：100。

（4）成型零件工作表面应光洁、无伤痕，并应抛光、镀铬。

（5）各活动零件装配后要间隙适当，起止位置正确，动作平稳可靠，各嵌镶紧固零件要固紧、安全可靠。

（6）冷却水路畅通无漏水，电加热系统要绝缘良好无漏电现象，并能达到模温要求。

（7）装配后的模具要求在生产条件进行试模，制件要符合图纸要求。

8.5.2 型芯、型腔凹模与模板的装配

1. 装配型芯、型腔凹模时的注意事项

（1）型芯与固定板孔一般采用 H7/m6 配合，配合过紧，压入后将使模板变形，对于多腔模还会影响各型芯间的尺寸精度。

（2）零件装配前，应将影响装配的尖角倒棱修成圆角。

（3）为便于将型芯和型腔凹模压入模板内并防止切坏孔壁，在其压入端应设导入斜度。

对型芯可将其压入端四周修出 10′~20′，长 3~5 mm 的斜度，如图 8.31 所示。若型芯上不允许修出斜度，斜度可修在模板孔的压入端，斜度一般 1° 左右，高度约 5 mm，如图 8.32 所示。

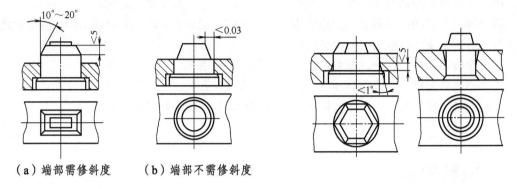

（a）端部需修斜度　（b）端部不需修斜度

图 8.31　型芯端部斜度 　　　　　　　图 8.32　固定板孔的导入斜度

（4）型腔凹模与固定板装配后，型面上要求严密、无缝隙。因此型腔凹模的压入端不允许修出斜度，而应在模板上修出导入斜度。

（5）型芯与固定板配合的尖角部分，应将型芯角部修出 $R0.3$ mm 左右的圆角，当不允许修圆角时，应将模板孔的角部修出清角或窄槽，如图 8.33 所示。

（6）型芯或型腔凹模压入模板时应保持平稳、垂直。随时测量并校正其垂直度误差，最好在压入一半时，再测量并校正一次，待全部压入后，应最后作垂直度误差测量。

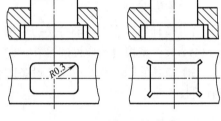

（a）修成圆角　　　（b）修成窄槽

图 8.33　尖角配合处修正

2. 型芯与模板的装配

1）压入装配法

在固定板型孔为通孔时，型芯、型腔凹模装配方法可采用直接压入法，将型芯及型腔凹模压入模板型孔中。压入前，要在模板上调整好位置，并在压入表面涂以润滑油，以便压入。压入时，要缓慢用力，始终保持平稳、垂直。压入后要用销钉定位，防止转动。

2）埋入式型芯装配

图 8.34 所示为埋入式型芯结构，固定板沉孔与型芯尾部为过渡配合。装配时，型芯尾部应倒角，埋入深度较深（>5 mm）时，型芯尾部四周略修斜度。当固定板沉孔与型芯配合端尺寸有偏差，可按合模的相对位置确定修整方向和修整量。修整时，一般都修型芯，这样比较方便。而需控制型芯高度时，可对型芯底面修磨（使高度减少）或在型芯底面加垫片（使型芯高度增加）。

3）螺纹连接式型芯的装配

如图 8.35 螺纹连接式型芯适用于小尺寸型芯的固定。其工艺简单，型芯固定后，要用骑缝销钉定位，防止型芯转动。

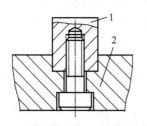
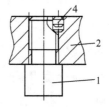
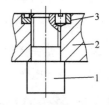

图 8.34　埋入式型芯结构

1—型芯；2—固定板

（a）螺纹连接　　　　（b）螺母连接

图 8.35　螺纹连接式型芯

1—型芯；2—固定板；3—螺母；4—骑缝销钉

型芯和固定板往往需要保持一定的相对位置，当螺纹旋到终点时，型芯与固定板往往存在角度差，因此必须进行调整。调整方法是：

（1）固定板上仅装一个型芯时，可采用修磨固定板平面或型芯底平面的方法，如图 8.36 所示，其修磨量 δ 为

$$\delta = \frac{\alpha}{360} \cdot p \quad\quad\quad (8.5)$$

式中　α——型芯装上固定板后，型芯与要求位置的偏差角度；

　　　　p——螺纹螺距。

（2）若采用图 8.35（b）所示的结构，只需型芯转到需要位置，然后用螺母紧固，销钉定位。这种形式装配方便、可靠。它适用于外形为任何形状的型芯以及同时固定多个型芯的情况。

（3）对于圆形型芯，也可采用另一方法，型芯的不对称型面先不加工，将型芯旋入固定板后按固定位置再进行加工。然后取下型芯经热处理后固定在固定板上。

（4）螺钉固定式型芯装配。

对于面积大而高度低的型芯，常用螺钉、销钉直接与固定板连接，如图 8.37 所示。

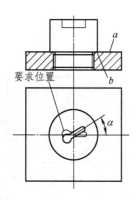
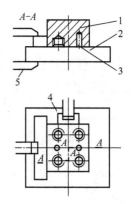

图 8.36　型芯与固定板的偏差　　　　图 8.37　大型芯与固定板的连接

1—型芯；2—固定板；3—销钉套；4—定位块；5—平行轧头

型芯的相对位置以导柱、导套为基准或以固定板侧面为基准确定。具体方法是根据型芯在固定板 2 上的相对位置，将定位块 4 用平行轧头 5 夹紧在固定板上。用红丹粉将型芯上的螺孔位置复印在固定板上，然后钻孔、锪孔，并用螺钉将型芯紧固。

对于淬硬型芯上的销钉孔，则在销钉位置孔中压入不淬硬的销钉套 3，待型芯准确定位后，则按固定板上的销钉位置钻、铰到销钉套上，最后打入销钉（销钉与销钉套的配合长度仅 3～5 mm）。

3. 型腔凹模与模板的装配

一般注射模、压塑模的型腔部分使用镶嵌和拼块形式很多，现举例说明其装配方法。

1）单件整体型腔的装配

型腔凹模用压入法镶入模板，镶入后型面上要求紧密无缝。因此型腔凹模压入端一般不允许修出斜度，而将导入斜度放在模板上。圆形型腔镶入模板孔后，要调整型腔形状和模板的相对位置及其最终定位，如图 8.38（a）所示。调整方法如下：

（1）部分压入后调整。型腔凹模压入极小一部分，即进行位置调整。可用百分表校正其直线部分，如有偏差，可用管子钳等工具将其旋转到正确位置，然后将型腔凹模全部压入模板。

（2）全部压入后调整。将型腔凹模全部压入模板后，再调整其位置。采用这种方法时，不能采用过盈配合，一般留有 0.01～0.02 mm 的间隙，位置调整正确后，用销钉定位，防止其转动。

2）多件整体型腔的装配

在同一块模板上需镶入两块以上的型腔凹模，且动、定模之间有精确的相对位置，其装配过程比较复杂。

如图 8.38（b）所示的结构，装配基准是定模镶块上的孔，装配时，用工艺销钉穿入推块 4 和定模镶块 1 的孔中定位，再将型腔凹模套在推块上，压入模板中。压入时要用量具测得型腔凹模外形的位置尺寸并对模板型孔尺寸进行修正。

小型芯在固定板 5 上的小孔是在型腔凹模压入后，放入推块，从推块的孔中引钻而得到。

3）型腔拼块的装配

在一个模板孔中同时压入几件拼块，在压入初期，拼块尾部拼合处容易产生离缝，因此采用平行夹板将拼块夹紧。压入时应在压入件上端垫上平垫铁，使各拼块同步进入模孔，如图 8.38（c）所示。

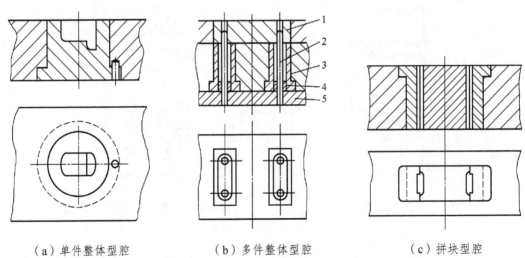

（a）单件整体型腔　　　　（b）多件整体型腔　　　　（c）拼块型腔

图 8.38　型腔凹模与模板的装配

1—定模镶块；2—小型芯；3—型腔；4—推块；5—固定板

多拼块的配合过盈量较小而预应力不足时，模具使用过程中因受压而使拼块发生松动。在模板孔加工时，应另制一个压印冲头（其尺寸应按拼块拼合，外形尺寸均匀缩小），用以作为模板孔的压印加工。

8.5.3　过盈配合件的装配

模具中有不少过盈配合的装配零件，如销钉套、导钉，这些零件装配后不用螺钉紧固，且不允许松动脱出。因此，装配前应检查配件的过盈量，并保证配合部分的表面粗糙度 $R_a < 0.8 \sim 1.6 \ \mu m$，压入端导入斜度要均匀，与配合部分保持较高的同轴度。

1. 导钉的压入

对拼式模块常用两个导钉定位，但模块在热处理后导钉孔的孔形、孔距均有所改变，故压入导钉前应将两模块对合研磨导钉孔，两模块较厚时，只能分开研磨。考虑到孔对准后外形可能产生偏移，故模块外形需留有加工余量，导钉压入对合后再研磨外形，如图 8.39 所示。

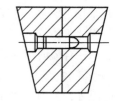

图 8.39　对拼模块的导钉

2. 精密件的压入

如图 8.40 所示，导套或镶套压入模板后，内孔尚需与精密偶件配合，压入时应注意：

（1）严格控制过盈量，以免内孔缩小；当压入件壁厚较薄而无法避免时，压入后可用铸铁研磨棒研磨。

（2）直径大而高度小的压入件，可采用图 8.41 所示的导向芯棒压入，先将导向芯棒以间隙配合形式置于模板内，将压入件套在芯棒上加压，因压入件压入后有微量收缩，故芯棒直径与压入件孔径间应有 $0.02 \sim 0.03 \ mm$ 的间隙。

（3）浇口套的压入。如图 8.42 所示，浇口套与模板的配合一般为 H7/m6，其压入端不允许有斜度，但需要倒角，以免压入时切坏孔壁，故在压入件加工时应考虑有圆角的修正量 Δ，装配后此修正量凸出于模板，应予磨去。

台肩外缘与模板沉孔间的间隙小于 $0.02 \ mm$，故模板孔与沉孔、压入件外圆的同轴度误差小于 $0.01 \ mm$。

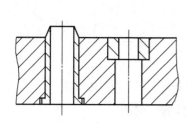

图 8.40　配合精密件的压入

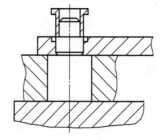

图 8.41　利用导向芯棒压入

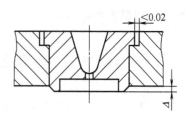

图 8.42　浇口套压入模板

8.5.4　装配中的修磨

塑料模具是由许多零件组成，尽管这些零件在加工过程中有加工精度的要求，但装配后由于误差累积和装配原因，往往达不到技术要求。因此，零件装配过程中需对某些零件进行修磨。

如图 8.43 所示，型芯装配后，型芯端面与加料室平面间出现间隙 Δ。修磨的方法是：

（1）假若模具是单型腔，则应修磨固定板平面 A，修磨时需要拆下型芯，磨去厚度 Δ 即可。也可修磨型腔上平面 B，修磨时，不要拆下型芯，修磨较方便。

（2）若是多型腔，应修磨型芯台肩 C，因为多型腔模有几个型芯，各型芯在修磨方向上的修磨量不可能一致，因此不论修磨 A 面还是 B 面都不可能使型芯和型腔表面在合模时同时保持接触。

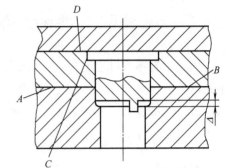

图 8.43　型芯端面与加料室底平面间出现间隙

如图 8.44（a）所示，在装配后型芯固定板与型腔间有间隙 Δ，为消除间隙 Δ，修磨方法可以是：

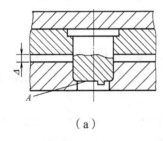（a）　　　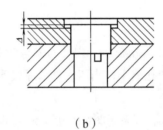（b）　　　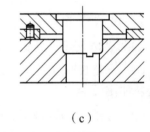（c）

图 8.44　型腔端面与型芯固定板间有间隙

（1）修磨型芯工作面 A，这适合于型芯工作面为平面的情况，如图 8.44（a）所示。

（2）在型芯和固定板台肩内加入垫片，这适合于小型芯，如图 8.44（b）所示。

（3）在型芯固定板上铣凹坑，再加垫块（厚度大于 2 mm）进行修补，如图 8.44（c）所示。

（4）如图 8.45 所示，修磨的浇口套略高出固定板 0.02 mm。A 面高出 0.02 mm，由加工精度保证。B 面高出固定板平面的修磨方法是先将浇口套压入固定板，磨平 B 面，然后卸下浇口套，再将固定板磨去 0.02 mm。

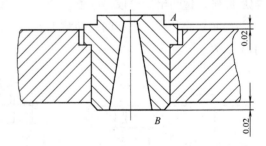

图 8.45　压入后的浇口套

8.5.5　导柱、导套的装配

导柱、导套分别安装于动模板和定模板，是模具开模、合模的导向装置。

1. 导柱、导套安装孔的加工

动模板、定模板上的导柱、导套安装孔的加工很重要。其两安装孔的精度小于 0.01 mm。

加工方法除可以用坐标镗床分别在动、定模板上镗孔以外，常用的方法是将动、定模板合在一起，在车床、铣床和镗床上进行镗孔。

对于淬硬的模板，导柱、导套安装孔如在热处理前加工正确，热处理后引起孔形和位置变化而不能满足要求时，应在热处理前留有磨削余量，热处理后用坐标磨床磨削，或模板叠合在一起用内圆磨床磨削（应与型腔为基准叠合模板）。另一种方法是在淬硬的模板孔内压入软套，在软套上镗导柱、导套安装孔。

2. 导柱、导套安装孔的加工顺序

模具装配过程中导柱、导套安装孔的加工顺序依模具结构和装配方法而有所不同。

（1）塑件结构形状使型芯、型腔在合模后很难找正相对位置，或者是模具设有斜滑块机构时，通常先装好导柱、导套，作为模具的装配基准。

（2）动、定模合模后有正确的配合关系，互相间容易对中，以其主要工作零件的型芯、型腔和镶件等作为装配基准，在动、定模对中后加工导柱、导套安装孔。图 8.46（a）所示为小型芯穿入定模镶块孔中，故以其主要工作零件作为装配基准；图 8.46（b）所示为推件板与型腔有配合要求。

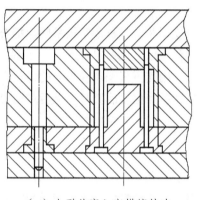 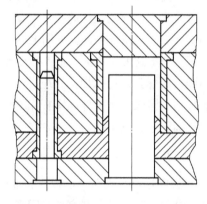

（a）小型芯穿入定模镶块中　　　　　　（b）推件板与型腔有配合要求

图 8.46　动、定模间有正确配合要求的结构

3. 导柱、导套的压入

导柱、导套压入动、定模板后，开模和合模时，导柱、导套间应滑动灵活，无阻滞现象。因此，压入时注意下面几点：

（1）导柱、导套应进行选配。

（2）导套压入时应校正垂直度，导柱压入时可借助于导套作导向。

（3）压入导柱时，应先压距离最远的两个导柱，并试开、合模是否灵活，如发现有阻滞现象，应用红粉涂于导柱表面后在导套内往复运动，观察卡紧部位，调整后，再重新装配。

两个导柱安装合适后，再依次压入第三个、第四个，每压入一个应进行一次上述试验，直到合适为止。

8.5.6 推杆装配

型腔模的推杆作用是推出制件,在推件时,推杆应工作可靠,动作灵活。

1. 推杆的装配要求

(1)推杆的导向段与型腔推杆孔的配合间隙既要确保推杆动作灵活,又要防止间隙过大而渗料,一般采用 H8/f8 配合。

(2)推杆端面应平齐,或高出 0.05 ~ 0.1 mm,复位杆应与分型面平齐或低于 0.02 ~ 0.05 mm。

2. 推杆固定板的装配

为使推杆在工作中动作平稳,推杆在其固定板孔中,单边应有 0.5 mm 的间隙。推杆固定板与推板设有导向和复位装置,按其结构不同,其装配方法也不同。

(1)推板用导柱导向。先将型腔镶块 5 的推杆孔配钻到支承板 6 上,配钻时用动模板 1 和支承板 6 上原有的螺钉、销钉定位紧固,如图 8.47 所示。再通过支承板 6 上的孔配钻到推杆固定板 7 上,配钻时用已装配好的导柱、导套定位,并用平行轧头夹紧。

(2)推板用模脚内表面导向。如图 8.48 所示,装配后推杆固定板应能在模脚内表面滑动灵活,同时使推杆在型腔镶件的孔中平稳移动。

(3)推板用复位杆导向。如图 8.49 所示,复位杆与支承板、推杆固定板呈间隙配合。固定板孔的配钻与上述方法相同,只是以支承板配作固定板孔时用复位杆定位。

模脚上的螺孔、销孔加工,应在推杆固定板装好后,用支承板配作模脚上的螺孔,再将模脚用螺钉初步紧固,用推杆固定板作滑动试验,并调整到适当位置后锁紧。最后对动模板、支承板和模脚同钻、铰销孔。

3. 推板上导柱、导套孔的加工

如图 8.47 所示,先在支承板 6 和推杆固定板 7 上同钻、铰两工艺销孔,打入销钉。修整推杆使其通过与之配合的孔并有适当间隙。然后将推杆固定板 7 和推板 8 叠合镗导套安装孔,将推杆 4、导套 9 分别装入固定板和推板,将固定板和支承板用销钉定位,在机床上用导套孔找正后卸下推杆固定板和推板,镗导柱安装孔。

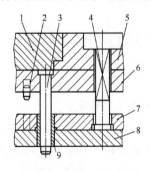

图 8.47　推板的导向装置

1—动模板;2—销钉;3—导柱;4—推杆;5—型腔镶块;
6—支承板;7—推杆固定板;8—推板;9—导套

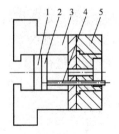

图 8.48　用模脚作推杆固定板支承的结构

1—推板;2—推杆固定板;3—模脚;
4—推杆;5—动模板

4. 推杆的装配

图 8.50 为导柱作导向的推出机构，推杆的装配工艺如下：

（1）将推杆孔口和推杆头倒角或倒斜度，推杆尾部厚度应比固定板沉孔深度 0.05 mm。

（2）装配推杆时，将推杆固定板 7 套在导柱上，然后将推杆 8、复位杆 2 穿过推杆固定板 7、支承板 9 和型腔镶块 11 的推杆孔，盖上推板 6 后用螺钉紧固。

（3）将导柱 1 和模脚的台阶修磨到正确尺寸。模具闭合后，推杆和复位杆的极限位置决定导柱和模脚的台阶尺寸。因此，在修磨推杆端面之前，应让推板复位到极限位置。如推杆低于型面，则应修导柱螺纹端的台肩或模脚上平面；如推杆高出型面，则可修磨推板 6 的底平面。通过在动模座板上安装限位钉，调节推杆位置更为方便。

（4）修磨推杆和复位杆顶端面时将推板 6 复位到极限位置，确定修磨量。修磨后推杆端面可高出型面 0.05～0.1 mm，复位杆与分型面平齐，也可低于 0.02～0.05 mm。

推杆数目较多时，推杆和推杆孔应进行选配，以防推杆装配后出现运动不灵活现象。

推杆和复位杆一般不和型面同时磨削，修磨时可用三爪卡盘或 V 形铁夹具紧固在平面磨床上磨削。

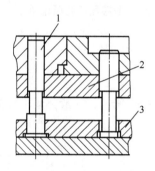

图 8.49　推板用复位杆作导向的结构

1—复位杆；2—支承板；3—推杆固定板

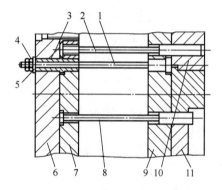

图 8.50　推杆的装配与修整

1—导柱；2—复位杆；3—导套；4—螺母；5—垫圈；6—推板；
7—推杆固定板；8—推杆；9—支承板；
10—动模板；11—型腔镶块

8.5.7　滑块抽芯机构的装配

滑块抽芯机构的装配应满足成型要求，间隙要适当，滑动要平稳可靠，起止位置正确。楔紧块斜面与滑块斜面应贴紧，并要有足够的锁紧力。

这种机构的装配步骤如下：

1. 确定滑块的位置

滑块的安装是以型腔镶块的型面为基准。要确定滑块的位置，必须先将型腔镶块压入动模板，并将上、下平面修磨正确，修磨时应保证型腔尺寸 A，如图 8.51 所示。

2. 精加工滑块槽

如图 8.51 所示，在 M 面修磨准确后，将型腔镶块压出动模板，根据滑块实际尺寸配磨或

精铣滑块槽底面 N。动模板加工时，滑块槽的底面及两侧面均留有修磨余量，再按滑块台肩的实际尺寸精铣动模板上的 T 形槽，最后由钳工修正，使滑块与导滑槽正确配合，运动平稳。

3. 确定型孔的位置及配制型芯固定孔

固定在滑块上的型芯，往往要穿过型腔镶块 3 的孔进入型腔，为此要测出型腔型孔的正确位置或采用工具压印，在滑块上压出中心孔与一个圆形印，如图 8.52 所示，最后按测量的实际尺寸或压印，加工型芯安装孔。

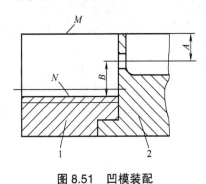

图 8.51　凹模装配

1—凹模固定板；2—凹模镶块

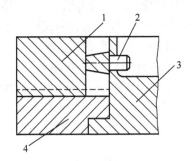

图 8.52　型芯固定孔压印图

1—侧型芯滑块；2—定中心工具；3—型腔镶块；
4—凹模固定板

4. 安装滑块型芯

在模具闭合时，滑块型芯顶端面与定模型芯接触，如图 8.53 所示，一般都留出修磨余量，其修磨过程如下：

（1）将滑块型芯顶端面磨成和定模型芯相应部位吻合的形状。

（2）将未装入型芯的滑块端面与型腔镶块的 A 面接触，测定尺寸为 b。

（3）将型芯装入滑块并推入滑块槽，使滑块型芯与定模型芯接触，测得尺寸为 a。

（4）由测得的尺寸 a、b 可得出滑块型芯顶端面的修磨量。由于装配要求滑块前端面与型腔镶块 A 面之间留有间隙 $0.05 \sim 0.1$ mm。因此，实际修磨量为：$b - a - (0.05 \sim 0.1)$ mm。

（5）滑块型芯安装正确后用销钉定位。

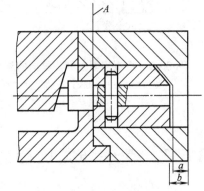

图 8.53　型芯修磨量的测量

8.5.8　楔紧块及斜导柱的装配

楔紧块斜面和滑块斜面必须均匀接触，并给滑块以足够的锁紧力，为此楔紧块和滑块斜面接触后，分型面之间应留有 0.2 mm 的间隙。

（1）用螺钉将楔紧块固定于定模板，并使楔紧块斜面与滑块斜面紧密均匀接触后，分型面间留 0.2 mm 的间隙，滑块斜面的修磨量（见图 8.54）为

$$b = (a - 0.2)\sin\alpha \qquad （8.6）$$

式中　b——滑块斜面修磨量（mm）；

　　　a——合模后测得的实际间隙（mm）；

　　　α——楔紧块的斜度。

在动、定模板之间垫入 0.2 mm 的金属片，通过楔紧块对定模板钻、铰销钉孔，打入销钉。

将楔紧块后端面与定模一起磨平。

（2）斜导柱的装配。

在分型面垫入 0.2 mm 的金属片并用楔紧块锁紧滑块，在滑块、动模板、定模板组合的情况下，按划线加工斜导柱固定孔，然后将斜导柱压入定模板，并将高出定模板的部分磨平。

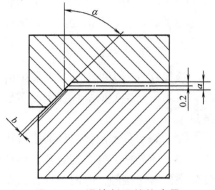

图 8.54　滑块斜面的修磨量

8.5.9　热塑性塑料注射模具装配实例

1. 装配要求

图 8.55 为热塑性塑料注射模装配图，其装配要求如下：

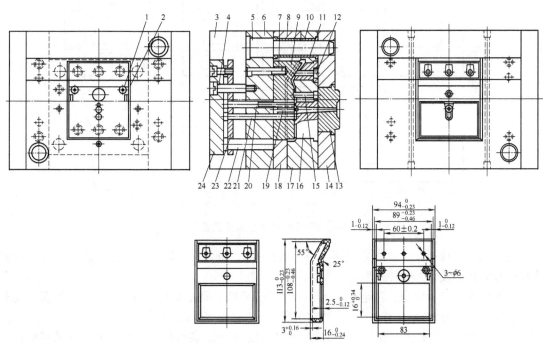

图 8.55　热塑性塑料注射模

1—嵌件螺杆；2—矩形推杆；3—模脚；4—限位螺钉；5—导柱；6—支承板；7—销套；8、10—导套；
9、12、15—型芯；11、16—镶块；13—浇口套；14—定模座板；17—定模板；18—推件板；
19—拉料杆；20、21—推杆；22—复位杆；23—推杆固定板；24—推板

（1）模具安装平面的平行度误差不大于 0.05：300。

（2）模具闭合后分型面必须密合，动模、定模的型芯必须紧密接触。

（3）导柱、导套滑动灵活，推杆和推件板动作必须同步。

2. 装配过程

该模具分型为曲面分型，装配时以分型面密合作为装配基准。

（1）模具装配前应检查主要零件和其他零件尺寸及精度要求（主要零件往往留有少量修磨余量）。

（2）修磨分型曲面。修磨定模板 17 和推件板 18 的分型曲面，使其均匀密合。

（3）镗导柱、导套固定孔。将定模板 17、推件板 18 和支承板 6 按装配关系叠合在一起，使分型面紧密接触，并用平行轧头夹紧后镗导柱、导套固定孔并锪台肩。在固定孔中压入销钉后，精加工外形，保证四周侧面垂直。

（4）加工定模上小型芯 15 的固定孔和镶块 11、16 的型孔。以定模上的实际尺寸为基准，镗小型芯孔和线切割用的穿丝孔，如图 8.56 所示，并线切割两矩形孔。

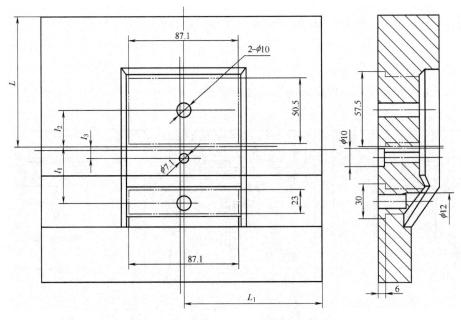

图 8.56　镗线切割用穿线孔及型芯孔

（5）加工推件板型孔。以定模板 17 的实际中心在推件板上钻线切割用的穿丝孔，并以该孔和外形为基准线切割推件板型孔。

（6）压入导柱、导套。在定模板 17、推件板 18 和支承板 6 上分别压入导柱与导套，要求导柱、导套与模板垂直，滑动灵活，动作可靠。

（7）安装型芯 9。推件板型孔修正后，套在型芯 9 上，将推件板、型芯 9 和支承板组合在一起，将型芯 9 固定在支承板上。

（8）组装推杆固定板。将型芯 9 上的推杆孔配钻到支承板和推杆固定板上，在推杆固定板 23 和支承板 6 上加工限位螺钉孔、复位杆孔（从推杆固定板引钻到支承板），在推板上加工螺钉沉孔。然后在推杆固定板上装上推杆、复位杆，合上推板，装上限位螺钉及紧固螺钉，组装推杆固定板。

（9）模脚与支承板的组装。在模脚上钻螺钉孔、销钉孔并锪台肩，使模脚与支承板夹紧，通过模脚孔向支承板配钻螺孔、销孔（推板外形与模脚内侧间隙接触），装入螺钉紧固，销钉定位。

（10）镶块 11、16 及型芯 15 与定模的装配。先将镶块 16 和型芯 15 装入定模并分别修磨端面，使合模后与型芯 9 均匀接触，定模板和卸料板也接触良好。

将型芯 12 装入镶块 11 中，并以销钉定位，以镶块外形斜面为基准，修磨型芯斜面到要求尺寸后装入定模，最后一起磨平装配面。

（11）定模和定模座板的连接。将浇口套压入定模座板，检查浇口套端面高出定模座板两平面 0.02 mm，并在定模座板上加工导柱孔。

将定模和定模座板组合在一起，将浇口套和镶块 16 上的浇道孔调到同轴度要求，在定模板上配钻螺孔和销孔，将定模和定模座板紧固。

（12）修正推杆和复位杆长度。

（13）装配结束，试模调整。

3. 试　模

1）试模前的准备

（1）按模具装配的技术要求目测模具的装配情况，各运动部件是否运动灵活、平稳，有无阻滞现象。

（2）用试模器检验模具，将试模器内经电加热而熔化成黏流体的特殊胶蜡（一般熔点为 100~200 ℃）通过模具浇注系统喷射到型腔中，然后胶蜡冷却固化成样件。它可用来对模具的浇注系统、型腔等成型部位的形状尺寸及壁厚均匀性作一般性的观察检验。除此之外还可采用石膏、石蜡、低熔点合金或可塑性橡胶等材料压入或浇入型腔中制成样件，供观察检验。

（3）将模具安装在注射机上，保证开、合模时动作平稳、灵活，复位机构协调可靠，顶杆与推板间距为 5~10 mm。锁模机构要保证足够的开模距离和锁模力。校正喷嘴与浇口套之间的相对位置及弧面的接触情况。

（4）接通冷却水路及加热器，先开空车运转，观察各部分是否运转正常，然后可进行试模。

2）试　模

（1）选用合格的塑件原材料，根据推荐的工艺参数，判断料筒和喷嘴的合适温度，即在主流道和喷嘴脱开时，观察较低注射压力下塑料流动情况，若为光滑明亮说明料筒和喷嘴温度比较合适，可以开始试模。

（2）开始试模时，原则上采用低压、低温和较长的时间条件下成型。如果制件成型充填不好，可依次增大压力，延长时间（塑料在料筒内受热时间延长）而最后提高温度，以防温度过高发生降解。

（3）成型注射速度的选择一般是面积大的薄壁件宜高速注射，面积小的厚壁件宜慢速注射，在高、低速都能充满的情况下，除玻璃纤维增强塑料外，均宜采用低速注射。

（4）对黏度高、热稳定性差的塑料，采用较慢的螺杆转速和略低的背压加料和预塑；而黏度低、热稳定性好的塑料，则可采用较快的螺杆转速和略高的背压。在喷嘴温度合适的情况下，采用喷嘴固定的形式以提高生产率。而当喷嘴温度过高或过低时，需采用每成型周期向后移动喷嘴的形式。

试模时，按手动控制试模，并详细记录成型工艺条件、操作要点和模具质量及制件情况，并反馈给有关技术工艺部门。试模过程中，制件常会出现各种缺陷。产生缺陷的原因是多方面的，因此，需要按成型条件、成型设备、模具结构和制造装配等因素，对其进行全面分析，找出产生的原因，采取必要的调整措施，使试模获得合格的成品零件。

8.6 试模及调整

8.6.1 冷冲模的试模及调整

模具按图纸技术要求加工与装配后，必须经过试模与调整。试模与调整的目的，就是验证模具的质量好坏及精度高低。

8.6.1.1 模具试模与调整的目的与内容

试模与调整的目的与内容见表8.8。

表 8.8 试模与调整的目的与内容

序号	项 目	说 明
1	试模与调整的目的	① 发现模具设计及制造中存在的问题，以便对原设计、加工与装配中的工艺缺陷加以改进和修正，制出合格的制品来。 ② 通过试模与调整，能初步提供产品的成型条件及工艺规程。 ③ 试模及调整后，可以确定前一道工序的毛坯准确尺寸。 ④ 验证模具质量及精度，作为交付生产的依据
2	试模与调整的内容	① 将模具安装有指定的压力机上。 ② 用指定的坯料（及扳料）在模具上试压出成品。 ③ 检查成品的质量，并分析其质量缺陷、产生原因。设法修整解决后，试出一批完全符合图纸要求的合格成品。 ④ 排除影响生产、安全、质量和操作的各种不利因素。 ⑤ 根据设计要求，确定出某些模具需经试验后，决定工作尺寸工作（如拉深模首次落料坯料尺寸）。并修整这些尺寸，直到符合要求为止。 ⑥ 经试模，编制制品生产的工艺规范
3	调整后对成品模具的要求	① 能顺利地安装在指定压力机上。 ② 能稳定地制出合格产品来。 ③ 能安全地进行操作使用
4	试模与调整注意事项	① 试模材料的性质与牌号，厚度均应符合图纸要求。 ② 冲模用的试模材料宽度，应符合工艺图纸要求。若是连续模，其试模材料的宽度要比导板间距离小 0.1～0.15 mm。塑料模试模用的材料，在试模前一定要烘干。 ③ 冲模试模用的条料，在长度方向上一定要保证平直。 ④ 模具在所要的设备上试模，一定要固紧，决不可松动。 ⑤ 在试模前，首先要对模具进行一次全面检查。检查无误后，才能安装于机器上。 ⑥ 模具各活动部位，在试模前或试模中要加润滑剂润滑。 ⑦ 试模具使用的压力机、液压机、注射机、合金压铸机、锻压机械，一定要符合要求

8.6.1.2　冷冲模的试模与调整

1. 冷冲模试模与调整技术要求

冷冲模试模与调整技术要求见表 8.9，试模冲裁毛刺允许值见表 8.10。

表 8.9　冷冲模试模与调整技术要求

序号	项 目	技术要求
1	模具外观	各种冷冲模在装配后，应经外观和空载检验合格后才能进行试模。其检验方法，按冲模技术条件对外观要求进行检验
2	试模材料	试冲材料必须经过检验，并符合技术协议的规定要求。冲裁模允许用材料相近、厚度相同的材料代用；大型冲模的局部试冲，允许用小块材料代用；其他试冲材料的代用，需经用户同意
3	试冲设备	试冲设备必须符合工艺规定，设备精度必须符合有关标准规定要求
4	试冲最少数量	小型模具≥50 件；硅钢片≥200 件；自动冲模连续时间≥3 min；贵重金属材料试冲数量由各厂自订
5	冲件质量	① 冲件断面应均匀，不允许有夹层及局部脱落和裂纹现象。试模毛刺不得超过规定数值。 ② 尺寸公差及表面质量应符合图纸要求
6	入　库	模具入库时，应附带检验合格证。试冲件数无规定时，每一工序不少于 3～10 件

表 8.10　试模冲裁毛刺允许值　　　　　　　　　　　　　　　　mm

σ_b（MPa）＼材料厚度（mm）		≤0.4	>0.4～0.63	>0.63～1.00	>1.00～1.66	>1.60～2.50	>2.50
≤250	1	0.03	0.04	0.04	0.05	0.07	0.10
	2	0.04	0.05	0.06	0.07	0.10	0.14
>250～400	1	0.02	0.03	0.04	0.04	0.07	0.09
	2	0.03	0.04	0.05	0.06	0.09	0.12
>400～630	1	0.02	0.03	0.04	0.04	0.06	0.07
	2	0.03	0.04	0.05	0.06	0.08	0.10
>630	1	0.01	0.02	0.03	0.04	0.05	0.07
	2	0.02	0.03	0.04	0.05	0.07	0.09

注：① 表中标 1 级用于较高要求；2 级用于一般要求。
　　② 硅钢片用表中 σ_b 400～630 的 2 级精度。

2. 冲裁模的试模与调整

冲裁模的调整内容和调整方法分别见表 8.11 和表 8.12。

表 8.11　冲裁模的调整内容

调整项目	调整内容
刃口及其间隙的调整	① 上、下模工作零件的形状要吻合，要保证刃口相互咬合，深度适中，不深不浅，以冲出合格制品为准（若太深会损伤刃口，若太浅，则冲裁不下来），依靠调整压力机连杆长度来保证。 ② 间隙均匀：对于无导向的冲模，要在压力机上进行调整，调整方法可采用垫片法、测量法或透光法，对于有导向模具，保证导向件运动顺利、灵活、无沮滞现象即可达到要求
定位的调整	① 修边模和冲孔模定位件的形状应与前道工序冲件形状相吻合，否则会引起定位不稳定，还可能在冲制过程中发生变形，故应及时修正或研配定位的形状。 ② 在保证定位销、定位块或定位杆位置准确无误，应检查调整其位置，必要时可更换定位零件
卸料系统的调整	① 卸料板（顶件器）形状与冲件吸贴。 ② 凹模刃口无倒锥。 ③ 卸（顶）料弹簧力量足够大。 ④ 卸料板（顶件器）行程要适中。 ⑤ 漏料孔和出料槽畅通无阻。 ⑥ 卸料板（顶件器）动作灵活，运动自如

表 8.12　冲裁模常见缺陷及调整方法

序号	废品缺陷	产生原因	调整方法
1	啃口	① 凸模、凹模装偏，同轴度不好。 ② 导柱、导套间隙过大。 ③ 推件块（或卸料板）上的孔位歪斜，迫使冲孔凸模位移。 ④ 平行度误差积累。 ⑤ 凸模、导柱等零件安装不垂直。 ⑥ 导柱长度不够	① 重新装配凸模、凹模，保证同轴度。 ② 返修或更换导柱导套。 ③ 返修或更换推件块（卸料板）。 ④ 重新修磨、装配。 ⑤ 重新装配，保证垂直度。 ⑥ 更换导柱
2	凸模弯曲或折断	① 凸模热处理硬度不合格。 ② 卸料板倾斜。 ③ 上、下模板表面现象与压力机工作台面不平行。 ④ 凸模、导柱等零件安装不垂直。 ⑤ 切断模冲裁时产生的侧向力未抵消	① 重新热处理，调整硬度或重选材料。 ② 修整卸料板或给凸模加导向装置。 ③ 模具安装到压力机上时保证垫平、压紧，不允许松动。 ④ 重新装配，保证垂直度。 ⑤ 采用反侧向压力来抵消侧向力或改变凸、凹模形状
3	工件毛刺大	① 刃口不锋利。 ② 凸、凹模间隙过大或过小或不均匀	① 修磨刃口，使其锋利。 ② 调整间隙，使其均匀
4	形状或尺寸不符合图纸要求	凸模与凹模的形状及尺寸不准确	修准凸、凹模形状及尺寸，然后调整间隙使其合理

续表 8.12

序号	废品缺陷	产生原因	调整方法
5	送料不通畅或料被卡死	发生在连续冲裁中： ① 凸模与卸料板之间间隙过大，使搭边翻转。 ② 两导料板之间尺寸过大或两导板不平行。 ③ 导料板工作面与侧刃口不平行，使条料形成锯齿形状。 ④ 侧刃与侧刃挡块之间有间隙，冲裁时空隙部分冲不下来，使条料形成明显的凸起	① 减小凸模与卸料板之间间隙。 ② 修整或重装导料板。 ③ 重新装配导料板。 ④ 修整侧刃与挡块，消除间隙
6	卸料不正常，退不下料	① 卸料板与凸模装配过紧，卸料板倾斜或其他卸料装配不当。 ② 弹簧或橡皮弹力不足。 ③ 凹模有倒锥，造成工件堵塞。 ④ 凹模落料孔与下模座漏料孔没有对正	① 修整卸料板，重新调整得当。 ② 更换弹簧或橡皮。 ③ 修整凹模。 ④ 修整漏料孔
7	工件有凹形圆弧面	① 凹模口有倒锥，工件从孔中通过时被压弯。 ② 冲模结构不当，没有压料装置。 ③ 顶杆与工件接触面过小。 ④ 连续模中，导正钉与预冲孔配合过紧，将工件压出缺陷	① 修磨凹模刃口。 ② 加装压料装置。 ③ 更换顶件装置。 ④ 修小导正钉
8	孔与落料外形轴线偏移	① 挡料钉位置不正。 ② 落料凸模上导正销尺寸过小或无导头。 ③ 连续模中导料板和凹模送料中心不平行，使孔位偏移。 ④ 连续模中侧刃尺寸大于或小于步距	① 修正挡料钉。 ② 更换导正销。 ③ 修整导料在板。 ④ 修磨或更换侧刃
9	工件断面粗糙圆角大，光亮带小，有拉长的毛刺	凸、凹模间隙过大	对落料模，更换或返修凸模对冲孔模，更换或返修凹模，以保证合理间隙
10	工件断面光亮带太宽甚大至有二次光亮和齿状毛刺	凸、凹模间隙太小	① 对落料模，应磨小凸模或磨大凹模（在不影响冲件尺寸公差的前提下），保证间隙合理。 ② 对冲孔模，应磨大凹模或磨小凸模（下不影响冲件尺寸公差的前提下），保证间隙合理
11	工件断面光亮带不均匀或一边有带斜度的毛刺	凸模和凹模中心线不重合，间隙不均匀	返修凸模、凹模或重新装配调整到间隙均匀
12	工件校正后超差	采用下出件漏料模冲裁时，工件产生不平，校正后工件尺寸胀大	修落料模或改成有弹顶装置的落料模
13	工件小孔口破裂及工件有严重变形	① 导正销尺寸大于冲孔孔径尺寸。 ② 导正销定位不准	① 修整导正销。 ② 纠正定位误差

3. 弯曲模的试模与调整

弯曲模试模与调整的调整内容及调整方法分别见表 8.13 和 8.14。

表 8.13 弯曲模的调整内容要点

序号	调整项目	调整要点
1	上下模在压力机上相对位置	① 上、下模轴线要保证同轴度，模口要吻合。有导向装置的弯曲模在装配时由导向装置保证。无导向装置的模具则在压力机上调试时实现。 ② 模具的闭合高度或上模进入凹模的深度要适中。依靠调节压力机连杆长度的方法实现。调整时，先放一个样件，使上模随滑块到下止点时，既能压实工件，又不发生硬性顶撞或顶住、咬死现象
2	调整间隙	① 凸、凹模垂直方向的间隙：相对位置调试合适后，在上凸模与下模卸料板（顶板或下压料板）之间垫上一块垫片（硬度比坯料低，厚度为坯料厚度 1～1.2 倍），继续调节连杆长度，并用手板动飞轮，直到滑块能正常通过下止点，而无阻滞现象。 ② 凸、凹模周边间隙可采用垫片法、标准法来调整。 ③ 固定下模板、试冲，试冲合格后拧紧下模板所有螺钉即可
3	调整定位装置	① 用定位钉、定位块或压料板作定位件，其形状与尺寸应与弯曲件相吻合，调整时应充分保证定位的可靠和稳定性。 ② 定位零件的位置应准确，调整时应修正或更换定位零件
4	整卸料系统	① 卸料系统应动作灵活，保证弯曲件出件顺利迅速，没有卡死现象。 ② 卸料及弹顶系统的弹力要足够大。 ③ 卸料系统的行程要足够大。 ④ 顶杆位置分布均匀，长短一致，保证工件受力均衡

表 8.14 弯曲件常见缺陷及调整方法

序号	常见缺陷	原因分析	调整方法
1	弯曲角有裂纹	① 金属塑性较差。 ② 毛坯的毛刺面向外。 ③ 弯曲内半径太小。 ④ 材料流线与弯曲线平行	① 材料进行退火处理或采用塑性好的材料。 ② 毛刺改在制件内圆角。 ③ 加大凸模弯曲半径。 ④ 改变落料排样
2	凹形制件底部不平	① 凹模内无顶料装置。 ② 顶件力不足。 ③ 顶件器着力点不均匀	① 增加顶料装置或增加校正工序。 ② 加大弹拉器的弹力。 ③ 调整顶杆分布位置。
3	带切口的制件向左右方向产生挠度	由于切口使两直边向左右张开，制件底部出现挠度	① 改进制件结构。 ② 切口处增加工艺留量，使切口连接起来，弯曲后，再将工艺留量切去
4	制件端面鼓起或不平	由于弯曲时，材料外表面的部位在圆周方向受拉，产生收缩变形，内表面的部位在圆周方向受压产生外侧变厚，伸长变形，因而沿弯曲线方向出现翘曲和端面上产生鼓起现象	① 制件在中压最后阶段，凸、凹模应有足够的压力。 ② 做出与制件外圆角相应的凹模圆角半径。 ③ 增加校正工序

续表 8.14

序号	常见缺陷	原因分析	调整方法
5	弯曲后宽度方向产生变形,被弯曲部位有宽度方向上出现弓形挠度	由于制件宽度方向的拉伸和收缩量不一致,产生扭转和挠度	① 增加弯曲压力。 ② 增加校正工序。 ③ 保证材料流线与弯曲方向有一定角度
6	制件弯曲后不能保证孔的尺寸	① 制件展开尺寸不对。 ② 定位不稳定。 ③ 材料回跳	① 准确计算毛坯尺寸。 ② 改变工艺加工方法或增加工艺定位。 ③ 增加校正工序或改进弯曲模成型结构
7	弯曲引起的孔变形	在采用弹压弯曲并以孔定位时,弯壁的外侧由于凹模表面的摩擦而受拉,使定位孔变形	加大顶件压力。 在顶件板上加"麻点格纹"以增大摩擦力,防止制件在弯曲过程中滑移。 采用 V 形镦弯
8	制件外表面有压痕	① 凹模表面粗糙,间隙小。 ② 凹模圆角半径太小	① 调整凸、凹模间隙。 ② 增大凹模圆角半径
9	弯曲线与两孔中心连线不平行	弯曲高度小于最小弯曲极限高度时,弯曲部位出现外胀的现象	① 改进弯件工艺方法。 ② 增加高度尺寸
10	制件高度尺寸不稳定	① 凹模圆角不对称。 ② 高度尺寸太小	① 修正凹模圆角。 ② 高度尺寸不能小于最小极限
11	弯曲表面挤压料变薄	① 凸、凹模间隙过小。 ② 凹模圆角太小	① 修正凸、凹模间隙。 ② 增大凹模圆角半径
12	弯曲后两孔轴心错移	材料回弹改变了弯曲角度,使中心线错移	① 改进弯曲模结构,减小材料回弹。 ② 增加校正工序

4. 拉深模的试模与调整

拉深模试模与调整的调整要点和调整方法分别见表 8.15 和表 8.16。

表 8.15　拉深模试模与调整要点

调整项目	调整要点
进料阻力的调整	拉深模进料阻力大,则使制品被拉裂;进料阻力小,易使制品产生皱纹。故在调整拉深模时,关键是调整好拉深阻力的大小。 ① 调节压力机滑块的压力,使之正常。 ② 调节压边圈的压边面配合松紧。 ③ 调整压料筋配合的松紧。 ④ 凹模圆角半径要适中。 ⑤ 必要时改变坯料的形状及尺寸。 ⑥ 采用良好的润滑剂,调整润滑次数
拉深深度及间隙调整	① 在调整时,可把拉深深度分成 2~3 段来进行调整。先将较浅的一段调整后,再往下调深一段,直调到所需的拉深深度不止。 ② 如果试模具是对称或封闭式的拉深模,在调整时,可先将上模紧固在压力机滑块上,下模放在工作台上先不紧固。在凹模间壁上放入样件,再使上、下模吻合对中后,即可保证间隙的均匀性。 ③ 调整好闭合位置后,再把下模固紧在工作台上

表 8.16　拉深件常见缺陷及调整方法

缺陷类型	原因分析	调整方法
凸缘起皱且零件壁部被拉裂	压边力太小，凸缘部分起皱，无法进入凹模而被拉裂	加大压边力
壁部被拉裂	① 材料承受的径向拉应力太大。 ② 凹模圆角半径太小。 ③ 润滑不良。 ④ 材料塑性差	① 小压边力。 ② 增大凹模圆角半径。 ③ 加用润滑剂。 ④ 使用塑性好的材料或采用中间退火
凸缘起皱	① 凸缘部分压边力太小，无法抵制过大的切向压边力引起的切向变形，因而失去稳定形成皱纹。 ② 材料太薄	① 增大压边力。 ② 适当增大材料厚度
边缘呈锯齿状	毛坯边缘有毛刺	修整前道工序落料凹模刃口，使之间隙均匀，毛刺减少
制品边缘高低不一致	① 坯件与凸、凹模中心线不重合。 ② 材料厚度不均匀。 ③ 凸、凹模圆角不等。 ④ 凸、凹模间隙不均匀	① 重心调整定位、使坯件中心与凸、凹模中心线重合。 ② 更换材料。 ③ 修整凸、凹模圆角半径。 ④ 校匀间隙
断面变薄	① 凹模圆角半径太小。 ② 间隙太小。 ③ 压边太大。 ④ 润滑不合适	① 增大凹模圆角半径。 ② 加大凸、凹模间隙值。 ③ 减小压边力。 ④ 毛坯件涂上合适的润滑剂后冲压
制品底部被拉脱	凹模圆角半径太小，使材料被处于切割状态	加大凹模圆角半径
制品口缘折皱	① 凹模圆角半径太大。 ② 压边圈不起压边作用	① 减小凹模圆角半径。 ② 调整压边圈结构，加大压边力
锥形件斜面或半球形件的腰部起皱	① 压边力太小。 ② 凹模圆角半径太大。 ③ 润滑油过多	① 增大压边力或采用拉延筋。 ② 减小凹模圆角半径。 ③ 减小润滑油或加厚材料,几片坯件叠在一起拉深
盒形件角部破裂	① 模具圆角半径太小。 ② 间隙太小。 ③ 变形程度太大	① 加大凹模圆角半径。 ② 加大间隙。 ③ 增加拉深次数
制品底部不平	① 坯件不平。 ② 顶件杆与坯件接触面太小。 ③ 缓冲器弹顶力不足	① 平整毛坯。 ② 改善顶料装置结构。 ③ 更换弹簧或橡皮
盒形件直壁部分不直	角部间隙太小	加大凸模与凹模之间的间隙，同时减小直壁间隙值

续表 8.16

缺陷类型	原因分析	调整方法
制品壁部拉毛	① 模具工作部分或圆角半径上有毛刺。 ② 毛坯表面及润滑剂有杂质	① 研磨修光模具的工作平面和圆角。 ② 清洁毛坯及使用干净的润滑油
盒形件角部向内折拢局部起皱	① 材料角部压边力太小。 ② 角部毛坯面积偏小	① 加大压边力。 ② 增加毛坯角部面积
阶梯形制品局部破裂	凹模及凸模圆角太小，加大了拉延力	加大凸模与凹模的圆角半径
制品完整但呈歪状	① 排气不畅。 ② 顶料杆顶力不均	① 加大排气孔。 ② 重心布置顶料杆位置
拉深高度不够	① 毛坯尺寸太小。 ② 拉深间隙太大。 ③ 凸模圆角半径太小	① 放大毛坯尺寸。 ② 调整间隙。 ③ 加大凸模圆角半径
拉深高度太大	① 毛坯尺寸太大。 ② 拉深间隙太小。 ③ 凸模圆角半径太大	① 减小毛坯尺寸。 ② 加大拉深间隙。 ③ 减少凸模圆角半径
	① 凸模与凹模不同心。 ② 定位不正确。 ③ 凸模不垂直。 ④ 压边力不均匀。 ⑤ 凹模形状不正确	① 整凸、凹模位置，使之间隙均匀。 ② 调整定位零件。 ③ 重心装配凹模。 ④ 调整压力。 ⑤ 更换凹模

5. 翻边模的试模与调整

内孔翻边模的试模内容与调整方法见表 8.17；外缘翻边模的试模内容与调整方法见表 8.18。

表 8.17　内孔翻边模试模常见缺陷及调整方法

序号	缺陷类型	原因分析	调整方法
1	破裂	① 翻边高度太高。 ② 冲孔断面有毛刺。 ③ 坯料太硬。 ④ 凸、凹模间隙太小	① 降低翻边高度或预拉深后再翻边。 ② 调整冲孔模的间隙，或改变坯料方向，使有毛刺的面在翻边内缘。 ③ 更换材料，或将坯料进行退火处理。 ④ 放大间隙
2	孔壁不直	① 凸模或凹模装偏，间隙不均。 ② 凸模与凹模之间的间隙太大	① 加大凸模或缩小凹模。 ② 找正间隙重装
3	孔壁不齐	① 凸模与凹模之间的间隙不均。 ② 凹模圆角半径大小不均。 ③ 凸模与凹模之间的间隙太小	① 找正间隙重装。 ② 修整间隙重装。 ③ 放大间隙

表 8.18　外缘翻边模试模常见缺陷及调整方法

序号	缺陷类型	原因分析	调整方法
1	破　裂	① 工件的工艺性差。 ② 凸模与凹模之间的间隙太小。 ③ 坯料太硬。 ④ 凸模或凹模的圆角半径太小	① 改善工件的工艺性。 ② 放大间隙。 ③ 更换材料，或对坯料进行退火处理。 ④ 加大圆角半径
2	边缘不直	① 坯料太硬。 ② 凸模与凹模之间的间隙太大	① 更换材料，或将坯料进行退火处理。 ② 减小间隙
3	皱　纹	① 坯料外轮廓有突变的形状。 ② 凸模与凹模之间的间隙太大。 ③ 工件的工艺性差	① 坯料外轮廓改为均匀过渡。 ② 减小间隙。 ③ 改变凹模或凸模的形状，让翻边时多余的材料往两边散开。 ④ 低翻边高度
4	边缘不齐	① 坯料放偏。 ② 凹模圆角半径太小不均。 ③ 凸模与凹模之间的间隙太小。 ④ 凸模与凹模之间的间隙不均	① 修正定位。 ② 修正凹模圆角半径。 ③ 放大间隙。 ④ 修正间隙或找正重装
5	侧壁有较平坦的大波浪	① 凹（凸）模没有调到足够的深度。 ② 凸模与凹模之间的间隙太大或不均。 ③ 工件的工艺性不良，翻边高度太高	① 调节凹（凸）模的深度。 ② 修正间隙。 ③ 修改工件的工艺性

8.6.2　塑料模的试模及调整

1. 塑料模式模与调整前的检查

塑料模试模与调整前的检查内容见表 8.19。

表 8.19　塑料模试模前的检查内容

检查项目	检查内容
外观检查	① 模具闭合高度、安装于机床的各种配合尺寸、顶出形式、开模距、模具工作要求是否符合所选定设备的技术条件。 ② 大中型模具为了便于安装和搬运，应有起重孔或吊环。模具外露部分要倒棱。 ③ 各种备件是否齐备。模具是否有合模标记。 ④ 成型零件、浇注系统表面应光洁，无塌坑及明显伤痕，动作要灵活、可靠。起止位置的定位要正确。 ⑤ 各镶件、紧固件要牢固，无松动现象
空运转检查	① 合模后各承压面（分型面）之间不得有间隙，接合要严密。 ② 活动型芯、顶出和导向部分运动及滑动要平稳，动作要灵活，定位导向要正确。 ③ 锁紧零件要安全可靠，紧固件不得松动。 ④ 开模时，顶出部分应保证顺利脱模，以方便取出塑件及浇注系统废料。 ⑤ 冷却水要通畅，不漏水。 ⑥ 电加热系统无漏电现象，安全可靠。 ⑦ 各附件齐全，使用良好

续表 8.19

检查项目	检查内容
试模材料的准备	① 检查试模材料是否符合图纸规定的技术要求。 ② 材料应进行预热与烘干
检查设备的运转情况	① 检查设备成型条件是否符合模具所要求的应用条件及能力。 ② 开机运行，检查各种机构的功能是否良好
各种工具的准备	① 准备好试模用的工具、量具、卡具。 ② 记录试模过程中出现的异常现象及成型条件变化情况

2. 热塑性塑料注射模的试模与调整

注射模试模与调整内容及调整方法分别见表 8.20 和表 8.21。

表 8.20　注射模试模过程的调整内容

调整项目	调整方法
调节锁模系统	装上模具，按模具闭合高度、开模距离调节锁模系统及缓冲装置，应保证开模距离。锁模力松紧要适当，开闭模具时，要平稳缓慢
调整顶出装置与抽芯装置	① 调节顶出距离，以保证顺利顶出塑件。 ② 对没有抽芯装置的设备，应将装置与模具连接，调节控制系统，以保证动作起止协调，定位及行程正确
调节加料量，确定加料方式	① 按塑料重量（包括浇注系统耗用量），决定加料量，并调整定量加料装置，最后以试模为准。 ② 按成型要求，调节加料方式。 ③ 注射座需来回移动者应调节定位螺钉，以保证正确复位。喷嘴与模具要紧密配合
调整塑化能力	① 调节螺杆传递，按成型条件进行调节。 ② 调节料筒及喷嘴温度，塑化能力应按试模时塑化情况酌情增减
调节注射力	① 按成型要求调节注射力。若充填不满应增大注射压力，若飞边很多则应降低注射压力。 ② 按塑件的壁厚，用调节阀调节流量来控制注射速度
调节成型时间	按成型要求控制注射、保压、冷却时间及整个成型周期。试模时，应手动控制，酌情调整各程序时间，也可调节时间继电器自动控制各成型时间
调节模温及水冷系统	① 按成型条件调节流水量和电加热器电压，以控制模温及冷却水速度。 ② 开机前，应打开油泵、料斗及各部位冷却系统
确定操作程序	试模时用人工控制调整好操作程序，正常生产时用自动及半自动控制

表 8.21　注射模试模产生的缺陷及调整方法

缺陷类型	原因分析	调整方法
塑料外漏，注射不进	① 喷嘴和注口套球面半径不符，球面吻合不好。 ② 主流道进口直径太小。 ③ 模具安装质量差，主流道轴线与注射机轴线不同轴	① 加大注口套球面半径： $R_2 = R_1 + (1 \sim 2)$ mm ， R_1 为喷嘴球面半径。 ② 加大主流道进口直径。 ③ 重新调整模具

续表 8.21

缺陷类型	原因分析	调整方法
塑料充填不满,外形不完整	① 注射量不够,加料量及塑化能力不足。 ② 多型号腔时,浇注系统不平衡。 ③ 注射压力小,注射时间短,保压时间不够,螺杆和柱塞退回过早。 ④ 模温低,塑料冷却快。 ⑤ 模具浇注系统流动阻力大,进料口位置不当、截面小。 ⑥ 排气不当,无冷料穴或冷料穴设计不合理。 ⑦ 塑料含水分或挥发性物质	① 加大注射量和加料量,增加塑化能力。 ② 修整流道和浇口。 ③ 提高注射压力、延长注射及保压时间。 ④ 提高模温。 ⑤ 进一步抛光浇注系统,加大进料口。 ⑥ 增加排气槽、冷料穴。 ⑦ 塑料在使用前要烘干
料把拉断,堵死主流道	① 主流道表面太粗糙,锥度太小。 ② 喷嘴孔径大于主流道进料口。 ③ 没有拉料杆	① 抛光主流道表面,加大锥度。 ② 加大主流道进料口直径。 ③ 设置拉料杆
脱模困难	① 型腔表面粗糙。 ② 型腔脱模斜度小。 ③ 模具镶块处缝隙太大。 ④ 模芯无进气孔。 ⑤ 模具温度太高或太低。 ⑥ 成型时间不合适。 ⑦ 顶杆太短,不起作用。 ⑧ 拉料杆失灵。 ⑨ 型腔变形大,表面有伤痕。 ⑩ 活动型芯脱模不及时。 ⑪ 塑料发脆,收缩大。 ⑫ 塑件工艺性差,不易从模中脱出	① 抛光型腔。 ② 加大脱模斜度。 ③ 重修模具,使之密合。 ④ 增设进气孔。 ⑤ 调整模具温度。 ⑥ 控制成型时间。 ⑦ 加长顶杆。 ⑧ 修整拉斜杆。 ⑨ 修整型腔并抛光。 ⑩ 修整活动型芯。 ⑪ 更换塑料。 ⑫ 改进塑件设计
塑件四周飞边过大	① 分型面密合不严,有间隙。型腔和型芯部分滑动零件间隙过大。 ② 模具刚性差。 ③ 模具各承接面平行度差。 ④ 模具单向受力或安装时没有被压紧。 ⑤ 注射压力太大,锁模力不足或锁模机构不足,注射机定、动模不平行。 ⑥ 塑件投影面积超过注射机所容许的塑件面积。 ⑦ 塑料流动性大,料温、模温高,注射速度快。 ⑧ 加料量大	① 调整模具,使分型面密合,减小型腔、型芯部分滑动零件间隙值。 ② 采取措施,加大模具强度,提高模具刚度。 ③ 修磨各支承面,提高平行度。 ④ 重新安装模具。 ⑤ 减少注射压力,增加锁模力,重新调整注射机。 ⑥ 换大克量的注射机。 ⑦ 更换塑料,重新调整注射速度,降低料温、模温。 ⑧ 减少加料量

续表 8.21

缺陷类型	原因分析	调整方法
塑件翘曲变形	① 冷却时间不够，模温高。 ② 塑件形状设计不合理，厚薄不均，强度不足，嵌件分布不合理。 ③ 进料口位置不合理，尺寸小，料温、模温低，注射压力小，注射速度快，保压补缩不足，冷却及收缩不均匀。 ④ 动、定模温度差大，冷却不均，造成变形。 ⑤ 塑料塑化不均匀，供料不足或过量。 ⑥ 冷却时间短，出模太早。 ⑦ 模具强度不够，易变形，精度低，定位不可靠，磨损严重。 ⑧ 进料口位置不合理，塑料直接冲击型芯，两侧受力不均匀。 ⑨ 模具顶出机构受力不均匀，顶杆位置布置不合理	① 增加冷却时间，降低模温。 ② 改进塑件设计，使之符合工艺性。 ③ 加大进料口或改变其位置，合理安排注射工艺规程。 ④ 合理控制模温，使动、定模温度均匀。 ⑤ 塑料应定量供应。 ⑥ 合理控制出模时间。 ⑦ 修整和重装。 ⑧ 调装和改变进料口位置。 ⑨ 调整顶出机构，使其作用力均匀
塑件产生裂纹	① 脱模时机出不合理，顶出力不均匀。 ② 模温太低或模具受热不均匀。 ③ 冷却时间过长或过快。 ④ 脱模剂使用不当。 ⑤ 嵌件不干净或预热不够。 ⑥ 型腔脱模斜度小，有尖角或缺口，容易产生应力集中。 ⑦ 成型条件不良。 ⑧ 进料口尺寸过大或形状不合理，产生应力集中	① 调整模具机构，使其受力均匀，动作可靠。 ② 提高模温，并使各部受热均匀。 ③ 合理控制冷却时间。 ④ 合理使用脱模剂。 ⑤ 预热嵌件、清除表面杂物。 ⑥ 改善塑件设计，或修整脱模斜度。 ⑦ 改善塑件成型条件。 ⑧ 改进进料口尺寸及形状

3. 热固性塑料压塑模的试模与调整

压塑模试模与调整的调整内容及调整方法分别见表 8.22 和表 8.23。

表 8.22　压塑模试模过程的调整内容

调整项目	调整方法
确定成型压力及保压时间	① 压塑模所用的液压机一般没有低压、高压系统。高压时，工作台体慢速移动，供成型保压用；低压时，工作台快速升降，供开、闭模使用。调压应在低压状态进行，逐渐升压。 ② 保压时间，一般由人工控制或调整时间继电器自动控制（时间长短由试模时根据塑件成型情况而定）

续表 8.22

调整项目	调整方法
调整上工作台行程、定位及移动速度	① 按成型要求可调节有关自动控制元件以控制工作台的移动速度及起止位置。试模时用人工控制。 ② 试模的模具调整高度应适当。工作行程不能过大而损坏油缸密封。停车后要在下工作台中间位置放置垫铁支承上工作台
调整顶出、抽芯距离	① 调节顶出系统，使顶出距离符合模具顶出塑件的要求。 ② 对没有抽芯装置的模具，应调节行程，动作起止位置及各动作间的协调配合
调节加热系统	模具按成型要求，调节到规定的温度，试模时每调节一次，温度应保持升到规定温度后再进行试压
确定操作顺序	根据成型条件，确定操作顺序。试模时，升压、保压、卸压和起模等要由人工控制

表 8.23　压塑模试模产生的缺陷及解决办法

缺陷类型	原因分析	解决办法
塑件尺寸、形状不合格	① 模具设计不合理，加工制造达不到精度要求。 ② 加料过多或过少。 ③ 上、下模温度过高或模温不均匀。 ④ 冷却时间及保压时间太短。 ⑤ 嵌件位置不合理或塑件壁厚不均匀。 ⑥ 塑件收缩不稳定	① 改进或修整模具结构，制订合理加工工艺。 ② 加料准确。 ③ 调整模温。 ④ 合理控制冷却及保温时间。 ⑤ 合理设计嵌件结构及适当调整嵌件位置。 ⑥ 合理选择塑件材料
嵌件变形或易脱落	① 嵌件未预热或包层太薄。 ② 嵌件安装及固定形式不合理。 ③ 嵌件与模具安装孔间隙过大。 ④ 嵌件尺寸不对或嵌件直接受压。 ⑤ 成型压力过大	① 重新设计模具结构和嵌件结构，使用前嵌件一定要预热。 ② 整嵌件安装及固定方式。 ③ 合理调整嵌件与模具型孔之间的间隙。 ④ 调整模具结构。 ⑤ 减少机床成型压力
制品飞边太厚	① 模具闭合不严，间隙大或排气槽太深。 ② 模具强度低，产生变形。 ③ 料加得太多。 ④ 成型压力大，闭模力太小。 ⑤ 压力机工作台不平，模具承压面之间不平行。 ⑥ 模具工作型面、分型面之间不平行	① 修磨上、下模，调节模具闭合间隙，使之配合严密，减少排气槽深度。 ② 增加模具强度。 ③ 减少加料。 ④ 减少成型压力，加大闭模力。 ⑤ 调整压力机工作台面，重新装配模具，使承压面之间相互平行。 ⑥ 调整上、下模工作台面。使之平行、接合严密
塑件粘模，难以脱模	① 塑料含水分、挥发物太多，缺少润滑剂。 ② 用料过多，成型压力太大。 ③ 脱模机构顶杆太短，或动作不灵活，被卡住。 ④ 型腔脱模斜度太小，或表面粗糙。 ⑤ 模温不均匀	① 塑料要烘干，压制时增涂润滑剂。 ② 调整成型压力，定量供料。 ③ 调整脱模机构，使之灵活可靠。 ④ 加大脱模斜度、抛光型号腔表面。 ⑤ 调整模温

续表 8.23

缺陷类型	原因分析	解决办法
塑件变形挠曲或尺寸发生变化	① 塑料收缩率太大。 ② 脱模机构设计不合理。 ③ 塑件工艺性差，壁厚变化激烈。 ④ 嵌件位置不合理。 ⑤ 模具温度低，保温时间短。 ⑥ 上、下模温差太大	① 更换收缩小的材料。 ② 调整脱模机构。 ③ 改进塑件工艺性，重新制作模具。 ④ 改变嵌件位置。 ⑤ 提高模温，延长保温时间。 ⑥ 调整模温，使模温均匀
塑件表面产生凸凹或皱纹、波纹	① 排气时间掌握不对。 ② 模具表面不洁。 ③ 模温太低或压制速度太快，出现流痕。 ④ 模温太高，压力小及压制速度太慢，出现皱纹。 ⑤ 塑料含水过高，流动性太大，产生波纹。 ⑥ 型腔表面有凹坑或凸起，表面粗糙	① 调整排气时间。 ② 清理模具型腔表面。 ③ 提高模具温度、降低压制速度。 ④ 降低模温，提高压制速度。 ⑤ 烘干塑料，选用流动性小的材料。 ⑥ 修整型腔表面

8.6.3　压铸模的试模与调整

1. 压铸模试模的调整内容

调整内容主要包括：材料融熔温度；注射时的模具温度、熔液温度；压铸机的注射压力、锁模力、开模力的确定；根据制件情况所需的注射比压、压射速度等。

2. 调整方法

压铸模试模时产生的质量问题及调整方法见表 8.24。

表 8.24　压铸模试模中的缺陷及调整方法

缺陷类型	原因分析	调整方法
压铸件表面有花纹，并有金属痕迹	① 内浇口通过铸件进口处流道太浅。 ② 压射比压太大，致使金属流速过高，引起金属液的飞溅	① 加深浅口流道。 ② 减少压射比压
铸件表面有细小的凸瘤	① 型腔内表面有划痕或凹坑、裂纹。 ② 表面粗糙	① 更换型腔或修补。 ② 抛光型腔
铸件表面有裂纹或局部变形	① 顶件杆分布不均匀或数量不够，受力不均。 ② 推件杆、固定板在工作时偏斜，致使一面受力大一面受力小，使铸件变形及产生裂纹。 ③ 铸件壁太厚，收缩后变形	① 增加顶件杆数量，调整其分布位置，使铸件顶出受力均匀。 ② 调整推杆、固定板。 ③ 重新设计铸件，使其壁部加厚
铸件表面有推杆印痕	① 推件杆太长。 ② 型腔表面粗糙或有杂物	① 调整推件杆长度。 ② 降低型腔表面粗糙度，清除杂物
铸件表面粗糙	① 型腔表面粗糙。 ② 型腔表面有杂物	① 修磨型腔表面。 ② 清除型腔表面杂物

续表 8.24

缺陷类型	原因分析	调整方法
铸件表面有气孔	① 型腔表面使用润滑剂太多。 ② 排气孔被堵，排气不畅	① 润滑剂的用量要适当。 ② 修复或增加排气孔
铸件存在缩孔	① 压铸件结构工艺性较差，壁厚不均匀。 ② 金属液温度太高	① 改善压铸件的结构工艺性。 ② 合理控制金属液的温度
铸件外轮廓不清晰，局部成型不完整	① 压铸机压力不够压射比太低。 ② 进料口厚度太大。 ③ 浇口位置不对	① 合理选择压铸机。 ② 减小进料口流道厚度。 ③ 合理改变浇口位置，防止金属液对铸件产生正面冲击
铸件部分未成型，型腔未充满	① 模具温度不够。 ② 金属液温度低。 ③ 压铸机压力太小。 ④ 金属液不足，压射速度太快。 ⑤ 型腔内排气不畅	① 提高模温。 ② 提高金属液温度。 ③ 合理选择压铸机。 ④ 金属液量应充足，减小压射速度。 ⑤ 修整排气系统
铸件锐角处充填不满	① 内浇口进口太大。 ② 锐角处通气不好，有空气排不出来。 ③ 压铸机压力太小	① 减小内浇口。 ② 改善排气系统。 ③ 合理选择压铸机
铸件内部组织疏松，强度不够	① 压铸机压力不够。 ② 内浇口太小。 ③ 排气孔堵塞	① 合理选择压力机。 ② 加大内浇口。 ③ 修复排气系统
铸件内含杂质	① 金属液不纯净。 ② 合金成分不纯。 ③ 模具型腔不干净	① 将杂质和熔渣清除干净。 ② 更换合金，使其成分符合要求。 ③ 清理模具型腔，使之干净无杂物
铸件内有气孔产生	① 金属液流向不合适，与铸件型腔发生正面冲击，产生涡流，将空气包围，产生气孔。 ② 内浇口太小，金属液流速过大，在空气未排出去前，过早地堵住了排气孔，使气体留在铸件内。 ③ 动模型腔太深，通风排气困难。 ④ 排气系统设计不合理	① 修正分流锥大小形状，防止造成金属流对型腔的正面冲击。 ② 适当加大内浇口。 ③ 改进模具设计。 ④ 合理设计排气孔，增加空气穴
压铸过程中金属液溅出	① 动、定模间密合不严密，间隙较大。 ② 锁模力不够。 ③ 压铸机动、定模板不平行	① 重新安装模具。 ② 加大锁模力。 ③ 调整压铸机，使动、定模相互平行

◆——— 思考题 ———◆

1. 装配包括哪些内容？

2. 装配尺寸链和工艺尺寸链有何区别？

3. 图 8.57 所示双联转子（摆线齿轮）泵，要求冷态下的装配间隙 $A_0 = 0.05 \sim 0.15$ mm。各组成环的基本尺寸为：$A_1 = 41$ mm，$A_2 = A_4 = 17$ mm，$A_3 = 7$ mm。

（1）试确定采用完全互换法装配时，各组成环尺寸及其极限偏差（选 A_1 为协调环）。

（2）试确定采用大数互换法装配时（置信水平 $P=90\%$ ）各组成环尺寸及其极限偏差（选 A_1 为协调环）。

（3）采用修配法装配时，A_2、A_4 按 IT9 公差制造，A_1 按 IT10 公差制造，选 A_3 为修配环，试确定修配环的尺寸及其极限偏差，并计算可能出现的最大修配量。

（4）采用固定调整法装配时，A_1、A_2、A_4 仍按上述精度制造，选 A_3 为调整环，并取 $TA_3=0.02$ mm，试计算垫片组数及尺寸系列。

4. 图 8.58 为某曲轴颈与齿轮的装配图，结构设计采用固定调整法保证间隙 $A_0=0.01\sim 0.06$ mm。若选 A_k 为调整件，试求调整件的组数及各组尺寸。已知 $A_1=38.5_{-0.07}^{0}$ mm，$A_2=2.5_{-0.04}^{0}$ mm，$A_3=43.5_{-0.05}^{+0.10}$ mm，$A_4=88.5_{0}^{+0.26}$ mm，调整件的制造公差 $T_k=0.01$ mm。

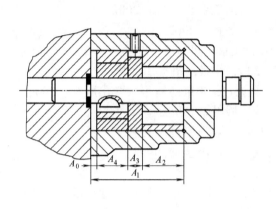

图 8.57　第 3 题图

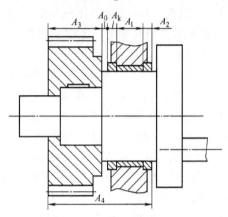

图 8.58　第 4 题图

5. 什么叫装配工艺规程？包括的内容是什么？有什么作用？

6. 制订装配工艺规程的原则及原始资料是什么？

7. 多冲头（圆形）冲孔模制造时如何保证凹模、卸料板、固定板上孔的同轴度和位置精度？

8. 冷冲模装配的技术要求有哪些？

9. 模架装配中应如何检测导柱、导套与其固定模座平面的垂直度及上、下模座间的平行度？

10. 多凸模冲裁模装配时如何保证凸、凹模的间隙均匀？

11. 装配（拆装）一副冲裁模，并试模合格。

12. 装配（拆装）复合模、连续模，比较其结构特点。

13. 冲裁试模时，冲裁毛刺较多，试分析其原因。

14. 环氧树脂、低熔点合金在模具装配中有何优缺点？

15. 装配注射模型芯、型腔凹模时应注意什么问题？

16. 注射模具中，推杆的装配要求和装配工艺如何？

17. 装配中如何确定滑块型芯的位置及确保滑块有足够的锁模力？

18. 装配（拆装）一副注射模具并试模合格。

19. 注射模装配试模时常出现哪些问题？应如何调整修理？

20. 装配一副压铸模，并调试合格。

21. 试模与调整的目的是什么？

参 考 文 献

[1] 黄毅宏，李明辉. 模具制造工艺. 北京：机械工业出版社，1998.

[2] 杨濯，陈国香. 机械制造与模具制造工艺学. 北京：清华大学出版社，2006.

[3] 付建军. 模具制造工艺学. 北京：机械工业出版社，2004.

[4] 许发樾. 实用模具设计与制造手册. 北京：机械工业出版社，2002.

[5] 郭铁良. 模具制造工艺学. 北京：高等教育出版社，2002.

[6] 刘晋春，白基成，郭永丰. 特种加工. 5 版. 北京：机械工业出版社，2008.

[7]《模具制造手册》编写组. 模具制造手册. 2 版. 北京：机械工业出版社，1999.

[8] 张如华，赵向阳，章跃荣. 冲压工艺与模具设计. 北京：清华大学出版社，2006.

[9] 王先逵. 机械制造工艺学. 北京：机械工业出版社，1995.

[10] 黄鹤汀，吴善元. 机械制造技术. 北京：机械工业出版社，1997.

[11] 孙凤勤. 模具制造工艺与设备. 北京：机械工业出版社，1999.

[12] 盛善权. 机械制造. 北京：机械工业出版社，1999.

[13] 付伟，陈碧龙. 注塑模设计原则、要点及实例解析. 北京：机械工业出版社，2010.

[14] 张荣清. 模具制造工艺. 北京：高等教育出版社，2006.

[15] 骆志斌. 模具工实用技术手册. 南京：江苏科学技术出版社，1999.